职业教育智慧康养相关专业系列教材

正常人体结构与功能

主编　孙佳　郭庆河　杨艳梅

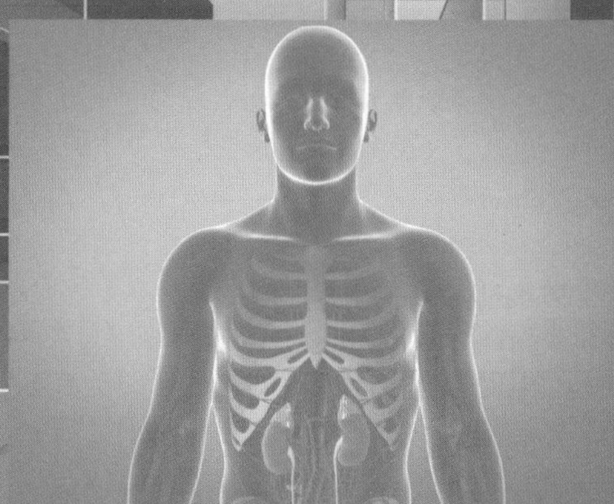

山东科学技术出版社
·济南·

图书在版编目（CIP）数据

正常人体结构与功能 / 孙佳，郭庆河，杨艳梅主编. 济南 ： 山东科学技术出版社，2025. 7. -- （职业教育智慧康养相关专业系列教材）. -- ISBN 978-7-5723-2817-6

Ⅰ. Q983

中国国家版本馆 CIP 数据核字第 2025LG2053 号

正常人体结构与功能

ZHENGCHANG RENTIJIEGOU YU GONGNENG

责任编辑：冯　悦
装帧设计：孙小杰

主管单位：山东出版传媒股份有限公司
出 版 者：山东科学技术出版社
地址：济南市市中区舜耕路 517 号
邮编：250003　电话：（0531）82098088
网址：www.lkj.com.cn
电子邮件：sdkj@sdcbcm.com
发 行 者：山东科学技术出版社
地址：济南市市中区舜耕路 517 号
邮编：250003　电话：（0531）82098067
印 刷 者：山东华立印务有限公司
地址：济南市莱芜高新区钱塘江街 019 号
邮编：271100　电话：（0531）76216033

规格：16 开（210 mm × 285 mm）
印张：22.5　　**字数：**544 千
版次：2025 年 7 月第 1 版　**印次：**2025 年 7 月第 1 次印刷
定价：79.80 元

编 委 会

主 编

孙 佳　滨州职业学院
郭庆河　济南护理职业学院
杨艳梅　沧州医学高等专科学校

副主编

王 磊　滨州职业学院
孟 晨　莱芜职业技术学院
李腾腾　泰山护理职业学院
岳红梅　聊城职业技术学院
刘秀彬　山东青年政治学院

编 委（以姓氏笔画为序）

王瑷媛　山东海事职业学院
李亚男　山东海事职业学院
李秀艳　山东圣翰财贸职业学院
李嘉琳　烟台卫生健康职业学院
周琳凤　滨州职业学院
郭迎坤　滨州职业学院
蒋成宇　聊城职业技术学院
程文广　山东圣翰财贸职业学院

序 言

人口老龄化的浪潮正以前所未有的速度重塑中国的产业结构、职业谱系与教育生态。面对“银发浪潮”，我们比以往任何时候都更需要一支既懂老年人身心特点，又精熟现代照护技术，并能在真实场景中迅速做出科学决策的高素质技术技能人才队伍。山东科学技术出版社策划出版的“职业教育智慧康养相关专业系列教材”恰逢其时，它以国家职业教育改革“岗课赛证”综合育人理念为纲，以行业真实岗位标准为目，以学习者认知规律为径，构建了一套兼具前瞻性、系统性、实用性的教学解决方案。作为长期深耕老年医学与康复护理领域的科研与教育工作者，我欣然受邀为这套教材作序，并向广大职业院校师生、康养机构从业者郑重推荐。

一、岗位导向：从“知识本位”到“能力本位”的范式跃迁

传统康养类教材往往侧重理论铺陈，而本系列教材在顶层设计之初，便由院校骨干教师与医养一线专家共同拆解“老年照护师”“健康照护师”“老年人能力评估师”等新职业的岗位任务，提炼出八大典型工作领域、百余项核心能力指标，并将其转化为可测可评的学习成果。例如，《老年人生活与基础照护实务》以“进食照护”为项目主线，嵌入口腔评估、吞咽障碍识别、辅助餐具选择、误吸应急处置四个递进式任务；《老年人常见急症照护与急救》则将心肺复苏、气道梗阻解除等急救流程拆解为“情境—判断—处置—记录”四步闭环。学生在完成项目的同时，同步达成岗位能力要求与证书考核要点，实现“所学即所用、所练即所考”。

二、课程重构：用“思维导图+微课+操作视频”打通隐性知识

老年人照护工作大量依赖程序性知识与情境判断，这些内容难以通过传统文本完整呈现。本系列教材创新性地引入全彩印刷与富媒体资源：

· 每章以思维导图勾勒知识框架，帮助学生快速建立“老年人生理—心理—社会”的整体观；

· 关键技能点配套 3 ～ 8 分钟微课，由专家、全国技术能手亲自示范，镜头聚焦手部细节与面部表情，方便学生反复观摩、模仿、纠错；

· 复杂操作流程（如轮椅—床转移、胰岛素笔注射、认知功能训练游戏）则采用“一镜到底”4K 操作视频的形式呈现，嵌入二维码，实现“书—屏”无缝切换。

这种设计不仅符合 Z 世代学习者“视觉优先、碎片化、即时反馈”的认知习惯，更有效地解决了“课堂学得到、岗位用不出”的脱节难题。

三、赛证融通：把竞赛标准转化为教学情境

教材同步对接全国职业院校技能大赛健康与社会照护赛项、养老服务技能赛项的评分细则，将“以赛促学、以赛促教”落到实处。例如，《老年人活动策划与设计》在“认知症老人小组活动”项目中，引入国赛“蒙台梭利疗法”任务单，要求学生从需求评估、方案设计、风险预案到现场实施全流程演练；教师则可直接使用教材配套的评分表进行课堂即时评价，实现课堂与赛场的“同标同质”。

四、心理—社会视角：让“照护”回归“人”的本质

值得称道的是，本系列教材并未止步于技术层面，而是将老年心理护理、人际沟通礼仪、社会参与活动设计等内容独立成册，强调“身心社灵”全人照护理念。《老年心理护理实务》以真实案例为引，系统梳理了抑郁、谵妄、孤独、丧亲哀伤等常见心理问题的识别—评估—干预—转介路径；《老年服务礼仪与沟通》则通过情景剧式脚本，示范如何与认知障碍老人进行“尊重式沟通”、如何与家属开展“坏消息告知”谈话。这些设计有助于学生在技术之外，培养“同理心、职业尊严、伦理敏感性”等核心素养。

五、持续更新：数字教材与产业技术同步迭代

教材中的视频、课件、案例将随行业标准、技术指南的更新而动态优化；同时开放教师社群，鼓励一线教师分享校本化改造资源，形成“出版—教学—产业”的良性反馈闭环。这种“活页式、工作手册式、融媒体化”的教材形态，正是职业教育“三教改革”的生动范例。

“莫道桑榆晚，为霞尚满天。”让每一位老年人都能享有质量与尊严兼具的晚年生活，既是时代命题，也是教育使命。山东科学技术出版社出版的这套“职业教育智慧康养相关专业系列教材”，以系统化的内容、立体化的资源、人性化的表达，为培养“有温度、有技术、有创新”的新时代康养人才提供了坚实支撑。我相信，它的出版将有力推动中国智慧健康养老专业的内涵式发展，并在全球积极应对人口老龄化的中国方案中留下浓墨重彩的一笔。

谨此为序。

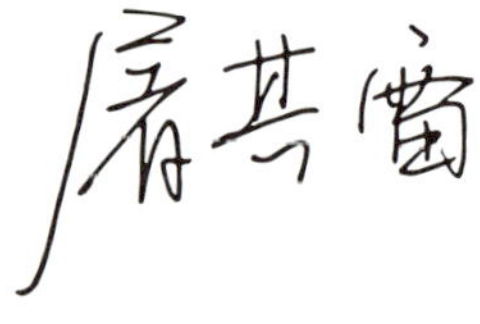

2025 年 5 月

前 言

随着我国老龄化进程的加速，健康养老已成为国家战略的重要组成部分。自2013年9月起，国家相继出台了《关于加快发展养老服务业的若干意见》《关于促进健康服务业发展的若干意见》《智慧健康养老产业发展行动计划（2017—2020年）》《“健康中国2030”规划纲要》《关于制定和实施老年人照护服务项目的意见》《关于促进护理服务业改革与发展的指导意见》等一系列通知，要求积极应对人口老龄化，构建科学、完善的养老服务体系，培养高素质、专业化的健康养老人才队伍，编写突出专业性、实用性和行业适配性的健康养老系列教材。为此，我们成立了教材编写组，着手编写职业教育智慧康养相关专业系列教材之《正常人体结构与功能》。

本教材的编写是基于健康养老服务与管理专业的需求，结合现代养老护理、康复保健、健康管理等岗位的实际需要，精心编写而成。本教材紧扣高职高专的培养目标，在坚持思想性、科学性、先进性、启发性、实用性的前提下，遵循“必需、够用、会用”的原则；教材编写力求言简意赅，重点突出，旨在帮助学生和从业者系统掌握人体各系统的结构特点与生理功能，理解人体生命活动的基本规律，从而为后续学习老年常见疾病的预防、康复护理、健康促进等专业知识奠定坚实基础。

本教材特色如下：

1. 紧扣专业需求。内容编排紧密结合健康养老行业特点，突出老年人生理变化特点，如骨骼肌肉系统的退化、心血管功能的衰退、神经系统的退行性变化等，帮助学生理解老龄化对人体的影响。

2. 注重实用性与可读性。采用清晰直观的插图、表格和案例解析，使抽象的人体结构知识更易理解，并设置“知识拓展”“养老护理应用”等模块，强化理论与实践的结合。

3. 融入课程思政。在专业知识的传授中，融入医者仁心、尊老敬老、科学照护等理念，培养学生的职业素养和社会责任感。

4. 数字化资源配套。提供在线学习平台，包含3D解剖模型、微课视频、课件、习题库等，助力学生自主学习。

适用对象：

本教材主要面向高等职业院校健康管理、老年保健与管理、智慧健康养老服务与管理等专业学生，同时也可作为养老机构从业人员、社区健康服务人员的参考用书。

健康养老事业关乎民生福祉，而专业人才的培养是推动行业高质量发展的关键。希望本教材能帮助读者扎实掌握人体科学知识，提升专业技能，为促进老年人健康、提高生命质量贡献自己的力量。

在编写过程中，我们参考了国内外权威教材和最新研究成果，并得到多位行业专家的指导，在此深表感谢。由于编者水平有限，书中难免存在不足之处，恳请广大师生和读者提出宝贵意见，以便我们不断完善。

编者

2025 年 5 月

目　录

绪论

学习目标

思政及素养目标

1. 培养尊重、关爱老年人的职业道德和素养，增强照护工作的耐心、细心和责任心。
2. 培养严谨的科学态度和探索精神，增强健康管理意识。

知识目标

1. 掌握人体的组成、分部，器官、系统及内脏的概念，解剖学姿势和方位术语。
2. 理解生命活动的基本特征，人体功能的调节方式，内环境稳态的概念及其生理意义。
3. 了解反馈控制系统的概念和作用，胸腹部标志线及其分区。

能力目标

1. 能辨认人体的各个部分。
2. 能用标准解剖学姿势解释人体的方位术语。
3. 能用所学知识分析生命活动的基本特征。

案例导入

李奶奶，78 岁，身高 160 cm，体重 90 kg，患有高血压、糖尿病 30 年。最近食欲不佳，腹部胀满，不能平躺。作为照护人员，从整个人体知识角度出发，分析李奶奶的健康状况，并说明在养老照护中，针对老年肥胖患者，应采取哪些生活护理措施？

任务描述

1. 照护员帮助解释正常人体的结构和功能。
2. 照护员帮助分析李奶奶出现腹部胀满、不能平躺的原因，并制定相应的照护措施。

赛证对接

本项目内容对接老年人体的组成和分部、生命活动的基本特征、人体功能的调节方式和控制系统，能够解释正常生命活动的特征与调节方式，并对老年疾病的健康照护提供正确的体位指导。

知识导读

扫码查看思维导图。

扫一扫

知识殿堂

扫码查看课件。

扫一扫

一、了解正常人体结构与功能的研究内容、医学地位和研究水平

（一）正常人体结构与功能的研究内容

正常人体结构与功能是研究正常人体形态、结构和生理功能的一门学科，包括人体解剖学、组织学、胚胎学和生理学四部分内容。人体解剖学主要研究正常人体的形态、结构、位置和毗邻关系，组织学主要研究正常人体的微细结构，胚胎学主要研究人体的发生、发育及生长变化规律，生理学主要研究正常人体的生理功能。四部分内容有机结合在一起。

（二）正常人体结构与功能的医学地位

正常人体结构与功能是一门重要的医学基础课程，是高职智慧健康养老服务与管理专业的入门课程。学习这门课程的目的在于掌握正常人体的形态结构和生理功能及其变化规律，为学习其他医学课程奠定坚实的基础。只有在充分学好正常人体的形态结构和生理功能的基础上，才能正确判断人体形态结构的正常与异常、理解人体生理现象和病理变化，才能理解老年人体形态、结构与功能的改变，更好地为老年人服务。

（三）正常人体结构与功能的研究水平

1. 细胞与分子水平

细胞是构成人体的最小结构和功能单位。整个人体的生命活动均与组成人体的细胞功能密切相关，而各种细胞的生理功能又取决于细胞内所含物质分子的组成及其理化特性。因此，从细胞与分子水平去研究，更容易揭开人体结构和功能的面纱。

2. 器官与系统水平

人体系统由各个器官组成，器官的功能决定了系统的功能。因此，从器官与系统水平去研究，更能理解人体结构与功能在整体功能活动中所起的作用。

3. 整体水平

人体是一个完整的统一体，其功能活动是以整体为存在形式的，并与周围环境密切相关。每一个器官结构与功能的变化均会影响整个人体的功能状态。另外，环境变化也会影响人体的生命活动。

二、认识人体的组成与分部

（一）人体的组成

人体由细胞组成。细胞的形态多种多样，功能不一。由形态结构相似、功能相近的细胞与细胞间质结合在一起组成的结构，称为**组织**。人体的组织有上皮组织、结缔组织、肌组织和神经组织。几种不同的组织结合在一起组成的具有一定形态和功能的结构，称为**器官**。人体器官分为实质性器官和中空性器官。实质性器官如肝、肾、脾等，中空性器官如胃、肠、子宫等。由形态结

构相似、功能相近的器官结合在一起共同构成的结构，称为**系统**。人体有运动系统、消化系统、呼吸系统、泌尿系统、生殖系统、脉管系统、神经系统和内分泌系统，另有感觉器官配合各系统，在神经系统的支配下共同构成人体。其中，消化系统、呼吸系统、泌尿系统、生殖系统的器官大都位于体腔内，并且直接或间接地与外界相通，故统称为**内脏**。

拓展阅读

世界上最早的人体解剖学

祖国医学在人类历史上拥有最早的解剖学记载。早在战国时期（公元前500年），我国第一部医学经典《黄帝内经》中就有关于人体结构和功能的广泛记载。如“心主血脉”“肺主气”“脾开窍于口”“心开窍于舌”等，都体现了早期解剖学思想的萌芽。根据目前所知，这是世界上最早的人体解剖学。此后，汉代华佗使用麻沸散作麻醉，为患者进行腹部手术，开创了全身麻醉手术的先河。宋代王惟一铸造的针灸铜人，是世界上最早的人体模型；宋慈的《洗冤录》对人体骨骼做了比较正确的绘图和描述；清代名医王清任的《医林改错》纠正了古代医书上对人体解剖学记载的某些错误。以上种种，无不彰显祖国医学对人类医学发展作出的卓越贡献。祖国医学博大精深，是中华民族的瑰宝。

点燃思考

你知道老年内脏包括哪些具体的器官吗?

人体在外形上分为头、颈、躯干和四肢。其中，头的前下部称为面，后上部称为颅。颈的后部称为项。躯干分为胸、腹、背、腰、盆和会阴部。四肢分为上肢和下肢。上肢分为肩、臂、前臂和手，下肢分为臀、大腿、小腿和足（图绪-1）。

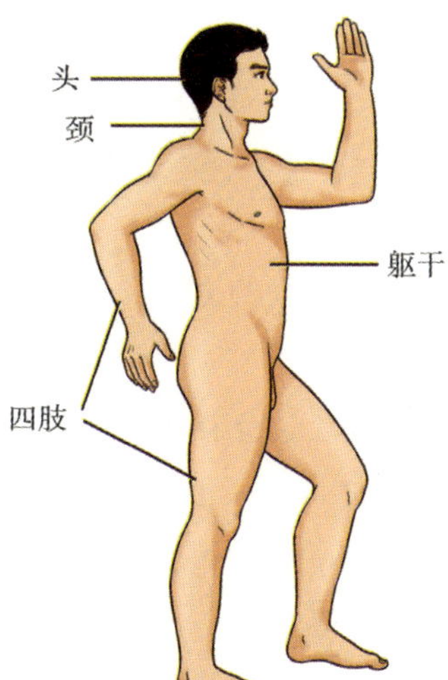

图绪-1　人体的分部

三、应用解剖学的常用术语

（一）解剖学姿势及方位术语

1. 解剖学姿势

解剖学姿势是指身体直立，双眼平视前方，上肢自然下垂，掌心向前，下肢并拢，足尖向前的姿势，是研究人体解剖学的标准姿势。在描述人体的方位术语时，不论体位如何，均以解剖学姿势为准（图绪-2）。

2. 方位术语

依据解剖学姿势确定了以下 6 对方位术语（图绪-3）：

（1）上和下　近头者为上，近足者为下。

（2）前和后　近胸腹者为前（或腹侧），近腰背者为后（或背侧）。

（3）内侧和外侧　以人体正中矢状面为基准，靠近正中矢状面为内侧，远离正中矢状面为外侧。在前臂，又称尺侧、桡侧；在小腿，又称胫侧、腓侧。

（4）浅和深　以体表皮肤为基准，靠近皮肤者为浅，远离皮肤者为深。

（5）内和外　针对空腔器官，靠近内腔者为内，远离内腔者为外（图绪-4）。

（6）近侧和远侧　针对四肢，靠近躯干附着点者为近侧，远离躯干附着点者为远侧。

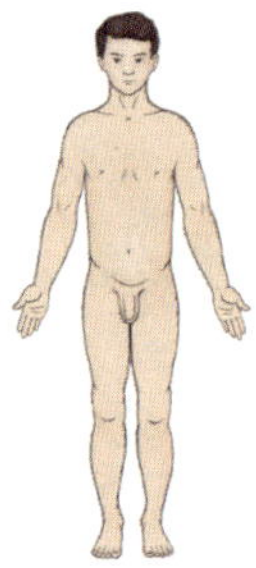

图绪-2　解剖学姿势

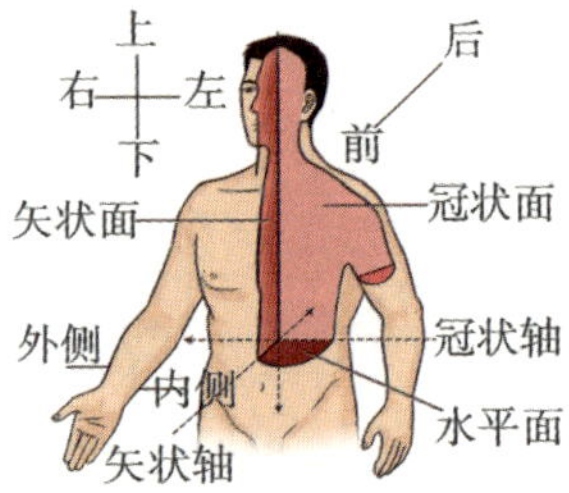

图绪-3　轴

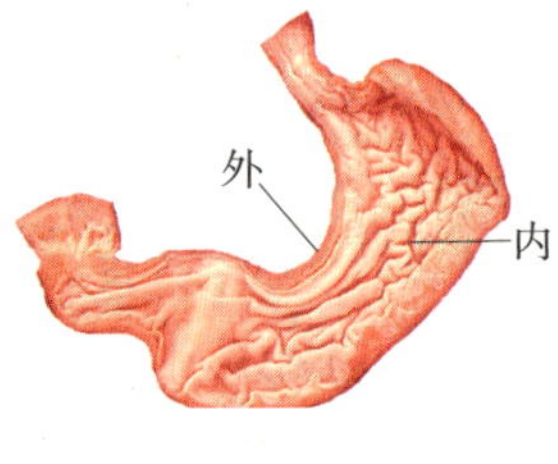

图绪-4　内与外

点燃思考

对于长期卧床患者如何描述人体的方位？

（二）轴

人体有三种相互垂直的轴，这些轴与关节的运动关系密切（图绪-3）。

1. 矢状轴

为前后方向的水平线，与垂直轴和冠状轴互相垂直。

2. 冠状轴

为左右方向的水平线，与垂直轴和矢状轴互相垂直。

3. 垂直轴

为上下方向的垂线，与人体长轴平行。

（三）面

以上述三种轴为基准，可确定相互垂直的三种面。

1. 水平面

也称横切面，是将人体分成上、下两部分的切面，与矢状面及冠状面相互垂直（图绪–5）。

2. 矢状面

将人体分成左、右两部分的切面，该切面与水平面垂直。其中，通过人体正中的矢状面，称为正中矢状面（图绪–6）。

3. 冠状面

也称额状面，是将人体分成前、后两部分的切面，该切面与水平面垂直（图绪–7）。

此外，沿器官长轴所做的切面称为纵切面，与长轴垂直的切面称为横切面。

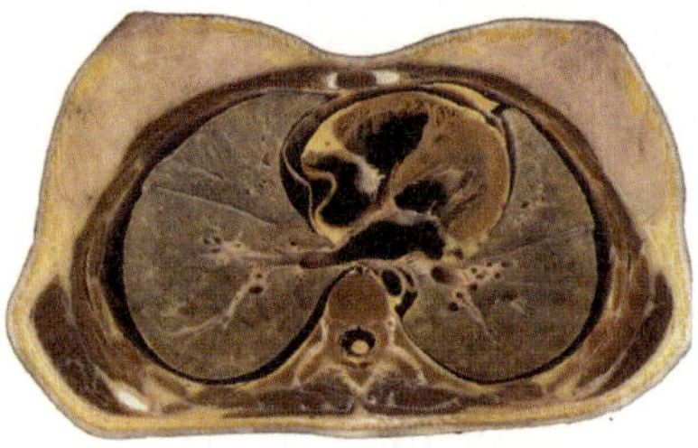

图绪–5　水平面

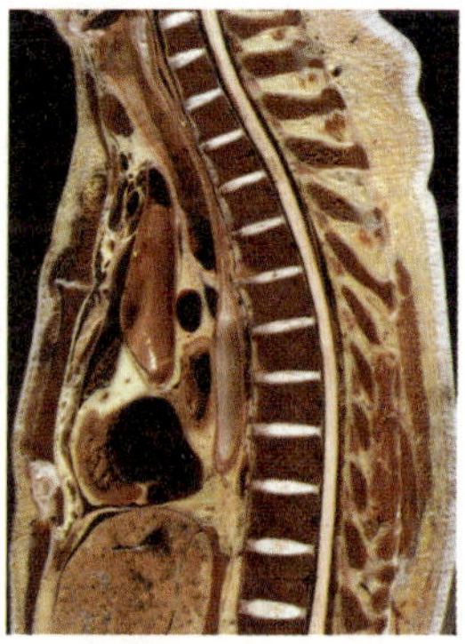

图绪–6　矢状面

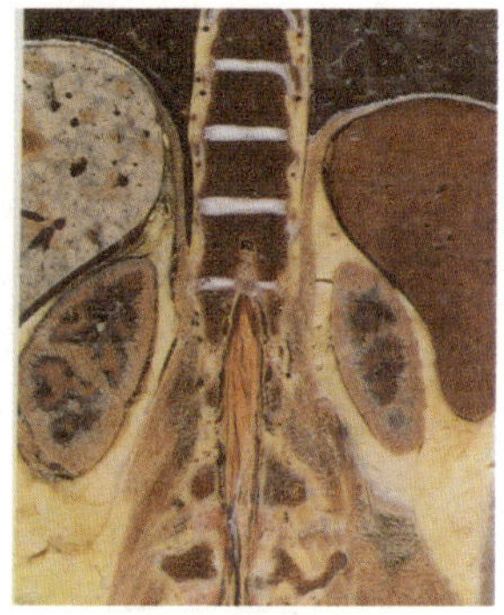

图绪–7　冠状面

（四）胸部标志线和腹部分区

1. 胸部标志线（图绪-8）

（1）前正中线　通过人体前面正中所做的垂线。

（2）胸骨线　通过胸骨两侧最宽处所做的垂线。

（3）锁骨中线　通过锁骨中点所做的垂线。

（4）胸骨旁线　通过胸骨线与锁骨中线之间的中点所做的垂线。

（5）腋前线　通过腋前襞所做的垂线。

（6）腋中线　通过腋前线与腋后线之间的中点所做的垂线。

（7）腋后线　通过腋后襞所做的垂线。

（8）肩胛线　通过肩胛骨下角所做的垂线。

（9）后正中线　通过人体后面正中所做的垂线。

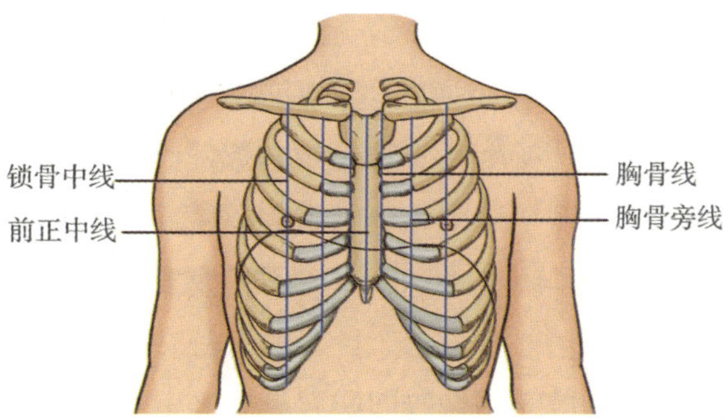

图绪–8　胸部标志线

2. 腹部分区

常采用4分法和9分法。4分法是通过脐做十字线，将腹部分为左上腹、右上腹、左下腹和右下腹4个区（图绪-9）。9分法是通过两横两竖4条标志线（上横线为两侧肋弓最低点的连线，下横线为两侧髂结节的连线，两条竖线为经过双侧腹股沟韧带中点所做的垂线），将腹部分为上腹部、中腹部和下腹部，每个腹部分为左、中、右3区，共9区，分别是左右季肋区、腹上区，左右腹外侧区（腰区）、脐区，左右腹股沟区（髂区）、腹下区（耻区）（图绪-10）。

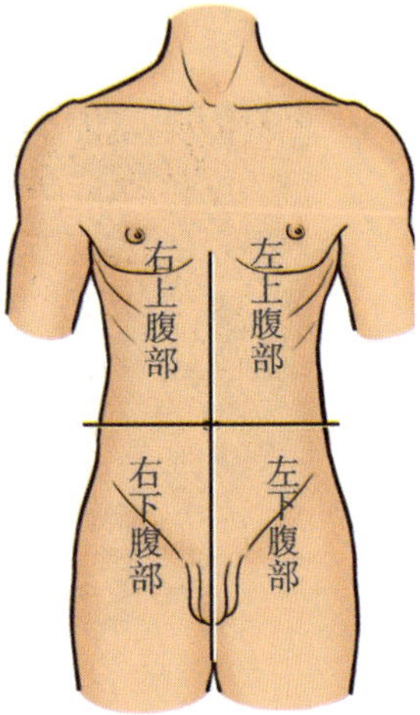

图绪-9　腹部分区（4分法）

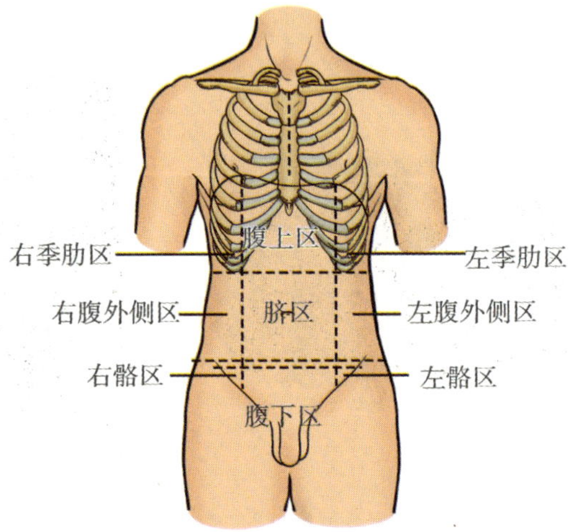

图绪-10　腹部分区（9分法）

点燃思考

按照不同的腹部分区方法，阑尾分别位于哪个区？

四、了解人体生命活动的基本特征

人体生命活动具有新陈代谢、兴奋性、适应性和生殖等四个基本特征，这些特征都是生物体所特有的。

（一）认识新陈代谢

新陈代谢是人体与环境之间不断地进行物质交换和能量交换以实现自我更新的生命现象，包括合成代谢和分解代谢两个方面。合成代谢是指人体不断从环境中摄取营养物质，合成、转化为自身的物质，同时储存能量的过程；分解代谢是指人体不断分解自身物质，释放能量，并将分解产物排出体外的过程。合成代谢为分解代谢提供物质基础，分解代谢为合成代谢提供能量来源。分解代谢中产生的能量，用作人体活动的需要和体温的维持，多余的能量则以热形式发散到体外。由此可见，合成代谢和分解代谢是生命活动中必不可少的两部分。因此，新陈代谢是生命活动的最基本特征，一旦停止，生命也就随之结束。

（二）认识兴奋性

兴奋性是指人体或组织细胞对刺激发生反应的能力。

1. 刺激与反应

（1）刺激　能够被人体或组织细胞感受到的环境变化，称为**刺激**。

1）按刺激来源分

①内环境刺激，如血压的变化、血液中 CO_2 分压的变化等。

②外环境刺激，如温度、语言、文字等。

2）按刺激性质分

①物理性刺激，如声、光、电、机械、放射线等。

②化学性刺激，如酸、碱、药物等。

③生物性刺激，如细菌、病毒、寄生虫等。

④社会心理性刺激，如语言、文字、思维、情绪等。

由于老年人身体结构和生理功能的改变，身体防御能力下降，对生物性刺激的抵御能力减弱，细菌、病毒、寄生虫等生物性因素，很容易给老年人的身体健康带来诸多困扰。

（2）反应　人体或组织细胞接受刺激后发生的一切变化称为**反应**。如骨骼肌受外力牵拉发生收缩、外界气温升高发生汗腺分泌等。人体或组织细胞对刺激产生的反应主要表现为兴奋和抑制。**兴奋**是指人体或组织细胞接受刺激后，由相对静止转变为活动状态或者活动状态由弱变强；**抑制**是指人体或组织细胞接受刺激后，由活动状态转变为相对静止或者活动状态由强变弱。如人情绪激动时，会出现心率加快、血压升高、呼吸加快的反应，就属于兴奋；反之，情绪低落时会出现心率减慢、血压下降、呼吸变浅的反应，就属于抑制。

2. 兴奋性指标

在人体组织中，兴奋性较高的是神经组织、肌组织和腺组织，对刺激产生的反应迅速而明显，习惯上把这些组织称为**可兴奋组织**。

可兴奋组织受到刺激发生反应必须具备三个条件：刺激强度、刺激时间和刺激强度—时间变化率。在刺激时间和刺激强度—时间变化率固定不变时，刺激强度必须达到一定的数值，才能引起组织发生反应。这种引起组织发生反应的最小刺激强度，称为**阈强度**，也称为**阈值**。刺激强度等于阈值的刺激称为**阈刺激**；刺激强度小于阈值的刺激称为阈下刺激；刺激强度大于阈值的刺激称为阈上刺激。阈值是衡量组织兴奋性高低的重要指标，与兴奋性成反比关系：阈值越低，兴奋性越高，表明组织越容易兴奋；反之，阈值越高，兴奋性越低，说明组织越不易兴奋。

由于老年人身体结构的改变，对刺激的敏感度会大大降低，导致阈值升高，兴奋性降低，表现为反应迟钝、动作缓慢，在今后老年照护工作中需要引起注意。

点燃思考

与正常成人相比，在同等刺激下，老年人的反应是快还是慢?

（三）认识适应性

适应性是指人体对环境变化的适应能力。自然界是人体赖以生存的体外环境，称为外环境，包括自然环境和社会环境。外环境复杂多变，不断地给人体以刺激，这就要求人体不断地做出反应来应对外环境的变化，以更好地适应环境，保持人与环境的和谐统一。例如，当外界气温过高时，人体通过汗液的蒸发来散热，以维持体温的相对恒定。而当外界气温过低时，人体就会通过减少散热量，增加产热量，来维持体温的相对恒定。

（四）了解生殖

各种生物体生长发育到一定阶段后，能够产生与自己相似的子代个体，这种功能称为**生殖**。任何生物个体的寿命都是有限的，只有通过生殖活动产生新个体才能使生命得以延续，种族得以繁衍。所以，生殖是生命活动的特征之一，具体内容见生殖系统。

五、了解人体内环境和生理功能的调节

（一）熟悉内环境和稳态

体液是人体内液体的总称，约占正常成人体重的 60%。其中，约 20% 存在于细胞外，称为细胞外液；约 40% 存在于细胞内，称为细胞内液。细胞外液包括血浆、组织液、淋巴等，是细胞直接接触和赖以生存的体内环境，故称为**内环境**。内环境是人体细胞进行新陈代谢和完成各种生理功能的场所，对细胞的生存以及维持细胞的生理功能十分重要。

在正常情况下，内环境的理化性质在不断地发生变化，但总能保持相对稳定。这种内环境保持相对稳定的状态称为内环境**稳态**，是细胞维持正常生理功能的必要条件，也是机体维持正常生命活动的必要条件。一旦破坏，就会导致细胞生理功能的异常，从而发生疾病，甚至危及生命。

（二）了解人体生理功能的调节

人体生理功能的调节是指人体对内、外环境的变化所作出的适应性反应的过程。通常情况下，人体作为一个统一的有机整体，发挥正常的生理功能，主要是依靠神经调节、体液调节和自身调节三种方式来完成。

1. 人体功能的调节方式

（1）神经调节　神经调节是指通过神经系统的活动对人体生理功能进行的调节，在人体生理功能的调节中占主导地位。神经调节的基本方式是反射。反射是指在中枢神经系统的参与下，人体对刺激产生的规律性应答。反射活动发生的结构基础是**反射弧**。反射弧由感受器、传入神经、反射中枢、传出神经、效应器五部分组成，任何一部分损伤或功能障碍都会导致反射活动消失（图绪-11）。

神经调节的特点是迅速、准确、作用时间短暂，是人体最主要的调节方式。

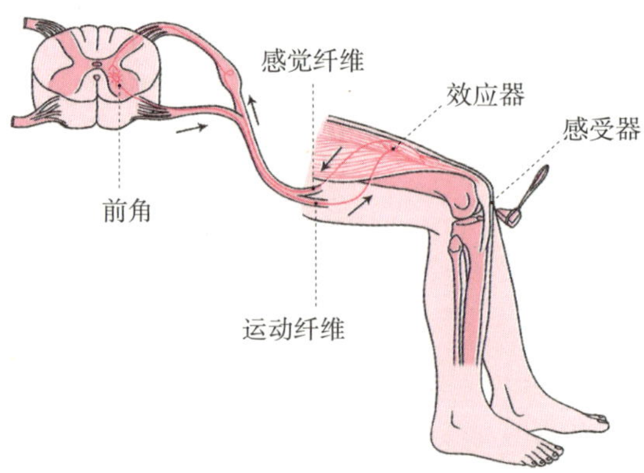

图绪-11　反射弧示意图

点燃思考

望梅止渴、谈虎色变是哪种反射？

（2）体液调节　体液调节是指体液中的化学物质对人体功能进行的调节。参与体液调节的化学物质主要是内分泌系统分泌的激素，如胰岛素、甲状腺激素、生长激素等。激素通过血液循环运送到全身各处的组织细胞，对其功能活动进行调节，这种调节称为全身性体液调节，是体液调节的主要方式。

另外，组织细胞的代谢产物（如 CO_2、H^+、乳酸等）和分泌的生物活性物质（如组胺、缓激肽、前列腺素等）也可经局部组织液的扩散来调节邻近细胞的活动，这种调节称为局部性体液调节，是体液调节的辅助方式。

体液调节的特点是缓慢、持久、作用范围广。

还有一种调节方式，称为神经—体液调节。指的是在某些情况下，如体内许多内分泌细胞本身的活动，除了接受体液中激素的调节外，还直接或间接地接受神经系统的调节。这种调节方式，以神经调节为主，体液调节为辅，二者相互协作、相辅相成，共同完成对人体细胞生理功能的调节。

（3）自身调节　自身调节是指组织细胞基于自身功能状态，对周围环境刺激发生的适应性反应，并不依赖于神经和体液因素的作用。如肾血流量的调节、骨骼肌或心肌通过改变初长度调节收缩力，均属于自身调节。

自身调节的特点是调节幅度较小，范围较局限，灵敏度较低，但在维持局部组织细胞的生理稳态上发挥着不可或缺的作用。

点燃思考

老年糖尿病患者往往需要注射胰岛素来维持血糖稳定，那么，注射胰岛素维持血糖稳定属于哪一种调节方式？

2. 人体反馈控制系统

根据控制论原理，人体功能活动的调节系统可以看作是一个自动控制系统，又称为反馈控制系统。该系统由控制部分和受控部分组成，二者之间存在着双向的信息联系，形成一个“闭环”回路。由控制部分发送到受控部分的信息称为控制信息；由受控部分返回控制部分的信息称为反馈信息。通常将反射中枢或内分泌腺等看作控制部分，而其所支配的效应器或靶细胞看作是受控部分。控制部分发出信息到受控部分以改变其活动状态，而受控部分发出反馈信息反过来又能影响控制部分的活动，使控制部分不断地根据反馈信息来纠正和调整自己的活动，从而实现自动精确的调节活动。这种由受控部分发出反馈信息反过来影响控制部分活动的过程，称为反馈（图绪-12）。由于反馈的存在，人体生理功能的调节才能更及时、更精确和更完善。反馈分为正反馈和负反馈。

（1）正反馈　受控部分的反馈信息与控制信息的作用方向相同，对控制部分的活动起增强作用，称为正反馈。如排尿、排便、分娩和血液凝固等。正反馈的意义在于生理活动一旦发动，就逐渐加速加强，直到生理活动完成为止。

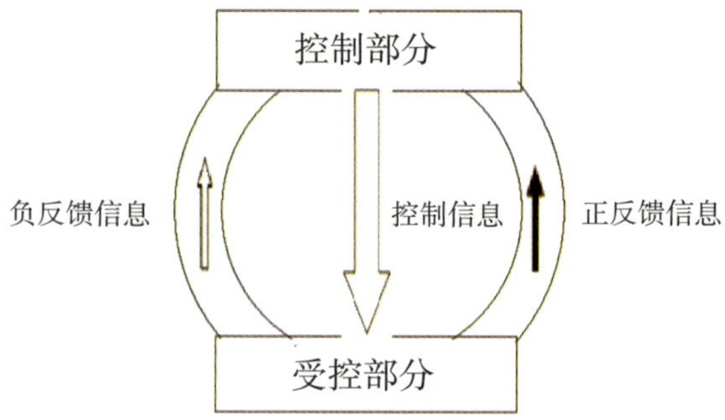

图绪－12　反馈控制系统示意图

（2）负反馈　受控部分的反馈信息与控制信息的作用相反，对控制部分的活动起减弱或抑制作用的，称为负反馈。如血糖、血压、体温等的调节。负反馈的意义在于维持人体生理功能的相对稳定。

点燃思考

老年人易发生排尿不尽，从反馈控制机制的视角出发，分析老年人哪种反馈过程出了问题？

【练习题】

一、A1 型题

1. 人体分为哪四部分（　　）。

A. 头、颈、躯干、四肢　B. 头、颈、胸、四肢　C. 头、躯干、上肢、下肢

D. 头、颈、胸、腹　E. 胸、腹、腰、背

2. 神经调节的基本方式是（　　）。

A. 反应　B. 反射　C. 前馈

D. 负反馈　E. 正反馈

3. 专门用于描述四肢的方位术语是（　　）。

A. 上、下　B. 浅、深　C. 前、后

D. 内、外　E. 远、近端

4. 以下生理过程属于正反馈的是（　　）。

A. 减压反射　B. 血糖浓度调节　C. 体温调节

D. 正常呼吸频率的维持　E. 排尿反射

5. 衡量组织兴奋性高低的重要指标是（　　）。

A. 阈上刺激　B. 阈下刺激　C. 肌肉收缩

D. 腺体分泌　E. 阈值

答案：ABEEE

解析：无

二、A2 型题

1. 张大爷，70 岁，最近一段时间常感下腹部鼓胀不适，伴有尿痛、尿频、尿不尽等现象，无明显其他不适症状，下腹部 B 超检查显示前列腺增生。请问排尿活动属于哪一种调节（　　）。

A. 体液调节　　B. 神经调节　　C. 前馈

D. 负反馈　　E. 正反馈

答案：E

解析：人体生理功能的调节方式有体液调节、神经调节和自身调节，以维持人体生理功能的正常进行。另外，在调节过程中，通过反馈系统，使人体生理功能的调节更及时、更精确和更完善。排尿活动是一种正反馈调节活动，排尿一旦发动起来，就逐渐加速加强，直到排尿结束。故选 E。

2. 王大爷，65 岁，身体健康。平时喜欢爬山、游泳、跑步、打球等体育锻炼，喜欢吃甜食，不抽烟，偶尔喝点小酒，每年查体，血糖、血脂、血压均在正常范围内。请问张大爷的血糖保持平衡是通过哪种方式完成的（　　）。

A. 体液调节　　B. 神经调节　　C. 前馈

D. 负反馈　　E. 正反馈

答案：D

解析：王大爷平时喜欢吃甜食，进食甜食后，糖类物质经消化吸收后入血致血糖升高，刺激胰岛使胰岛素分泌增加，胰高血糖素分泌减少，使血糖下降；但是，当血糖下降的信息传到控制部分后，控制部分发出的信息则抑制胰岛素的分泌，导致胰岛素分泌减少，胰高血糖素分泌增加，以维持血糖在正常范围。故血糖调节属于负反馈。因此，答案为 D。

3. 李奶奶，75 岁，退休教师。她每天早晨都会在小区散步，经过一家面包店时，总会闻到新鲜出炉的面包香味。多年来，她已经形成了条件反射，习惯在散步后买一个面包作为早餐。请问：关于条件反射的叙述，哪一项是不正确的（　　）。

A. 建立在非条件反射基础上　　B. 经过后天学习、训练形成　　C. 数量无限

D. 使机体具有更大的适应性　　E. 不容易消退

答案：E

解析：条件反射是建立在非条件反射基础上的，必须通过后天学习和训练而形成，是反射活动的高级形式，其数量无限，可以建立，也可以消退，从而使人体更好地适应环境的变化。因为 E 项为不容易消退，故选 E。

4. 赵奶奶，65 岁，退休工人，赋闲在家。平时喜欢晨练，经常去跑步、爬山、打羽毛球等。由于锻炼过度，导致膝关节半月板轻度损伤，不能下地走动，只好在家卧床（仰卧位）休息。请用解剖学姿势判断以下说法哪一项是错误的（　　）。

A. 赵奶奶头朝上方　　B. 赵奶奶足朝下方　　C. 赵奶奶双眼看向上方

D. 赵奶奶双眼看向前方　　E. 赵奶奶的腹部为前，背部为后

答案：C

解析：标准的解剖学姿势是指身体直立，双眼平视前方，上肢自然下垂，下肢并拢，掌心和足尖向前的姿势。在这个姿势的基础上，头为上、足为下、双眼向前看、胸腹部为前、腰背部为后，故答案 C 是错误的。

5. 张阿姨，70 岁，退休教师，赋闲在家。平时喜欢书法、绘画，经常去公园打太极。某日一不小心滑倒，手掌着地，导致桡骨远端骨折，遂就医治疗。请用解剖学姿势判断，以下哪种方位是专门描述四肢的（　　）。

A. 上、下　　B. 前、后　　C. 内、外侧

D. 远、近端　　E. 浅、深

答案：D

解析：在标准的解剖学姿势基础上，上与下、前与后、浅与深、内侧与外侧均可用于描述头颈部和躯干部，内与外只能用于描述空腔器官，故答案是 D。

模块一 细胞与组织

项目一　细胞的组成、结构和功能

学习目标

思政及素养目标

1. 培养尊老敬老的职业操守与人文修养，强化照护工作中的耐性、细致及担当意识。

2. 培养不怕吃苦的工匠精神和创新意识，实事求是的工作作风。

知识目标

1. 掌握细胞的基本结构；细胞膜的 4 种物质转运方式；静息电位和动作电位的概念及产生机制。

2. 理解细胞的概念和基本形态；细胞质中各类细胞器的形态结构和功能；极化、去极化、超极化、复极化、阈电位的概念。

3. 了解动作电位的传导；细胞增殖周期的定义和分裂特点。

能力目标

1. 能辨认细胞的基本结构，准确指出其关键结构和特征。

2. 能利用细胞膜的结构分析各种物质转运方式的关系。

3. 能分析简单的照护康复用药的应用案例。

知识导读

扫码查看思维导图。

扫一扫

赛证对接

本项目内容往往对接细胞的解剖生理学相关知识，进行关于细胞代谢的护理康复用药病例分析，包括糖尿病患者、出现缺钙或腹泻症状等在内的患者饮食护理，以及相关疾病的健康宣教等实际照护任务的形式考查。

任务一　了解细胞的化学组成

细胞是构成生物体的基础，尽管不同细胞的形态和功能存在差异，但它们的基本结构相似，并且在化学成分上具有统一性。

人体由数量庞大的细胞组成，这些细胞种类丰富，形态多样，大小不一。据估算，一个成年人体内约有 1800 万亿个细胞，细胞种类超过 200 种。细胞的形状多种多样，包括球形、扁平形、立方形、柱状、锥体形以及不规则形等。细胞的形态、大小与其功能及所处环境密切相关。例如，血液中流动的血细胞呈球形，具有收缩功能的肌细胞呈长纤维状，能够感受刺激并传递神经冲动的神经细胞则有许多长突起（图 1-1-1）。

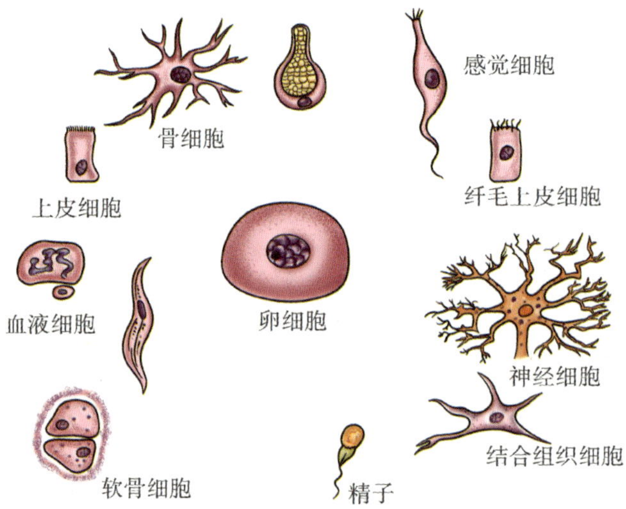

图 1-1-1　几种不同细胞的形态模式图

细胞的化学组成元素大体相似，共有几十种。其中，碳、氢、氧、氮是细胞内含量最为丰富的元素，其次是钙、镁、钾、钠、磷、硫、氯、铁等元素，此外，还有铜、锌、碘等微量元素。

细胞借助这些元素来合成其基本的化学成分，即无机化合物和有机化合物。细胞中的无机化合物主要包括水和无机盐。水是细胞内含量最多的物质，通常占人体体重的 60%～70%，可分为自由水和结合水两种形式。无机盐在细胞中的含量较低，且主要以离子的形式存在，无机盐对于维持细胞的正常生理功能具有不可或缺的作用。

细胞中的有机化合物主要包括糖类、脂类、蛋白质、核酸和维生素等。其中，蛋白质和核酸的相对分子质量较大且结构复杂，能够维持生物体的基本生命活动，因此被称为生物大分子；其他物质相对分子质量较小，被称为生物小分子。蛋白质是细胞的主要组成成分，构成了细胞的结构基础；酶是一种特殊且重要的蛋白质，能够催化人体内的各种生化反应，因此也被称为生物催化剂。核酸分为核糖核酸（RNA）和脱氧核糖核酸（DNA），它们直接参与蛋白质的合成，并控制生物体的遗传和变异，是细胞的重要组成部分。糖类和脂类则是细胞的能量来源，部分脂类还构成了细胞的主要成分。

拓展阅读

世界上第一个人工合成蛋白质的诞生

1958 年，中国科学院上海生物化学研究所、北京大学和中国科学院上海有机化学研究所三单位联合开启实现“人工合成蛋白质”的科研计划。科研人员以牛胰岛素为合成目标，经过了 6 年零 9 个月的不懈努力，逐一突破了天然胰岛素“拆链—合链—合并人工链”的三道难关，终于在 1965 年首次完成了结晶牛胰岛素的合成。这是我国科学家依靠集体的力量，在世界水平上首次合成人工蛋白质——牛胰岛素。

任务二　认识细胞的基本结构

尽管细胞在形态和大小上存在差异，但在光学显微镜下观察时，细胞的基本结构几乎都由细胞膜、细胞质和细胞核 3 部分组成。细胞质中含有细胞器、内含物和基质等成分；细胞核由核膜、核仁、染色质及核基质构成。

拓展阅读

细胞的发现

1665 年，英国物理学家及天文学家罗伯特·胡克使用自制的光学显微镜观察软木塞切片时，发现了蜂窝状的小格子结构，他首次将这些小空间命名为“细胞”（意为“小室”），这标志着细胞与生理学研究的紧密联系正式开启。

然而，胡克所发现的仅仅是植物细胞的细胞壁。直到 1674 年，荷兰商人安东尼·列文虎克发明了高倍显微镜，他利用这个显微镜观察到了血细胞以及池塘水中的原生动物，这是人类首次观察到完整的活体细胞，极大地拓展了人们对细胞世界的认识。

一、细胞膜

（一）细胞膜的形态结构

细胞膜又称质膜，属于半透膜，位于细胞的表面，在光学显微镜下几乎无法看到。在电子显微镜下观察细胞膜时，会发现其呈现出 3 层结构：外层和内层颜色较深，而中间 1 层颜色较浅，形成“两暗夹一明”的图像。这种典型图像不仅存在于细胞膜中，还出现在细胞内的其他结构中。因此，将这种模式结构称为单位膜，将细胞内由单位膜构成的结构称为膜相结构。

目前被广泛接受的细胞膜分子结构模型是“液态镶嵌模型”，其核心观点是：细胞膜由液态的脂质双分子层构成基础框架，在此基础上，各种结构和功能各异的蛋白质镶嵌其中（图 1-1-2）。脂质分子和蛋白质都具有流动性。脂质分子的双层结构中，头部具有亲水性，分别面向细胞膜的外侧和内侧；而尾部是疏水的，朝向细胞膜的中心区域。在细胞的外表面，多糖能够与细胞膜上的脂质分子和蛋白质分子结合，分别形成糖脂和糖蛋白。这些外伸的糖链共同构成了细胞的外衣。

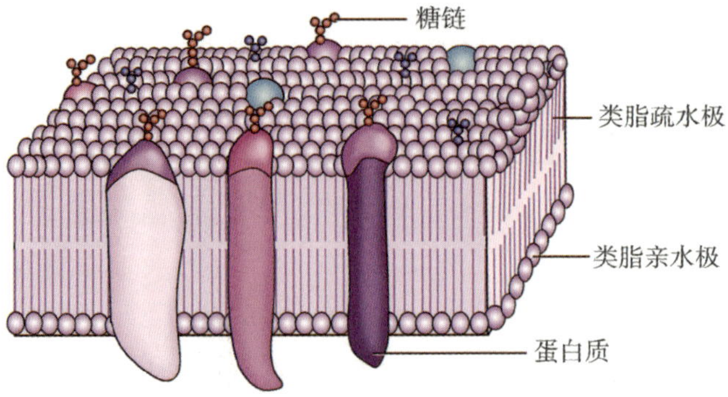

图 1-1-2　细胞膜液态镶嵌模型图

（二）细胞膜的生物功能

细胞膜具有保护细胞和维持细胞的形态、支持物质转运、接受刺激及传递兴奋等功能。细胞膜的脂质双分子层是形成细胞膜屏障功能的基础，可以有选择性地允许一些物质通过，其间的某些具有识别、接受某些信号刺激作用的镶嵌蛋白质被称为受体。此外，细胞膜还具有参与细胞运动、细胞黏合等功能。

二、细胞质

（一）基质

基质是一种透明、均匀的胶状物质，构成了细胞质的基本框架。细胞器和包含物都悬浮在其中，它为细胞内的物质代谢活动提供了空间和环境。

（二）细胞器

细胞器是指细胞质中具有特定形态和功能的结构化成分（图 1-1-3），主要包括以下几个部分（表 1-1-1）。

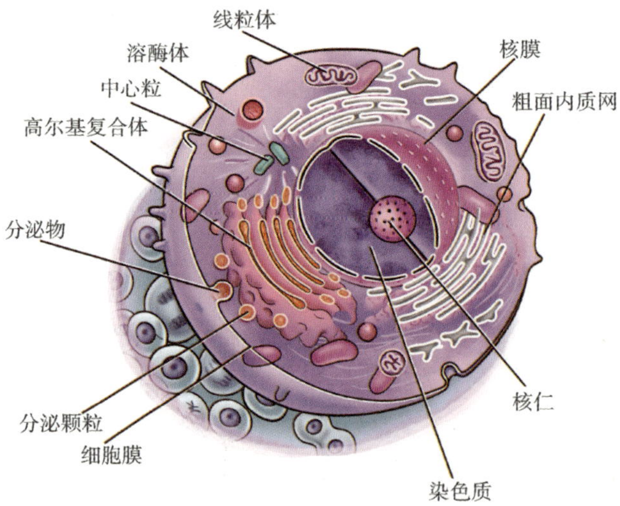

图 1-1-3　细胞超微结构模式图

表 1-1-1 主要细胞器的结构和功能

细胞器	形态结构	功能特点
线粒体	双膜，线状或颗粒状（光学显微镜）、椭圆形或球形（电子显微镜）	为细胞提供能量：三磷酸腺苷（ATP）
核糖体	无膜，细胞内最小的细胞器，致密颗粒状（电子显微镜），可分为附着核糖体和游离核糖体	合成蛋白质的场所
内质网	单膜，形态多样（囊状、小管状或泡状），根据表面有无核糖体可分为粗面内质网（扁平囊状）和滑面内质网（分支小管状）	粗面内质网：合成外输性蛋白质 滑面内质网：功能复杂且多样
高尔基体	单膜，位于细胞核附近，网状结构（光学显微镜）	加工、浓缩、修饰、包装和运输粗面内质网合成的蛋白质
溶酶体	单膜，囊状小体或小泡（电子显微镜）	"环保服务站"，分解细胞内已经损坏或衰老的细胞器，以及细胞吞噬的微生物（如细菌）和其他异物
中心体	无膜，颗粒状（电子显微镜）	参与细胞的有丝分裂、微管蛋白的合成与聚合、细胞的运动能力以及鞭毛和纤毛的形成
微体	单膜，圆形或椭圆形（电子显微镜），分布于肝细胞和肾小管上皮细胞	"解毒卫士"，含过氧化氢酶等多种酶类，解毒并有效清除细胞内有害的过氧化物
细胞骨架	由微管、微丝、中间纤维以及微梁网格等结构组成	支撑细胞的形态，参与细胞的运动、物质运输、细胞分裂等多种生命活动

（三）内含物

内含物是细胞质中除细胞器之外的其他有形成分，包括脂滴、糖原、吞噬小体、吞饮小泡等。它们的种类和数量会因细胞的类型和生理状态的不同而有所差异。

三、细胞核

细胞核的数目、形态和位置因细胞类型而存在差异，但其基本结构通常包括核膜、核仁、染色质（或染色体）以及核基质等组成部分（图 1-1-3）。大多数细胞通常含有 1 个细胞核，位于细胞质内。然而，也有一些特殊情况，例如，骨骼肌细胞可以含有数十到数百个细胞核；肝细胞可能存在双核；而成熟的红细胞则完全不含细胞核。

（一）核膜

核膜是细胞核的外部结构，由双层膜组成，属于膜性结构。这两层膜之间的空间称为核周隙，它与内质网相连。核膜上分布着许多小孔，称为核孔。核孔是细胞核与细胞质之间物质交换的重要通道，并且能够对物质的进出进行选择性调控。核膜的主要功能是维持细胞核内环境的稳定，保护遗传物质，同时它还起到屏障作用，为酶分子提供附着位点，并参与基因表达的调控。

（二）核仁

核仁是细胞核内的一种无膜结构，呈海绵状球形。其主要成分是核糖核酸（RNA）和蛋白质，核心功能是参与核糖体的合成。核糖体形成后通过核孔运输到细胞质中，进而参与蛋白质合成的过程。

（三）染色质和染色体

染色质和染色体是细胞内承载遗传信息的物质，它们本质上是同一种成分，在细胞周期的不同阶段呈现出不同的形态。

在细胞分裂的间期，细胞核内存在一种分布不均匀、容易被碱性染料染色的物质，这就是染色质。它通常呈现为稀疏的块状或颗粒状，主要位于核膜内侧。其中，染色较浅的部分称为常染色质，而染色较深的部分称为异染色质。染色质主要由脱氧核糖核酸（DNA）和蛋白质组成，DNA 是遗传物质的载体。当细胞进入有丝分裂阶段时，染色质会高度螺旋化、盘曲缠绕，逐渐变短变粗，形成具有特定形态的染色体。

（四）核基质

核基质是细胞核内的一种透明胶状基质，也称为核液，其主要成分包括水、无机盐和蛋白质以及由酸性蛋白组成的核内骨架系统。

任务三　了解细胞膜的基本功能

案例导入

张奶奶，71 岁。间断四肢肌肉抽搐 2 年，加重 5 天，每次发作时持续数分钟，活动或按摩后好转，多见双下肢肌肉抽搐，无牙关紧闭。张奶奶退休后喜居家，饮食清淡。门诊检查：血 Ca^{2+} 为 1.8mmol/L（正常值为 2.25 ~ 2.75mmol/L），血 Na^+、血 K^+ 正常，脑 CT、脑电图无异常。临床诊断为低钙血症。

赛证对接

1. 照护员帮助分析低钙血症为什么会出现上述症状。
2. 照护员帮助张奶奶制定对应照护措施。

知识殿堂

扫码查看课件。

扫一扫

细胞活动构成了人体生命活动的基本单位，掌握细胞的基本功能，能够为深入理解机体各系统和器官的生理活动规律奠定坚实基础，对学习机体各系统的生理功能具有重要的指导意义。本部分主要阐述细胞膜的物质转运功能、信号传递功能以及细胞的生物电现象。

一、细胞膜的物质转运功能

细胞的新陈代谢依赖于多种营养物质的供给，同时会生成许多代谢产物。细胞外的营养物质进入细胞内，而细胞内的代谢产物排出细胞外，这一过程都依赖于细胞膜的物质转运功能来完成。常见的几种跨膜物质转运形式分述如下：

（一）单纯扩散

单纯扩散是指脂溶性小分子物质从细胞膜高浓度一侧向低浓度一侧扩散的过程。在人体体液中，脂溶性物质（如 O_2、CO_2、NO 等）能够仅依靠浓度差来实现跨膜转运。跨膜转运的物质数量用扩散量来衡量，其大小受两个因素影响：①细胞膜两侧该物质的浓度差，浓度差是驱动扩散的关键因素，浓度差越大，扩散量越大；②该物质通过细胞膜的难易程度，即细胞膜对该物质的通透性。当细胞膜的通透性降低时，扩散量也会相应减少。

（二）易化扩散

易化扩散是指一些不溶于脂质或脂溶性较低的小分子物质，通过细胞膜上特定蛋白质的协助，从细胞膜的高浓度侧向低浓度进行扩散的过程。根据所借助的膜蛋白类型不同，易化扩散可以分为载体转运和通道转运两种形式。

1. 载体转运

载体转运是一种借助载体蛋白实现物质跨膜运输的过程（图 1–1–4）。当溶质浓度较高一侧的物质与载体蛋白结合时，会引发载体蛋白的构象改变，随后将物质转运至浓度较低的另一侧，并与之分离。在这个过程中，载体蛋白本身不会被消耗，可以多次重复使用。例如，葡萄糖和氨基酸等物质就是通过这种方式穿过细胞膜的。

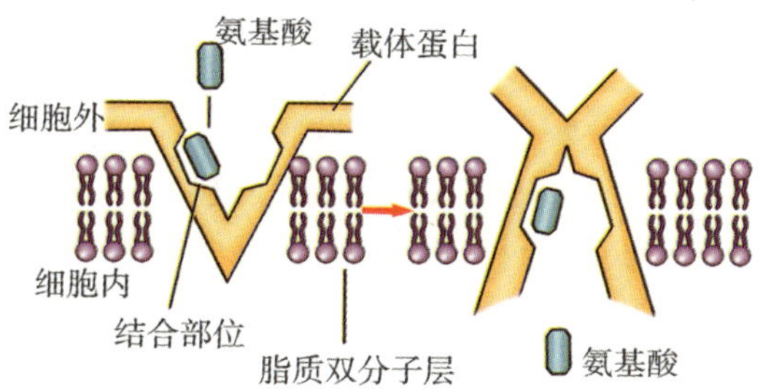

图 1–1–4　载体转运模式图

载体易化扩散具有以下特点：

（1）结构特异性　即每种载体蛋白只能与特定的物质分子发生特异性结合。

（2）饱和现象　当被转运物质在细胞膜两侧的浓度差超过一定限度时，其转运量不再增加，保持恒定。这是因为载体蛋白的数量或其与物质结合的位点数量是固定的，当达到饱和时，转运量也就不再上升。

（3）竞争性抑制　如果一个载体既可以运载 A 物质，也可以运载 B 物质，且该载体的运输总量是有限的，那么当 A 物质的转运量增加时，B 物质的转运量就会相应减少。这是因为 A 物质的增加占据了更多的载体位点，从而抑制了 B 物质的转运。

2. 通道转运

通道转运是依靠嵌入细胞膜中的通道蛋白来实现的（图 1–1–5）。这些通道蛋白贯穿整个细胞膜，当受到某种刺激时，通道会开启，允许相应的离子从细胞膜的高浓度一侧向低浓度一侧移动。例如，K^+、Na^+、Ca^{2+} 和 Cl^- 等，主要就是通过这种方式进出细胞的。根据通道开放所需的条件，通道转运可分为 3 类：化学门控通道、电压门控通道和机械门控通道。化学门控通道的开闭依赖于特定化学物质的存在，比如 N_2 型乙酰胆碱通道；电压门控通道的开闭取决于细胞膜两侧的电位差，例如 Na^+ 通道和 Ca^{2+} 通道；机械门控通道的开闭则是由于受到机械性刺激的作用。

单纯扩散和易化扩散的驱动力均来源于细胞膜两侧的浓度差或电位差所蕴含的势能，且在扩散过程中无须细胞额外消耗能量。因此，单纯扩散和易化扩散均被归类为被动转运。

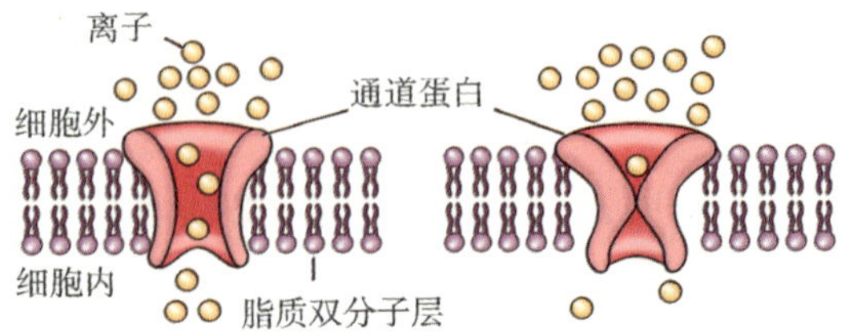

图 1-1-5　通道转运模式图

（三）主动转运

主动转运是指细胞通过消耗自身能量，在膜蛋白的协助下，将物质分子（或离子）由细胞膜的低浓度一侧向高浓度一侧或从低电位一侧向高电位一侧转运的过程。根据膜蛋白是否直接利用能量，主动转运可以分为原发性主动转运和继发性主动转运。通常所说的主动转运主要是指原发性主动转运。

1. 原发性主动转运

细胞通过直接利用自身代谢产生的能量，将物质从低浓度一侧向高浓度一侧或从低电位一侧向高电位一侧转运的过程称为原发性主动转运。参与这一过程的膜蛋白称为离子泵。其中，最为关键的是广泛存在于细胞膜上的钠－钾泵（简称“钠泵”）。钠泵也称为 Na^+-K^+ 依赖型 ATP 酶（图 1-1-6）。在钠泵的活动过程中，每分解 1 分子 ATP 所释放的能量，可以将 3 个 Na^+ 从细胞内转运到细胞外，同时将 2 个 K^+ 从细胞外转运到细胞内，从而维持细胞内外 Na^+ 和 K^+ 的浓度差异。由于钠泵的作用，细胞内液中 K^+ 的浓度可达到细胞外液的 30 倍以上，而细胞外 Na^+ 的浓度则是细胞内 Na^+ 浓度的 10 倍以上。

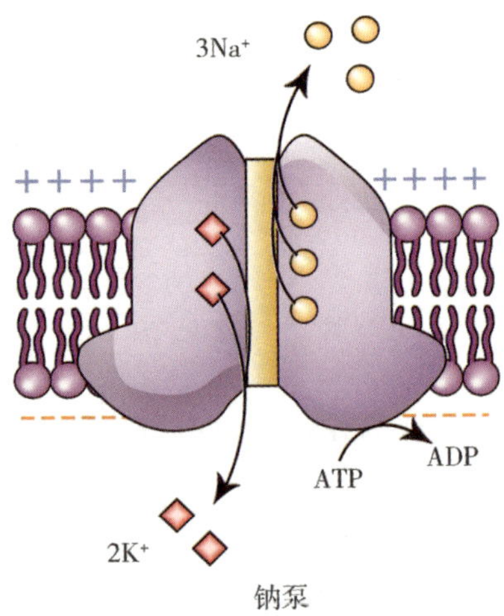

图 1-1-6　钠泵模式图

细胞代谢产生的能量中，超过 1/3 用于维持钠泵的运转，因此钠泵的活动具有极其重要的生理意义：①钠泵活动所维持的细胞内高 K^+ 环境，是细胞内许多代谢反应顺利进行的必要条件；②钠泵通过维持细胞内外的离子平衡，有助于保持细胞内渗透压和细胞体积的稳定，从而防止细胞发生水肿；③钠泵活动所形成的细胞膜内外 Na^+ 和 K^+ 的浓度差，为细胞的生物电活动提供了基础条件；④钠泵建立的 Na^+ 跨膜浓度梯度，为继发性主动转运提供了驱动力。

2. 继发性主动转运

在某些物质进行跨膜转运时，其逆浓度梯度或电位梯度的运输并不直接依赖 ATP 分解所提供的能量，而是借助原发性主动转运形成的离子浓度梯度来提供动力。这种通过间接利用 ATP

释放的能量来完成的主动转运过程称为继发性主动转运（图 1–1–7）。继发性主动转运又可以分为同向转运和逆向转运 2 种方式。

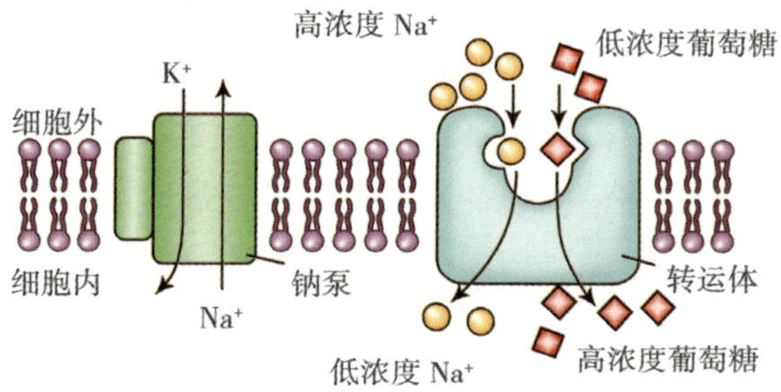

图 1–1–7　继发性主动转运模式图

（四）入胞与出胞

上述 3 种物质转运方式的共同点在于它们所转运的物质都是小分子。然而，对于体内的一些大分子物质或团块状物质，它们无法直接通过细胞膜进行运输，而是需要借助更为复杂的入胞和出胞方式来实现跨膜转运。

1. 入胞

细胞外的大分子物质或团块物质（如细菌、死亡细胞和细胞碎片等）进入细胞内的过程称为**入胞**。在这一过程中，物质首先与细胞膜接触，导致接触部位的细胞膜向内凹陷，将物质包裹起来形成吞噬泡。随后，吞噬泡与溶酶体融合，溶酶体内的蛋白水解酶等消化酶会将吞噬的物质分解消化。

2. 出胞

细胞内大分子或团块物质通过分泌囊泡排出细胞的过程称为**出胞**。出胞在激素分泌和神经末梢递质释放等过程中尤为常见。细胞内的分泌囊泡会向细胞膜内侧移动，并与细胞膜融合后破裂，最终将囊泡内的物质释放到细胞外。

二、细胞膜的信号转导功能

机体细胞的活动主要受到神经递质、激素等化学物质的调控。受体是一种存在于细胞膜上或细胞内部的特殊蛋白质，能够识别并特异性地结合这些化学信息分子。当受体与化学物质结合后，其蛋白质分子构型就会发生改变，从而将外界的调节信号转化为细胞内的新信号形式，并进一步引发细胞内一系列生物学效应，这一过程被称为跨膜信号转导。

受体根据其在细胞中的位置，可以分为膜受体、胞浆受体和核受体。其中，膜受体是最常见的类型。从分子结构和信号转导机制来看，受体大致可以分为 3 类：G 蛋白耦联受体、离子通道受体和酶耦联受体。

三、细胞的生物电现象

生物电现象是细胞在生命活动中普遍存在的一种电学特征。例如，心电图、脑电图和肌电图分别记录了心肌、大脑皮质和肌肉活动时产生的电活动变化。这种现象是生理学中的一个重要基础理论，主要涉及细胞在静息状态时的静息电位以及细胞受到刺激后产生的动作电位。

（一）静息电位

1. 概念

静息电位是指细胞在安静状态下细胞膜内外两侧的电位差。研究发现，大多数细胞的静息电位表现为内负外正的电位差，例如骨骼肌细胞的静息电位约为 –90 mV，神经细胞的静息电位约为 –70 mV，平滑肌细胞的静息电位约为 –50 mV，红细胞的静息电位约为 –10 mV 等。静息电位的大小通常按其负值的绝对值来衡量，负值绝对值越大，静息电位也就越高。当细胞处于安静状态时，细胞膜内外呈现的内负外正的稳定电位状态称为极化。如果静息电位进一步增大，即细胞膜内外电位差进一步增加，这种状态称为超极化；而静息电位减小，即细胞膜内外电位差减小，则称为去极化。细胞膜去极化后，电位差重新向静息电位水平恢复的过程称为复极化。静息电位和极化状态是同一现象的两种不同表述方式，它们都是细胞处于静息状态的重要标志。

2. 产生机制

在细胞安静状态下，细胞膜对 K^+ 的通透性较高，对 Na^+ 的通透性较低，而对蛋白质负离子（A^-）则几乎完全不通透。因此，K^+ 会顺着浓度梯度从细胞内向外扩散，将正电荷带向膜外，而 A^- 由于不能通过细胞膜而留在膜内。这种离子分布使得细胞膜内外形成了内负外正的电位差。随着 K^+ 的外流，内负外正的电场力会逐渐增强，并阻碍带正电的 K^+ 继续外流。当 K^+ 外流的动力（浓度差）与电场力的阻碍作用达到平衡时，K^+ 的外流停止，此时细胞膜两侧的电位差稳定在一个特定值，即静息电位。因此，静息电位是由 K^+ 外流形成的，也称 K^+ 平衡电位。

由此可知，细胞膜内外的 K^+ 浓度差是影响静息电位大小的关键因素。如果细胞外液中 K^+ 浓度增加，导致细胞膜内外 K^+ 浓度差减小，静息电位会相应减小；相反，如果细胞外液中 K^+ 浓度降低，细胞膜内外 K^+ 浓度差增大，静息电位则会增大。

（二）动作电位

1. 概念

动作电位是细胞在静息电位基础上受到有效刺激后产生的一种快速且可传播的膜电位变化，是可兴奋细胞兴奋状态的重要标志。实验观察到，动作电位由上升支和下降支组成，上升支由去极化过程引起，下降支由复极化过程引起。以神经细胞为例（图 1–1–8），在安静状态下其膜电位通常为 –70 mV。当神经细胞受到有效刺激时，膜电位会逐渐去极化，达到阈电位水平后，迅速上升至 +30 mV，形成动作电位的上升支。其中，超过 0 mV 的部分被称为超射。随后，膜电位迅速复极化至接近静息电位的水平，形成动作电位的下降支。这种快速的尖峰状电位变化称为锋电位。在锋电位之后，膜电位会出现低幅且缓慢的波动，称为后电位。后电位分为两部分：前一部分膜电位低于静息电位，称为负后电位；后一部分膜电位高于静息电位，称为正后电位。

动作电位的特性可以概括为以下 3 个方面：

（1）“全或无”现象　如果刺激强度未达到阈值，细胞不会产生动作电位；而一旦刺激强度达到阈值，细胞就会产生动作电位，并且其幅度始终是固定的，不会因刺激强度的增加而进一步增大。

（2）不衰减式传播　动作电位在细胞膜某一部位产生后，会迅速向周围传导，并且在传导过程中，其幅度和波形不会发生变化，始终保持一致。

（3）脉冲式发放 当细胞受到连续刺激时，产生的多个动作电位之间会保持一定的间隔，不会相互融合，而是以独立的脉冲形式依次出现。

2. 产生机制

动作电位的形成机制与细胞膜的离子通透性变化密切相关。当细胞受到一次有效刺激时，细胞膜上少量 Na^+ 通道被激活，膜对 Na^+ 的通透性增加，导致少量 Na^+ 顺着电—化学梯度进入细胞内，这一过程使静息电位的负值减小，细胞膜发生轻度去极化。当膜电位去极化达到某一临界值（即阈电位）时，细胞膜对 Na^+ 的通透性急剧增加，Na^+ 大量快速内流，使膜内电位迅速上升，由静息时的内负外正转变为内正外负，从而形成动作电位的上升支，这一过程称为去极化。当 Na^+ 内流导致的膜内正电位足够高，足以阻止更多的 Na^+ 进入细胞时，膜电位达到一个新的平衡点，即 Na^+ 平衡电位。随后，细胞膜对 Na^+ 的通透性迅速降低，同时，电压门控 K^+ 通道因去极化而开放，膜对 K^+ 的通透性增加，K^+ 大量快速外流，使膜内正电荷迅速减少，膜内电位急剧下降至零电位，此时电位差消失，但浓度差仍推动 K^+ 外流。当 K^+ 外流的驱动力（即浓度差）与阻止 K^+ 外流的电位差达到平衡时，K^+ 外流停止，膜电位恢复到静息水平，形成动作电位的下降支。因此，动作电位的上升支主要是由 Na^+ 大量快速内流引起，而下降支则是由 K^+ 快速外流引起。

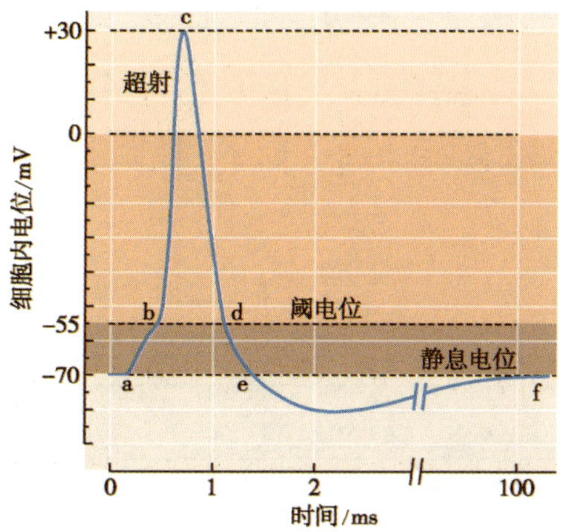

ab：膜电位逐步去极化到达阈电位水平；bc：动作电位快速去极相；cd：动作电位快速复极相；bcd：锋电位；de：负后电位；ef：正后电位。

图 1-1-8 神经纤维动作电位模式图

因此，细胞膜去极化达到阈电位是细胞产生动作电位的关键条件。能够引发动作电位的临界膜电位值被称为**阈电位**，能够使静息电位去极化至阈电位的刺激则被称为**阈刺激**。低于阈刺激的刺激称为阈下刺激，高于阈刺激的刺激称为阈上刺激。能够有效引起细胞兴奋或动作电位的刺激包括阈刺激和阈上刺激。单个阈下刺激无法引发动作电位，只能引起较小的去极化，该种去极化幅度不足以达到阈电位。这种仅限于细胞膜局部区域的微小去极化称为局部反应或局部兴奋。局部兴奋的特点包括：①不遵循“全或无”规律，其幅度会随着阈下刺激强度的增加而增大；②呈现电紧张性扩布，即以衰减的方式传导，随着传播距离的增加而迅速减弱，无法在细胞膜上进行远距离传播；③可以发生总和，多个连续的局部兴奋通过叠加可以使膜电位去极化至阈电位，从而触发动作电位。

3. 传导

当动作电位在细胞膜的某一部位产生后，它会沿着细胞膜无衰减地传播至整个细胞，这一过程称为动作电位的传导。其传导机制可以用局部电流学说来解释（图 1-1-9）。

具体来说，当细胞膜某一部位受到刺激产生动作电位时，该部位的膜电位变为内正外负，而邻近的未兴奋部位仍保持内负外正的静息状态。因此，在膜内和膜外，兴奋部位与未兴奋部位之间都会出现电位差，从而引发电荷移动，形成局部电流。局部电流的方向为：膜外从未兴奋部位流向兴奋部位，膜内从兴奋部位流向未兴奋部位，从而构成一个局部电流环路。这种电流流动会导致未兴奋部位的膜内电位升高、膜外电位降低，即发生去极化。当去极化达到阈电位时，未兴奋部位也会引发动作电位，并继续向其他部位传播，最终使动作电位扩散至整个细胞。

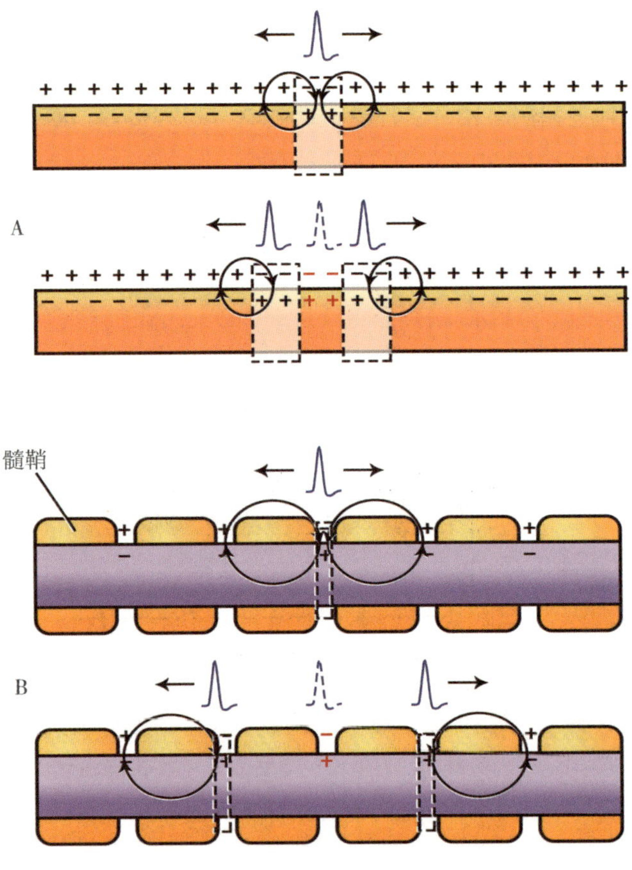

图 1-1-9　动作电位在神经纤维上的传导示意图

A. 动作电位在无髓神经纤维上传导示意图；B. 动作电位在有髓神经纤维上传导示意图；虚线方框代表兴奋区

无髓神经纤维以及骨骼肌细胞、心肌细胞等其他可兴奋细胞的兴奋传导是通过上述机制实现的；而有髓神经纤维的动作电位则是通过在相邻的郎飞结之间跳跃式传导完成的。

拓展阅读

解密河豚毒素中毒

通常当神经细胞受到刺激时，Na^+ 通道会开放，Na^+ 流入细胞内，使细胞膜发生去极化而形成动作电位，传递神经冲动。河豚毒素是一种小分子水溶性化合物，它能够阻断神经细胞膜上的电压门控 Na^+ 通道，阻止 Na^+ 内流，进而阻断神经冲动的产生和传递。河豚毒素对 Na^+ 通道的高亲和力和高度特异性使其成为一种剧毒物质。河豚毒素中毒为什么会出现生命危险？

点燃思考

河豚毒素中毒为什么会出现生命危险？

任务四　了解细胞分裂

细胞以分裂的形式实现增殖，这是生物体生长发育的基础，也是更新和补充细胞的主要途径。人类细胞的分裂方式主要有两种：有丝分裂和减数分裂。减数分裂是生殖细胞成熟过程中的主要分裂方式，也称为成熟分裂，其特征是细胞在分裂过程中染色体复制一次、细胞连续分裂两次，最终使子细胞的染色体数目减半。有丝分裂则是人类体细胞的主要增殖方式。本部分将以有丝分裂为例，介绍细胞增殖的相关内容。

从一个细胞分裂结束到其子代细胞再次分裂结束的整个过程称为**细胞增殖周期**，简称细胞周期（图 1-1-10）。细胞周期可以分为 2 个主要阶段：分裂间期和分裂期（图 1-1-11）。

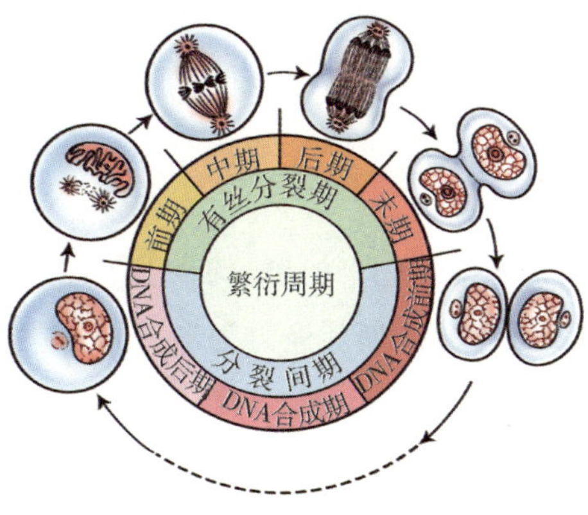

图 1-1-10　细胞周期示意图

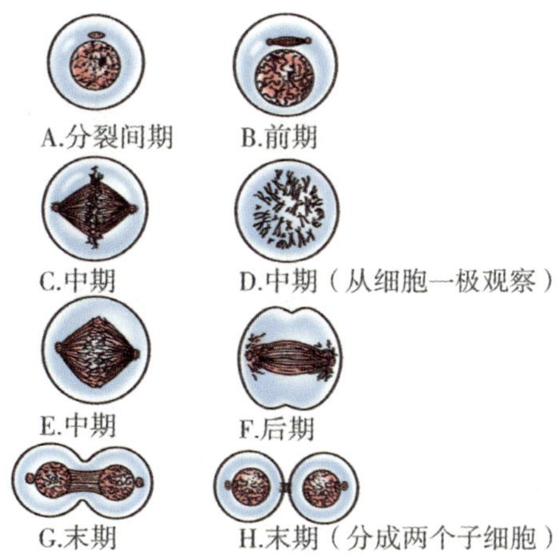

图 1-1-11　细胞有丝分裂示意图

一、分裂间期

分裂间期是细胞为分裂做准备的阶段，主要包括 DNA 的复制等，这一阶段进一步细分为 3

个时期：DNA 合成前期（G_1 期）、DNA 合成期（S 期）和 DNA 合成后期（G_2 期）。

（一）DNA 合成前期（G_1 期）

此时期细胞主要合成 DNA 复制并储存所需的原料，如核苷酸、蛋白质和酶类，为接下来的 DNA 合成做好准备。此阶段的特点是细胞代谢非常活跃，能够快速合成 RNA 和蛋白质，细胞体积也会显著增大。

（二）DNA 合成期（S 期）

此时期是细胞周期的关键阶段，细胞内主要进行 DNA 的复制，使 DNA 含量加倍，从而确保在细胞分裂时，两个子细胞能够获得相同数量的 DNA 和遗传信息。从 G_1 期进入 S 期标志着细胞增殖活动的正式启动，一旦 DNA 开始复制，细胞将连续完成后续的分裂过程，直至最终分裂为两个子细胞。然而，如果细胞在这一时期受到放射线、化学物质或生物因素等干扰，可能会阻碍 DNA 的正常复制，导致异常的 DNA 分子链生成，进而引发细胞变异或分裂异常终止。

（三）DNA 合成后期（G_2 期）

此时期 DNA 复制已经完成，但细胞仍会继续合成 RNA 和蛋白质，例如用于构成纺锤体的微管蛋白以及细胞膜的蛋白质等。这些物质合成的目的是为细胞进入分裂期做好充分准备。

二、分裂期

细胞分裂期（M 期）是细胞将已经复制的染色体以及其他细胞器等结构平均分配到两个子细胞的过程，这一阶段可以分为前期、中期、后期和末期 4 个阶段。

（一）分裂前期

此阶段细胞核逐渐膨大，核膜和核仁开始逐渐解体并消失；染色质细丝高度螺旋化，缠绕盘曲形成具有特定形态的染色体；中心粒已完成复制形成 2 对，并在其周围出现由微管呈放射状排列形成的星状线，这些结构共同构成星体。随后，星体逐渐向细胞两极移动，星状线则形成纺锤丝，连接 2 对中心粒，形似纺锤，故称为纺锤体。

（二）分裂中期

此阶段染色体集中于细胞中央，排列成赤道板的结构。每条染色体纵裂为 2 条染色单体，但它们仍通过着丝粒相连。着丝粒与纺锤丝相连，并通过纺锤丝与已移向细胞两极的中心粒相连接。

（三）分裂后期

此阶段连接两条染色单体的着丝粒断裂，染色单体分离，并在纺锤丝的牵引下逐渐移向细胞两极。同时，细胞开始拉长，中部的细胞膜向内凹陷，逐渐将细胞质一分为二。

（四）分裂末期

此阶段已移至细胞两极的染色体逐渐解螺旋，恢复为染色质状态。核膜和核仁重新形成，与染色质一起构成新的细胞核，纺锤丝和中心粒逐渐消失。细胞膜继续向内凹陷，最终将细胞质完全分开，形成两个独立的子细胞。

三、细胞分裂对衰老的影响

细胞分裂可通过端粒动力学、基因组稳定性、能量代谢以及干细胞维持等多种途径对衰老产生影响，深入理解这些过程将有助于从细胞水平抗衰老。

（一）端粒缩短与复制性衰老

在细胞分裂过程中，染色体末端的端粒会逐渐变短。当端粒缩短到一定程度时，细胞就会进入一种无法继续分裂的状态，即复制性衰老。端粒酶能够延长端粒，这种酶在干细胞和生殖细胞中是活跃的，但在大多数体细胞中，端粒酶的活性受到抑制，以避免细胞癌变。例如，皮肤成纤维细胞因为端粒缩短，导致胶原蛋白合成减少，从而加速皮肤老化。

（二）DNA 损伤积累

在细胞分裂过程中，DNA 复制可能出现错误，同时环境因素（如氧化应激）也可能对 DNA 造成损伤，这些因素都可能导致基因突变的积累。随着年龄增长，细胞的 DNA 修复机制效率逐渐下降，未能及时修复的损伤会触发细胞衰老或凋亡。例如，在老年人中，肝细胞由于长期的分裂活动积累了大量突变，导致其功能逐渐衰退。

（三）干细胞耗竭与再生能力下降

随着分裂次数的增加，组织干细胞（例如肠道干细胞和造血干细胞）的功能会逐渐减弱，从而使得组织的修复能力降低。

拓展阅读

减数分裂

减数分裂是进行有性生殖的生物，在产生成熟生殖细胞时进行的特殊分裂方式，先后分裂两次。减数第一次分裂是前期经过复制再分裂，结果细胞一分二，形成两个子细胞，染色体数目减半；减数第二次分裂后，细胞再次一分为二，最终形成四个子细胞，每个子细胞中的染色体数目是原始生殖细胞的一半。减数分裂和受精作用共同保证了生物前后代染色体数目的恒定，维持了物种染色体数目的稳定性。

【练习题】

一、A1 型题

1. 人体结构和功能的基本单位是（　　）。

A. 细胞　　B. 组织　　C. 器官

D. 系统　　E. 以上都是

2. 下列哪个细胞器是合成蛋白质的场所（　　）。

A. 核糖体　　B. 线粒体　　C. 中心体

D. 高尔基复合体　　E. 溶酶体

3. O_2 进入红细胞的过程属于（　　）。

A. 单纯扩散　　B. 载体转运　　C. 主动转运

D. 继发性主动转运　　E. 出胞

4. 静息电位产生的机制是（　　）。

A. 钠离子内流　　B. 钠离子外流　　C. 钾离子内流

D. 钾离子外流　　E. 钙离子内流

5. 有丝分裂过程中，子细胞的染色体数目的变化是（　　）。

A. 子细胞染色体数目减半

B. 子细胞染色体数目增加一倍

C. 子细胞染色体数目与亲代细胞相同

D. 子细胞染色体数目随机变化

E. 子细胞染色体数目变为亲代细胞的三倍

答案：AAADC

解析：无

二、A2 型题

1. 李奶奶，76 岁，被诊断为急性早幼粒细胞性白血病，医生所开处方中有治疗该病的常用药物维 A 酸，已知为维生素 A 的代谢产物，具有较高的脂溶性。它经单纯扩散通过细胞膜后，通过与核受体结合参与诱导细胞分化而发挥疗效。此类脂溶性物质在通过细胞膜时，对其跨膜扩散能力影响最大的是该物质的（　　）。

A. 分子量　　B. 所带电荷　　C. 脂溶性

D. 分子大小　　E. 空间结构

答案：C

解析：单纯扩散就是指脂溶性小分子物质从细胞膜高浓度侧向低浓度侧扩散的过程。该药物为脂溶性物质，符合跨膜转运中单纯扩散对物质的要求，故选 C。

2. 王爷爷，70 岁，近期腹泻。医生给予患者口服糖盐水（含葡萄糖和 NaCl）而非单纯生理盐水来防止脱水，其主要原因是（　　）。

A. 服用糖盐水可同时补充 NaCl 和能量物质

B. 葡萄糖能够促进小肠上皮细胞顶端膜 Na^+ 和 Cl^- 的协同转运

C. 葡萄糖通过 Na^+– 葡萄糖继发性主动转运，促进小肠上皮细胞顶端膜 Na^+ 和水的吸收

D.NaCl 和葡萄糖混合液胃排空的速率大于单纯盐溶液

E. 服用含有 NaCl 和葡萄糖的糖盐水能有效减少粪便形成

答案：C

解析：口服糖盐水后，肠道中的葡萄糖可通过 Na^+– 葡萄糖继发性主动转运，促进小肠上皮细胞顶端膜 Na^+ 和水的吸收，即 C。而纯生理盐水无法形成转运体，也就无法利于水的吸收，造成脱水。

3. 赵奶奶，63 岁，因偏瘫并发严重偏头痛就诊，遗传学检查提示与某种离子通道突变有关。当膜对哪种离子的通透性增大时，产生的去极化程度最大（　　）。

A.H^+　　B.Na^+　　C.K^+

D.H^+ 和 K^+　　E.Na^+ 和 K^+

答案：B

解析：动作电位的上升支主要是由 Na^+ 大量快速内流形成的去极化引起，而下降支则是由 K^+ 快速外流形成的复极化引起。本病例中患者出现偏头痛与某种离子通道突变有关，进而推断

出膜对哪种离子的通透性增大产生的去极化，故选 B。

4. 刘爷爷，61 岁，进食河豚后不久出现口唇、舌尖、指端麻木，继而全身麻木、眼睑下垂、四肢无力、步态不稳，查体腱反射消失，初步诊断为河豚毒素中毒。本案例患者出现全身麻木、肌肉软瘫和腱反射消失等神经麻痹症状的机制是由于河豚毒素（　　）。

A. 阻断 K^+ 通道开放，不能产生动作电位

B. 阻断 K^+ 通道开放，不能产生静息电位

C. 阻断 Na^+ 通道开放，不能产生动作电位

D. 阻断 Na^+ 通道开放，动作电位不能复极化

E. 阻断 Na^+–K^+ 泵的活动，影响了动作电位的产生

答案：C

解析：河豚毒素能阻断神经和肌纤维上的电压门控 Na^+ 通道，使得动作电位在这些细胞上难以传导，称为河豚毒素中毒。而动作电位的上升支主要是由 Na^+ 大量快速内流形成的去极化引起，而下降支则是由 K^+ 快速外流形成的复极化引起，故河豚毒素中毒阻断 Na^+ 通道开放，不能产生动作电位，选 C。

5. 王爷爷，72 岁，因恶心、呕吐、四肢及口周麻木、全身乏力被送至急诊科就诊。实验室检查显示血钾明显升高（6.8 mmol/L），初步诊断中度高血钾。细胞外钾离子浓度明显升高将导致神经细胞（　　）。

A. 兴奋性升高　　B. 膜内电位负值增大　　C.Na^+–K^+ 泵活动减弱

D.K^+ 电导增大　　E.Na^+ 电导增大

答案：D

解析：细胞外钾离子浓度升高通过改变静息电位、影响钾通道的特性和直接激活钾通道等方式，导致神经细胞的 K^+ 电导增大，进而影响神经细胞的兴奋性和传导功能，故选 D。

项目二　基本组织的结构与功能

学习目标

思政及素养目标

1. 培养尊重、关爱老年人的职业道德和素养。

2. 培养认真严谨的工作态度，增强照护工作的耐心、细心和责任心。

知识目标

1. 掌握上皮组织、结缔组织、肌组织、血液和神经元的基本结构与功能特点。

2. 理解上皮组织的特点，疏松结缔组织与致密结缔组织的纤维排列差异，肌组织的超微结构特点，神经元与神经胶质细胞在形态与功能上的关联与分工。

3. 了解肌纤维收缩机制，凝血过程。

能力目标

1. 能熟练使用光学显微镜观察各类组织的切片，识别典型结构（如各类上皮组织）。

2. 能结合解剖生理学知识，分析临床病例。

3. 能用专业术语撰写实验报告，清晰阐述观察结果与结论。

知识导读

扫码查看思维导图。

扫一扫

赛证对接

本项目内容往往对接基本组织类型的相关知识，进行基本组织分析，将竞赛真题（如鉴别心肌梗死与骨骼肌损伤的组织学差异）融入课堂，结合临床病例分析，以实际照护任务的形式考查。

任务一　认识上皮组织

案例导入

男性，60岁，吸烟史30年，长期咳嗽、咳痰。支气管镜活检显示假复层纤毛柱状上皮部分区域纤毛脱落，杯状细胞增生，基底细胞增生。

任务描述

1. 照护员帮助分析假复层纤毛柱状上皮细胞的组成与功能。

2. 照护员帮助解释吸烟如何导致纤毛结构与功能损伤。

知识殿堂

扫码查看课件。

扫一扫

上皮组织简称上皮，由密集排列的细胞及少量细胞间质构成。根据形态与功能差异，可分为被覆上皮、腺上皮和特殊上皮三种类型。

一、被覆上皮

（一）被覆上皮的基本特征

被覆上皮有以下共同特征：

1. 细胞多，细胞间质少，细胞排列紧密呈层或膜状。

2. 上皮细胞呈现极性，即一面朝向体表或管、腔、囊的内表面，称游离面；另一面借一层很薄的基膜与深层的结缔组织相连，称基底面。

3. 上皮组织一般无血管，其营养物质依靠深层结缔组织内的毛细血管透过基膜供给，但有丰富的神经末梢。

（二）被覆上皮的分类及分布

根据被覆上皮细胞的层数，分为单层上皮和复层上皮两种。根据表层细胞垂直切面的形态，单层上皮和复层上皮又可分为以下多种类型。

1. 单层扁平上皮

由一层扁平细胞紧密排列而成。从表面看，细胞呈不规则形或多边形，细胞边缘为锯齿状或波浪状，细胞核呈椭圆形，位于细胞中央；从垂直切面看，细胞呈梭形，胞质少，分布于心、血管及淋巴管腔面的单层扁平上皮称为**内皮**，内皮细胞很薄，表面光滑，有利于血液和淋巴流动。分布于胸膜、腹膜和心包膜表面的单层扁平上皮称**间皮**，间皮表面湿润光滑，可以减少内脏活动时相互间的摩擦（图 1–2–1）。

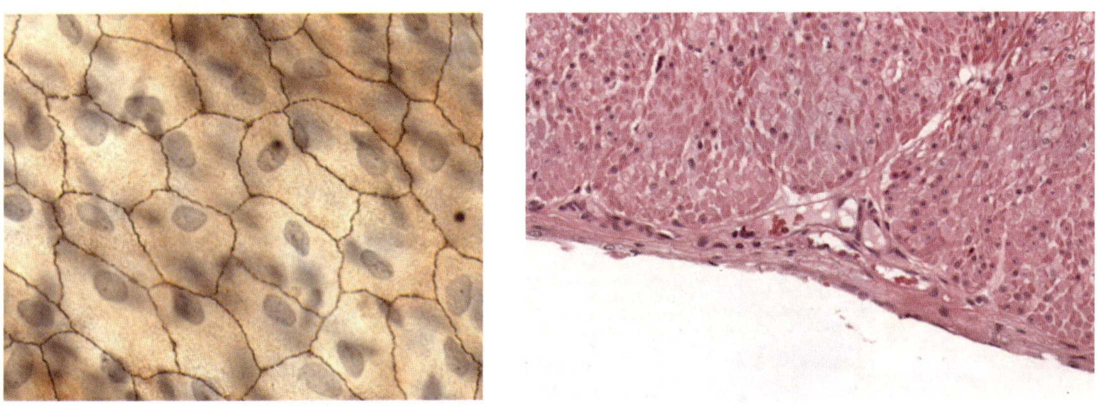

A. 顶面观（镀银）　　B. 侧面观（HE 染色）

图 1–2–1　单层扁平上皮

2. 单层立方上皮

由一层立方形细胞构成，细胞核呈圆形，位于细胞中央。单层立方上皮见于肾小管、小叶间胆管、甲状腺滤泡等处，具有分泌和吸收功能（图 1–2–2）。

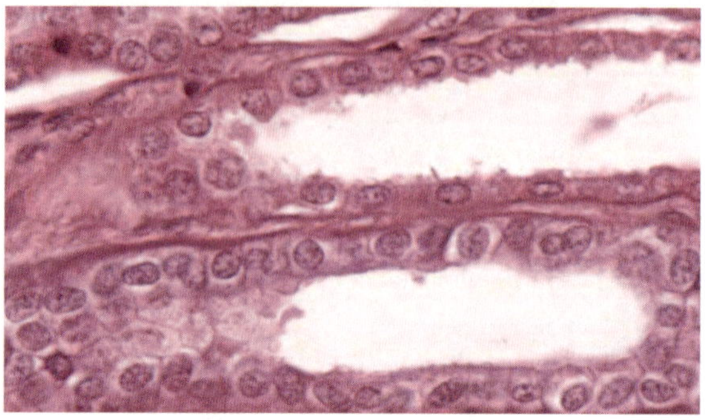

图 1–2–2　单层立方上皮

3. 单层柱状上皮

由一层高柱状细胞构成，从表面观察，细胞呈六角形或多角形；从垂直切面观察，细胞为柱状，细胞核为椭圆形。单层柱状上皮主要分布于胃、肠、子宫和输卵管等器官的内表面，具有吸收和分泌的功能（图 1–2–3）。

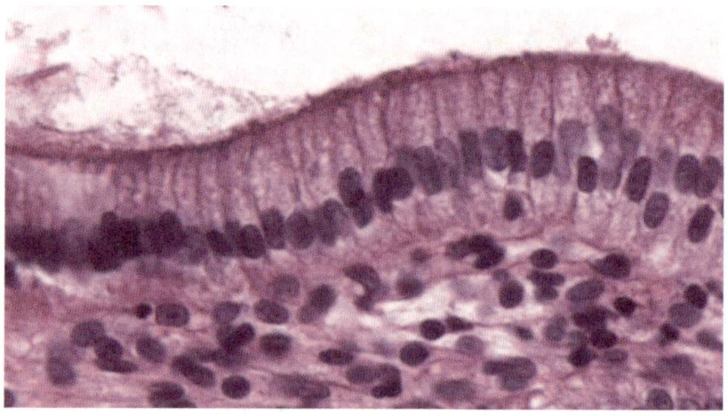

图 1–2–3　单层柱状上皮

4. 假复层纤毛柱状上皮

主要由柱状细胞、梭形细胞、杯状细胞和锥形细胞组成。从侧面观察这些细胞高矮不一，形态不同，细胞核位置参差不齐，形似复层上皮，但所有细胞的基底面均附着于基膜上，实为单层，故称假复层纤毛柱状上皮。这种上皮主要分布于呼吸道黏膜，具有保护和清洁呼吸道的作用（图 1–2–4）。

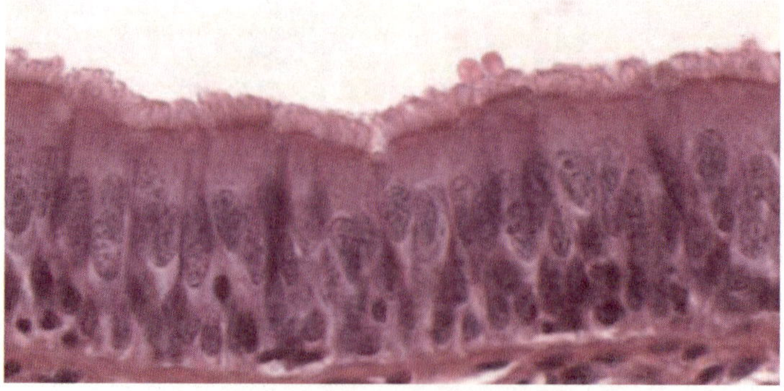

图 1–2–4　假复层纤毛柱状上皮

5. 复层扁平上皮

又称复层鳞状上皮，由多层细胞紧密排列而成。其表层是数层扁平细胞，中部为数层多边形细胞，基底细胞呈矮柱状或立方形。基底细胞具有旺盛的分裂增殖能力，不断产生新细胞对表层脱落的细胞进行补充。分布于皮肤表面的复层扁平上皮，其浅层细胞无细胞核，细胞质内充满大量角蛋白，并不断脱落（称角质层），为角化型复层扁平上皮；分布于口腔、食管和阴道黏膜的复层扁平上皮，其浅层细胞可见细胞核，细胞质内角蛋白少，为非角化型复层扁平上皮。复层扁平上皮具有耐摩擦、保护和修复的功能（图 1–2–5）。

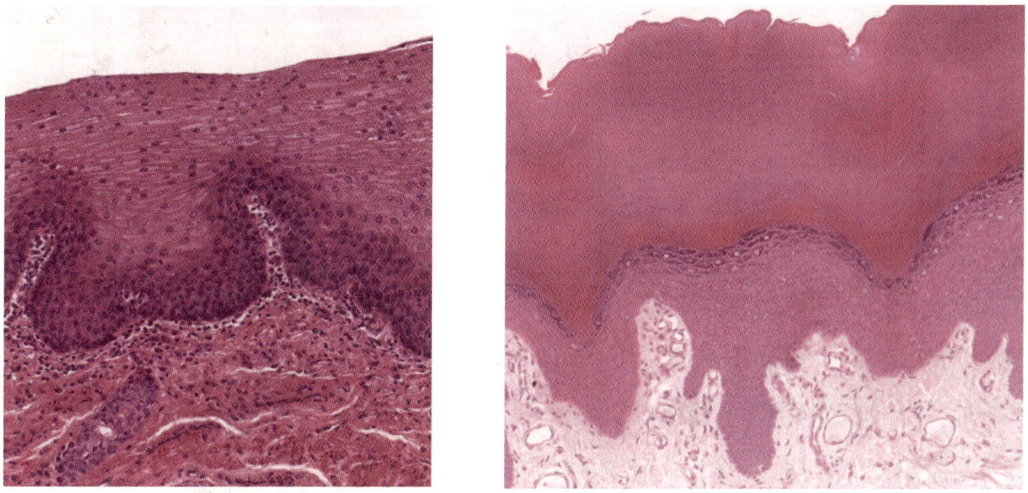

A. 未角化型　　B. 角化型

图 1–2–5　复层扁平上皮

6. 变移上皮

又称移行上皮，分布于肾盂、输尿管和膀胱等器官的内表面。因随器官的充盈程度不同，细胞的层数和形态可随之发生变化，故称变移上皮。此类上皮有保护且防止尿液侵蚀的作用（图 1–2–6）。

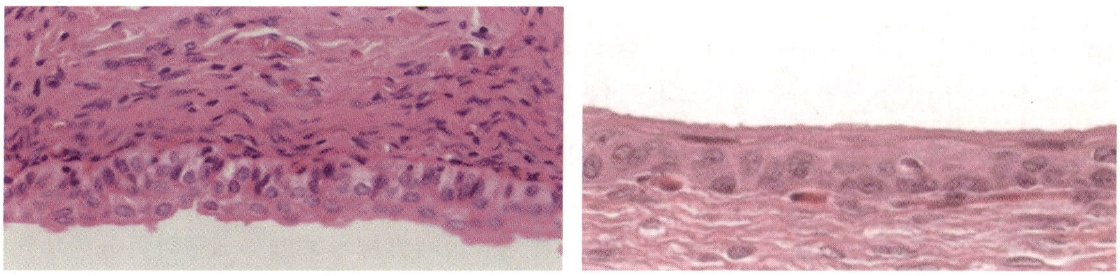

A. 空虚膀胱　　B. 充盈膀胱

图 1–2–6　变移上皮

（三）上皮的特殊结构

1. 上皮细胞的游离面

（1）微绒毛　是电镜下才能辨认的细小指状突起。它扩大了细胞的表面积，有利于细胞对物质的吸收。

（2）纤毛　亦是细小的指状突起，但比微绒毛粗、长，可有规律地向一定的方向摆动。

2. 上皮细胞的侧面

在细胞排列紧密的组织，如上皮组织和其他某些组织，细胞间隙很窄，细胞相邻面的一些区域特化成一定的连接结构，称为细胞连接。细胞连接的主要功能是机械性连接或信息传递。常见的细胞连接有以下 4 种：

（1）紧密连接　又称闭锁小带，位于上皮细胞间隙的顶端侧面，呈点状或带状。紧密连接有机械性连接和屏障作用。

（2）中间连接　又称黏着小带，这种连接多为长短不等的带状，多位于紧密连接下方，环绕上皮细胞顶部。中间连接除有黏着作用外，还有保持细胞形状和传递细胞收缩力的作用。

（3）桥粒　又称黏着斑，呈斑状连接，大小不等，位于中间连接的深部。桥粒是一种很牢固的细胞连接，多见于易受机械性刺激和摩擦的复层扁平上皮。

（4）缝隙连接　又称通信连接。离子和小分子物质可以借此进行交换，传递化学信息和电冲动（图 1–2–7）。

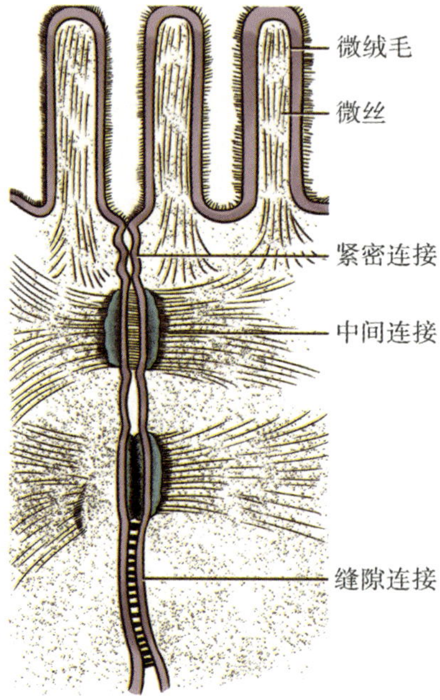

图 1–2–7　上皮细胞间的侧面连接

3. 基底面

（1）基膜　为一层位于上皮细胞基底面与深部结缔组织间的薄膜。基膜为半透膜，有利于上皮细胞与深部结缔组织进行物质交换，为上皮细胞提供营养，另外基膜有支持、连接和锚定上皮细胞的功能。

（2）质膜内褶　是上皮细胞基底面的细胞膜向细胞内凹陷形成的结构。其主要功能为扩大细胞基底部的表面积，有利于水和电解质的迅速转运。

二、腺上皮和腺

以分泌功能为主的上皮称腺上皮，以腺上皮为主要成分构成的器官称**腺**。根据分泌物排出的方式，腺可分为两大类：经导管将分泌物输送到体表或器官腔内的外分泌腺，如汗腺、唾液腺和胃腺等；没有导管，分泌物（为激素）需进入毛细血管或淋巴管运送到全身的内分泌腺，如甲状腺、肾上腺等。

根据分泌物的性质，可分为浆液性腺、黏液性腺、混合性腺；根据腺细胞数可分为单细胞腺（杯状细胞）和多细胞腺。

拓展阅读

皮肤也能“人造”？——探索人工皮肤黑科技

在医学科技前沿，人工皮肤作为令人瞩目的创新成果，为严重皮肤受损患者带来新生的希望。

皮肤作为人体面积最大的器官，能抵御外界侵害、调节体温、感知刺激，但发生严重烧伤、创伤或某些皮肤疾病时，会面临感染、体液流失等风险，传统自体皮肤移植也存在供皮区有限、留下瘢痕等问题。

人工皮肤构造精妙，模拟天然皮肤。主要分临时性和永久性两类。临时性人工皮肤由胶原蛋白等生物可降解材料制成，在皮肤受损初期发挥重要作用。其外层可以阻挡细菌侵入，防止感染，同时具有一定的透气性，内层则与伤口渗出液相互作用，促进改善伤口愈合环境。随着伤口的逐渐愈合，临时性人工皮肤会逐渐降解并被身体吸收，无须二次手术取出。

永久性人工皮肤含支架材料与细胞成分，不仅具备良好的物理屏障功能，还能够诱导皮肤细胞的生长和分化，实现真正意义上的皮肤再生。

点燃思考

老年人皮肤变薄、干燥且弹性降低，从日常照护角度出发，思考如何避免过度清洁导致皮肤损伤。

任务二　认识结缔组织

案例导入

患者张大爷，72岁。近期常感疲惫、心慌，活动耐力明显下降。家人发现其面色逐渐苍白，遂带他到医院就诊。血常规检查显示：红细胞计数 3.2×10^{12}/L，血红蛋白 85 g/L，白细胞计数及分类正常，血小板计数正常。血涂片可见红细胞体积小、中央淡染区扩大。张大爷既往无特殊病史，饮食正常，但近一年来因牙齿不好，肉类摄入较少。初步诊断：缺铁性贫血。

任务描述

1. 照护员帮助解释张大爷发生缺铁性贫血的可能原因。
2. 照护员帮助制定张大爷的饮食照护措施。

知识殿堂

扫码查看课件。

扫一扫

结缔组织由少量的细胞和大量的细胞间质组成。与上皮组织相比，其特点是：细胞数量少、种类多，无极性分布；细胞间质多，细胞间质中有均质状的基质和细丝状的纤维。结缔组织是体内形式最多样的一种组织，包括固有结缔组织、软骨组织、骨组织和血液。结缔组织在人体内分布广泛，具有连接、保护、支持、营养、修复和防御等功能。一般所说的结缔组织指固有结缔组织。

一、固有结缔组织

固有结缔组织包括疏松结缔组织、致密结缔组织、脂肪组织和网状组织。

（一）疏松结缔组织

疏松结缔组织结构疏松，呈蜂窝状，故又称**蜂窝组织**，临床上所说的蜂窝织炎指的就是疏松结缔组织的炎症。疏松结缔组织分布很广，存在于人体器官、组织及细胞之间，其结构特点是细胞种类较多，纤维数量较少，排列稀疏，基质含量较多（图 1–2–8）。

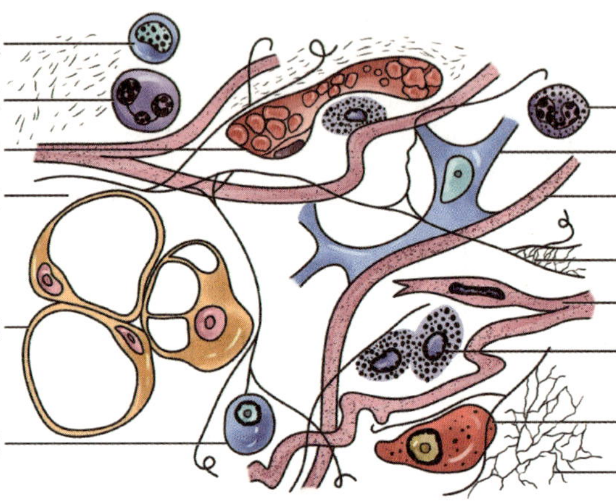

图 1–2–8　疏松结缔组织模式图

1. 细胞

疏松结缔组织主要包括成纤维细胞、巨噬细胞、浆细胞、肥大细胞、脂肪细胞等（图 1–2–8），其主要形态特征、分布及功能见表 1–2–1。

表 1–2–1　疏松结缔组织细胞特点比较表

细胞类型	分布	形态特征	功能
成纤维细胞	数量最多 分布广	胞体较大、扁平、有突起；细胞核大，卵圆形，着色较浅；电镜下有较丰富的粗面内质网和发达的高尔基复合体等细胞器	合成纤维及基质
巨噬细胞	数量多 分布广	胞体形态多样，呈圆形、椭圆形或不规则形，功能活跃时可伸出伪足呈多突形；细胞质丰富，多为嗜酸性；胞核较成纤维细胞核略小而染色深	吞噬异物、细菌、衰老死亡细胞；参与免疫反应
浆细胞	由 B 淋巴细胞分化形成，多见于消化管和呼吸道	胞体卵圆形或圆形；胞质丰富呈嗜碱性；核圆，多偏于细胞的一侧，核内染色质粗大，附于核膜边缘，排列成车轮状	合成和分泌免疫球蛋白，参与体液免疫
肥大细胞	成群分布于小血管周围	细胞较大，圆形或椭圆形；胞质内充满粗大、密集的嗜碱性颗粒，颗粒内含组胺、白三烯和肝素等	参与过敏反应
脂肪细胞	单个或成群分布	细胞体积较大，呈球形；胞质内含有大量脂滴，在 HE 染色标本上，脂滴被溶解，呈空泡状；细胞核呈扁圆形，常被挤压到细胞的一侧	合成和贮存脂肪，参与脂类代谢

2. 纤维

疏松结缔组织纤维分为 3 种：胶原纤维、弹性纤维及网状纤维（图 1–2–8），其主要形态特征及性能特点见表 1–2–2。

表 1-2-2　疏松结缔组织三种纤维特点比较表

纤维类型	染色特征	性能特点
胶原纤维	数量最多，新鲜时呈白色，又称白纤维； HE 染色呈粉红色，粗细不等的纤维束，波浪状走行，相互交织分布	韧性大，抗拉力强，弹性较差
弹性纤维	新鲜时呈黄色，又称黄纤维； HE 染色时呈红色，较细，常分支交织成网	弹性好，韧性较差
网状纤维	HE 染色不能着色，用硝酸银染色后呈黑色，分支多，相互交织成网	主要分布于造血器官、淋巴器官等处，具有一定的韧性和弹性

（二）致密结缔组织

致密结缔组织的结构特点是细胞及基质成分甚少，纤维成分多，较粗大，排列致密。细胞主要为成纤维细胞，纤维主要为胶原纤维和弹性纤维。致密结缔组织分布于肌腱、韧带、真皮及器官的被膜等处，具有连接、支持和保护等功能。

（三）脂肪组织

脂肪组织是含有大量脂肪细胞的疏松结缔组织。成群的脂肪细胞被疏松结缔组织分隔成许多脂肪小叶。脂肪组织主要分布于皮下组织、网膜、系膜及肾脂肪囊等处，具有贮存脂肪、缓冲压力和维持体温等作用。

（四）网状组织

网状组织由网状细胞、网状纤维和基质组成。网状细胞为星形多突起细胞，细胞核较大，染色较浅，核仁明显，细胞质较丰富，呈弱嗜碱性。相邻的网状细胞以突起相互连接成网。网状组织主要分布于红骨髓和淋巴器官等处。

二、软骨组织

软骨组织由软骨细胞和细胞间质构成。

（一）软骨组织的结构

1. 软骨细胞

成熟软骨细胞核小而圆，可见 1 ~ 2 个核仁，胞质呈弱嗜碱性，位于呈强嗜碱性的软骨陷窝内。靠近软骨膜的软骨细胞较幼稚，体积小而扁长，单个分布。位于软骨中部的软骨细胞大而圆，成群分布，每群有 2 ~ 8 个细胞聚集在一起，称同源细胞群（图 1-2-9）。

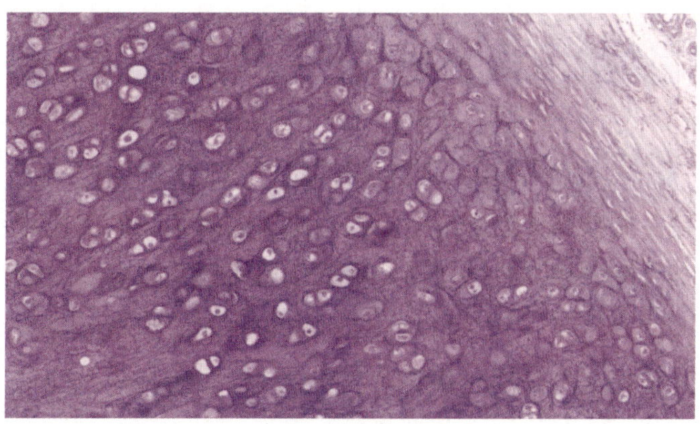

图 1-2-9　软骨组织（弹性软骨）

2. 细胞间质

细胞间质由纤维和基质组成。基质的化学成分与疏松结缔组织类似，软骨基质内无血管，O_2 和营养物质主要来自软骨膜。纤维主要是胶原纤维和弹性纤维。

3. 软骨膜

软骨膜由致密结缔组织构成，被覆在软骨的表面，不仅对软骨有保护、营养作用，在软骨的生长和修复过程中也具有重要的意义。

（二）软骨的分类及特点

根据基质内所含纤维成分不同分为 3 种类型，即透明软骨、弹性软骨和纤维软骨，三种软骨比较见表 1-2-3。

表 1-2-3　三种软骨的比较

软骨类型	新鲜时外观	纤维成分	分布
透明软骨	呈透明状	含少量胶原纤维	鼻、喉、气管、支气管、关节软骨等处
弹性软骨	略显黄色	含有大量可见的交织成网的弹性纤维	耳郭、会厌等处
纤维软骨	呈不透明的乳白色	含有可见的平行或交叉排列的胶原纤维束	椎间盘、耻骨联合和关节盘等处

三、骨组织

骨组织是坚硬的结缔组织，是人体钙、磷的储备库。

（一）骨组织的结构

由骨细胞和大量钙化的细胞间质（骨基质）构成。

1. 骨基质

包含有机物和无机物两种成分。有机物成分含量较少，主要为胶原纤维；无机物又称骨盐，含量较多，主要是羟基磷灰石结晶，以钙、磷离子为主。

骨胶原纤维呈规则的分层排列，每层纤维与基质共同构成薄板状结构，称为骨板。在骨板之间或骨板内有扁椭圆形小腔，称为骨陷窝，陷窝周围有呈放射状排列的细小管道，称为骨小管。相邻骨陷窝的骨小管相互通连。

2. 骨细胞

骨细胞是一种扁椭圆形、多突起的细胞，其胞体位于骨陷窝内，突起伸到骨小管内，相邻的骨细胞借突起相互连接。

（二）骨松质和骨密质

1. 骨松质

多分布于骨的内部，由片状及针状的骨小梁连接而成。骨小梁之间有肉眼可见的腔隙，腔隙内有红骨髓和血管。

2. 骨密质

多分布于骨的表层、骨干，由不同排列形式的骨板组成，主要有下列 4 种（图 1-2-10）：

（1）环骨板　包括外环骨板和内环骨板，分别环绕骨干表面及骨髓腔面平行排列。

（2）骨单位　又称哈弗斯系统，位于内、外环骨板之间，为 10 ~ 20 层同心圆排列的筒形骨板。在骨单位中央有一条纵行中央管，内有血管、神经及少量的结缔组织。长骨的骨干主要由大量的骨单位组成。

（3）间骨板　充填在骨单位与环骨板之间的形状不规则的骨板，是骨生长和改建过程中陈旧骨单位吸收后的残留部分。

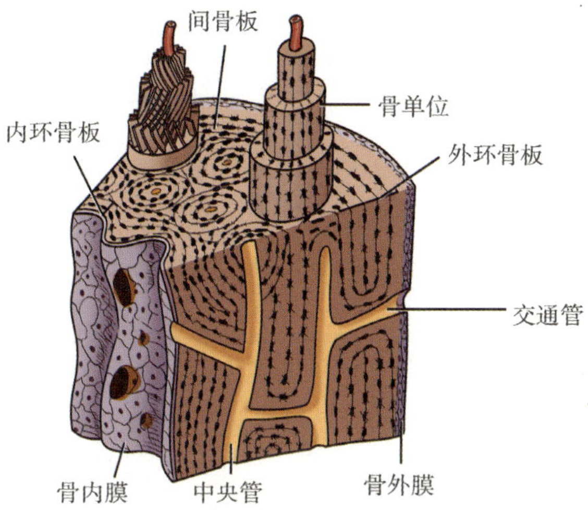

图 1-2-10　长骨骨干模式图

四、血液

血液是指在心血管系统中循环流动的流体组织，由血浆和悬浮于其中的血细胞组成。血液是体液的重要组成部分，是内环境中最活跃的部分，也是人体各组织细胞和外环境之间进行物质交换的桥梁。血液通过运输 O_2 和 CO_2、激素、营养物质和代谢产物，以维持机体的正常代谢；血液中的白细胞能抵御病原微生物对人体的伤害；血液还可以调节并缓冲机体的酸碱平衡，维持机体内环境稳态；此外，血液也参与体温调节（图 1-2-11）。

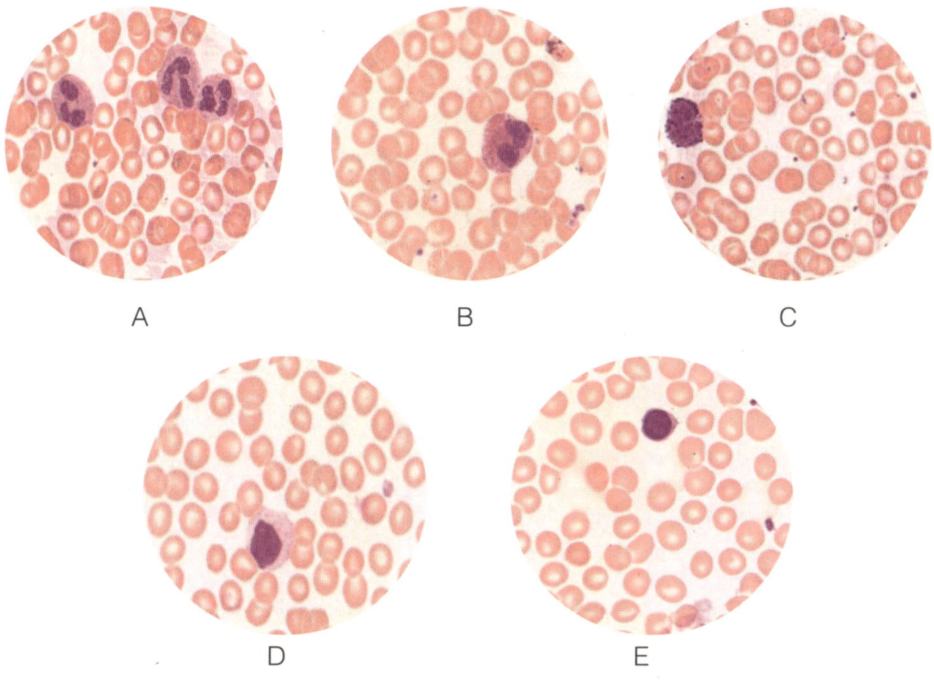

图 1-2-11　血涂片

A. 中性粒细胞；B. 嗜酸性粒细胞；C. 嗜碱性粒细胞；D. 单核细胞；E. 淋巴细胞

（一）血液的组成和理化性质

1. 血液的成分和血量

血液由血浆和血细胞组成（图 1-2-11）。

血浆占血液容积的 50% ~ 60%，相当于结缔组织的细胞间质，为淡黄色液体，其主要成分是水，占 91% ~ 92%，其余为纤维蛋白原、白蛋白、球蛋白、酶、各种营养物质、代谢产物、激素、无机盐等。从血浆中移除纤维蛋白原后形成的清亮、淡黄色液体称血清。

血细胞约占血液容积的百分比，称为血细胞比容。正常人血液中红细胞数量最多，红细胞比容男性为 40% ~ 50%、女性 37% ~ 48%，新生儿约 55%。白细胞和血小板数量较少，在计算容积时常忽略不计。

人体血液的总量称为**血量**。正常成年人的血量占体重的 7% ~ 8%。安静状态下，大约 90% 的血液在心血管内循环流动，称为**循环血量**；另有 10% 的血液滞留于肝、脾、肺、腹腔静脉、皮下静脉丛等处，称为贮存血量，相关部位称为贮血库。当剧烈运动或大失血时，贮存血量可释放出来补充循环血量，以维持机体的需要。一般情况下机体一次失血量不超过总血量的 10% 时，机体可通过增强心脏活动，收缩血管，释放贮存血量等功能来代偿，维持正常生命活动状态。若一次失血超过总血量的 20% 时，血压下降，可能出现休克，不及时抢救，将危及生命。

2. 血液的理化特性

（1）血液的颜色　血液的颜色取决于红细胞内的血红蛋白。因血红蛋白含氧量的不同，动脉血呈鲜红色，静脉血呈暗红色。血浆因含有微量的胆色素而呈淡黄色。空腹时血浆清澈透明，进餐后，尤其是进食较多的脂类食物后，血浆内因悬浮脂蛋白微滴增多而变混浊。因此，临床为避免食物对血液检测结果产生影响，要求空腹采血。

（2）血液的比重　正常人全血的比重为 1.050 ~ 1.060，血浆的比重为 1.025 ~ 1.030。血液中红细胞数量越多、血浆蛋白浓度越高，血液的比重越大。

（3）血浆 pH 值　正常人血浆的 pH 值为 7.35 ~ 7.45。血浆 pH 值主要取决于血浆中缓冲对的作用以及肺、肾的调节功能。血浆中的缓冲对以 $NaHCO_3/H_2CO_3$ 最为重要，其比值很大程度上决定了血浆的 pH 值。pH 值 <7.35 即为酸中毒；pH 值 >7.45 则为碱中毒。

（4）血液的黏滞性　血液的相对黏滞度为 4 ~ 5，血浆黏滞度为 1.6 ~ 2.4。全血黏滞度大小主要取决于红细胞数量，血浆黏滞度主要取决于血浆蛋白含量。血液黏滞度增加，可增大血流阻力，增加心脏负担。

（5）血浆渗透压　渗透压的大小取决于单位体积中溶质颗粒数的多少。正常血浆渗透压为 280 ~ 310 mmol/L，血浆渗透压由两部分溶质构成，如 Na^+、Cl^- 等小分子电解质所形成的渗透压称为晶体渗透压，占血浆渗透压的绝大部分；由血浆蛋白等大分子胶体物质所形成的渗透压称胶体渗透压，仅有 1.5 mmol/L，相当于约 25 mmHg。

由于细胞膜允许水分子通过，不允许蛋白质通过，对无机盐（如 Na^+、Ca^{2+} 等）选择性通透，因此血浆晶体渗透压对于保持细胞内外的水平衡、维持红细胞的正常形态和功能极为重要。血浆晶体物质可自由通过毛细血管壁，故毛细血管内外的晶体渗透压基本相同，在正常情况下，血浆晶体渗透压主要调节细胞内外的水平衡，对毛细血管内外水的分布影响较小。而在生理情况下，血浆蛋白分子量大，不易透过毛细血管壁，故血浆胶体渗透压虽数值较小，却在维持血管内外水平衡上有着重要的作用。

（二）血细胞

1. 红细胞

（1）红细胞的数量、形态和功能　红细胞（RBC）是血液中数量最多的一种细胞。我国健康成年男性血液中红细胞的平均值为（4.0 ~ 5.5）$\times 10^{12}$/L，女性为（3.5 ~ 5.0）$\times 10^{12}$/L。成熟的红细胞呈双凹圆盘状，中央较薄，周边较厚，直径为 7 ~ 8 μm，没有细胞核和细胞器，胞质内充满血红蛋白（Hb）。血红蛋白是一种含铁的蛋白质，约占红细胞重量的 33%，可结合 O_2 和 CO_2。正常成人血液中血红蛋白的含量男性为 120 ~ 160 g/L，女性为 110 ~ 150 g/L。一般认为，血液中红细胞的数量少于 3.0×10^{12}/L，或者血红蛋白的含量低于正常，称为贫血。

红细胞的主要功能是运输 O_2 和 CO_2，参与调节血浆的酸碱平衡，这两点功能均与血红蛋白有关。

（2）红细胞的生理特性　双凹圆盘形的红细胞具有很大的变形性。红细胞在心血管系统中随血液循环运行，会发生变形挤过狭小的毛细血管或血窦，通过后又恢复原状，这种特性即红细胞的可塑变形性，衰老、受损红细胞的变形能力常降低。

实验证明，正常红细胞在等渗溶液中（0.9% NaCl 溶液），其形态和大小可保持正常；在 0.6% ~ 0.8% NaCl 低渗溶液中，红细胞因水分的渗入而逐渐膨胀变形；在 0.40% ~ 0.45% NaCl 低渗溶液中，部分红细胞因过度膨胀而破裂溶血；在 0.30% ~ 0.35% NaCl 溶液中，红细胞则全部破裂，出现完全溶血。这说明红细胞膜对低渗溶液具有一定的抵抗力，这种抵抗力的大小用红细胞的渗透脆性来表示，渗透脆性与抵抗力呈负相关。抵抗力大则渗透脆性小，抵抗力小则渗透脆性大。衰老的红细胞，其细胞膜的弹性和稳定性下降，对低渗溶液的抵抗力减弱，所以渗透脆性较大，更容易在低渗环境中破裂。

红细胞在血浆中保持悬浮状态而不易下沉的特性，称为红细胞的**悬浮稳定性**。临床上常用红细胞沉降率（ESR，简称血沉）来表示红细胞的悬浮稳定性。正常成年男性为 0 ~ 15 mm/h，成年女性为 0 ~ 20 mm/h。血沉加快，表示红细胞的悬浮稳定性降低。生理情况下，月经期或妊娠期的妇女血沉加快；病理情况如活动性肺结核、风湿热、肿瘤和贫血患者的血沉加快。

拓展阅读

红细胞的奇幻生命之旅：从诞生到谢幕

在人体微观世界中，红细胞是忙碌的“运输兵”，为维持生命运转立下汗马功劳。让我们了解红细胞从诞生（出生）到谢幕（破坏）跌宕起伏的“一生”。

人出生后，红骨髓就成了红细胞诞生的唯一“产房”。但红骨髓易受放射线或抗癌药等理化因素干扰，一旦造血功能受抑制，全血细胞减少，就会引发再生障碍性贫血。

红细胞主要成分是血红蛋白，合成血红蛋白的关键原料是蛋白质和铁。造血所需的蛋白质主要来自日常膳食，贫血者应多补充。成人每天需 20 ~ 30 mg 铁用于红细胞生成，若因慢性失血等原因造成体内缺铁，会使血红蛋白合成减少，红细胞颜色会变浅，体积也变成“小个头”，这就是低色素小细胞贫血，即缺铁性贫血。

叶酸和维生素 B_{12} 是红细胞发育时的成熟因子，叶酸缺乏会导致红细胞体积大却幼稚，而维生素 B_{12} 的吸收依赖胃黏膜壁细胞分泌的内因子，内因子缺乏同样会造成此类表现，红细胞仿佛长成了心智未成熟的“巨婴”，称为巨幼红细胞性贫血。

红细胞生成受促红细胞生成素和雄激素调控。促红细胞生成素（EPO）由肾脏产生，能刺激红骨髓造血、促进血红蛋白合成。严重肾病患者因 EPO 分泌减少，会出现肾性贫血。雄激素既能直接刺激骨髓造血，又能间接通过刺激肾脏产生 EPO，这也是青春期后男性红细胞数量多于女性的原因。

红细胞平均寿命约 120 天。衰老的红细胞变形能力减弱、脆性增加，易被困在肝、脾血窦，被巨噬细胞吞噬。如肝硬化导致脾功能亢进时，红细胞过度破坏，会引发脾性贫血。

红细胞，始终在人体内演绎着从诞生到谢幕的生命故事。

2. 白细胞

白细胞是无色有核的细胞，直径比红细胞大，胞体呈球形，能以变形运动穿过毛细血管壁，进入结缔组织行使防御和免疫功能。健康成人血液中白细胞总数为（4 ~ 10）$\times 10^9$/L，男女无明显差别。根据胞质内有无特殊颗粒可分为两大类：有粒白细胞和无粒白细胞。有粒白细胞又可分为中性粒细胞、嗜酸性粒细胞和嗜碱性粒细胞 3 种，无粒白细胞包括淋巴细胞和单核细胞。临床工作中，在显微镜下计数各类白细胞占白细胞总数的百分比，称为白细胞分类计数。白细胞分类计数及主要形态特点、功能见表 1-2-4。

表 1-2-4　正常成人各类白细胞的分类计数、形态特点及主要功能

分类	占比	形态	功能及相关特点
中性粒细胞	50% ~ 70%	细胞圆形，直径 10 ~ 12 μm；细胞核多样，常呈分叶核，一般 2 ~ 5 叶，3 叶核多见；胞质内有细小的颗粒	能做变形运动，可吞噬细菌、细胞碎片等，急性炎症、化脓性炎症时数量增多
嗜酸性粒细胞	0.5% ~ 3%	细胞直径 10 ~ 15 μm；核多为两叶；胞质充满粗大、均匀、橘红色嗜酸性颗粒	限制过敏反应，杀伤蠕虫
嗜碱性粒细胞	0 ~ 1%	核呈 S 形或不规则形，着色较浅；胞质内有大小不等、分布不均、紫蓝色的嗜碱性颗粒	释放组胺和肝素，参与过敏反应
淋巴细胞	20% ~ 30%	细胞圆形或椭圆形，大小不一；核大而圆，一侧常有凹痕；胞质很少	分为 T 淋巴细胞（参与细胞免疫）、B 淋巴细胞（参与体液免疫）
单核细胞	3% ~ 8%	细胞圆形或椭圆形，体积最大，直径 14 ~ 20 μm；核多呈肾形、马蹄形、椭圆形；胞质较多，呈灰蓝色	具有活跃的变形能力，进入结缔组织后分化成巨噬细胞，可吞噬各种病原微生物和坏死细胞

3. 血小板

血小板是骨髓中巨核细胞胞质脱落下来的小块，呈双凸圆盘状，直径为 2 ~ 4 μm，无细胞核，但表面有完整细胞膜，正常成年人数量值为（100 ~ 300）$\times 10^9$/L。血小板主要生理功能为：

①维持毛细血管内皮完整性，并可降低毛细血管壁脆性；②参与生理性止血。

正常情况下，小血管损伤后，血液从血管内流出数分钟后自行停止的现象，称为生理性止血。生理性止血过程包括以下三步：①局部血管收缩以利于止血；②血小板黏附、聚集于血管破损处形成血小板血栓堵塞伤口，实现初步止血；③黏着、聚集的血小板吸附凝血因子，参与并促进血液凝固，以达到有效止血。

临床上用小针刺破指尖或耳垂，测定血液自然流出到出血自然停止所需要的时间，称为出血时间，正常 1 ~ 3min。在血小板数量减少或功能缺陷时，出血时间延长甚至出血不止。当血小板减少到 50×10^9/L 以下时，毛细血管壁脆性增加，可出现皮肤、黏膜下出血或紫癜。反之，当血小板数量超过 1000×10^9/L 时称血小板过多，血液呈高凝状态，易发生血栓。

（三）血液凝固与纤维蛋白溶解

1. 血液凝固

血液凝固是指血液由流动的液体状态变成不能流动的凝胶状态的过程，简称**凝血**。血液凝固是一系列复杂的生物化学反应，使血液中可溶性的纤维蛋白原转变成析出的纤维蛋白，纤维蛋白交织成网，将红细胞及血液的其他成分网罗在内形成血凝块。

（1）凝血因子　血浆与组织中直接参与血液凝固的物质统称为凝血因子。根据国际命名法，依照各因子发现的先后顺序，用罗马数字编号的有 12 种（表 1-2-5），即凝血因子Ⅰ ~ ⅩⅢ（简称 FⅠ ~ ⅩⅢ。此外，还有前激肽释放酶、高分子激肽原以及血小板第三因子（PF_3）等也直接参与凝血。

表 1-2-5　按国际命名法编号的凝血因子

因子	同义名	合成部位
Ⅰ	纤维蛋白原	肝细胞
Ⅱ	凝血酶原	肝细胞
Ⅲ	组织因子	内皮细胞和其他细胞
Ⅳ	钙离子（Ca^{2+}）	—
Ⅴ	前加速素	内皮细胞和血小板
Ⅶ	前转变素	肝细胞
Ⅷ	抗血友病因子	肝细胞
Ⅸ	血浆凝血活酶	肝细胞
Ⅹ	StuArt—ProwEr 因子	肝细胞
Ⅺ	血浆凝血活酶前质	肝细胞
Ⅻ	接触因子	肝细胞
ⅩⅢ	纤维蛋白稳定因子	肝细胞和血小板

上述凝血因子中，除因子Ⅳ是 Ca^{2+} 外，其余均是蛋白质，且大多数以无活性的酶原形式存在，需被激活才具有活性。被激活的凝血因子常在右下角标“a”字。所有的凝血因子中，除因子Ⅲ外，其他凝血因子均存在于血浆中。多数凝血因子在肝脏合成，其中因子Ⅱ、Ⅶ、Ⅸ、Ⅹ的合成需要维生素 K 的参与，当肝脏受损或维生素 K 缺乏时，将导致凝血障碍。

（2）凝血过程　血液凝固是一系列凝血因子相继激活的过程，分为三个基本步骤：①凝血酶原激活物的形成；②凝血酶的形成；③纤维蛋白的形成（图 1-2-12）。

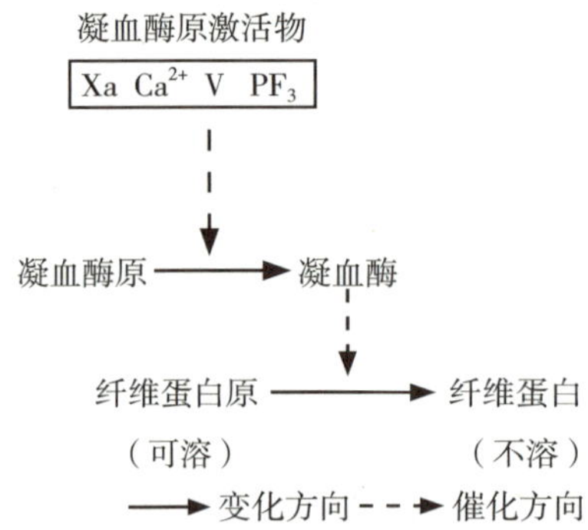

图 1-2-12　凝血过程的三个阶段

凝血酶原激活物是因子 X_a、Ca^{2+}、因子 V、PF_3 组成的复合物，形成的关键是因子 X 的激活。根据因子 X 激活的方式不同可分为内源性凝血和外源性凝血两条途径（图 1-2-13）。

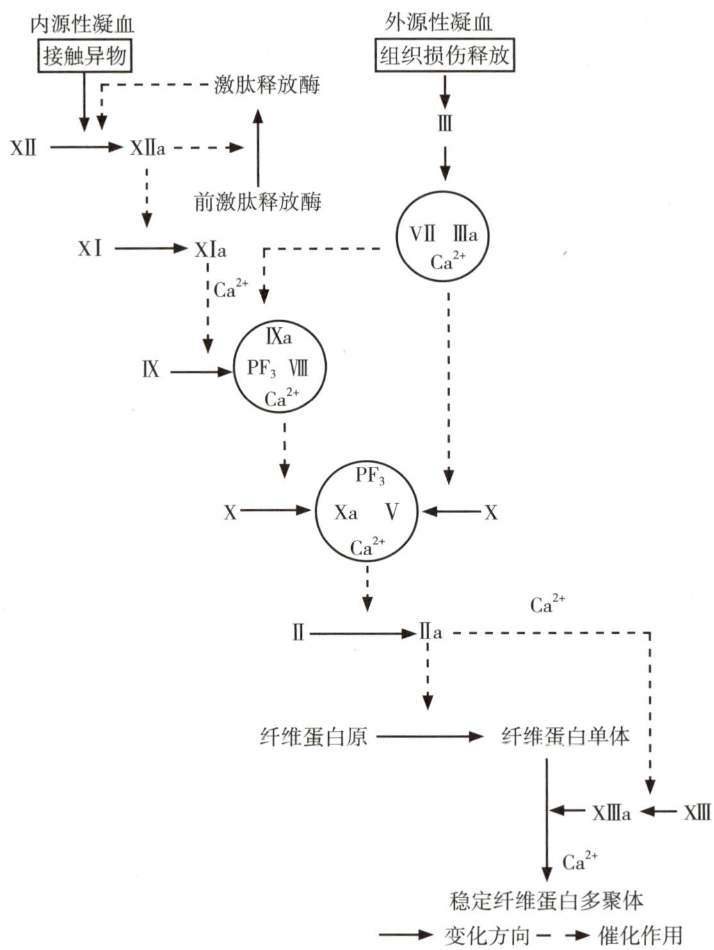

图 1-2-13　血液凝固过程示意图

内源性凝血途径：参与凝血的因子全部来自血液，因血液接触胶原等异物表面而启动的凝血途径。其启动因子为Ⅻ。当血管受损，内皮下的胶原纤维等异物暴露，导致因子Ⅻ被激活；因子$Ⅻ_a$激活因子Ⅺ成为$Ⅺ_a$；同时还可激活前激肽释放酶为激肽释放酶，该酶对因子Ⅻ有正反馈效应，使更多的因子$Ⅻ_a$形成。在 Ca^{2+} 参与下，因子$Ⅺ_a$激活因子Ⅸ为因子$Ⅸ_a$，因子$Ⅸ_a$与 Ca^{2+}、因子Ⅷ、PF_3结合形成复合物，从而激活因子Ⅹ为因子$Ⅹ_a$。其中因子Ⅷ是重要的辅助因子，可使速度提高20万倍，若机体的因子Ⅷ缺陷或合成明显减少时将表现出甲型血友病，内源性凝血速度缓慢，轻微创伤则可能流血不止。当因子$Ⅹ_a$生成后，可与因子Ⅴ、PF_3、Ca^{2+}形成凝血酶原酶复合物。

外源性凝血途径：血液之外的组织因子（因子Ⅲ）与血液接触启动的凝血过程。组织损伤血管破裂时，受损组织释放因子Ⅲ，与血浆中的Ca^{2+}、因子Ⅶ形成复合物，快速激活因子Ⅹ为$Ⅹ_a$。因子Ⅲ能使因子$Ⅶ_a$的催化效率提高1000倍，生成的因子$Ⅹ_a$又能激活因子Ⅶ从而生成更多的因子$Ⅹ_a$，形成外源性激活途径的正反馈效应。生成的因子$Ⅹ_a$与因子Ⅴ、PF_3、Ca^{2+}形成凝血酶原酶复合物，之后的凝血过程与内源性激活途径相同。

上述两条凝血途径形成的凝血酶原激活物可使凝血酶原激活凝血酶，继而在凝血酶作用下，纤维蛋白原转变为纤维蛋白，纤维蛋白交织成网，网罗血细胞形成血凝块。通常情况下，机体发生的凝血过程，是内源性和外源性凝血途径相互促进，同时进行的。凝血过程是一个正反馈过程，一旦触发，凝血因子的相继激活就会迅速连续进行，形成“瀑布”效应，直至完成。

（3）抗凝与促凝　正常生理条件下，血液在心血管内保持周而复始的流动并不发生凝固，原因在于：①血管内皮光滑完整，无异物激活因子Ⅻ，因子Ⅲ难以进入血管内与血液接触，故凝血过程不能启动；②血流速度快，即使有少量因子被激活，会迅速被血流冲走稀释，血小板不易黏附聚集；③血液中存在多种抗凝物质和纤维蛋白溶解系统。

血液中主要的抗凝物质包括抗凝血酶、肝素、蛋白质C等。抗凝血酶能够与因子$Ⅸ_a$、$Ⅹ_a$、$Ⅺ_a$、$Ⅻ_a$相结合使之灭活；肝素抗凝作用强大，在体内或体外加入肝素均可抗凝，其能显著增强抗凝血酶的作用，二者结合后，可使抗凝血酶与凝血酶的亲和力增强约100倍，抗凝作用增强2000倍；蛋白质C是由肝脏合成的维生素K依赖因子，可灭活因子Ⅴ和Ⅷ，削弱$Ⅹ_a$对凝血酶原的激活作用，促进纤维蛋白溶解。

临床工作或照护过程中，常需采用一些措施，以加速、延缓血液凝固。如外科手术时，常用温热纱布压迫止血，利用纱布增加粗糙面以加速因子Ⅻ的激活，促进血小板黏附、聚集等反应；适当加温可提高凝血酶的活性，使凝血酶反应加速，促进血液凝固；此外，术前注射维生素K，可促进肝脏合成凝血因子，起到加速血液凝固的作用。反之，血液若置于光滑容器并低温储存，可延缓血液凝固过程；血液检验或输血时，可加入适量的草酸盐、柠檬酸钠等抗凝剂以达到抗凝作用。

2. 纤维蛋白溶解

（1）纤溶系统　纤维蛋白在纤维蛋白溶解酶的作用下被分解液化的过程，称为**纤维蛋白溶解**，简称纤溶。纤溶系统主要包括纤维蛋白溶解酶原（简称纤溶酶原）、纤维蛋白溶解酶（纤溶酶）、纤溶酶原激活物和抑制物。纤溶对血液保持流体状态，防止凝血蔓延及血栓形成具有重要意义。

（2）纤溶过程　纤溶的基本过程包括纤溶酶原的激活和纤维蛋白的降解两个阶段。纤溶酶原主要在肝、骨髓、嗜酸性粒细胞和肾中合成。纤溶酶原需在激活物作用下生成有活性的纤溶酶。纤溶酶活性很强，可裂解纤维蛋白或纤维蛋白原成可溶性小肽，称为纤维蛋白降解产物（图1-2-14）。

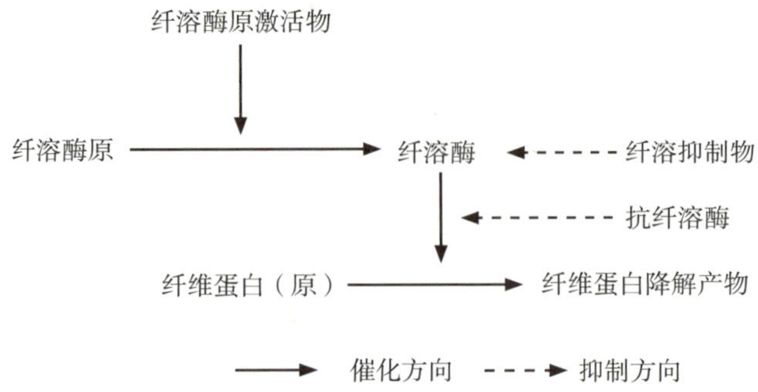

图 1–2–14　纤维蛋白溶解系统示意图

（3）纤溶抑制物　人体内抑制纤溶系统活动的物质称为纤溶抑制物，按其作用机制可分为两大类：一类为抗活化素，能够抑制纤溶酶原的激活；另一类是抗纤溶酶，通过与纤溶酶结合成复合物来抑制纤溶酶作用。

（四）血型与输血

血型是指血细胞膜表面特异抗原的类型。目前已发现的人类血型系统有红细胞血型系统、白细胞血型系统和血小板血型系统，其中临床应用最广泛的是红细胞血型系统中的 ABO 血型和 Rh 血型。

1.ABO 血型系统

根据红细胞膜上是否存在 A、B 凝集原（抗原）将血液分为 4 型：红细胞膜上只含有 A 凝集原的称 A 型；只有 B 凝集原的称 B 型；A、B 凝集原均有者为 AB 型；A、B 凝集原均无者为 O 型。在人类血清中含有与上述凝集原相对应的天然凝集素，即血型抗体（以 IgM 抗体为主）；在 A 型血的血清中，只含有 B 凝集素；B 型血的血清中，只含有 A 凝集素；AB 型血的血清中，既不含 A 凝集素也不含 B 凝集素；而 O 型血的血清中则同时含有 A 和 B 凝集素，如表 1–2–6 所示。

表 1–2–6　ABO 血型系统分型

血型	红细胞上的凝集原	血清中的凝集素
A 型	A	抗 B
B 型	B	抗 A
AB 型	A，B	无
O 型	无	抗 A，抗 B

2.Rh 血型系统

Rh 血型系统最先在恒河猴的红细胞中发现。人类红细胞具有与恒河猴同样的抗原，即 Rh 抗原。在已发现的 40 多种 Rh 抗原中，与临床关系密切且抗原性最强的是 D 抗原。常将红细胞膜上含有 D 抗原的血型称为 Rh 血型阳性；而将红细胞膜上缺乏 D 抗原的血型称为 Rh 血型阴性。在我国，汉族人群中 99% 属 Rh 阳性，Rh 阴性的人不足 1%；Rh 阴性主要分布在少数民族中，故某些少数民族居住的地区，Rh 血型的鉴定应该受到特别的重视。

Rh 血型的主要特点是 Rh 阴性血清中不含天然 Rh 抗体。只有当 Rh 阴性者接受 Rh 阳性的血液后，D 抗原刺激机体的免疫系统，才能产生 Rh 抗体。因此，Rh 阴性受血者在第一次接受 Rh

阳性的血液时，因体内无天然抗体，不会发生凝集反应；当第二次输入 Rh 阳性血液时，则会因抗原抗体结合而发生红细胞凝集反应。

Rh 抗体为 IgG，分子量小，能通过胎盘屏障，因此当 Rh 阴性的母亲怀有 Rh 阳性的胎儿（第一胎）时，因 Rh 阴性母亲体内无天然 Rh 抗体，胎儿一般不会因 Rh 血型不合引起新生儿溶血。但胎儿的红细胞或 D 抗原可因胎盘绒毛脱落等原因进入母体，引起母体产生 Rh 抗体。当母亲再次孕育 Rh 阳性的胎儿（第二胎）时，母亲体内的抗体可通过胎盘屏障进入胎儿体内，引起凝集反应，导致新生儿溶血症，严重时可导致死胎。因此，Rh 阴性母亲在生育第一胎后，应及时常规注射特异性抗 D 免疫球蛋白，中和进入母体的 D 抗原，以防止 Rh 阴性母体致敏。

3. 输血原则

输血是临床上抢救大失血患者和抢救伤员生命的重要手段。当输入血型不合的血液时，发生红细胞凝集和溶血反应，甚至导致死亡。为保证输血安全，在输血和输注任何血液成分前必须遵守输血原则。

（1）血型鉴定　在输血前，必须首先进行 ABO 血型鉴定。确保 ABO 血型相合的人才能互相输血。对于反复输血和育龄女性的患者，除鉴定 ABO 血型外还需鉴定 Rh 血型，以免其在输血或妊娠过程中产生抗 Rh 抗体。

（2）交叉配血实验　为避免由 ABO 血型系统中的亚型和 ABO 血型系统外的其他因素引起的凝集反应，临床工作中，无论是同型输血还是异型输血都必须做交叉配血实验。方法如下：将供血者的红细胞与受血者的血清相混合，称为交叉配血主侧（直接配血）；将受血者的红细胞与供血者的血清相混合，称为交叉配血次侧（间接配血），观察两侧有无凝集反应发生。主侧次侧均不凝为配血相合，可以输血；若主侧凝集为配血不合，禁止输血；主侧不凝，次侧凝集，一般也不宜输血，只有在紧急情况下才考虑输血，输血量要小（不超过 200 mL），输血速度要慢，并注意密切观察，一旦发生输血反应，应立即停止输血（图 1–2–15）。

拓展阅读

“万能供血者”真的无所不能？

在医疗急救的紧迫时刻，血液就是生命之光，当患者急需输血时，“万能供血者”这个神秘角色总会被提及。它真能拯救所有生命吗？

根据我们熟知的 ABO 血型系统，O 型血因红细胞表面无 A、B 抗原，被称作“万能供血者”。紧急输血时，若无匹配血型，少量 O 型血一般不会与受血者血液抗体发生严重凝集反应。其原理是，抗体如同免疫系统的“巡逻兵”，会攻击外来不匹配抗原，O 型血红细胞表面比较“低调”，避开大多数抗体的“追捕”，为受血者争取了救治时间。

在交通事故、严重外伤导致伤者大量失血的紧急情况下，若无法快速确定血型，O 型血可作应急之选，对于稀有血型患者，如“熊猫血”患者血库库存不足时，O 型 RH 阴性血可临时替代，虽然并非完全匹配，但一定程度上可维持患者生命体征，等待更合适的血液到来。

不过，“万能供血者”绝非万能。O 型血血浆含抗 A 和抗 B 抗体，输入过多会与受血者红细胞抗原发生反应，引发溶血。在临床工作中，输血时要坚持尽量同型输血，避免异型输血；紧急情况下，需输入异型血时，应遵循少量、缓输的原则。对反复输血和育龄妇女，还需使供血者与受血者的 Rh 血型相合，警惕 Rh 阴性受血者产生 Rh 抗体。

点燃思考

思考老年人贫血常见的原因。

（五）老年人血液生理的变化

1. 老年人造血功能和血细胞的变化

老年人的造血功能会逐渐衰退，随着年龄增长，骨髓中的造血组织逐渐被脂肪组织替代，造血干细胞自我更新和分化能力下降，增殖速度减慢，导致产生的各种血细胞数量和质量受到影响。例如，60 岁以上老年人的骨髓造血组织容量可比年轻人减少 20% ~ 30%。外周血细胞也会发生相应改变，老年人红细胞数量略有下降。男性可能从年轻时的（4.0 ~ 5.5）$\times 10^{12}$/L 降至（3.5 ~ 4.5）$\times 10^{12}$/L，女性从（3.5 ~ 5.0）$\times 10^{12}$/L 降至（3.0 ~ 4.0）$\times 10^{12}$/L。红细胞的变形能力降低，细胞膜的流动性和弹性下降，使得红细胞在通过微小血管时容易受到损伤，寿命缩短。老年人白细胞总数一般保持在正常范围内，但也可能有轻度下降，但其免疫功能会出现不同程度的下降。如 T 淋巴细胞的增殖能力和免疫应答能力减弱，对病原体的识别和杀伤作用降低，使得老年人更容易感染各种疾病，且感染后恢复较慢。老年人血小板数量通常与年轻人无明显差异，但血小板的黏附、聚集和释放功能可能增强，血液处于高凝状态，增加了老年人发生血栓的风险。

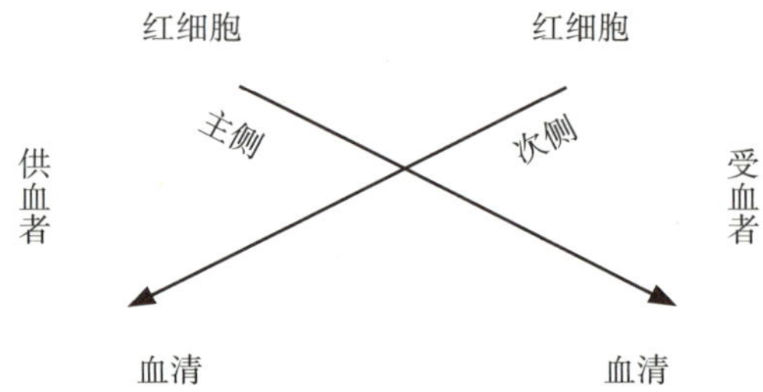

图 1-2-15　交叉配血试验示意图

2. 老年人血液系统功能的变化

老年人凝血功能增强，血液处于高凝状态增加了血栓形成的风险，如老年人易发生深静脉血栓、心肌梗死、脑梗死等血栓性疾病；而抗凝及纤溶功能减退，老年人体内的抗凝血酶Ⅲ、蛋白 C 等抗凝物质的活性降低，同时纤溶系统的功能也有所减退，纤溶酶原激活物的活性下降，纤维蛋白的溶解能力减弱，一旦形成血栓，更不容易被及时溶解清除。

老年人血液黏度升高，血流速度减慢，影响组织和器官的血液灌注，增加心脏负担，容易导致微循环障碍。

任务三　认识肌组织

案例导入

李爷爷，78 岁，高血压病史 15 年，3 年前确诊慢性心力衰竭。2 周前因跌倒致右侧股骨颈骨折，术后卧床康复。近 3 日出现腹胀、便秘，夜间阵发性呼吸困难加重。长期服用利尿剂、降压药及抗凝药物。体格检查显示：四肢肌肉萎缩（小腿围较半年前减少 3 cm），肌力 3 级，颈静脉怒张，双下肢凹陷性水肿，肠鸣音减弱，腹部叩诊鼓音。

任务描述

1. 照护员结合组织学特点分析骨骼肌萎缩与跌倒风险的关联性。

2. 照护员帮助分析肠蠕动减弱与平滑肌功能的关系。

知识殿堂

扫码查看课件。

扫一扫

肌组织主要由肌细胞组成，肌细胞的形态细长呈纤维状，因此又称肌纤维。肌纤维的细胞膜称肌膜，细胞质称肌浆，细胞质中滑面内质网很发达，称肌浆网。人的肌组织包括骨骼肌、心肌和平滑肌三类。

一、骨骼肌

（一）骨骼肌纤维的一般结构

骨骼肌纤维呈长圆柱形，长短不一，一般长为 1 ～ 40 mm，骨骼肌纤维是多核细胞，一条骨骼肌纤维有几十甚至几百个细胞核，分布在肌膜下方。骨骼肌纤维的肌质内含有许多与肌纤维长轴平行排列的肌原纤维，肌原纤维呈细丝状，直径 1 ～ 2 μm。每条肌原纤维上都有许多明暗相间的条纹，由于各条肌原纤维的明带和暗带均整齐地排列在同一平面上，因此使肌纤维呈现明暗相间的横纹。

（二）骨骼肌纤维的超微结构

1. 肌原纤维

电镜显示肌原纤维由平行排列的粗肌丝和细肌丝构成。HE 染色可见明暗交替、规律排列的周期性横纹：①暗带，又称 A 带，粗肌丝和细肌丝重合部位；②明带，又称 I 带，含细肌丝；③ H 带，仅粗肌丝；④ Z 线（分隔肌节）。**肌节**是指相邻 2 条 Z 线间的肌原纤维，为骨骼肌收缩的基本结构单位。骨骼肌的收缩是通过细肌丝在粗肌丝间向 M 线滑动实现的（肌丝滑行学说）（图 1-2-16）。

2. 横小管（T 小管）

肌膜内陷形成，位于 A/I 带交界处，垂直包绕肌原纤维，功能为快速传导电信号至细胞内部。

3. 肌浆网

特化的滑面内质网系统，储存 Ca^{2+}。其纵行管状结构（纵小管）包绕肌原纤维，两端扩大形成终池，与横小管构成三联体。膜上钙泵通过调控 Ca^{2+} 浓度主导肌肉收缩—舒张循环。

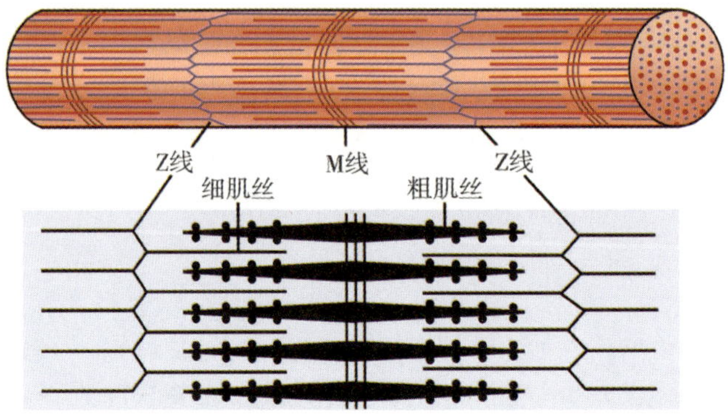

图 1-2-16　肌原纤维电镜结构和分子结构示意图

（三）骨骼肌的收缩机制

肌收缩是指骨骼肌发生长度缩短或者肌张力增强的现象。目前对于肌收缩机制的解释，以肌丝滑行学说应用最为广泛。该学说认为，在肌收缩过程中，细肌丝向暗带中央滑行，使得明带宽度变窄，肌节随之缩短，进而带动肌细胞以及整块肌肉产生收缩反应。

当肌细胞接收到神经冲动后，位于肌浆网终池内的 Ca^{2+}，顺浓度梯度经钙通道迅速流入肌浆，肌浆内 Ca^{2+} 浓度显著升高。此时，粗肌丝与细肌丝相对应的特定部位结合，牵拉细肌丝向粗肌丝中央滑行，肌肉进入收缩状态。这一过程需要消耗能量，以保障肌收缩的有序进行。

肌收缩完成后，肌浆网上的钙泵随即启动，通过主动运输的方式，将肌浆中的 Ca^{2+} 泵回终池贮存。随着 Ca^{2+} 不断被泵回终池，肌浆内 Ca^{2+} 浓度逐渐下降，此时粗、细肌丝之间的结合状态解除，细肌丝在弹性回缩力等作用下，向外滑行回到初始位置，肌肉也随之进入舒张状态。

二、心肌

心肌纤维呈不规则的短柱状（图 1-2-17），多数有分支，相互连接成网，其连接处染色较深，

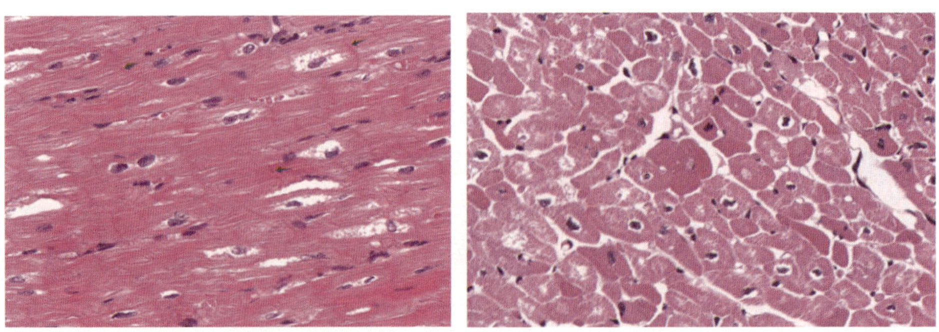

A. 纵切面，箭头示闰盘　　B. 横切面

图 1-2-17　心肌细胞光镜图

称闰盘。心肌纤维的细胞核通常呈现椭圆形，位居中央，偶见双核。心肌纤维也有横纹，但不如骨骼肌的明显。心肌纤维也有明暗相间的周期性横纹，含有线粒体、脂滴和脂褐素等。

三、平滑肌

平滑肌分布于血管壁和有腔器官的管壁内。平滑肌纤维呈长梭形，细胞中央有一个杆状或椭圆形的核，无横纹。平滑肌收缩时，其核常呈扭曲状（图 1–2–18）。肌纤维常成束或成层分布，细胞间有缝隙连接相连，便于传递化学信息和兴奋，有利于肌群的同步收缩。

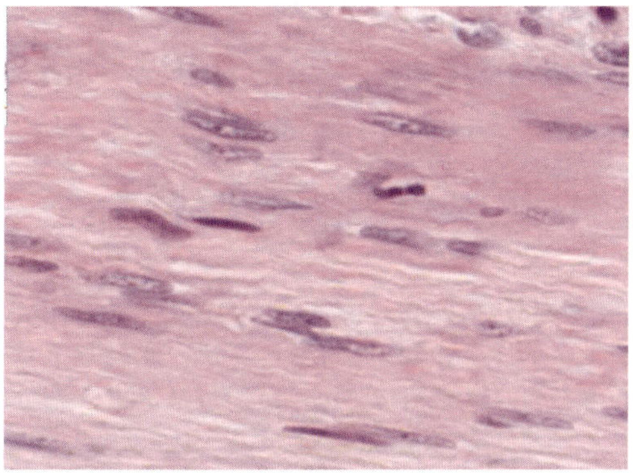

A. 纵切面

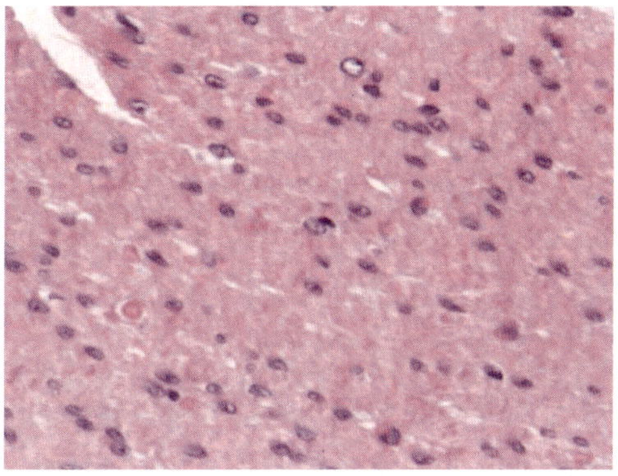

B. 横切面

图 1–2–18　平滑肌细胞光镜图

拓展阅读

肚子里的“慢动作”危机

随着年龄增长，不少老年人会遭遇胃肠动力障碍，给生活带来诸多困扰。胃肠动力障碍常见的表现有消化不良，上腹隐痛、烧灼感，频繁嗳气、恶心等。有的老人排便次数减少，大便干结，有的老人则被腹泻缠上，肠道“失控”，一天多次跑厕所。

导致老人胃肠动力障碍的原因错综复杂。生理上，老年人胃肠肌肉萎缩、蠕动能力减弱，神经调节功能衰退，影响胃肠动力协调性；饮食习惯方面，饮食过于精细、膳食纤维摄入不足，喝水少，消化液分泌减少，也加重了胃肠负担；同时，糖尿病、心血管疾病等慢性病及焦虑、抑郁等心理问题，也会干扰胃肠正常运作。

想要改善胃肠动力，老年人可以从饮食入手，多吃蔬菜水果、全谷物等富含膳食纤维的食物，保证每日充足饮水。适度运动也很关键，饭后散步、太极拳等适度的活动，能促进胃肠蠕动。简单以肚脐为中心顺时针腹部按摩，也能起到一定帮助。若症状严重，务必及时就医，接受专业检查与治疗。

关注胃肠动力，让老人吃得舒心，生活更健康。

点燃思考

如何为胃肠动力障碍的老年人制订饮食计划?

任务四　认识神经组织

案例导入

张奶奶，82岁，阿尔茨海默病中期，近1年出现空间定向障碍，糖尿病史20年，伴周围神经病变。长期便秘，昼夜节律紊乱（夜间频繁觉醒），近1个月前因热水袋使用不当致左足跟浅Ⅱ度烫伤。体格检查显示：神经系统MMSE评分18分，跟腱反射减弱；皮肤系统：左足跟愈合延迟，痛温觉感知阈升高；消化系统：肠鸣音1次/分，直肠指诊触及硬便。

任务描述

1. 照护员帮助解释阿尔茨海默病神经元的组织学变化有哪些?

2. 照护员帮助张奶奶制定自主神经功能调节方案。

知识殿堂

扫一扫

扫码查看课件。

神经组织由神经细胞和神经胶质细胞组成。神经细胞是神经系统的基本结构和功能单位，也称神经元。神经元具有接受刺激、传导冲动的功能；神经胶质细胞对神经元有支持、保护和营养的作用。

一、神经元

（一）神经元的形态结构

神经元形态多样、大小不一，由胞体和突起两部分组成。

1. 胞体

胞体大小不一、形态多样，有圆形、梭形、星形和锥体形等。细胞核大而圆，胞体中央大而圆，染色浅，核仁大而明显。细胞质内含有多种细胞器，其中特殊的有嗜染质和神经原纤维。

（1）尼氏体　又称嗜染质，HE染色呈紫蓝色，嗜碱性。光镜下为颗粒状或小块状结构，存在于细胞质和树突内。电镜下为密集排列的粗面内质网和游离核糖体，表明细胞具有旺盛的合成蛋白质、产生神经递质的功能。

（2）神经原纤维　在HE染色切片中不能分辨，经镀银染色，神经原纤维染成棕黑色，呈细丝状，在胞体内相互交织成网，并伸入树突和轴突内。电镜下，神经原纤维由许多神经丝和神经微管聚集而成。神经原纤维对神经元起支持作用。

2. 突起

（1）树突　每个神经元有一至多个树突，分支较短呈树枝状，表面有小棘，其内部结构与细胞体相似。树突的主要功能是接受刺激并传向细胞体。

（2）轴突　每个神经元只有一个轴突，其长短因神经元种类不同而有差异。轴突表面光滑，可有少数侧支及终末分支，内部无尼氏体。轴突能传导冲动。

（二）神经元的分类

1. 按突起数目分类

（1）假单极神经元　由神经元胞体发出一个突起，在离开胞体不远处即分为两支，一支伸入脊髓或脑，称中枢突；另一支伸向周围组织或器官，称周围突，具有接受刺激的作用（图 1–2–19）。如脊神经节的感觉神经元。

（2）双极神经元　神经元有一个轴突和一个树突，如耳蜗神经节的双极神经元。

（3）多极神经元　神经元有一个轴突，多个树突，如脊髓灰质前角运动神经元。

2. 按功能分类

（1）感觉神经元　又称传入神经元，是将内、外界环境的各种信息自周围传向中枢神经元。

（2）运动神经元　又称传出神经元，能将脑和脊髓发出的神经冲动传至肌或腺，引起肌收缩或腺分泌。

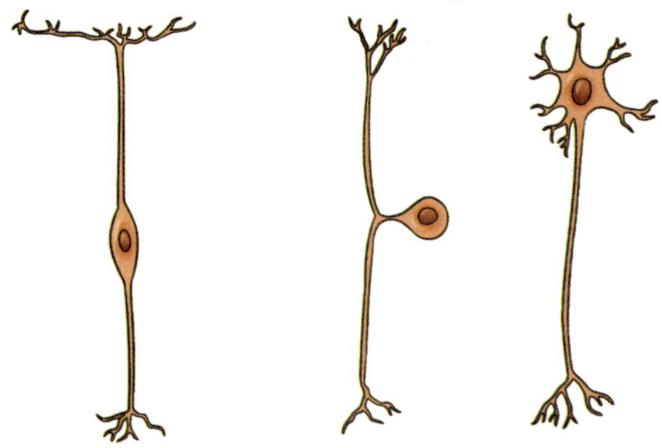

图 1–2–19　神经元的主要形态示意图

（3）联络神经元　又称中间神经元，介于感觉神经元和运动神经元之间，起联络作用。

（三）突触

1. 概念及分类

（1）概念　**突触**是神经元与神经元之间，或神经元与效应细胞之间传递信息的结构（图 1–2–20）。突触也是一种细胞连接方式，最常见的是一个神经元的轴突终末与另外一个神经元的树突、树突棘或胞体连接。

（2）分类

①根据神经元之间接触部位不同，分为轴—体突触、轴—树突触、轴—轴突触。

②按功能不同，分为兴奋性突触和抑制性突触。

③按神经元之间传递的物质不同，分为化学性突触和电突触。

2. 超微结构

突触由突触前成分、突触间隙和突触后成分构成。突触前成分一般是神经元的轴突终末，呈球状膨大，在银染标本中为棕黑色的圆形颗粒，称突触小体。突触前成分内含许多突触小泡、线粒体、滑面内质网、微丝和微管等（图 1–2–21）。突触前膜和后膜之间存在宽 20 ~ 40 nm 的间隙称突触间隙。

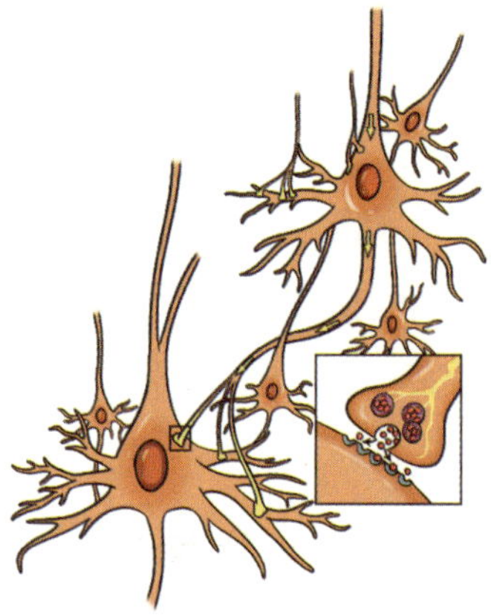

图 1-2-20　突触联系立体模式图

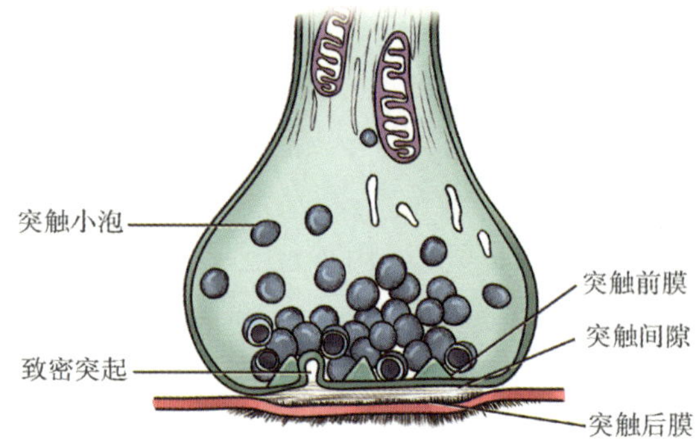

图 1-2-21　化学性突触超微结构模式图

二、神经胶质细胞

神经胶质细胞散在于神经元之间，种类较多，形态、功能不相同。分中枢神经胶质细胞和周围神经胶质细胞两类。

（一）中枢神经系统的神经胶质细胞

可分为星形胶质细胞、少突胶质细胞和小胶质细胞三种（图 1-2-22）。

1. 星形胶质细胞

数量最多，体积最大，细胞呈星形多突起，具有支持、营养、绝缘和修复等功能。

2. 少突胶质细胞

细胞突起较少，突起末端为叶片样膨大，呈同心圆包绕轴突，形成中枢神经系统有髓神经纤维的髓鞘。

3. 小胶质细胞

胞体小、呈椭圆形。突起细长有分支，表面有许多小棘突。细胞质内含有大量溶酶体，具有吞噬中枢神经系统内细胞碎片和退变髓鞘的功能。

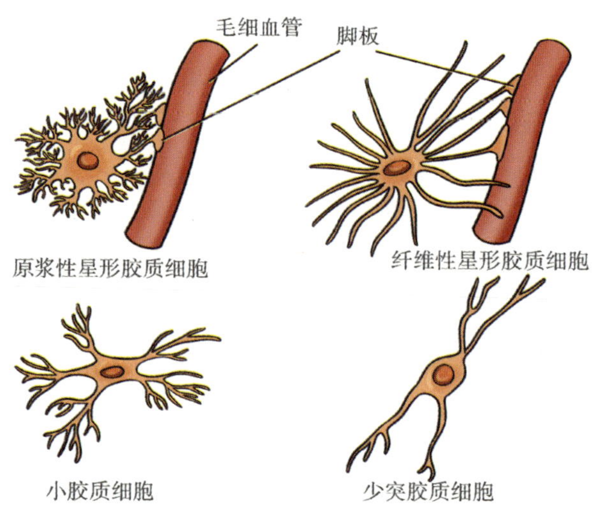

图 1-2-22　中枢神经系统的几种神经胶质细胞形态模式图

（二）周围神经系统的神经胶质细胞

1. 施万细胞

细胞呈扁平膜状，一个连一个地包裹在轴突的表面，形成周围神经系统有髓神经纤维的髓鞘。

2. 卫星细胞

细胞呈扁平或立方形，包裹在神经节细胞的周围。

三、神经纤维及兴奋的传导

神经纤维是由神经元的长突起及包绕在外面的神经胶质细胞组成的。根据有无髓鞘，将神经纤维分为有髓神经纤维和无髓神经纤维两大类。

（一）有髓神经纤维

1. 周围神经系统的有髓神经纤维

这类神经纤维由施万细胞同心圆包绕轴突形成髓鞘。一个施万细胞呈长卷筒状包绕一段轴突，相邻施万细胞的连接处形成小段狭窄，此处没有髓鞘且轴膜裸露，称为**郎飞结**（图 1–2–23）。相邻两个郎飞结之间的一段神经纤维称结间体。脑神经和脊神经中的大多数神经纤维属于这类。

2. 中枢神经系统的有髓神经纤维

其结构基本与周围神经系统的有髓神经纤维相同，所不同的是它的髓鞘由少突胶质细胞突起末端的细胞膜反复包绕而成。

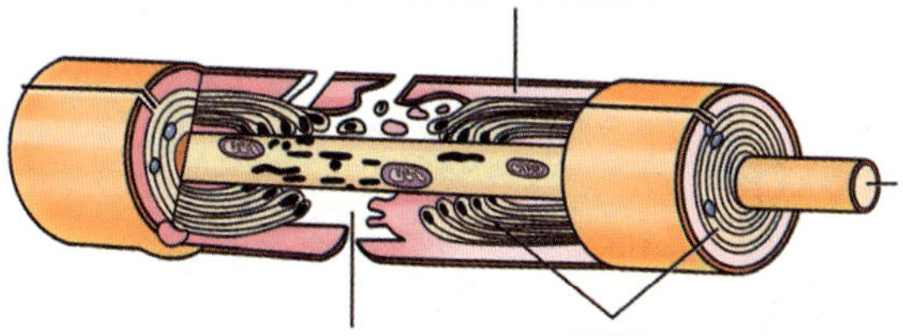

图 1–2–23　有髓神经纤维电镜结构模式图

（二）无髓神经纤维

1. 周围神经系统的无髓神经纤维

由较细的轴索和包在外面的神经膜细胞构成，没有髓鞘也没有神经纤维节，而且一个神经膜细胞可包裹多条轴索。

2. 中枢神经系统的无髓神经纤维

轴索外面没有神经胶质细胞包裹，裸露地走行于有髓神经纤维或神经胶质细胞之间。无髓神经纤维没有郎飞结，神经冲动传导是连续式的，其传导的速度比有髓神经纤维慢。

（三）神经纤维的兴奋与传导

神经纤维具有高度传导兴奋的能力。兴奋传导实质上就是神经冲动的传导，这种传导在无髓神经纤维是通过局部电流作用的，有髓神经纤维则通过郎飞结处进行跳跃式传导。因此，结间体越长，传导速度越快，能量消耗也越少。

神经纤维的结构和功能完善才能传导兴奋。神经纤维如果被切断则冲动不能传导。在一些理化因素作用下，影响了神经纤维的功能，兴奋也不能传导。如压力、冷冻、麻醉药物等作用下，尽管其结构完整性不变，而功能的完整性受到影响，则兴奋不能传导。临床上根据此原理在手术时使用麻醉药物进行局部阻滞麻醉。

四、神经末梢

神经末梢是周围神经纤维的末端在各组织器官内形成的特殊结构。根据功能的不同，可分成感觉神经末梢和运动神经末梢两类。

（一）感觉神经末梢

感觉神经末梢是感觉神经纤维终末部分形成的具有接受刺激、并将其转化为神经冲动的结构，又称感受器。根据其结构和功能又可分两种（图 1-2-24）。

1. 游离神经末梢

神经纤维的末端失去髓鞘，暴露分支分布于表皮、角膜、黏膜上皮、骨膜、肌肉及结缔组织内，可感受痛觉、温度觉。

2. 有被囊的神经末梢

神经纤维末端外部包有结缔组织被囊。常见下列三种类型：

（1）触觉小体　多为卵圆形，分布于皮肤真皮乳头内，以手指掌侧皮肤内最多，可感受触觉。

（2）环层小体　圆形或椭圆形，分布于真皮深层等处，可感受压觉刺激。

（3）肌梭　呈梭形，分布在骨骼肌内，可感受肌肉的牵张刺激，为本体感受器之一。

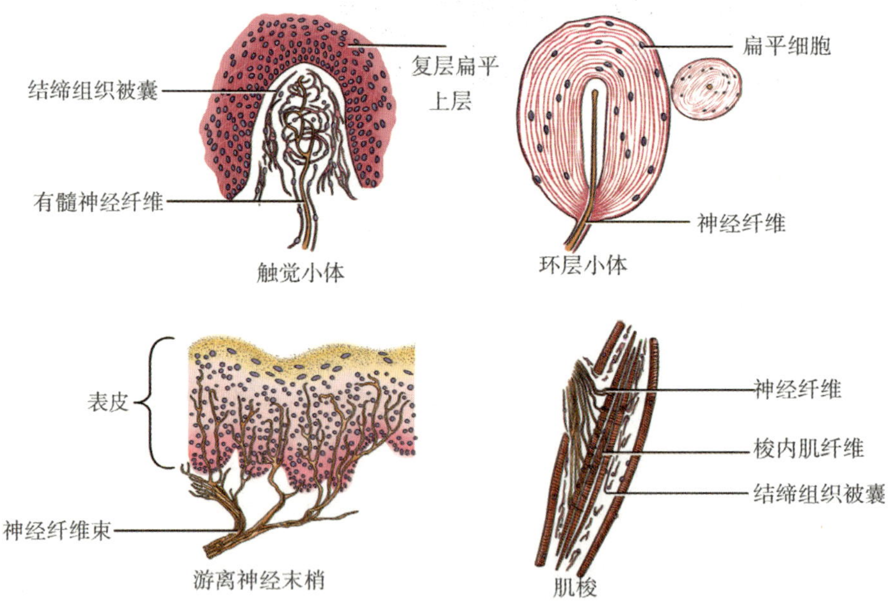

图 1-2-24　感觉神经末梢光镜结构模式图

（二）运动神经末梢

运动神经末梢又称效应器，由运动神经元的轴突末端形成，分布在骨骼肌、平滑肌和腺体等处，可引起肌纤维的收缩和腺体的分泌，分为躯体运动神经末梢和内脏运动神经末梢两类。

1. 躯体运动神经末梢

为支配骨骼肌的运动神经末梢，其末端分支呈爪状，称为运动终板（图 1-2-25）。

2. 内脏运动神经末梢

指分布于平滑肌和腺上皮的运动神经末梢。

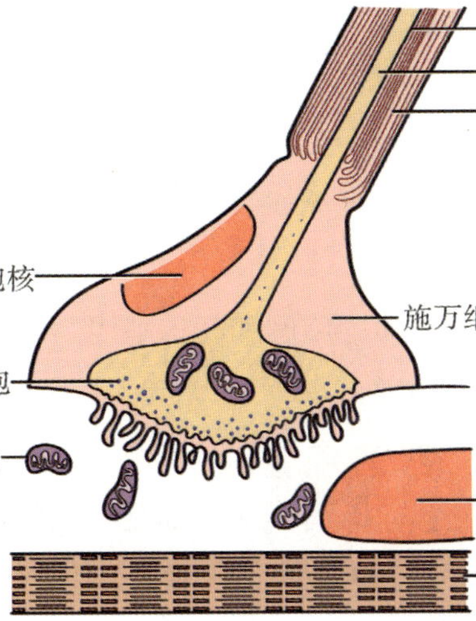

图 1-2-25　运动终板模式图

拓展阅读

关爱老人，警惕老年痴呆

老年痴呆，医学名为阿尔茨海默病，是一种神经退行性疾病，是威胁老年人健康的“隐形杀手”。大脑中有数以亿计的神经元，它们如同精密网络中的节点，通过电信号和化学信号传递信息，维持思维、记忆等认知功能。

然而，当老人患上老年痴呆，其大脑内的神经元便会遭受严重破坏。一系列复杂病变使得神经元之间原本紧密相连的“通信线路”被切断，信号传递陷入困境。如此一来，老人就逐渐出现记忆力减退、认知能力下降、行为举止异常等症状。

家中老人若出现丢三落四、迷路、性格改变等情况，应及时就医筛查。关爱老人是我们的社会责任，多陪老人聊天、锻炼大脑，给予他们耐心与陪伴，能让他们在温馨的环境中安享晚年，也能更好地预防和延缓老年痴呆的发生。

点燃思考

神经细胞和神经胶质细胞，哪一个是神经组织的基本单位？

【练习题】

一、A1 型题

1. 单层扁平上皮主要分布于（　　）。

A. 肺泡壁　　B. 肾小管　　C. 皮肤表皮
D. 食管黏膜　　E. 膀胱

2. 骨骼肌纤维的结构特点是（　　）。

A. 无横纹，多核位于中央　　B. 有横纹，多核位于周边　　C. 有闰盘，单核
D. 无横纹，单核　　E. 有闰盘，无横纹

3. 神经元尼氏体的组成是（　　）。

A. 粗面内质网和游离核糖体　　B. 滑面内质网和高尔基体　　C. 线粒体和溶酶体
D. 神经丝和微管　　E. 微丝

4. 心肌细胞的结构特征是（　　）。

A. 呈长圆柱形，无分支　　B. 有横纹，细胞间以桥粒连接
C. 有分支，细胞间以闰盘连接　　D. 无横纹，单核
E. 无横纹，多核

5. 假复层纤毛柱状上皮分布于（　　）。

A. 小肠黏膜　　B. 胃黏膜　　C. 膀胱黏膜
D. 皮肤表皮　　E. 气管黏膜

答案：ABACE

解析：无

二、A2 型题

1. 一名患者因长期慢性支气管炎就诊，病理检查发现其呼吸道黏膜纤毛减少，黏液分泌潴留。此现象主要与哪种上皮结构受损有关（　　）。

A. 复层扁平上皮　　B. 变移上皮　　C. 假复层纤毛柱状上皮
D. 单层立方上皮　　E. 单层柱状上皮

答案：C

解析：呼吸道黏膜（如气管、支气管）的腔面为假复层纤毛柱状上皮，其表面纤毛可通过定向摆动排出黏液和异物。纤毛减少会导致黏液潴留，引发感染。选项 A（复层扁平上皮）多见于皮肤或食管，选项 B（变移上皮）分布于泌尿道，选项 D（单层立方上皮）见于甲状腺滤泡，均与呼吸道功能无关。

2. 一名绝经后女性因骨质疏松就诊，骨密度检测显示骨基质减少。此病变与骨组织中哪种细胞的功能失衡最相关（　　）。

A. 破骨细胞　　B. 成骨细胞　　C. 骨细胞
D. 软骨细胞　　E. 成纤维细胞

答案：C

解析：骨细胞是成熟骨组织中的主要细胞，通过突起网络调控骨基质的动态平衡（成骨与破骨活动的协调）。骨质疏松多因骨细胞功能下降或激素失衡（如雌激素缺乏），导致骨吸收（破骨细胞活性）超过骨形成（成骨细胞活性）。软骨细胞（D）存在于软骨中，与骨代谢无直接关系。

3. 一名创伤性大出血患者需紧急输血，但血库无同型血。患者为 O 型 Rh 阴性，应优先选择哪种血型红细胞（　　）。

A.O 型 Rh 阳性　　B.A 型 Rh 阴性　　C.AB 型 Rh 阴性

D.O 型 Rh 阴性　　E.B 型 Rh 阴性

答案：D

解析：在无同型血（O 型 Rh 阴性）的紧急情况下，O 型 Rh 阴性红细胞是“万能供血者”，可避免 ABO 和 Rh 血型不合的溶血反应。其他选项（A/B/C/E）均存在 ABO 或 Rh 血型不合风险，尤其 Rh 阴性患者输注 Rh 阳性血可能导致抗 D 抗体产生。

4. 某患者心肌炎后出现心律失常，电镜观察发现心肌细胞间连接结构破坏。最可能受损的关键结构是（　　）。

A. 紧密连接　　B. 闰盘　　C. 半桥粒

D. 基膜　　E. 神经—肌接头

答案：B

解析：心肌细胞通过闰盘连接，闰盘包含缝隙连接（传递电信号）和黏附连接（机械连接）。闰盘破坏会导致电传导异常，引发心律失常。紧密连接（A）主要存在于上皮组织，半桥粒（C）连接上皮与基膜，基膜（D）为支持结构，神经—肌接头（E）属于骨骼肌调控结构，均非心肌细胞间连接的关键。

5. 一名患者因视力模糊、肢体无力就诊，MRI 显示脑白质多发性脱髓鞘病变。此病理改变最可能由哪种神经胶质细胞功能障碍引起（　　）。

A. 少突胶质细胞　　B. 施万细胞　　C. 小胶质细胞

D. 星形胶质细胞　　E. 室管膜细胞

答案：A

解析：少突胶质细胞是中枢神经系统中形成髓鞘的主要胶质细胞，其功能障碍会导致脱髓鞘疾病（如多发性硬化症）。施万细胞（B）负责周围神经髓鞘形成，小胶质细胞（C）是中枢的免疫细胞，星形胶质细胞（D）参与血脑屏障和代谢支持，室管膜细胞（E）分布于脑室和脊髓中央管，均与中枢脱髓鞘无直接关联。

模块二 运动系统

项目一　骨和骨连结的形态与功能

学习目标

思政及素养目标

1. 增强健康管理意识，培养学生科学健康的生活习惯。

2. 培养集体责任感，引导学生理解个人与社会、国家的关系，培养“小我融入大我”的整体观。

知识目标

1. 理解运动系统的组成；骨的构造及形态分类；关节的基本结构、类型及功能。

2. 掌握全身各骨的名称；掌握四肢骨、躯干骨、胸肋骨的构成及其连结。

3. 掌握颅的整体观、内外观的构成特点及主要分部骨的名称和功能；颅骨间的连结特点。

4. 认识全身主要的骨性标志。

能力目标

1. 能利用人体骨骼模型，辨识全身主要的骨，包括骨的名称、位置分布，并能描述其功能。

2. 能掌握全身骨连结（关节）的分布、构成及其各自功能。

3. 能掌握老年人骨和骨连结（关节）的衰老变化，了解减缓骨衰老的预防措施。

4. 能分析各骨伤、骨病案例，对患者进行健康评估并制定相对应的照护或康复方案。

知识导读

扫码查看思维导图。

扫一扫

赛证对接

本项目内容主要对接运动系统主要骨的分部、功能的基础理论知识，通过常见运动系统临床病例分析，对骨外伤（如骨折）、骨病患者（如骨质疏松症老人）的健康评估，术后康复及饮食管理等以实际照护任务的形式考查。

任务一　初步了解骨与骨连结

扫一扫

一、骨

成人的骨有 206 块，按其部位分为颅骨，躯干骨，四肢骨。

每块骨都是一个坚硬的器官，具有一定的形态和功能，并分布有丰富的血管、神经和淋巴管。骨由骨细胞、胶原纤维及骨基质构成，外被骨膜和软骨，内含有骨髓。

骨具有创伤修复和改建的能力，同时具有造血和储备钙与磷的作用。

（一）骨的形态和分类

骨形态不一，按其形态可分为长骨、短骨、扁骨和不规则骨 4 类（图 2–1–1）。

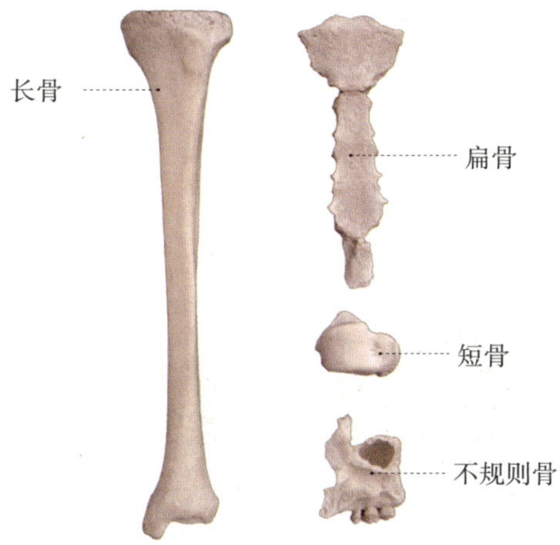

图 2–1–1　骨的分类

1. 长骨

呈长管状，一体两端。体又称骨干，较细长，内有空腔称为髓腔，可容纳骨髓。两端膨大称为骺，骺的表面附有光滑的关节软骨。长骨多分布于四肢，如肱骨、股骨等，起杠杆作用。

2. 短骨

呈立方形，多分布于连接牢固、承压较大，运动灵活且复杂的部位，如腕骨、跗骨等。

3. 扁骨

呈板状，宽且扁，主要构成颅腔、胸腔、盆腔的壁，起保护腔内器官等作用，如颅骨、肋骨等。

4. 不规则骨

形状不规则，主要分布于躯干、颅底、面部等，如椎骨、颞骨等。

（二）骨的构造

骨由骨膜、骨质和骨髓三部分构成。

1. 骨膜

由致密结缔组织构成，淡红色，薄而坚韧，富含血管、淋巴、神经和成骨细胞，对骨的营养、生长修复和感觉具有重要作用，主要覆盖于除关节面外的骨的表面。老年人骨膜变薄，骨细胞的分化能力减弱，故骨的再生修复机能会减退（图 2-1-2）。

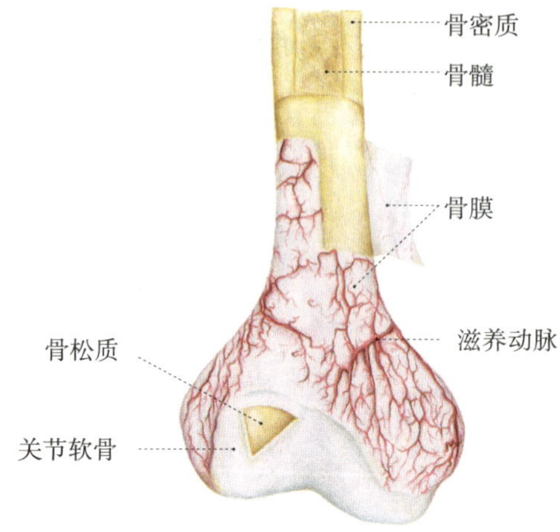

图 2-1-2　骨的构造

2. 骨质

骨的主要成分，分为骨密质和骨松质。骨密质由紧密排列成层的骨板构成，致密坚硬，抗压性强，分布于骨的外表面及长骨的骨干。骨松质呈海绵状，由交错排列的骨小梁构成，分布于骨的内部及长骨两端（图 2-1-3）。

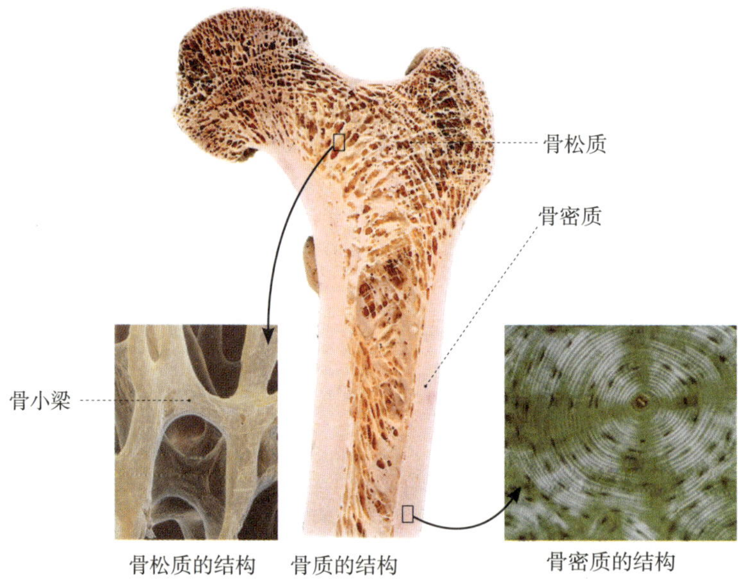

图 2-1-3　骨质

3. 骨髓

充填于骨髓腔和骨松质间隙内，分为红骨髓和黄骨髓。胎儿和婴幼儿期的骨髓全部是红骨髓，呈红色，具有造血功能。5 岁以后，长骨骨髓腔内的红骨髓逐渐被脂肪组织取代，呈黄色，称黄骨髓，失去造血功能。但当大量失血或重度贫血时，黄骨髓能转化为红骨髓恢复造血功能。

髂骨、胸骨、胫骨近侧端骨松质内终生保留红骨髓，故临床疑有造血功能疾病时，常在髂前上棘胸骨等处进行骨髓穿刺抽取少量红骨髓，检查骨髓象。

（三）骨的化学成分和物理特性

骨质的化学成分包括有机质和无机质。

骨有机质主要是骨胶原纤维束和黏多糖蛋白等，约占 1/3，作为成骨的支架，使骨具有一定的弹性和韧性；骨无机质主要是磷酸钙和碳酸钙，约占 2/3，使骨坚实、有硬度。

骨无机质与有机质的比例随年龄的增长而发生变化，儿童骨的有机质和无机质约各占一半，故弹性大、硬度小，但易变形，在外力作用下不易骨折或折而不断，发生“青枝”骨折；成人骨的有机质和无机质的比例最为合适，约为 3 ∶ 7，具有很大硬度和一定的弹性，比较坚韧；老年人骨的无机质比例更大，脆性较大而易发生骨折（图 2-1-4）。

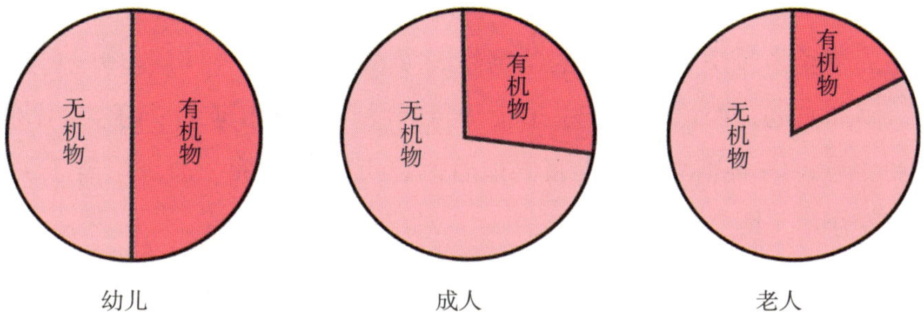

图 2-1-4　骨质的成分比例

二、骨连结

骨与骨之间的连结装置称**骨连结**（图 2-1-5）。

按连结方式和机能的不同，可分为直接连结和间接连结两种。

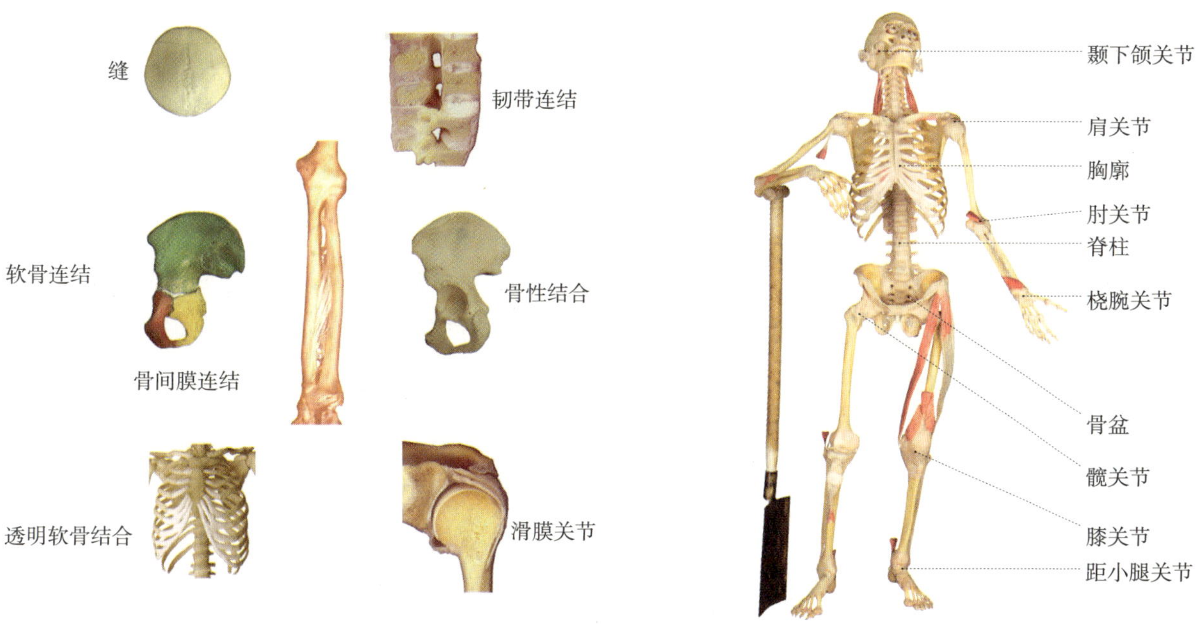

图 2-1-5　全身骨连结

（一）直接连结

骨与骨之间借助致密结缔组织、软骨或骨直接相连，紧密且牢固，其间没有腔隙，不能活动或有少许活动能力。

根据连结组织的不同，分为纤维连结（如椎骨棘突之间的韧带）、软骨连结（如椎体之间的椎间盘）和骨性连结（颅骨缝的骨化）。

（二）间接连结

又称滑膜关节，简称**关节**，由骨与骨之间借结缔组织囊互相连结而成，相对的骨之间存在充满滑液的腔隙，具有较大的活动性，是人体骨连结的主要形式。

1. 关节的基本结构

每个关节都包括关节面、关节囊和关节腔三部分。

（1）关节面　关节面是构成关节各骨的接触面，其形态常为一凸一凹，分别构成关节头和关节窝。关节面覆盖关节软骨，其表面光滑可减少运动时的摩擦，有弹性可缓冲外力的冲击。

（2）关节囊　关节囊是包绕关节周围的结缔组织膜囊，分内、外两层。外层为纤维层，由致密结缔组织构成，厚而坚韧，两端附着于关节面周缘，并与骨膜相延续；内层为滑膜，由疏松结缔组织构成，薄而柔软，内面光滑，有丰富的血管网，可分泌滑液，边缘附着于关节软骨周缘，具有减少摩擦和营养作用（图 2–1–6）。

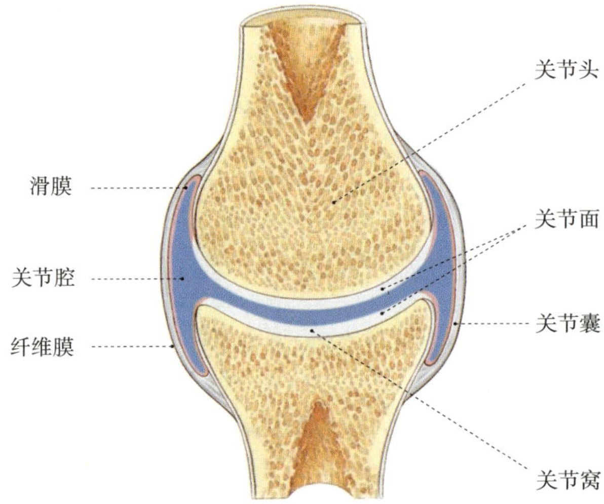

图 2–1–6　关节的构造

（3）关节腔　关节腔是由关节面和关节囊滑膜共同围成的密闭腔隙，腔内含少量滑液，有润滑关节、减少摩擦的作用。腔内为负压，对维持关节的稳固性有一定的作用。

2. 关节的辅助结构

部分关节还有一些辅助结构，以增加关节的稳固性或灵活性。

（1）韧带　连于相邻两骨间的致密结缔组织束，对关节起加固和限制其活动过度的作用，分囊外韧带和囊内韧带。

（2）关节盘　位于两骨关节面之间的纤维软骨板，中央稍薄，周缘略厚并附着于关节囊内面，它把关节腔分为两个腔，使两骨关节面更为适合，并增加了运动形式和范围。关节盘既可增加关节的稳固性和灵活性，又可减少冲击和震荡。

（3）关节唇　附着于关节窝周缘的纤维软骨环，可加深关节窝，增大关节面，增加关节稳固性。

3. 关节的运动形式

（1）屈和伸　沿冠状轴进行的运动。使两骨互相靠拢夹角变小的运动称为屈，反之为伸。

（2）收和展　沿矢状轴进行的运动。使骨向正中矢状面靠拢的运动称为内收，反之为外展。

（3）旋转　围绕垂直轴进行的运动。使骨由前转向内侧的运动称为旋内，反之为旋外。在前臂，手背转向前方称为旋前，反之为旋后。

（4）环转　使骨的近端在原位转动，远端做圆周运动，是屈、展、伸、收 4 种形式不断转换的连续动作（图 2-1-7）。

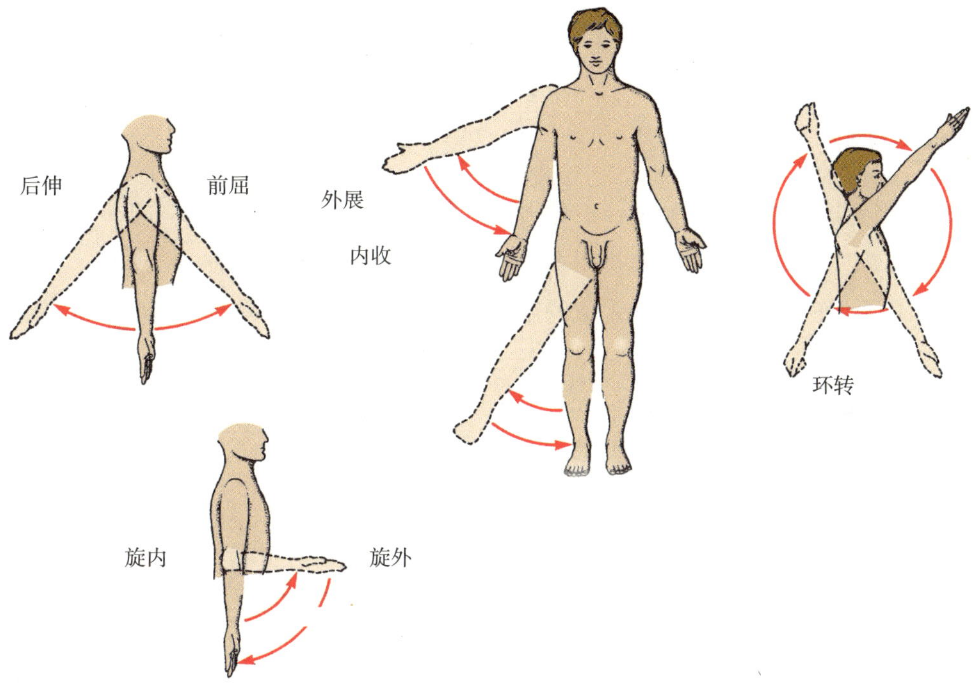

图 2-1-7　关节的运动

拓展阅读

老年性骨质疏松症

骨质疏松是因骨量减少、骨微观结构退行性变化，致使骨脆性增加、骨强度降低、骨折风险升高为特征的骨骼代谢性疾病，常伴随长期疼痛、骨质疏松性骨折等并发症，严重影响老年人生活质量。老年性骨质疏松症多发于 65 岁之后。

建立良好的生活方式是骨质疏松症防治的重要环节，如长期锻炼（负重或抗阻训练）可有效维持骨密度和骨强度，改善人体平衡能力、增加稳定性，提高神经反应能力，减少跌倒概率，降低骨折风险。饮食方面，以杂粮、薯类等粗制的复合碳水化合物为主，并合理补充维生素 D 和钙剂有助于维持骨强度。

点燃思考

李大爷认为每天喝牛奶补钙就不会骨质疏松，对吗？

任务二　认识躯干骨

案例导入

王奶奶，66 岁，因冰冻路滑不小心摔倒，随即出现右肩部剧烈疼痛，右上肢活动障碍，右侧胸闷气紧。经 120 急诊入院，经检查右肩部淤血肿胀压痛，局部骨擦感及异常活动，右关节功能受损。CT 诊断结果显示：右肩锁骨中段粉碎性骨折，错位明显。

任务描述

1. 照护人员向王奶奶解释锁骨中段的位置。
2. 照护人员向王奶奶简述微创骨折闭合复位钢板内固定手术的过程。
3. 照护人员帮助王奶奶理解术后采取的照护、康复措施及注意事项，并请求配合。

知识殿堂

扫一扫

扫码查看课件。

一、躯干骨

躯干骨共 51 块，由 24 块椎骨、12 对肋骨和 1 块胸骨组成，其中还包括 1 块骶骨和 1 块尾骨。它们通常借助骨连结构成脊柱和骨性胸廓，与髋骨构成骨盆。

（一）椎骨的一般形态

椎骨由前方的**椎体**和后方的**椎弓**组成（图 2–1–8）。

椎体呈短圆柱状，从颈椎到腰椎，椎体的横断面积逐渐增大，是脊柱承重的主体部分。椎弓呈弓状，与椎体共同围成**椎孔**，所有椎孔相互连通形成椎管，其内容纳脊髓（图 2–1–8）。

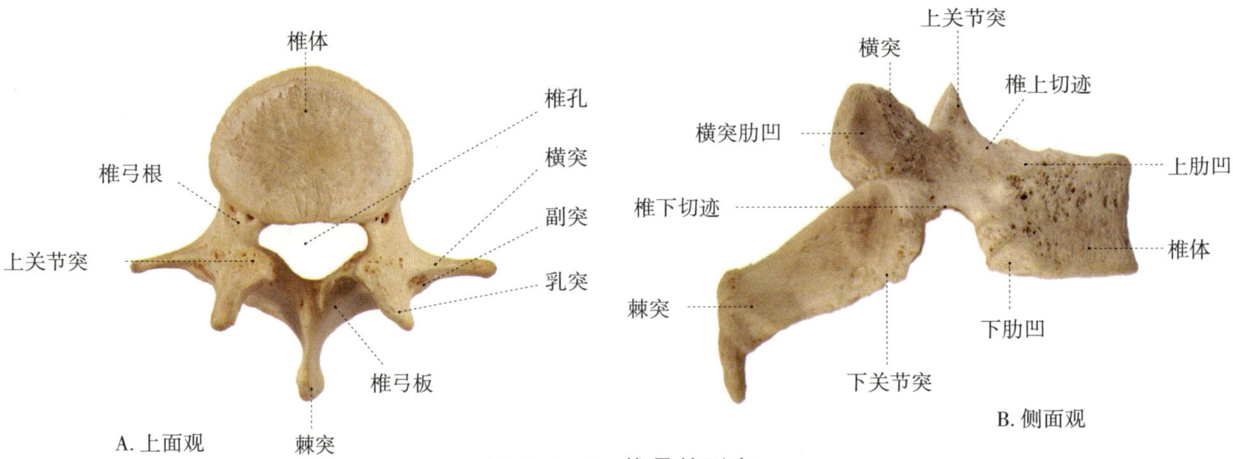

图 2–1–8　椎骨的形态

椎弓与椎体相连接的细窄部分为椎弓根。其上方有较浅的切迹，称为椎上切迹；其下方有较深的切迹，称为椎下切迹。相邻椎骨的上、下切迹围成**椎间孔**，有脊神经和血管通过。椎弓后部宽厚为板状的椎弓板。从椎弓上伸出 7 个突起，即伸向正中向后方或后下方的棘突 1 个；向两侧突起的横突 1 对；向上或向下突起的上关节突和下关节突各 1 对。棘突和横突是肌和韧带的附着点。

（二）各部椎骨的主要特征

1. 颈椎

共 7 块，椎体较小，椎孔较大，呈三角形。颈椎的横突根部均有横突孔，有椎动脉和椎静脉通过。第 2~6 颈椎棘突末端通常有分叉。

（1）第 1 颈椎　又称**寰椎**，呈环状，无椎体、棘突和关节突，由前弓、后弓和两个侧块组成。寰椎的前弓较短，其后面正中有一小关节面，称为齿突凹，与枢椎的齿突相关节；后弓较长，其上有横行的椎动脉沟，有同名动脉通过；侧块上面各有一椭圆形的关节面，与颅骨枕髁形成寰枕关节（图 2–1–9）。

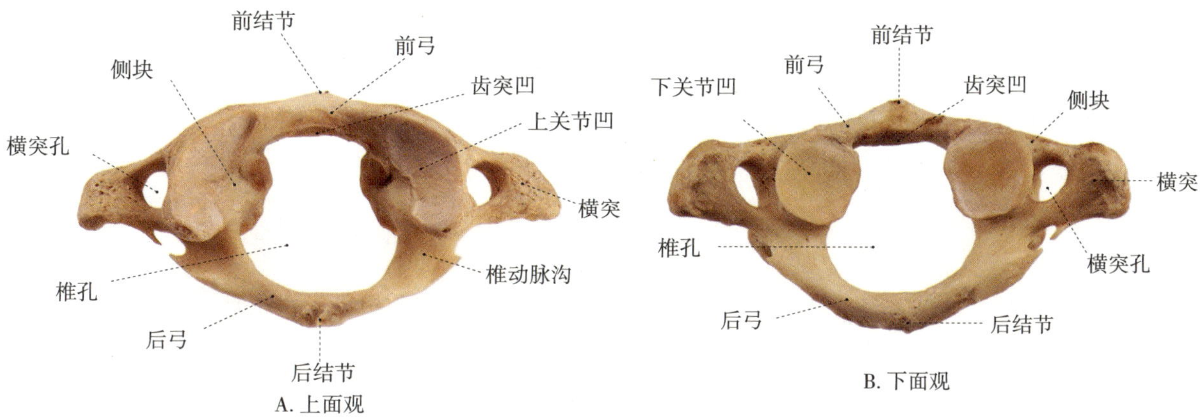

图 2–1–9　寰椎的构造

（2）第 2 颈椎　又称**枢椎**，椎体上方伸出的一指状突起称齿突，与寰椎的齿突凹相关节（图 2–1–10）。

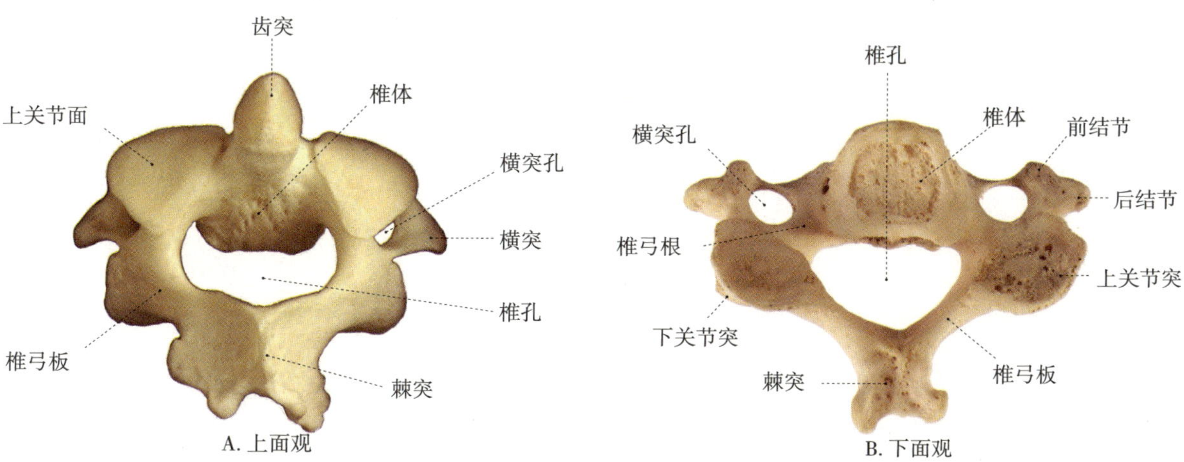

图 2–1–10　枢椎

（3）第 7 颈椎　又称**隆椎**，棘突特别长，末端不分叉。稍低头时，在活体颈后正中线上很容易看到和摸到，常作为计数椎骨序数的体表标志。

2. 胸椎

共 12 块，椎孔较小呈圆形；椎体两侧面的上、下缘和横突末端与肋相关节，分别为上、下肋凹和横突肋凹；棘突细长，呈叠瓦状向后下方倾斜排列（图 2–1–11）。

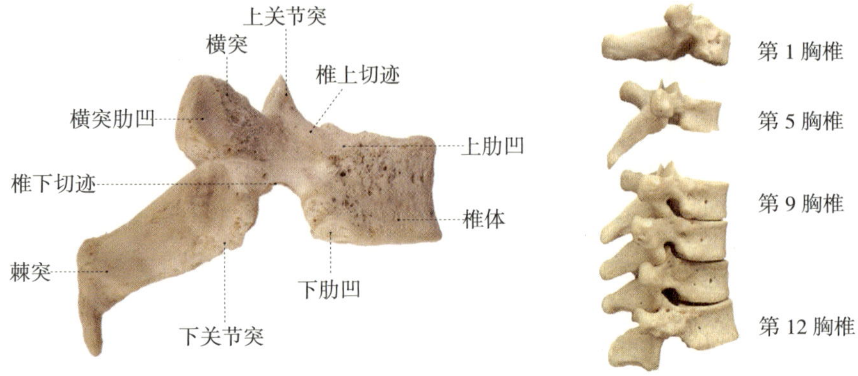

图 2–1–11　胸椎侧面观

3. 腰椎

共 5 块，椎体粗大，椎孔较大且呈三角形；棘突宽短呈板状，水平后伸，末端圆钝。相邻棘突的间隙较宽，临床上常在此处进行腰椎穿刺（图 2–1–12）。

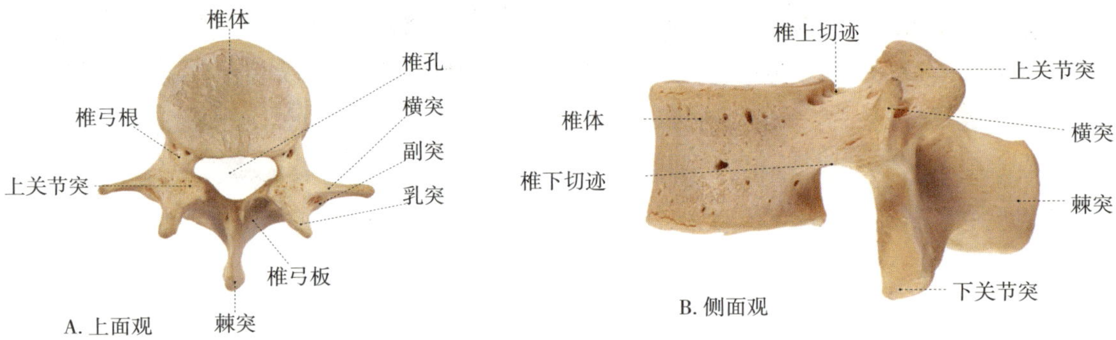

图 2–1–12　腰椎

4. 骶骨

成人骶骨只有 1 块，由 5 块骶椎融合而成，呈倒三角形，底向上，前缘突出隆凸为岬，是女性骨盆入口径线测量的重要标志。骶骨外侧部上宽下窄，各有一关节面称为耳状面，与髋骨的耳状面形成骶髂关节。骶骨前面光滑，可见 4 对骶前孔；骶骨后面凸凹粗糙，正中线处有棘突融合而成的纵行骶正中嵴，其两侧有 4 对骶后孔，与骶前孔、骶管均相通；下方有边缘不整齐的骶管裂孔，向上通骶管。骶管裂孔两侧有明显的突起称骶角，是临床进行骶管麻醉时确认骶管裂孔的体表标志（图 2–1–13）。

5. 尾骨

1 块，形体较小，由 4 块退化的尾椎融合而成，上接骶骨，下端游离为尾骨尖（图 2–1–14）。

（三）胸骨

1 块，长而扁，位于胸前壁正中，自上而下由胸骨柄、胸骨体和剑突 3 部分组成。

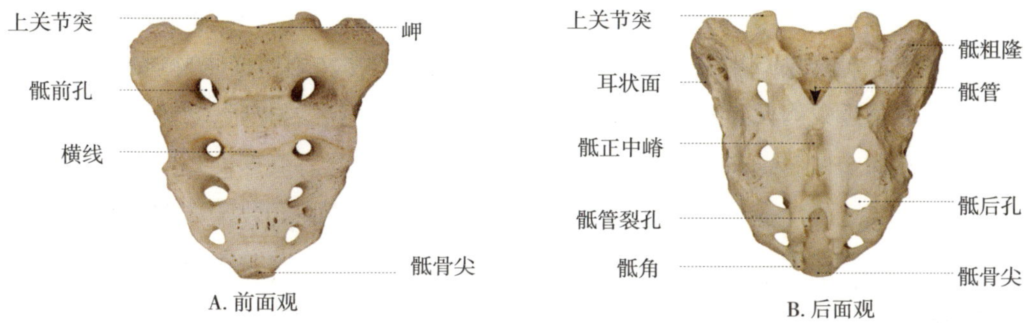

图 2-1-13 骶骨的前后观

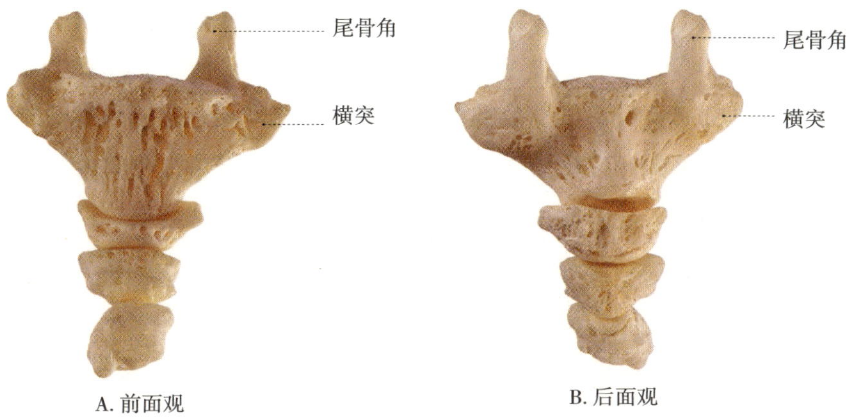

图 2-1-14 尾骨的整体观

胸骨柄上宽厚下窄薄，上缘中部凹陷为颈静脉切迹，两侧凹陷为锁切迹，与锁骨相关节。胸骨体是长方形的骨板，外侧缘与第 2~7 肋软骨相关节。胸骨柄与胸骨体连接处向前微突，称为**胸骨角**，其两侧平对第 2 肋，是计数肋的重要标志。剑突薄而窄，上连胸骨体，下端游离（图 2-1-15）。

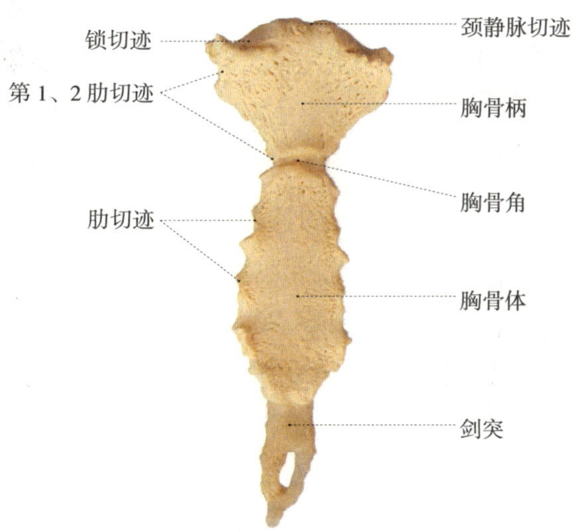

图 2-1-15 胸骨

（四）肋

12 对，扁且细长，呈弓状，由肋骨和肋软骨构成。

后端稍膨大称为肋头，与相应胸椎椎体上的肋凹相关节。肋头外侧稍细的部分称为肋颈，再转向前方为肋体。肋体长而扁，分内、外两面和上、下两缘。肋体内面近下缘处有肋沟，肋间血管、神经行于其中。肋体后份的急转角称为肋角。颈、体交界处的后外侧有粗糙突起为肋结节。肋结节上有关节面与胸椎的横突肋凹相关节（图 2-1-16）。

肋软骨位于各肋骨前端，由透明软骨构成，终生不骨化。

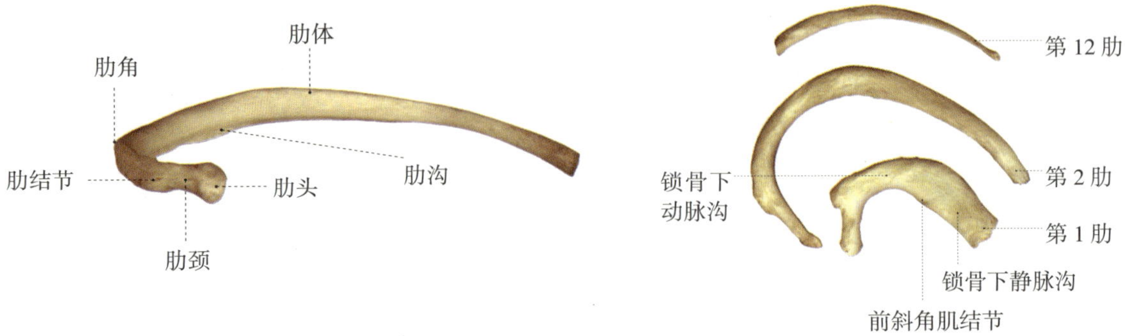

图 2-1-16　肋骨的构造

二、躯干骨的连结

躯干骨借助骨连结构成脊柱和胸廓。

（一）脊柱

1. 脊柱的构成

由 24 块椎骨、1 块骶骨和 1 块尾骨借骨连结形成，是人体的中轴，上端承载颅，下接髋骨。

2. 椎骨间的连结

椎体间借椎间盘、韧带和关节相连结（图 2-1-17）。

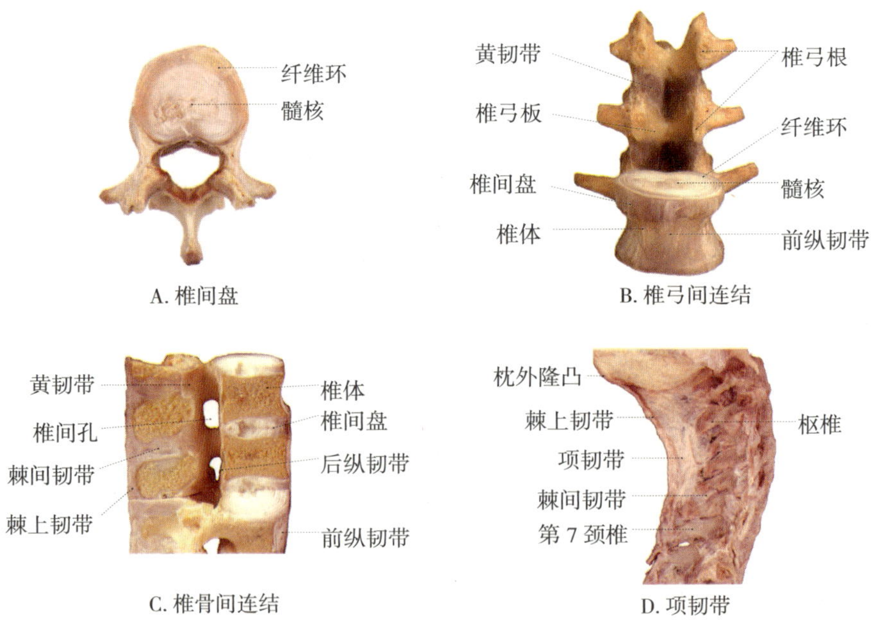

图 2-1-17　椎间骨的连结

（1）**椎间盘**　是连结相邻两椎体间的纤维软骨盘，由髓核和纤维环两部分构成。

①髓核：位于椎间盘的中央稍偏后，是柔软富有弹性的胶状物。

②纤维环：由数层同心圆排列的纤维软骨环绕核而成，质坚韧富有弹性，可牢固连结相邻椎

体，保护和限制髓核向外膨出，缓冲外力增加脊柱的运动幅度。

拓展阅读

老年人群与椎间盘突出症

椎间盘厚薄不一，腰部最厚，颈部次之，中胸部最薄，故脊柱腰部活动度最大，损伤最多。当椎间盘纤维环破裂时，髓核容易向后外侧脱出，突入椎管或椎间孔，压迫脊髓或脊神经根，产生椎间盘突出的临床症状。

老年腰椎间盘突出症是在老年人群中（≥ 60 岁），在腰椎间盘突出的病理基础上，由突出的椎间盘组织刺激和（或）压迫神经根、马尾神经所导致的临床综合征，表现为腰痛、下肢放射痛、下肢麻木、下肢无力、大小便功能障碍等。

点燃思考

如何预防老年腰椎间盘突出？

（2）韧带　包括纵贯脊柱的 3 条长韧带和 2 条短韧带。

①**前纵韧带**：是坚固的，紧密附着于所有椎体及椎间盘前面的扁带状纤维束，上起枕骨大孔前缘，下至骶椎，有防止脊柱过度后伸和椎间盘向前脱出的作用。

②**后纵韧带**：为附着于所有椎体及椎间盘后面的纵长韧带，上起枢椎，下至骶管前壁，形成椎管的前壁，有防止脊柱过度前屈的作用。

③**棘上韧带**：为附着于各棘突末端的纵长韧带，也有限制脊柱过度前屈的作用。

④**黄韧带**：为连结相邻椎弓板间的短韧带，与椎弓板共同构成椎管后壁，它由黄色的弹性纤维构成，坚韧有弹性，有限制脊柱过度前屈的作用。

⑤**棘间韧带**：为连结相邻棘突间的短韧带，前接黄韧带，后接棘上韧带。

（3）关节突关节　是相邻椎骨的上、下关节突构成的联合关节。

2. 脊柱的整体观

脊柱因年龄、性别和发育不同而有差异。成年男性脊柱长约 70 cm，女性约为 60 cm，椎间盘总厚度占脊柱总长度的 1/4。老年人因椎间盘变薄、骨质萎缩，脊柱会缩短（图 2–1–18）。

（1）前面观　椎体自上而下逐渐增宽；第 2 骶椎为最宽，承重力也追至增大。

（2）后面观　各椎骨棘突连贯形成纵嵴，位于背部正中线上，两侧与横突形成脊柱沟。

（3）侧面观　自上而下有颈、胸、腰和骶 4 个生理弯曲。其中颈曲和腰曲凸向前，胸曲和骶曲凸向后。脊柱的弯曲增加

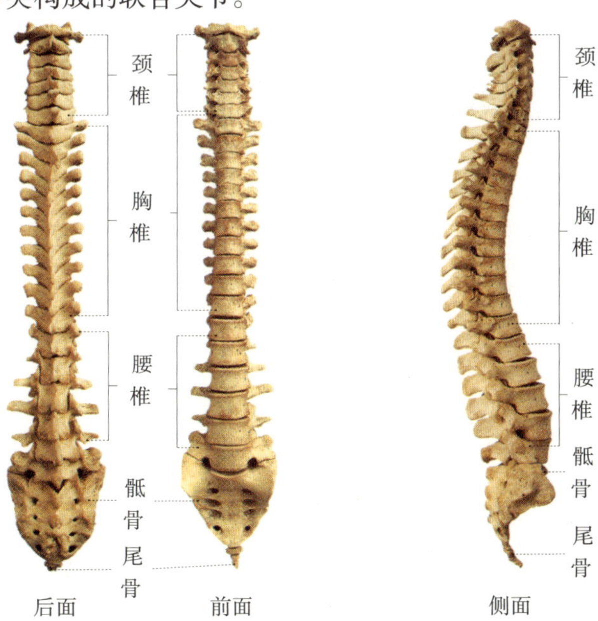

图 2–1–18　脊柱的各面观

了其弹性，对维持人体重心的平衡，缓冲震荡和保护大脑、脏器具有重要的生理学意义。

3. 脊柱的功能

脊柱是躯干的支柱，具有支持体重、传递重力和缓冲震动的作用；脊柱还具有保护脊髓和脊神经根的作用，并具有多种运动功能，如屈、伸、侧屈、旋转和环转运动。同时，脊柱参与胸腔、腹腔和盆腔的构成，具有支持和保护腔内脏器的作用。

（二）胸廓

由 12 块胸椎、12 对肋和 1 块胸骨连结而成（图 2–1–19）。

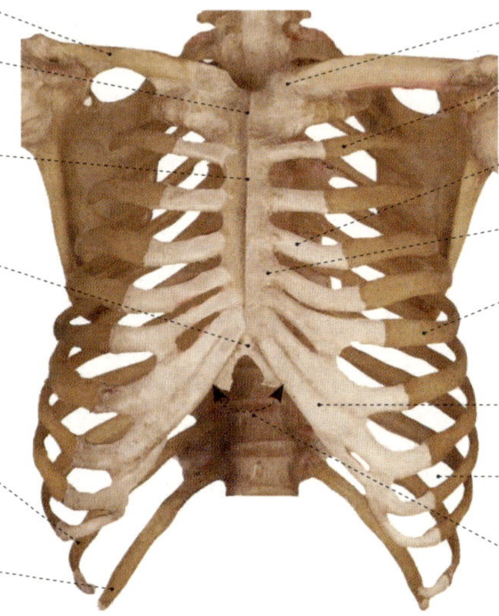

图 2–1–19　胸廓

1. 肋骨连结

构成胸廓的主要关节有肋椎关节和胸肋关节。

（1）肋椎关节　由肋后端与胸椎形成，包括肋头关节和肋横突关节。

（2）胸肋关节　由第 2~7 肋软骨与胸骨相对应的肋切迹构成。第 1 肋与胸骨柄之间为软骨结构，第 8~10 肋前端借肋软骨与上位的肋软骨依次相连形成肋弓；第 11~12 肋前端游离于腹壁肌中称浮肋。

2. 胸廓的整体观

成人胸廓呈前后略扁的圆锥形，上口较小，由第 1 胸椎体、第 1 肋和胸骨柄上缘围成，是颈部与胸腔之间的通道。胸廓下口较大，由第 12 胸椎体、第 12 肋和 11 肋前端、肋弓和剑突围成。相邻两肋之间的间隙称肋间隙，共 11 对。两侧肋弓之间的夹角称胸骨下角。

拓展阅读

胸廓的形态变化

胸廓的形状和大小与年龄、性别、体形、健康状况等因素有关。

新生儿的胸廓呈桶状，前后径和横径接近；老年人的胸廓因肋弹性减退，运动减弱则变扁长；成年女性的胸廓通常短且圆。佝偻病患儿的胸廓前后径大，胸肋骨向前突出，称“鸡胸”。肺气肿患者的胸廓各个径线都增大，形成“桶状胸”。

点燃思考

胸廓扩张度减弱常见于什么病?

3. 胸廓的功能

胸廓对胸腔内器官除具有保护和支持作用外，主要参与呼吸运动。吸气时，在肌的作用下，肋前端上提，胸骨抬高并前移，肋体向外扩展，胸廓前后径和横径都增大，胸腔容积扩大，肺被动扩张，气体吸入；呼气时则胸廓做相反的运动，使胸腔容积变小。

任务三　认识颅骨

案例导入

郑大爷，68 岁，骑车外出时不慎摔倒，头部受到重创昏迷，经路人拨打 120 急诊入院。经检查颅基底节区出血、硬脑膜下出血，且入院后神志改变加重，出血也较之前加重，CT 显示为粉碎性颅骨骨折。医院紧急采取“颅内血肿清除术 + 去骨瓣减压术”，成功挽救了郑大爷的生命。

任务描述

1. 照护员需提供更好的预后护理，有效减少颅骨手术并发症。
2. 照护员帮助郑大爷进行早期的康复干预，待颅内压趋于稳定后请康复专家会诊。
3. 照护员可与郑大爷及其家属深入沟通，详细说明早期颅骨修补手术的利弊。

知识殿堂

扫码查看课件。

扫一扫

一、颅

颅位于脊柱上方，由 23 块（3 对听小骨未计入）颅骨组成。各颅骨借缝或软骨牢固连结成一个整体，对脑、感觉器官，以及消化和呼吸系统的起始部分起保护和支持作用。

（一）颅的构成

按颅骨所在部位，可分为脑颅和面颅（图 2-1-20）。

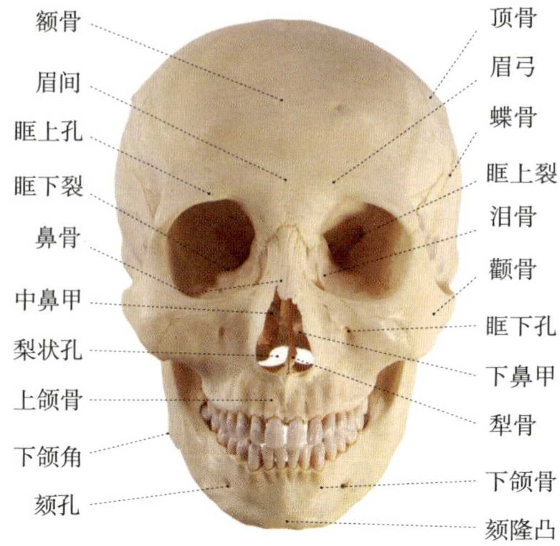

图 2-1-20　颅整体观

1. 脑颅

位于颅的后上部，共 8 块，包括额骨、枕骨、蝶骨、筛骨（各 1 块）和成对的顶骨和颞骨，位于颅的后上部，共同围成颅腔，容纳脑。

2. 面颅

位于颅的前下部，共 15 块，包括下颌骨、犁骨、舌骨（各 1 块）和成对的鼻骨、泪骨、颧骨、上颌骨、腭骨和下鼻甲，它们构成面部的支架，并围成眶、骨性鼻腔和骨性口腔，容纳视器、嗅觉和味觉器官。舌骨，游离于喉上方的舌肌群中。

（二）颅骨的整体观

1. 顶面观

呈卵圆形，光滑隆凸，由顶骨、额骨及部分颞骨和枕骨围成。额骨与顶骨之间有冠状缝，两顶骨之间有矢状缝，顶骨与枕骨之间有人字缝（图 2-1-21）。

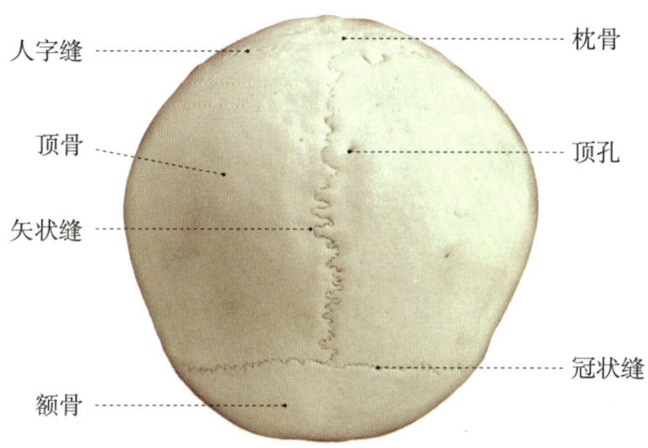

图 2-1-21　颅顶面观与缝

2. 侧面观

颅侧面的中部有外耳门，向内通外耳道，其前方弓状骨桥为颧弓，后下方的突起为乳突，均可在体表摸到。以颧弓平面为界，颧弓内上方大而浅的凹陷称为颞窝，窝内有额骨、顶骨、蝶骨大翼和颞骨 4 骨会合而成的“H”形缝，称为**翼点**。此处骨质薄弱，内有脑膜中动脉前支经过，若此处发生外伤或骨折时，易损伤该动脉而形成硬膜外血肿，会压迫脑组织（图 2–1–22）。

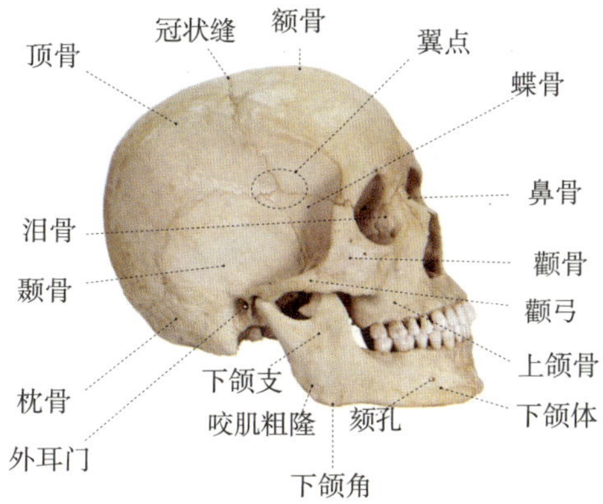

图 2–1–22　颅侧面观

3. 内面观

颅底内面凹凸不平，前高后低依次呈现为 3 个阶梯状的窝，分别称为颅前窝、颅中窝和颅后窝（图 2–1–23）。

（1）颅前窝　窝底正中有一向上的突起称鸡冠。鸡冠两侧凹陷的水平骨板称为筛板，板上有许多小孔为筛孔，向下通鼻腔。

（2）颅中窝　窝中部隆起，由蝶骨体构成。蝶骨体正中有垂体窝，容纳垂体。窝前外侧有视神经管通入眶。窝后方有横位隆起的鞍背，垂体窝和鞍背合称蝶鞍。在蝶鞍两侧，由前向后外依次排列有圆孔、卵圆孔和棘孔。

（3）颅后窝　窝中央有枕骨大孔，向下通椎管。枕骨大孔的前外侧缘上有舌下神经管内口，其前上方的平坦斜面称为斜坡，后上方的十字隆起称为枕内隆凸，凸向两侧有横窦沟，续转向前下内改称乙状窦沟，止于颈静脉孔。颅后窝的前外侧壁中央处有一开口称内耳门，为内耳道入口。

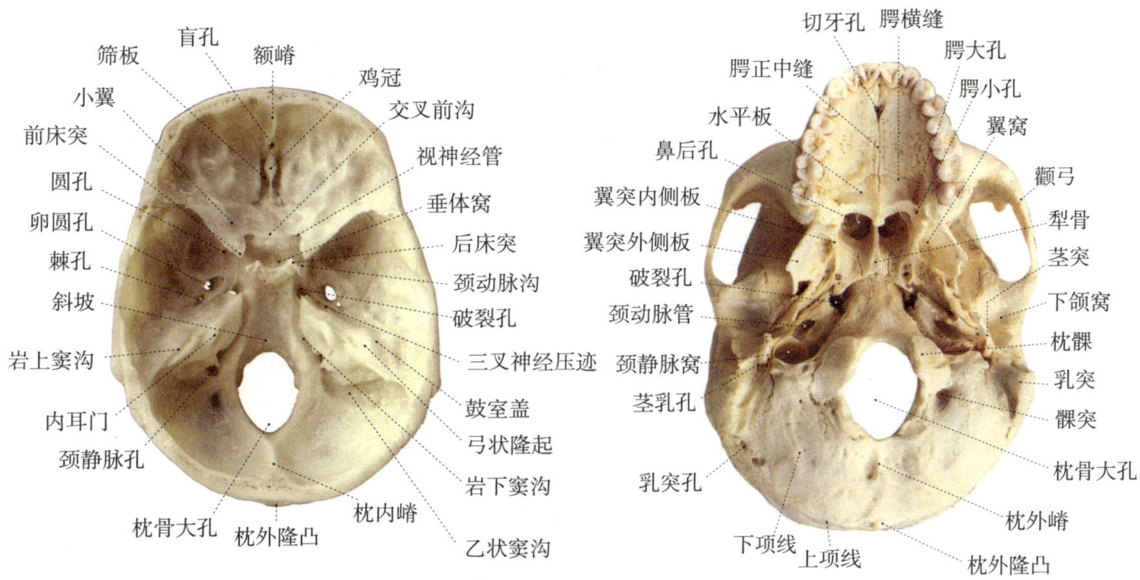

图 2–1–23　颅内、外面观

4. 外面观

颅底外面凸凹不平，孔裂甚多。前面较低，牙槽弓围绕的部分称为骨腭，由上颌骨和腭骨水平板构成；其前部正中的小孔称为切牙孔，腭后部两侧有腭大孔。枕骨大孔正后方的突起称为枕外隆凸，孔两侧的椭圆形关节面称为枕髁，与寰椎相关节。枕髁前外侧有舌下神经管外口，枕髁外侧有颈静脉孔，颈静脉孔前方有颈动脉管外口，后外侧有细长的突起为茎突，其根部后方的小孔称为茎乳孔，向内通面神经管。茎突前外侧有明显的关节窝称为下颌窝，窝前的横行突起称为关节结节（图 2–1–23）。

拓展阅读

新生儿头顶的小窗户——颅囟

新生儿颅顶各骨尚未发育完全，骨缝之间充满结缔组织膜，而封闭这些骨交界处缝隙的膜称为颅囟。其中，主要有前囟，面积最大呈菱形；后囟，较小呈三角形，此外还有蝶囟和乳突囟。前囟一般于1岁半左右闭合，后囟和其他囟门在出生后几个月内就可闭合。前囟闭合的早晚可作为评估婴儿发育水平的标志，过早或过晚都是疾患的表现，应及时就医治疗（图 2-1-24）。

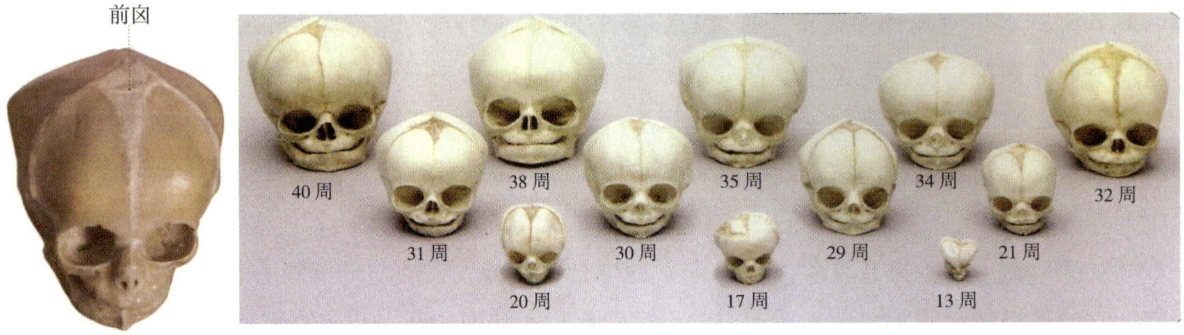

图 2-1-24　前囟与胎儿颅骨的发育

点燃思考

新生儿的前囟门为什么不能随意触摸？

6. 前面观

颅前面中央有一大孔称梨状孔，向后通骨性鼻腔；梨状孔外上方有一对腔称为眶；梨状孔下方是不完整的骨性口腔（图 2-1-25）。

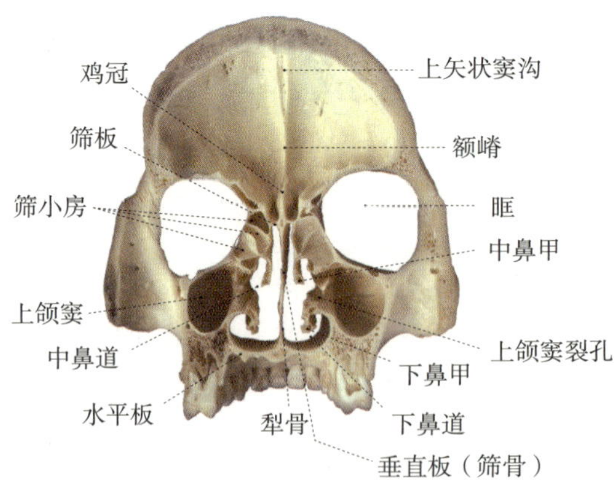

图 2-1-25　颅前面观

（1）眶　呈四棱锥体形，容纳眼球及其附属结构。眶口上、下缘分别称眶上缘和眶下缘，眶上缘的内、中 1/3 交界处有一眶上切迹或眶上孔，眶下缘的中点下方有眶下孔，分别有同名血管和神经通过。眶尖朝向后内，有视神经管通入颅中窝。眶有 4 个壁：上壁与颅前窝相邻，其前外侧面有一深窝称为泪腺窝，容纳泪腺；下壁中部有眶下沟，向前经眶下管通眶下孔；内侧壁最薄，其前下部有泪囊窝，容纳泪囊，此窝向下经鼻泪管通向鼻腔；外侧壁较厚。上壁与外侧壁交界处的后部有眶上裂，通颅中窝；下壁与外侧壁交界处的后部有眶下裂，向后通颞下窝。

（2）骨性鼻腔　位于面颅中央，借骨性鼻中隔将其分为左、右两部分，向前开口于梨状孔，向后开口于鼻后孔。骨性鼻中隔由筛骨垂直板和犁骨构成。每侧鼻腔的外侧壁自上而下有上鼻甲、中鼻甲和下鼻甲。鼻甲的下方都有相应的鼻道，分别称为上鼻道、中鼻道和下鼻道。上鼻甲的后上方与蝶骨体之间有一浅窝，称为蝶筛隐窝（图 2-1-26）。

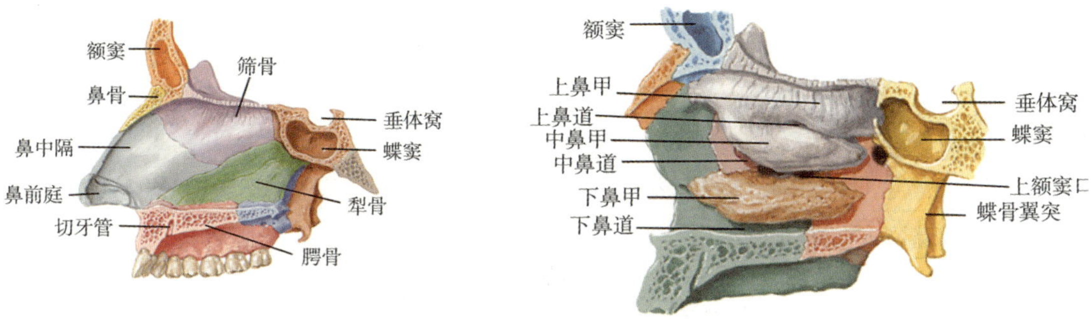

图 2-1-26　骨性鼻腔

（3）鼻旁窦又　称鼻窦，位于鼻腔周围各骨内的含气骨腔，包括额窦、筛窦、蝶窦和上颌窦，均开口于鼻腔。额窦位于眉弓深面，左右各一，窦口向下开口于中鼻道；筛窦是筛骨内蜂窝状小房的总称，分前、中、后 3 群，前群和中群开口于中鼻道，后群开口于上鼻道；蝶窦位于蝶骨体内，由骨板分为两腔，向前开口于蝶筛隐窝；上颌窦容积最大，窦口高于窦底，人体直立时不宜引流，开口于中鼻道。鼻旁窦具有共鸣和减轻颅骨重量的作用（图 2-1-27）。

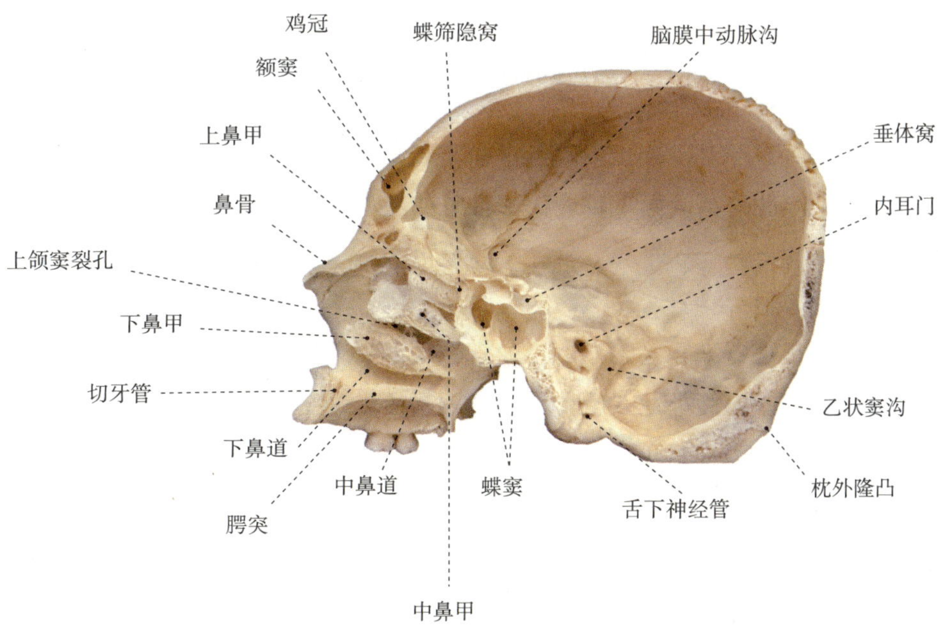

图 2-1-27　颅矢状面

（4）骨性口腔　由上颌骨、腭骨和下颌骨围成，向后通口咽部。

二、颅骨的连结

（一）颅骨的纤维连结和软骨连结

颅骨的连结大多为缝和软骨连结。随着年龄的增长，有些缝和软骨可转化成骨性结合。

（二）颞下颌关节

又称下颌关节，是颅骨间唯一的滑膜关节，由颞骨的下颌窝、关节结节与下颌头构成。关节囊内有椭圆形的关节盘，将关节腔分为上、下两部分。关节囊松弛，前部较薄弱，外侧有韧带加强（图 2-1-28）。

下颌关节属于联合关节，两侧同时运动可使上颌骨上提、下降、向前、向后和侧方运动。

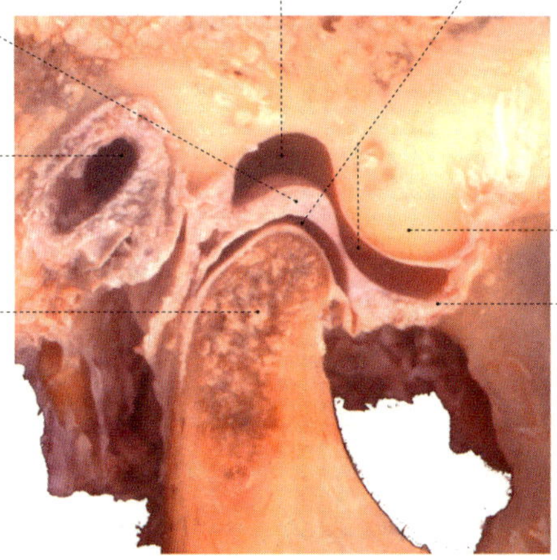

图 2-1-28　颞下颌关节矢状面

拓展阅读

如何判断下颌关节脱位？

由于关节囊较松弛，当张口过大时，下颌头有可能向前滑脱，离开关节窝，进入颞下窝而不能退回关节窝，造成下颌关节脱位。

下颌关节脱位通常表现出咬合错乱（如呈半开口状，牙齿不能咬合），流口水；面部变形（如下巴向前伸、偏斜），不能闭口等症状，多见于中老年和患有颞下颌关节病的人群。

绝大多数颞下颌关节脱位患者可采取颞下颌关节手法复位。复位后一般需要采用绷带，固定下颌 2 周。

任务四　认识四肢骨

案例导入

张大爷，73 岁，驾驶电动三轮车无视红灯规则与右侧来车相撞，伤后神情呆滞、面色口唇苍白，四肢麻木、但无皮肤活动性出血。经 120 救护车紧急入院。检查：右小腿肿胀明显，局部骨擦音及骨擦感。右大腿皮肤感觉正常，足背动脉搏动弱。无恶心呕吐，心肺腹检查结果未见异常。X 线片显示：右小腿胫骨干骨折。

任务描述

1. 照护员向张大爷简述胫骨干骨折复位手术的过程。

2. 照护员帮助张大爷制定术后照护、康复计划表及饮食管理方案。

知识殿堂

扫码查看课件。

扫一扫

一、四肢骨

（一）上肢骨

由锁骨、肩胛骨、肱骨、尺骨、桡骨和手骨构成，每侧各有 32 块。

1. 锁骨

位于胸廓前上部两侧，呈“~”形弯曲，全长均可在体表摸到。锁骨内侧端粗大，称为胸骨端，与胸骨柄形成胸锁关节；外侧端扁平，称为肩峰端，与肩峰形成肩锁关节。内侧 2/3 凸向前，外侧 1/3 凸向后。锁骨的外、中 1/3 交界处较细，易骨折（图 2–1–29）。

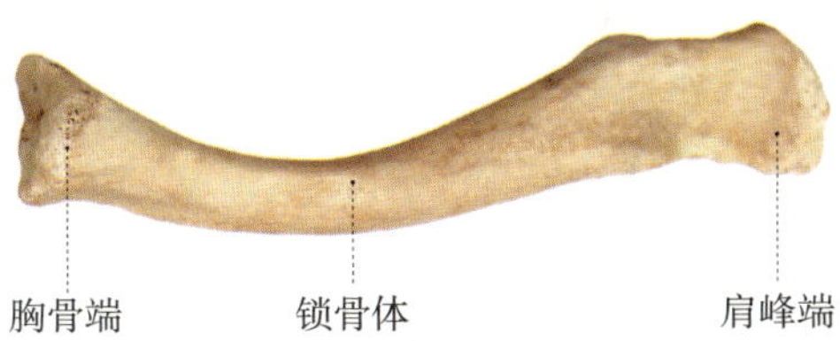

A. 上面观

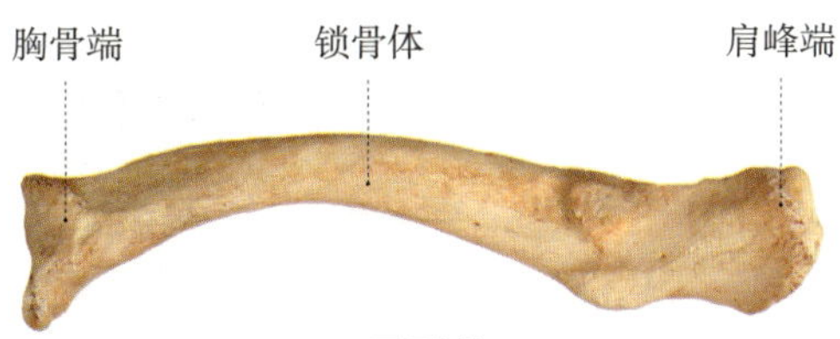

B. 下面观

图 2–1–29　锁骨

2. 肩胛骨

位于胸廓的后外侧上部，为三角形扁骨，有两面、三角和三缘。前面的浅窝为肩胛下窝；后上方有一横嵴称肩胛冈，冈的外侧端较平宽为**肩峰**，是肩部最高点；冈的上、下浅窝分别称冈上窝和冈下窝。肩胛骨上缘短而薄，外侧向前伸出一指状突起为喙突；内侧缘薄而锐利，外侧缘短且肥厚。肩胛骨的外侧角膨大，有一微凹朝外的关节面为**关节盂**，与肱骨头相关节。关节盂的上、下各有一小隆起为盂上结节和盂下结节。肩胛骨的上角平对第 2 肋，下角平对第 7 肋，易在体表摸到，是计数背部肋的骨性标志（图 2–1–30）。

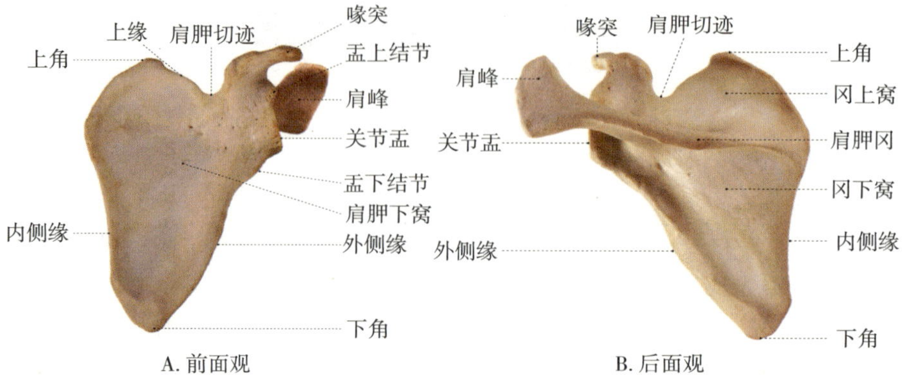

图 2–1–30 肩胛骨

3. 肱骨

位于上臂，是典型的长骨。上端朝向后内方，呈半球形称肱骨头，与肩胛骨的关节盂构成肩关节。肱骨头周围的环状浅沟称为解剖颈。肱骨头外侧和前方各有一隆起，分别称为大结节和小结节，两结节向下延伸的骨嵴分别称为大结节嵴和小结节嵴，两嵴间的纵沟称为结节间沟。上端与肱骨体交界处称为**外科颈**，此处易骨折。肱骨体中部外侧面有“V”形粗糙面称三角肌粗隆，后内侧有一浅沟称桡神经沟，有桡神经通过。肱骨体下端前后较扁，左右较宽，末端有两个关节面，内侧部称肱骨滑车，与尺骨相关节；外侧的半球形称肱骨小头，与桡骨相关节；滑车前上方的小窝称冠突窝，滑车后上方的大窝称鹰嘴窝。下端两侧各有一突起为内上髁和外上髁，内上髁后面有尺神经沟，有尺神经通过（图 2–1–31）。

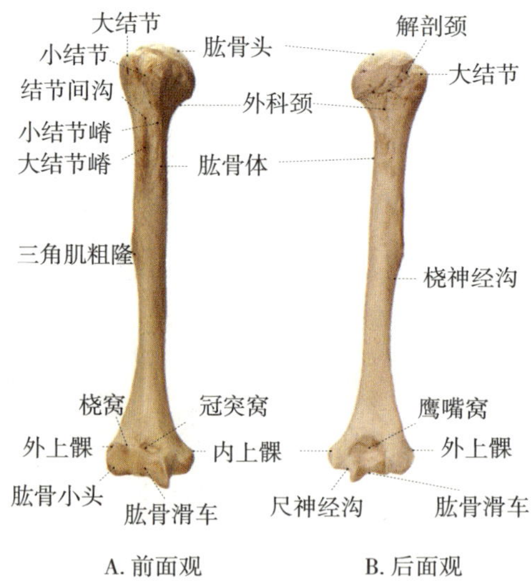

图 2–1–31 肱骨

4. 尺骨

位于前臂内侧，一体两端，上粗下细。上端有一向前的深凹称滑车切迹，与肱骨滑车相关节。滑车切迹上方的突起称为鹰嘴，下方的突起称为冠突。冠突外侧有一凹面称桡切迹，与桡骨头相关节；冠突下方有一粗糙隆起，称尺骨粗隆。尺骨外侧缘锐利称骨间缘，下端有球形的尺骨头，其后内侧有向下的突起称尺骨茎突，是腕部重要的体表标志。

5. 桡骨

位于前臂外侧，一体两端。上端呈短圆柱状称桡骨头，头上有关节凹，与肱骨小头相关节；桡骨头周围的环状关节面，与尺骨相关节；桡骨头下方略细为桡骨颈，颈下方前内侧有桡骨粗隆。桡骨内侧缘锐利也称骨间缘；桡骨外侧向下的突起称桡骨茎突，是重要的体表标志。下端内面的关节面称尺切迹，与尺骨头相关节；下端外面有腕关节面，与腕骨形成桡腕关节（图 2–1–32）。

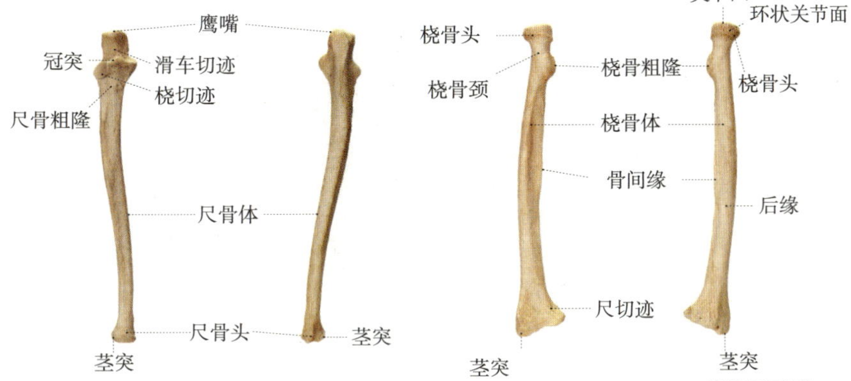

图 2–1–32　尺骨和桡骨

6. 手骨

包括腕骨、掌骨和指骨（图 2–1–33）。

（1）腕骨　属于短骨，共 8 块，排成近、远两侧列，近侧列由桡侧向尺侧依次为手舟骨、月骨、三角骨和豌豆骨；远侧列由桡侧向尺侧依次为大多角骨、小多角骨、头状骨和钩骨。8 块腕骨并不在一个平面上，掌面凹陷，形成腕骨沟。

（2）掌骨　属于长骨，共 5 块，从桡侧向尺侧分别称为第 1~5 掌骨。掌骨近侧端为底，接腕骨；远侧端为头，接指骨；中间为体。

（3）指骨　属于长骨，共 14 块。拇指为 2 节，其余各指均为 3 节，分别称为近节指骨、中节指骨和远节指骨。

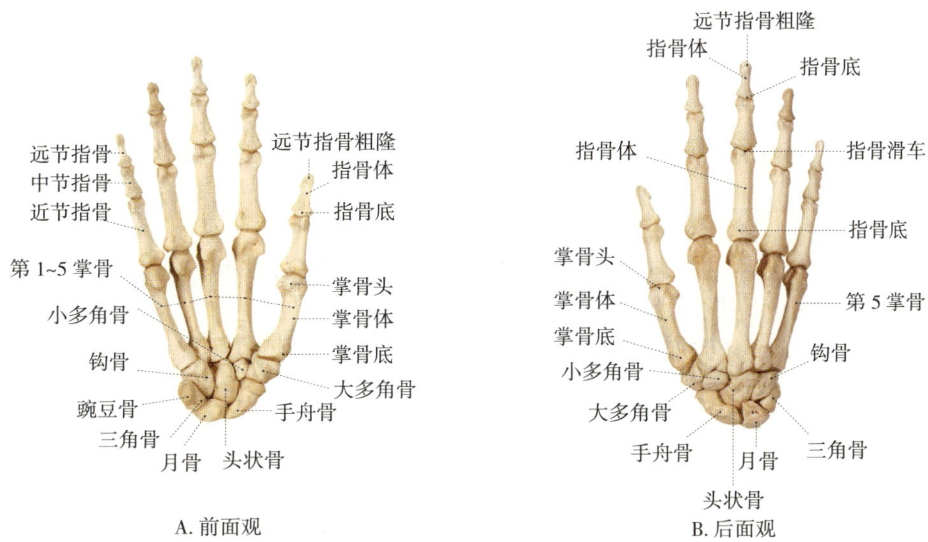

图 2–1–33　手骨的前后观

（二）下肢骨

由髋骨、股骨、髌骨、胫骨、腓骨和足骨构成，每侧各有 31 块。

1. 髋骨

属不规则骨，位于盆部，由髂骨、坐骨和耻骨融合而成。三骨体融合处为一大而深的窝称为**髋臼**。髋骨上部扁阔，中部窄厚，下有一大孔称为闭孔（图 2-1-34）。

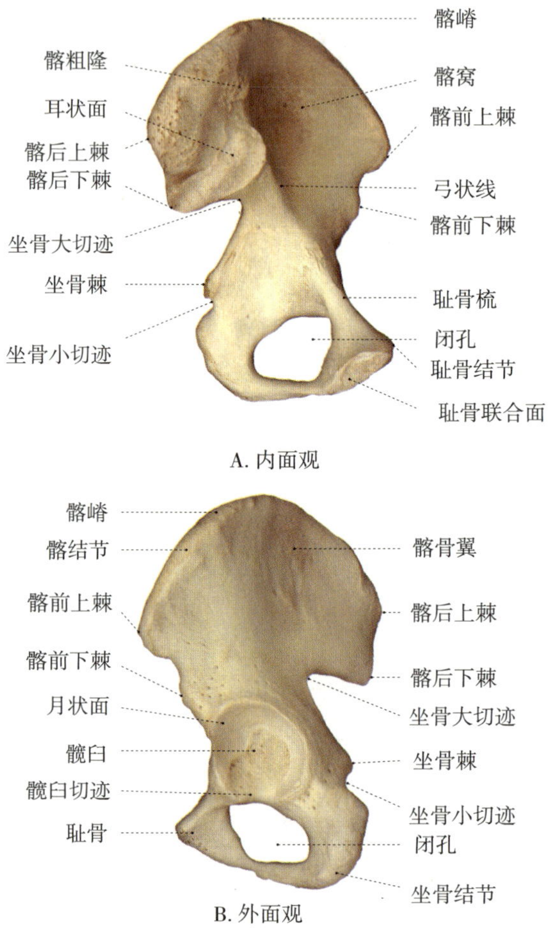

图 2-1-34　髋骨

（1）髂骨　构成髋骨的后上部，分为髂骨体和髂骨翼两部分。髂骨体构成髋臼的上 2/5，主要承受上身的体重。髂骨翼位于髂骨体上方，其上缘肥厚弯曲呈弓形称髂嵴。髂嵴的前后突起分别称髂前上棘和髂后上棘，二棘下方又各有一突起，称为髂前下棘和髂后下棘。髂前上棘 5~7 cm 处向外侧的突起，称髂结节。髂骨翼内面平滑稍凹，称髂窝，其下界为一圆钝的骨嵴，称弓状线；其后方为耳状面，与骶骨耳状面相关节。耳状面后上方的粗糙隆起称髂粗隆。

（2）坐骨　位于髋骨的后下部，分坐骨体和坐骨支。坐骨体较厚，构成髋臼的后下 2/5，向后下延续为坐骨支，其末端与耻骨下支结合。坐骨体下方的粗大隆起称坐骨结节，其后上方的三角形尖锐突起称坐骨棘。坐骨棘上方大而深的切迹称坐骨大切迹，其下方小而浅的切迹称坐骨小切迹。

（3）耻骨　位于髋骨的前下部，分一体和上、下两支。耻骨体较肥厚，构成髋臼的前下 1/5，在髂骨融合前部略突称髂耻隆起。耻骨体向前下延伸为耻骨上支，其末端急转向下，成为耻骨下支，与坐骨支结合。耻骨上支上有锐利的骨嵴称耻骨梳，其向后与弓状线相连向前止于耻骨结节。两支移行处的内侧粗糙椭圆形面称耻骨联合面，其上缘与耻骨结节间形成骨嵴称耻骨嵴。

2. 股骨

位于大腿部，是人体最长、最粗的长骨，约占身高的 1/4，一体两端。上端有朝向内上方的球形股骨头，与髋臼相关节；股骨头顶端中心有一小凹，称股骨头凹。股骨头下外侧缩细称股骨颈。股骨颈与股骨体交界处上外侧的粗糙隆起称大转子，后内侧的隆起称为小转子，都有肌附着。大、小转子间，前面有转子间线，后面有转子间嵴相连。股骨体粗壮结实，上端星圆柱形，下端前后较扁，略向前弓，后面有纵向的骨嵴称为粗线，此线上端分叉，向上外延续为臀肌粗隆，有臀大肌附着；股骨下端两侧各有一个向后下方突出的膨大，为内侧髁和外侧髁，两髁之间的深窝称为髁间窝，两髁侧面上方分别有较小的突起，称为内上髁和外上髁，是重要的体表标志（图 2-1-35）。

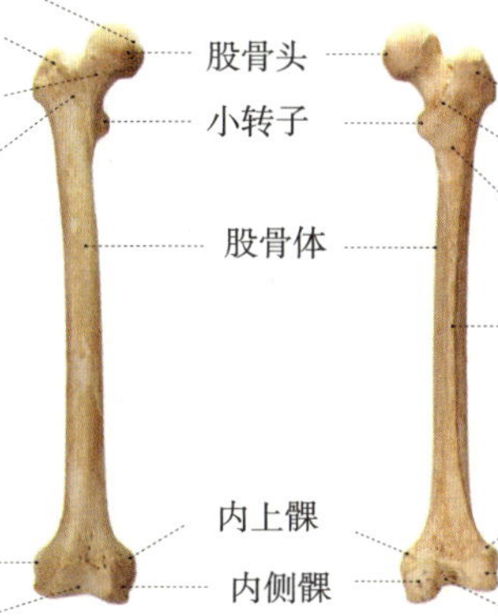

图 2-1-35　股骨

3. 髌骨

位于膝关节前方，是人体最大的籽骨，呈尖朝下的三角形，包于股四头肌肌腱内（图 2-1-36）。

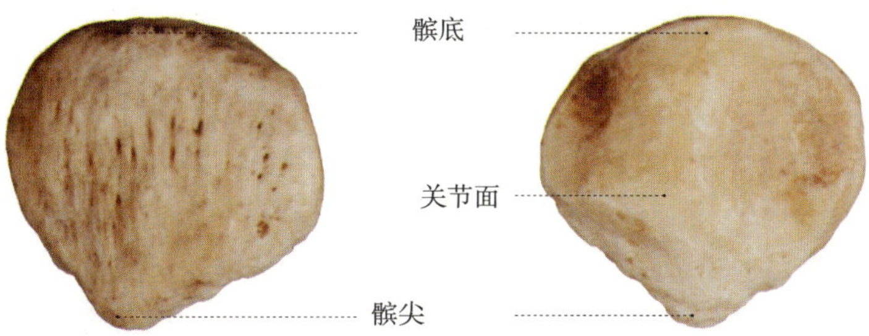

图 2-1-36　髌骨

4. 胫骨

位于小腿内侧，是较粗大的长骨，一体两端。上端膨大，有与股骨内、外侧髁相对应的内侧髁和外侧髁。两髁之间有向上的髁间隆起。外侧髁后下方有腓关节面，与腓骨头相关节。胫骨上端与胫骨体移行处前面的粗糙隆起称胫骨粗隆，附有韧带。胫骨下端内侧有一向下的突起称**内踝**，是重要的体表标志，下端面有关节面与距骨相关节；外侧关节面称腓切迹，与腓骨相接（图

2–1–37）。

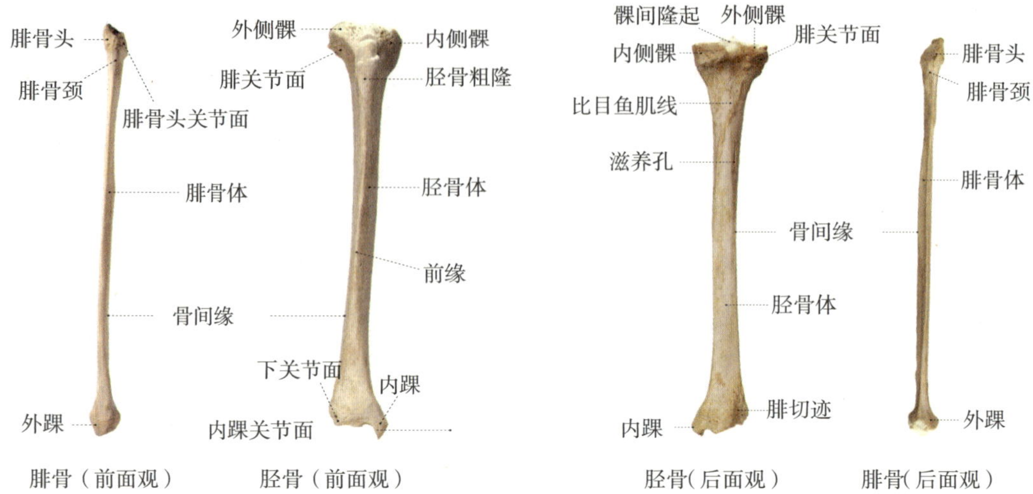

图 2–1–37　胫骨和腓骨

5. 腓骨

位于小腿的后外侧，是较细长的长骨，一体两端。腓骨上端膨大称为腓骨头，与胫骨相关节；头下方缩细称为腓骨颈。下端膨大称**外踝**，其内侧有关节面参与形成距小腿关节（图 2–1–37）。

6. 足骨

包括跗骨、跖骨和趾骨（图 2–1–38）。

（1）跗骨　属于短骨，共 7 块，主要功能是支持体重。7 块跗骨排列为后、中、前 3 列，构成足跟的为跟骨。跟骨上方为距骨。距骨前方接足舟骨。足舟骨由内向外依次与内侧楔骨、中间楔骨、外侧楔骨相关节。3 块楔骨位于足舟骨之前，骰骨位于前外侧。

（2）跖骨　属于长骨，共 5 块，由内侧向外侧依次称第 1~5 跖骨。每块跖骨可分为近端的跖骨底、中部的跖骨体和前端的跖骨头 3 部分。

（3）趾骨　属于长骨，共 14 块，较指骨短小。除踇趾为 2 节外，其他各趾为 3 节。

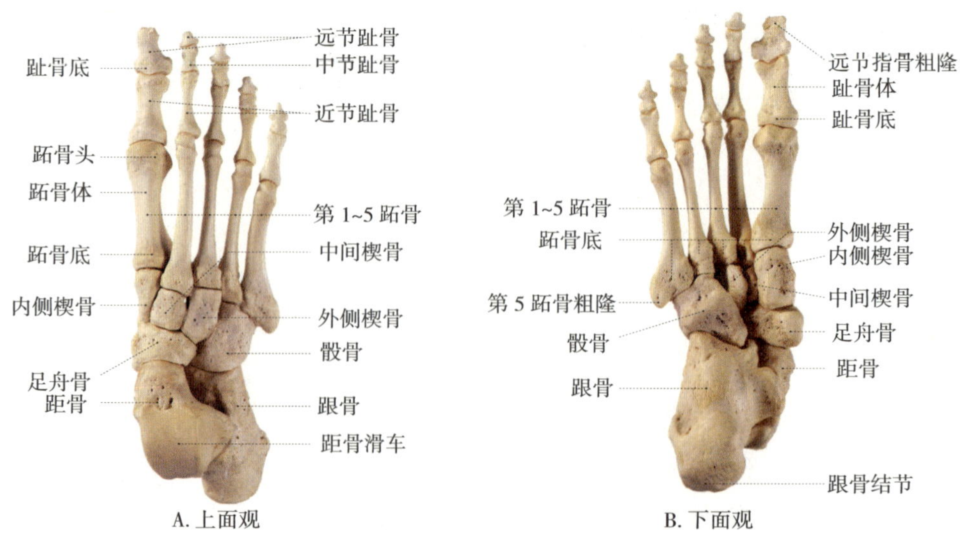

图 2–1–38　足骨

二、四肢骨的连结

（一）上肢骨的连结

1. 胸锁关节

是上肢骨与躯干骨之间唯一的关节，由胸骨的锁切迹与锁骨的胸骨端构成。胸锁关节可使锁骨外侧端小幅度地向上、下、前、后运动及做微小的旋转和环转运动。

2. 肩锁关节

由锁骨的外侧端与肩胛骨的肩峰构成，属于微动关节。

3. 肩关节

由肱骨头与肩胛骨的关节盂构成，是典型的球窝关节。肩关节的肱骨头大，关节盂浅而小，边缘附有盂唇；关节囊薄而松弛，囊内有肱二头肌长头腱通过；囊的前、后和上部均有韧带和肌腱加强其稳固性，下部最为薄弱，故肩关节常从下部脱位，表现为方肩畸形（图 2–1–39）。

肩关节是全身运动幅度最大、最灵活的关节，可屈、伸、内收、外展、旋内、旋外和环转运动。

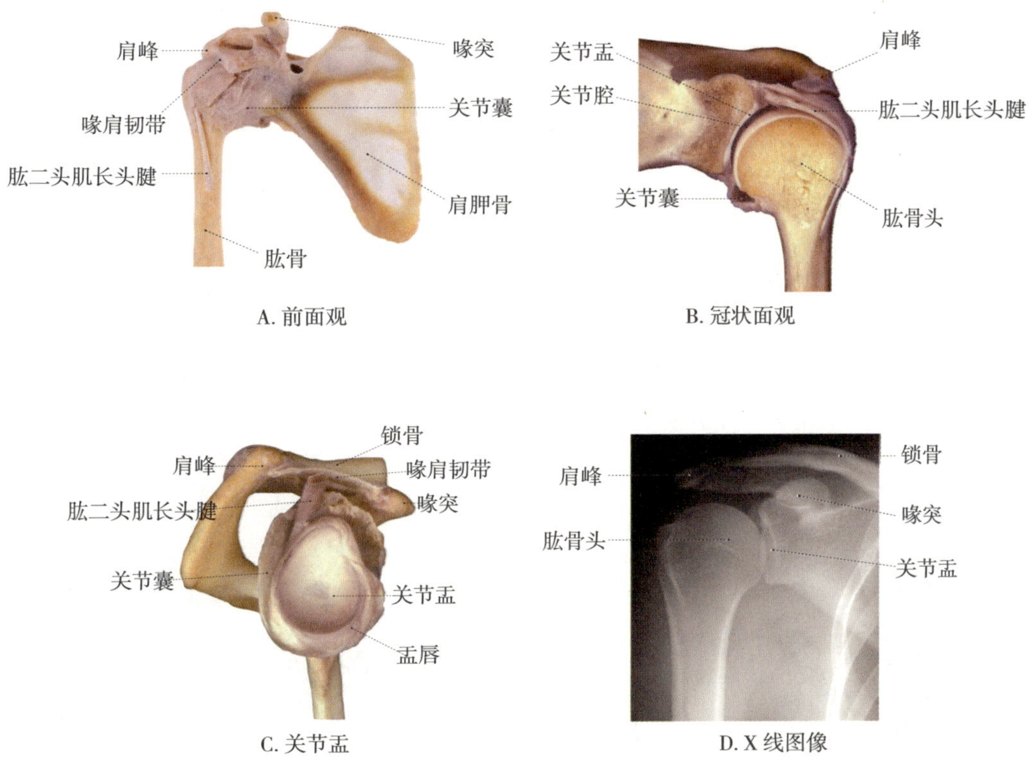

图 2–1–39　肩关节

4. 肘关节

由肱骨下端与尺骨、桡骨上端构成（图 2–1–40）。

肘关节包括 3 个关节：

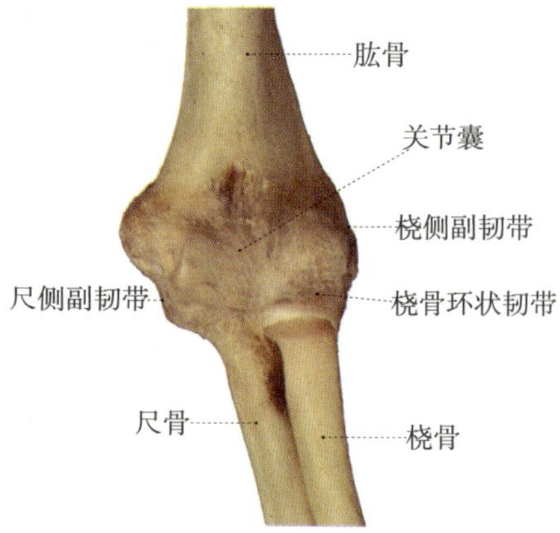

A. 前面观

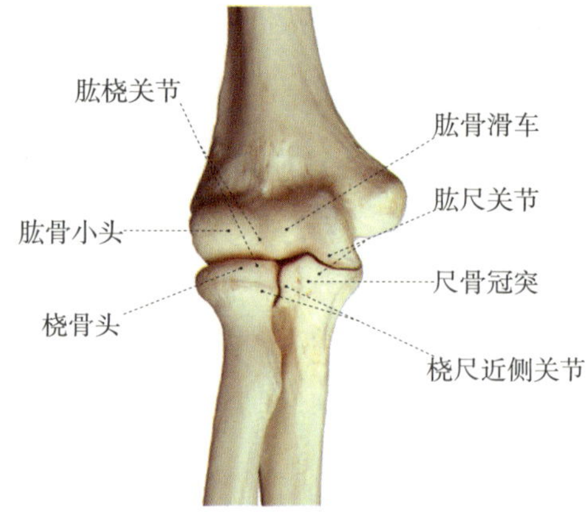

B. 骨性结构（前面观）

图 2-1-40　肘关节

（1）肱尺关节　由肱骨滑车与尺骨的滑车切迹构成（图 2-1-41）。

（2）肱桡关节　由肱骨小头与桡骨上关节凹构成。

（3）桡尺近侧关节　由桡骨头环状关节面与尺骨桡切迹构成。

肘关节是由这 3 个关节包在一个关节囊内而形成的复合关节。关节囊两侧壁厚而紧张，有尺侧副韧带和桡侧副韧带加强；囊的前、后部薄而松弛，故桡、尺二骨向后易脱位。幼儿桡骨头发育不全，故桡骨环状韧带较宽松，易发生桡骨头半脱位。

肘关节可做屈、伸运动。当肘关节屈至 90°时，肱骨内、外上髁与尺骨鹰嘴 3 点连成一等腰三角形；伸直时，3 点处于一条直线上。肘关节脱位，3 点位则随之改变。

5. 尺、桡骨连结

前臂的尺骨和桡骨借前臂骨间膜、桡尺近侧关节和桡尺远侧关节相连结。桡尺近侧关节和桡尺远侧关节是联合关节，可使前臂旋前和旋后。

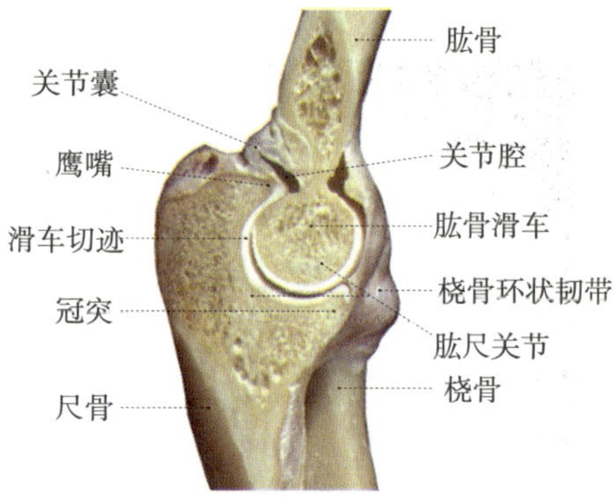

A. 肱尺关节（矢状面观）

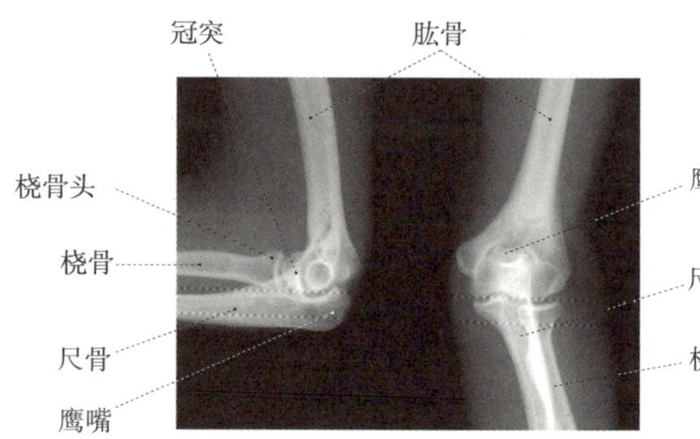

B. X 线图像

图 2-1-41　肱尺关节

6. 手关节

包括桡腕关节、腕骨间关节、腕掌关节、掌指关节和指骨间关节（图 2-1-42）。

（1）桡腕关节　又称腕关节，由桡骨腕关节面和尺骨头下方的关节盘与手舟骨、月骨和三角骨近侧的关节面共同组成。可做屈、伸、收、展、环转运动。

（2）腕骨间关节　相邻各腕骨之间构成的微动关节。

（3）腕掌关节　由远端腕骨和 5 块掌骨底构成。其中拇指腕掌关节灵活，可做屈、伸、收、展、环转和对掌运动。

（4）掌指关节　由近节指骨底与掌骨头构成。可做屈、伸、收、展和环转运动。

（5）指骨间关节　由指间相邻两节指骨构成。可做屈、伸运动。

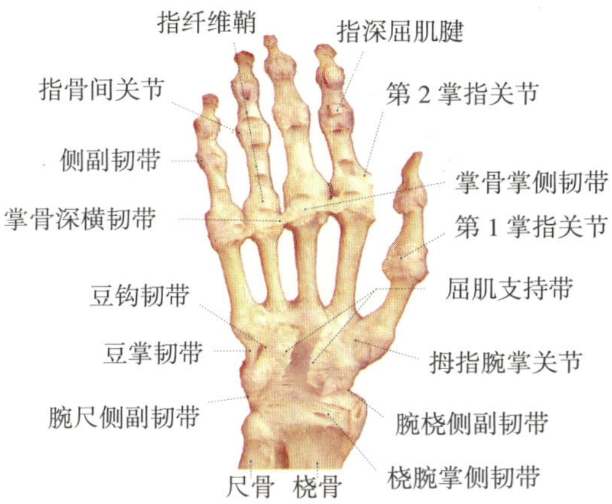

A. 前面观

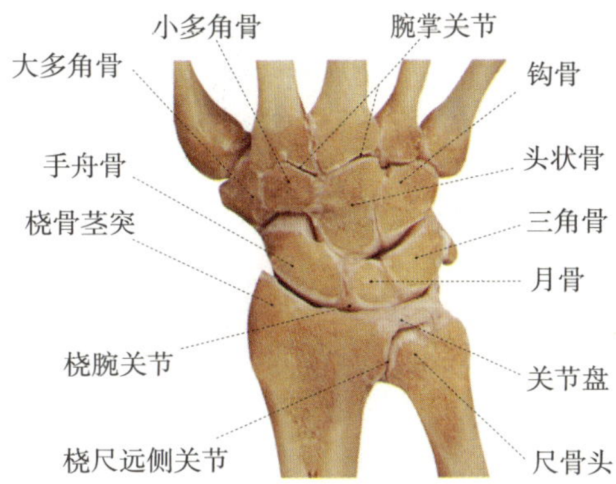

B. 冠状面观

图 2–1–42　手、腕关节

（二）下肢骨的连结

1. 骨盆

由骶骨、尾骨和左右髋骨连结而成。盆骨间靠骶髂关节和韧带连结（图 2–1–43）。

（1）骶髂关节　由骶骨与髂骨的耳状面构成。关节面对合紧密，关节囊厚且坚韧，周围有韧带加强。骶髂关节连接牢固稳定性高，但活动性较弱。

（2）骶骨与坐骨间韧带连结

①骶结节韧带：从骶、尾骨侧缘连至坐骨结节，呈扇形。

②骶棘韧带位于骶结节韧带前方，从骶尾骨侧缘连至坐骨棘，呈三角形。这两条韧带与坐骨大切迹围成坐骨大孔，与坐骨小切迹围成坐骨小孔。

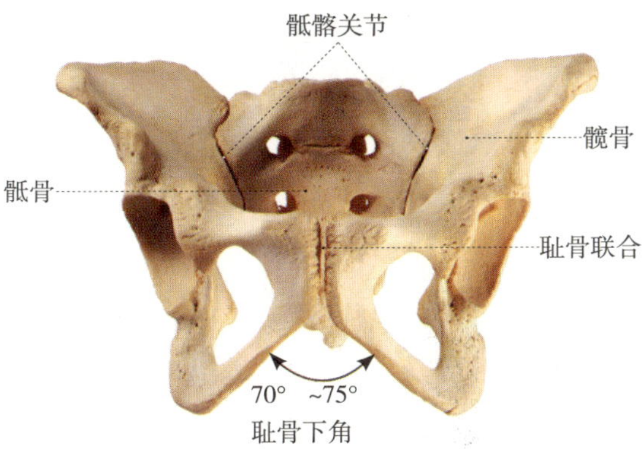

A. 男性骨盆（前面观）

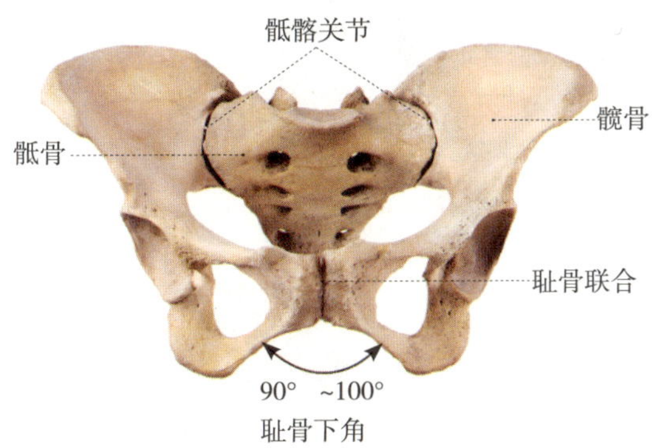

B. 女性骨盆（前面观）

图 2–1–43　骨盆

（3）**耻骨联合**：由两侧耻骨联合面借耻骨间盘连结而成。间盘内有一矢状位裂隙，女性间盘较厚，裂隙较宽，分娩时稍分离，有利于胎儿的娩出。

骨盆借骶骨岬、弓状线、耻骨梳和耻骨联合上缘连成的环形线称**界线**，以界线为界分为上部的大骨盆和下部的小骨盆。大骨盆较宽大，向前开放，是腹腔的一部分。小骨盆的上口称骨盆上口，由界线围成；两侧耻骨下支之间的夹角称**耻骨下角**。骨盆上、下口之间的小骨盆内腔称骨盆腔（图 2-1-44）。

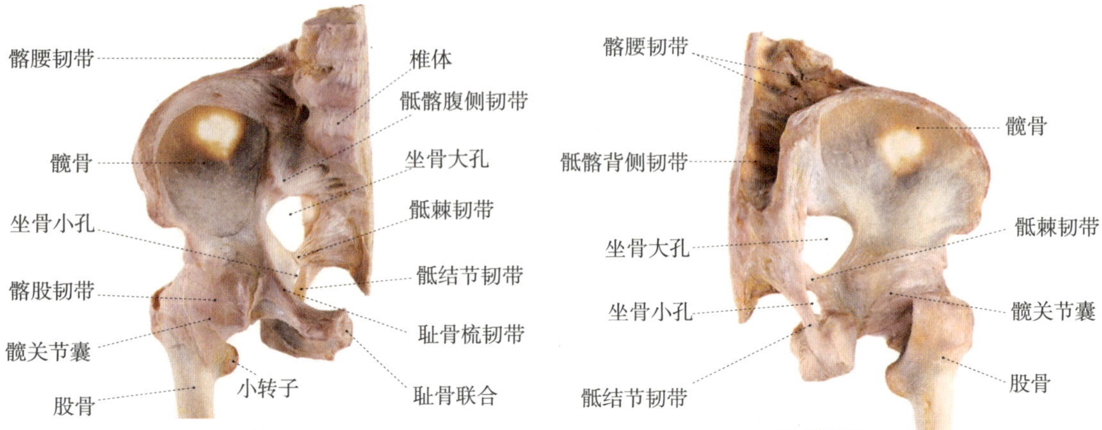

A. 前面观　　B. 后面观

图 2-1-44　骨盆的连结

骨盆具有承受传递重力和保护盆内器官的作用，女性骨盆还是胎儿娩出的产道。为与妊娠和分娩功能相适应，自青春期开始，男、女性骨盆在形态上出现差异。

2. 髋关节

由髋臼与股骨头构成。髋臼深，其周缘附有髋臼唇，关节囊厚而坚韧，囊周围有韧带加强，如前方最为强厚的髂股韧带，可限制髋关节过伸，以维持站姿。囊内有股骨头韧带，连于股骨头凹与髋臼之间，内含营养股骨头的血管；囊后下部薄弱，股骨头易向此处脱出造成髋关节脱位。髋关节可做屈、伸、收、展、旋内、旋外和环转运动，运动幅度不及肩关节，但稳定性较高（图 2-1-45）。

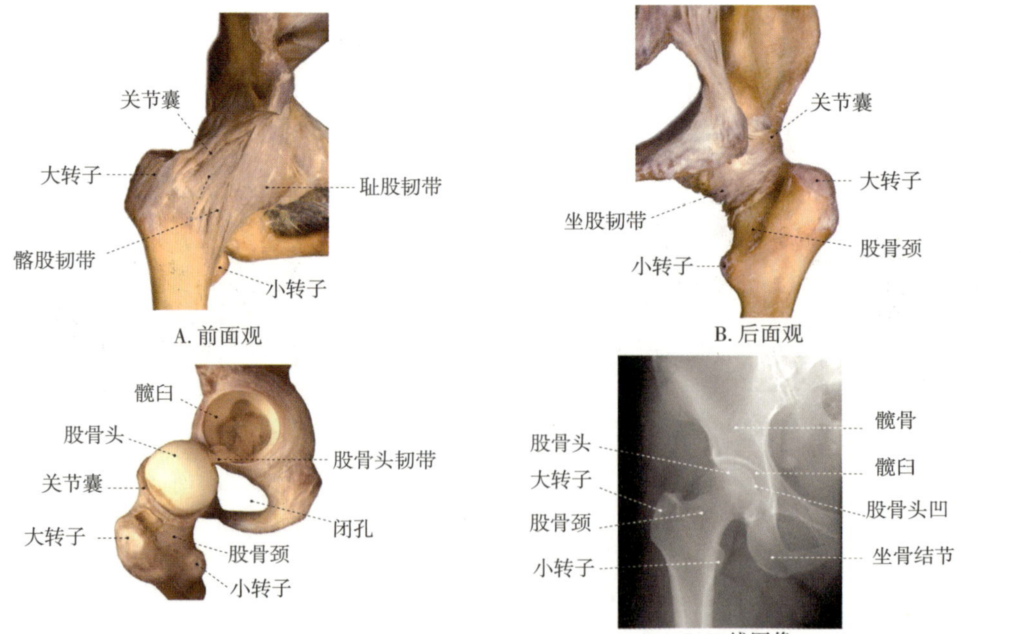

A. 前面观　　B. 后面观　　C. 内面观　　D. X 线图像

图 2-1-45　髋关节的连结

3. 膝关节

由股骨下端、胫骨上端和髌骨构成，为人体最大、最复杂的关节。关节囊宽阔而松弛；前方有股四头肌腱与厚且坚韧的髌韧带包裹加固；两侧有胫侧副韧带和腓侧副韧带加强，可防止胫骨过度前后移动（图 2–1–46）。

在股骨与胫骨相对关节面之间垫有两块纤维软骨板，分别称内侧半月板和外侧半月板，内“C”外“O”形。半月板外缘厚，内缘薄且游离，与关节囊相连；下缘平坦，上缘凹陷，分别与胫骨、股骨的关节面相对应，从而加强了关节的稳固性和灵活性。

膝关节主要做屈、伸运动，在半屈位时，还可做小幅度的旋内和旋外运动。

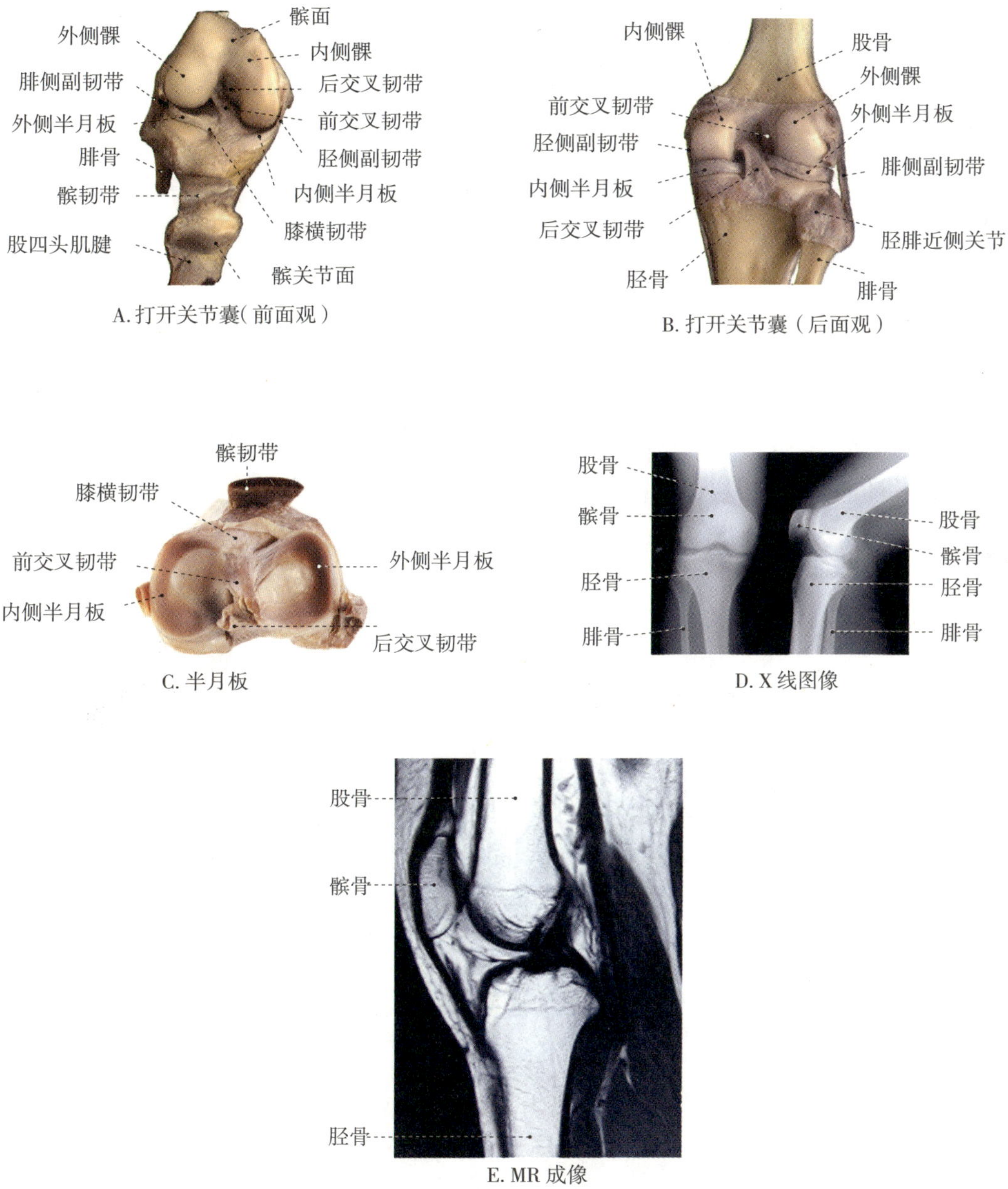

图 2–1–46　膝关节的连结

拓展阅读

膝关节损伤

膝关节损伤主要包括：膝关节扭伤、膝关节半月板损伤、膝关节韧带损伤、膝关节骨折、髌骨脱位等。其中，膝关节半月板损伤通常由于剧烈运动或者直接撞击导致，症状包括膝关节疼痛、肿胀，严重时可能会出现膝关节锁死。膝关节韧带损伤通常由于运动中过度扭转或者直接撞击导致，症状包括膝关节疼痛、肿胀和活动受限。膝关节骨折通常由于高强度的直接撞击或者严重的扭伤导致，症状包括剧烈疼痛、肿胀和无法行走。

点燃思考

老年人膝关节半月板损伤又有什么不同?

4. 胫骨和腓骨的连结

胫骨和腓骨的连结包括三部分，上端有胫腓关节；两骨干之间由小腿骨间膜相连；下端借韧带相连。

5. 足关节

包括距小腿关节、跗骨间关节、跗跖关节、跖趾关节、趾骨间关节（图 2-1-47）。

（1）距小腿关节　又称踝关节由胫、腓骨下端与距骨构成。关节囊前后部松弛，两侧有韧带加强。内侧韧带较厚，外侧韧带较薄弱，足过度内翻易引起外侧韧带扭伤。距小腿关节能做背屈（足尖向上）和跖屈（足尖向下）运动。

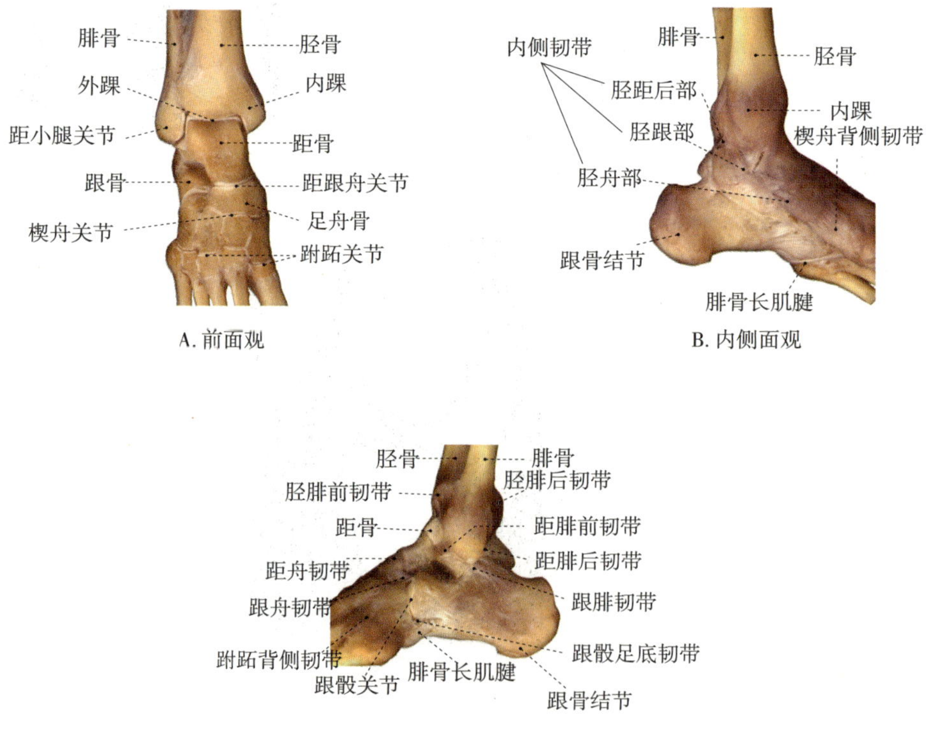

A. 前面观　B. 内侧面观　C. 外侧面观

图 2-1-47　距小腿关节的连结

（2）足弓　是跗骨和跖骨借关节和韧带紧密连结而成的凸向上的弓（图 2-1-48）。

足弓增加了足的弹性，有利于行走和跳跃，并能缓冲震荡，还可保护足底血管神经免受压迫。足底的韧带、肌和腱发育不良、萎缩或损伤时足弓塌陷，足底平坦称平底足，影响足功能。

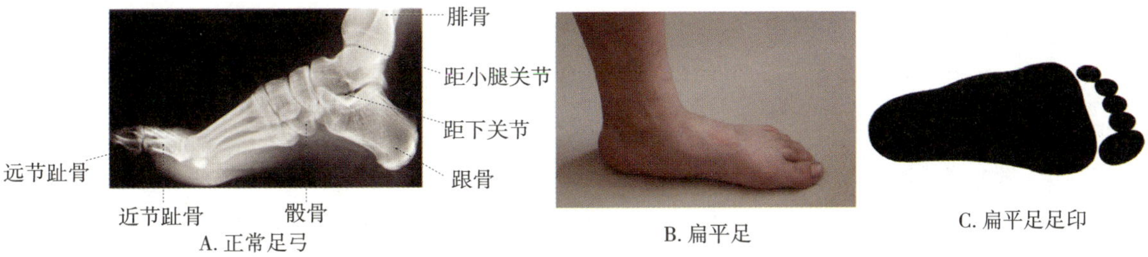

图 2-1-48　足弓和平底足

【练习题】

一、A1 型题

1. 下列骨中属于长骨的是（　　）。

A. 棘突　　B. 肋骨　　C. 肩胛骨

D. 趾骨　　E. 上颌骨

2. 椎弓和椎体共同围成（　　）。

A. 椎孔　　B. 椎体管　　C. 椎间孔

D. 椎突孔　　E. 以上都不是

3. 关于翼点的描述，下列选项中不正确的是（　　）。

A. 处于颅两侧的颞窝底侧壁前下部

B. 由额骨、顶骨、颞骨和蝶骨的四骨汇合形成的“翼型”缝，故称翼点

C. 翼点区内侧壁下，有脑膜中动脉前支通过

D. 翼点区骨质最薄，易骨折受损导致颅内出血

E. 中医针灸中的“太阳穴”穴点即为翼点

4. 人体最大、最复杂的关节是（　　）。

A. 膝关节　　B. 髋关节　　C. 腕关节

D. 肘关节　　E. 肩关节

5. 关于构成骨性鼻中隔的描述，下列选项中正确的是（　　）。

A. 腭骨和梨骨　　B. 上颌骨和梨骨　　C. 筛骨垂直板和梨骨

D. 下鼻甲和梨骨　　E. 鼻中隔软骨和梨骨

答案：DABAC

解析：无

二、A2 型题

1. 王女士，46 岁，有类风湿（RA）疾病史，右膝关节肿胀疼痛，经风湿免疫科治疗一年，无好转。再查体：右膝关节肿胀，滑膜肥厚，关节积液，关节幅动度为 5° ～ 100° 。X 线片显示关节间隙轻度变窄，首选的治疗方法是（　　）。

A. 实施人工全膝关节置换手术　　B. 关节内注射皮质激素

C. 实施滑膜切除术　　D. 采取患肢石膏制动

E. 继续内科治疗

解析：患者有 RA 史，免疫治疗无明显改善，右膝关节长期炎症已严重损伤关节结构。此时，首选治疗方法是膝关节置换手术，能有效恢复关节功能，减轻疼痛，并显著提高患者的生活质量。滑膜切除术多用于骺板疾病如股骨头骨骺缺血性坏死；患肢石膏制动多用于骨折或关节复位，急性韧带损伤等。故答案为 A。

2. 张某，5 岁男孩，近 2 个月频繁夜哭，右腿拒动，无法行走及站立，有右膝关节痛，无发热症状。根据此症状，首先应考虑哪个部位出现异常？（　　）。

A. 右膝关节　　B. 右髋关节　　C. 右距小腿关节

D. 右骶髂关节　　E. 右股骨

解析：幼儿生长期易发生髋关节痛，俗称“生长痛”，男孩居多。疼痛部位常见于膝关节、髋部等，伴有保护性跛行和髋关节活动能力下降。故答案为 B。

3. 王先生，24 岁，运动员。因外伤致右股骨颈头下型骨折，行加压螺纹钉内固定术后半年下地负重。近来逐渐出现髋部疼痛，X 线检查示股骨头变形、变扁，其最可能的情况是（　　）。

A. 加压螺纹钉松动　　B. 骨折未愈合　　C. 加压钉过深过长刺激镜臼

D. 股骨头缺血性坏死　　E. 髋关节迟发性感染

解析：股骨头颈骨折、髋关节脱位及髋部严重扭伤或挫伤均可引起股骨头坏死。创伤性股骨头坏死是指继发于髋部外伤后的股骨头坏死，为股骨头坏死的常见原因。股骨头坏死早期表现为髋部或腹股沟区疼痛或酸痛等；中后期会出现股骨头塌陷、变形伴有剧痛，行动受限。故答案为 D。

4. 李大叔，被汽车撞倒，右髋着地，当时可起身行走 10 米后不敢活动，疼痛，右髋呈屈曲、短缩、外旋位，采取最适宜的治疗是（　　）。

A. 卧床休息　　B. 止痛　　C. 小夹板固定

D. 石膏固定　　E. 手术治疗

解析：车祸中，对髋关节造成的多发性创伤，按股骨头脱位方向分为髋关节前、后和中心脱位，其中髋关节后脱位最为常见。王某因车祸，右髋部受力外旋位移，符合髋关节后脱位。一般采取复位手术进行治疗。故答案是 E。

5. 张女士，车祸 1 小时入院。临床诊断：骨盆粉碎性骨折，左胫骨开放性骨折。根据患者伤情，目前最容易发生的情况是（　　）。

A. 脂肪性栓塞　　B. 下肢血栓形成　　C. 休克

D. 发热　　E. 血尿

解析：骨盆粉碎性骨折是一种高能外伤（如车祸），属严重外伤，其中多伴有创伤性失血性休克及盆腔脏器合并伤，救治不当死亡率可达 10.2% 以上。故答案是 C。

项目二　骨骼肌的构造、分类及功能

学习目标

思政及素养目标

1. 提升新时代背景下学生的信息甄别能力，培养学生正确运用科学知识指导健康生活的习惯，树立学生良好的人生观和价值观。

2. 弘扬职业道德精神，培养良好的公民意识和社会责任感，树立正确的职业观念，为职业发展奠定坚实的基础。

知识目标

1. 掌握全身各骨骼肌的名称，掌握肌的构造及形态分类。

2. 理解肌学基础理论，头颈肌、躯干肌和四肢肌的构成及功能。

3. 认识全身主要的肌性标志。

能力目标

1. 能利用人体骨骼肌模型，辨识全身主要的肌群，包括名称、位置分布，并能描述其功能。

2. 能掌握老年人骨骼肌的衰老变化，了解减缓衰老的预防措施。

3. 能分析各肌伤、肌病案例，对患者进行健康评估并制订相对应的照护或康复方案。

知识导读

扫码查看思维导图。

扫一扫

赛证对接

本项目内容主要对接运动系统的各主要肌群的构成、分布及功能的理论基础知识，通过常见运动系统临床病例分析，系统对肌伤（如腰肌扭伤）、肌病患者（如肌少症老人）的健康评估、术后康复、饮食管理等实际照护任务的形式考查。

任务一 初步了解骨骼肌

案例导入

赵先生，28 岁，因运动时扭伤腰部导致左侧腰痛复发，走路疼痛不适，无下肢症状。经正骨、拔罐等治疗后，腰痛症状加重紧急入院。经检查，可见左侧髂腰肌紧张压痛，左侧腰骶部压痛。X 线显示腰椎生理曲度存在，腰椎多棘突偏歪，骨盆骨质未见明显异常，托马斯试验阳性，左侧髂腰肌压痛明显，腰方肌测试阳性。治疗上采用髂腰肌以及腰方肌 MET，同时做低强度的腰部稳定性训练或呼吸训练辅助康复。

任务描述

1. 照护员向赵先生解释伤病复发的原因及治疗方案，康复训练的要点和方法。
2. 照护员向赵先生解释日常运动时容易受伤的部位，以及科学健康的运动方式。

知识殿堂

扫一扫

扫码查看课件。

运动系统的肌均属骨骼肌，共有 600 多块，是运动系统的动力部分。每块肌都具有一定的形态和结构，有丰富的血管和淋巴管，能在躯体神经的支配下产生收缩或舒张等随意运动。

肌包括肌腹和肌腱两部分。**肌腹**由横纹肌纤维构成，色红且柔软，具有收缩功能。**肌腱**由胶原纤维构成，色白且坚韧，无收缩功能。扁肌的肌腱呈膜状，又称腱膜。

肌按外形分为长肌、短肌、扁肌和轮匝肌；按肌群的位置分为头肌、颈肌、躯干肌和四肢肌。

肌通常起于一骨，止于另一骨，中间跨过一个或多个关节。肌收缩时使两骨彼此接近，从而使关节产生运动。全身肌的起止点有一定的规律性，通常接近身体正中面或四肢近侧的肌附着点称肌的起点（定点），另一端移动骨的肌附着点称为止点（动点）（图 2-2-1）。

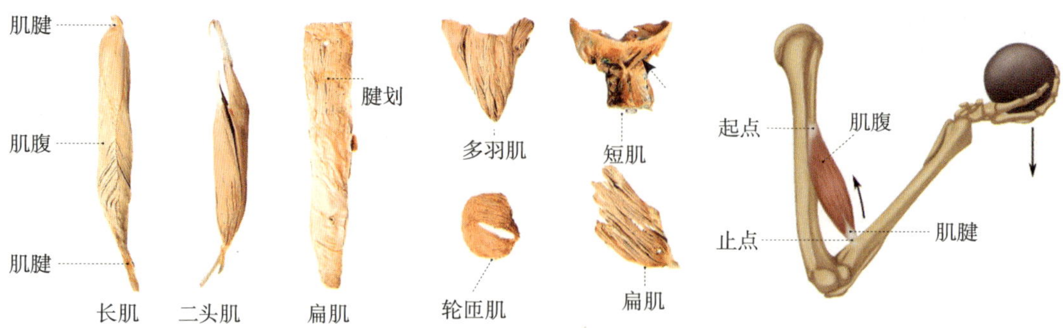

图 2-2-1　肌的形态与起止

拓展阅读

手机玩多了手腕疼，小心“妈妈手”找上你！

“妈妈手”，又称 De Quervain 病（桡骨茎突狭窄性腱鞘炎），是控制拇指运动的两根肌腱和周围腱鞘因反复运动造成劳损，在桡骨茎突的位置出现了炎症，引起肿胀和疼痛，特别是在握拳，抓持物品和转动手腕的时候会比较疼痛。生活中，家庭主妇、打字员、程序员、钢琴师、钓鱼爱好者、高尔夫球手等反复用拇指和腕关节的人群中多见此症。随着智能手机的普及，现在玩手机过度的人也越来越多确诊“妈妈手”，已严重影响其生活和工作质量。

点燃思考

怎么确定自己得了“妈妈手”？

任务二　认识头颈肌

案例导入

王先生，26 岁，因“落枕”晨起时出现颈肩部剧烈疼痛，头歪向一侧，不能自由活动旋转颈部。经 3 天休息恢复后，疼痛减缓，颈部可做缓慢侧转，遂自己断定会慢慢自愈未加以重视。1 个月后颈部时常僵直性麻木，伴有酸胀沉重感，活动受限。入院检查，可见颈部肌紧张，压痛点在颈肩两侧棘突旁肌上部，压痛局限，不沿神经走行放散。X 线多为阴性体征，可见筋膜增厚，以颈肩肌筋膜炎收治入院。

任务描述

1. 照护员向王先生实施红外线灯照射颈部及压痛点的物理康复治疗。
2. 照护员向王先生解释正确的睡姿、规律的作息和科学的锻炼，可有效预防“落枕”。

知识殿堂

扫码查看课件。

扫一扫

一、头肌

分为面肌和咀嚼肌两部分（图 2-2-2）。

（一）面肌

起自颅骨的表面或筋膜，止于皮肤。可分为环形肌和辐射肌两种，主要分布于口裂、眼裂和鼻孔的周围，收缩可牵动皮肤开大和闭合上述孔裂，产生各种不同的表情，故又称为**表情肌**。

1. 枕额肌

即颅顶肌，阔而薄，由位于额部的额腹和枕部的枕腹以及其间的帽状腱膜构成。额肌收缩时提睑扬眉，形成额纹，枕肌收缩时向后牵拉帽状腱膜。

2. 眼轮匝肌

呈扁圆形，环绕眼裂周围，收缩时使眼睑闭合。

3. 口周围肌

包括辐射状肌和环形肌。辐射状肌收缩时能提上唇、降下唇或口角。环形肌为口轮匝肌，环绕口裂周围，收缩时使口裂闭合。

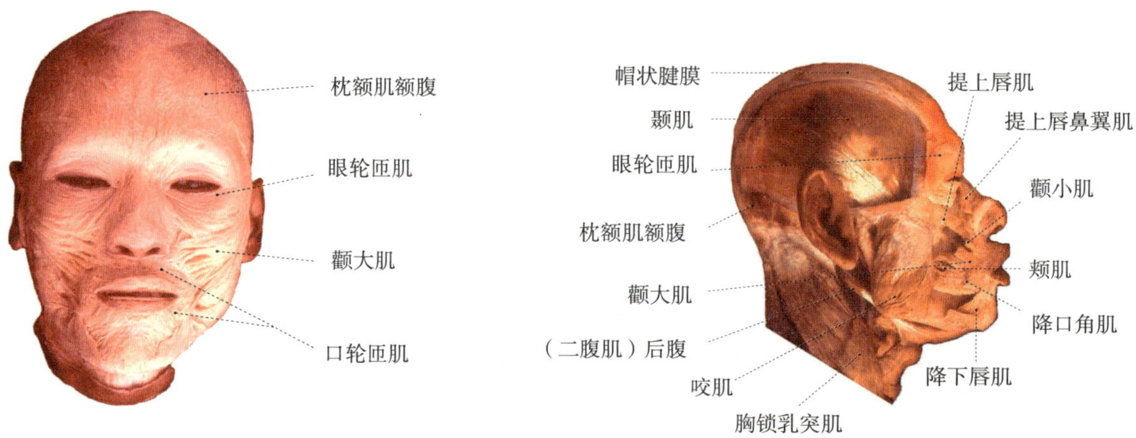

A. 前面观　　B. 侧面观

图 2-2-2　面肌、咀嚼肌

（二）咀嚼肌

包括咬肌、颞肌、翼内肌和翼外肌，与咀嚼动作相关。其中咬肌和颞肌为肌性标志。

二、颈肌

位于颈部，有颈阔肌、胸锁乳突肌、前斜角肌、中斜角肌、后斜角肌等（图 2-2-3）。

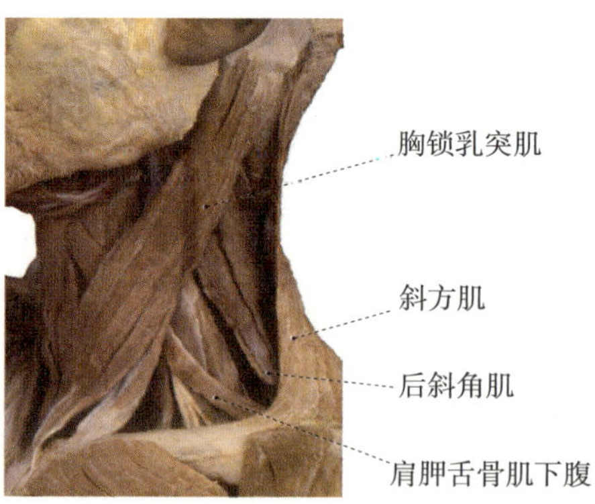

图 2-2-3　颈浅肌层

胸锁乳突肌位于颈部的两侧皮下，起自胸骨柄和锁骨的胸骨端，二头会合斜向后上方，止于颞骨的乳突。一侧胸锁乳突肌收缩使头屈向同侧，面部转向对侧；两侧同时收缩可使头后仰。

拓展阅读

"左眼跳财，右眼跳灾"？

坊间流传"左眼跳财，右眼跳灾"的说法，那么为什么人的眼皮会跳？究竟和发财、灾祸到底有没有关系呢？

眼皮跳，在医学上叫作眼睑震颤，眼睑指的就是眼皮。当控制眼皮肌肉的神经过于兴奋时，眼轮匝肌肌纤维也会跟着收缩颤动，从而导致眼皮也跟着跳。眼皮跳分两种：生理性和病理性。

生理性眼皮跳多与不良生活习惯有关（如长时间用眼、嗜好烟酒，工作压力过大，情绪紧张、兴奋等），通常会左右眼换着跳，且持续时间短、发作不规律。病理性眼皮跳多为眼部疾病和非眼部疾病造成，严重时会失明。

"左眼跳财，右眼跳灾"的说法没有任何科学依据，如果只是短暂轻微的眼皮跳，就是正常的；但如果眼皮跳超过一周，并且伴随其他不舒适的症状时应立即就医。

点燃思考

眼皮跳要看什么科？

任务三　认识躯干肌

案例导入

张大叔，66 岁，晨练时左前臂、胸部及骶尾部受伤，紧急入院。其家人转述伤者有糖尿病和高血压病史，平日爱打篮球，受伤前活动约 1 小时，受伤时无明显活动或意识障碍，伤处有痛感无出血，但伴有头晕、恶心等不适。检查可见左前臂皮肤软组织损伤，有血肿、局部肌肉拉伤。骶尾部压痛，双下肢感觉无明显异常，活动轻微受限。CT 显示：尾骨及肋骨皮质不整。X 线见左侧肱骨、肘及前臂未见骨折，以血肿、肌肉拉伤收治入院。

任务描述

1. 照护员向王大爷简述臂丛麻醉下血肿清除术的过程。
2. 照护员帮助王大爷制定术后康复和饮食照护计划。

知识殿堂

扫码查看课件。

躯干肌包括背肌、胸肌、膈、腹肌和盆底肌。

扫一扫

一、背肌

主要有斜方肌、背阔肌、竖脊肌（图 2–2–4）。

（一）斜方肌

位于项部和背上部的浅层，一侧呈三角形，两侧合并为斜方形。起自枕外隆凸、项韧带和全部胸椎棘突，肌束向外集中止于锁骨、肩峰和肩胛冈。收缩时使肩胛骨向脊柱靠拢。

（二）背阔肌

为全身最大的扁肌，位于背下部、腰部和胸侧壁。起自下 6 个胸椎和全部腰椎的棘突、骶正中棘和髂嵴的后部，肌束向外上方集中，止于肱骨小结节嵴，收缩时使臂内收、内旋和后伸。当上肢上举固定时，可上提躯干。

（三）竖脊肌

起自骶骨背面和髂嵴后部，纵列位于棘突两侧，肌束向上分别止于椎骨、肋骨和枕骨。竖脊肌是维持人体直立的重要肌，收缩时使脊柱后伸并仰头。

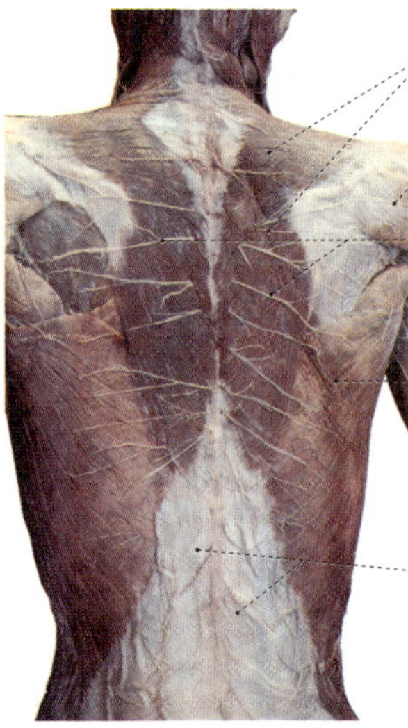

A. 浅层

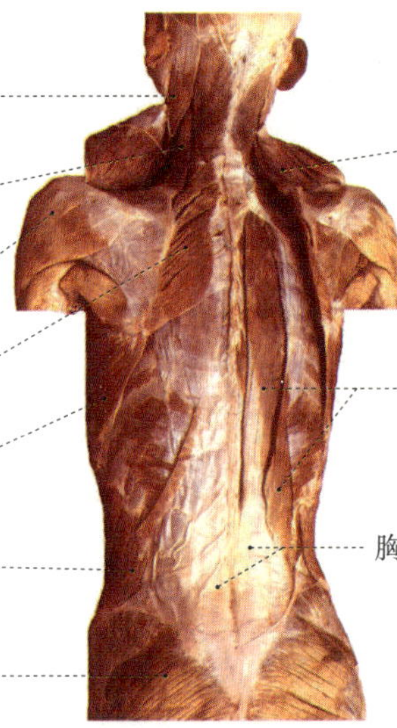

B. 中层

图 2–2–4　背肌群

二、胸肌

主要有胸大肌、前锯肌和肋间肌（图 2–2–5）。

（一）胸大肌

位于胸前臂上部，表浅而宽厚；起自锁骨、胸骨和上 6 个肋软骨的前缘，肌束向外上方集中，止于肱骨大结节下方。收缩时可使肩关节内收、旋内和前屈。当上肢固定时，可上提躯干，并协助吸气。

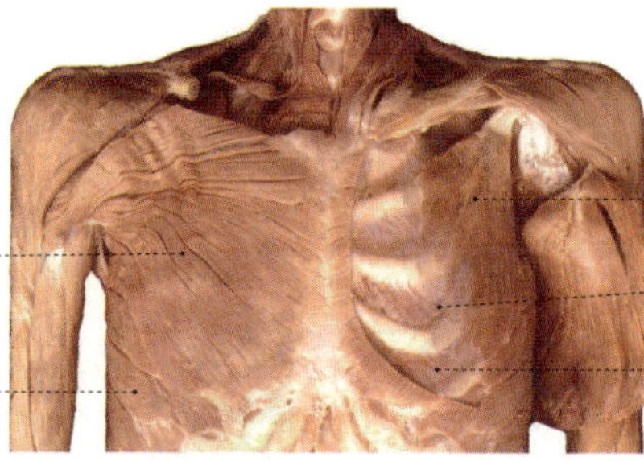

A. 胸大肌、胸小肌

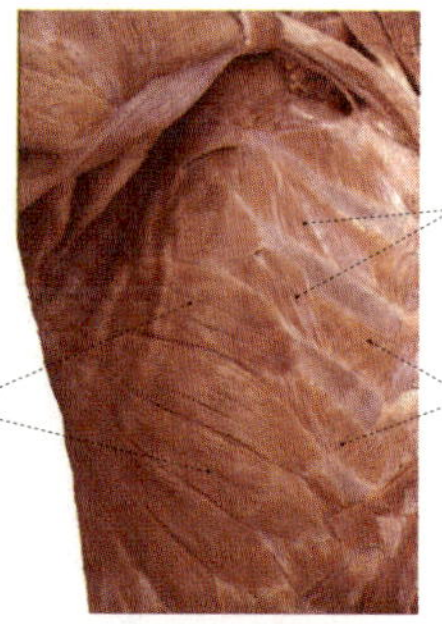

B. 前锯肌和肋间肌

图 2-2-5　胸肌群

（二）前锯肌

位于胸廓侧壁，起自 1~8 肋，肌束行向后上方，止于肩胛骨的内侧缘和下角。收缩时引肩胛骨向前，使肩胛骨下角外旋，助臂上举。

（三）肋间肌

位于肋间隙内，包括肋间外肌和肋间内肌。

1. 肋间外肌

位于浅层，起于肋骨下缘，肌束斜向前下，止于下一位肋骨上缘。

2. 肋间内肌

位于深层，起自下位肋骨上缘，肌束斜向前上，止于上一肋骨下缘。

肋间肌是呼吸肌，肋间外肌收缩，提肋助吸气；肋间内肌收缩，降肋助呼气。

三、膈

呈穹隆形，向上膨隆为胸腔底，下为腹腔顶；四周由肌纤维构成周围部，起于胸廓下口和腰椎前部，中央部为腱膜，称**中心腱**。膈有主动脉裂孔、食管裂孔和腔静脉孔三个裂孔，孔内分别有主动脉和胸导管、食管和迷走神经、下腔静脉通过（图 2-2-6）。

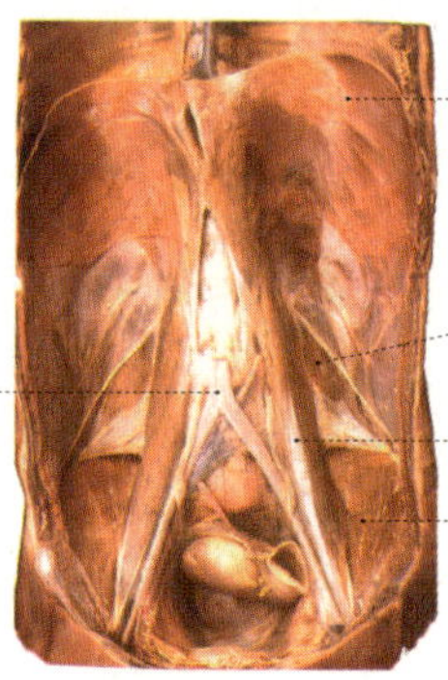

A. 前面观

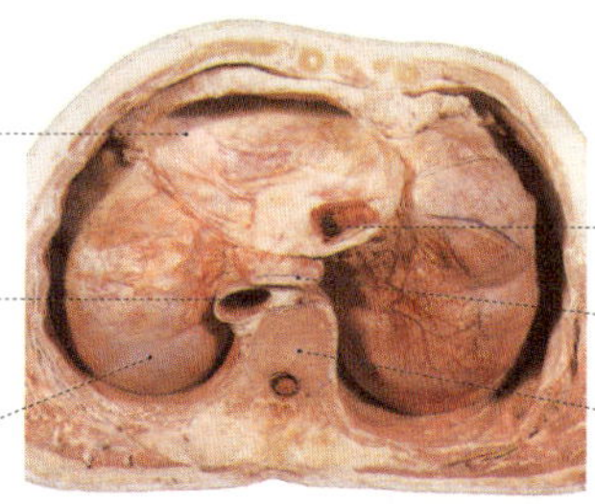

B. 上面观

图 2-2-6　膈肌与裂孔

膈是主要的呼吸肌。收缩时，膈穹隆下降胸腔容积扩大，助吸气；舒张时，膈穹隆上升恢复原位，胸腔容积缩小，助呼气。膈与腹肌同时收缩，则能增加腹压，以协助排便、呕吐及分娩等活动。

四、腹肌

参与腹壁的构成，主要包括腹前外侧壁（3 块）、腹直肌和腹后壁的腰方肌（图 2-2-7）。

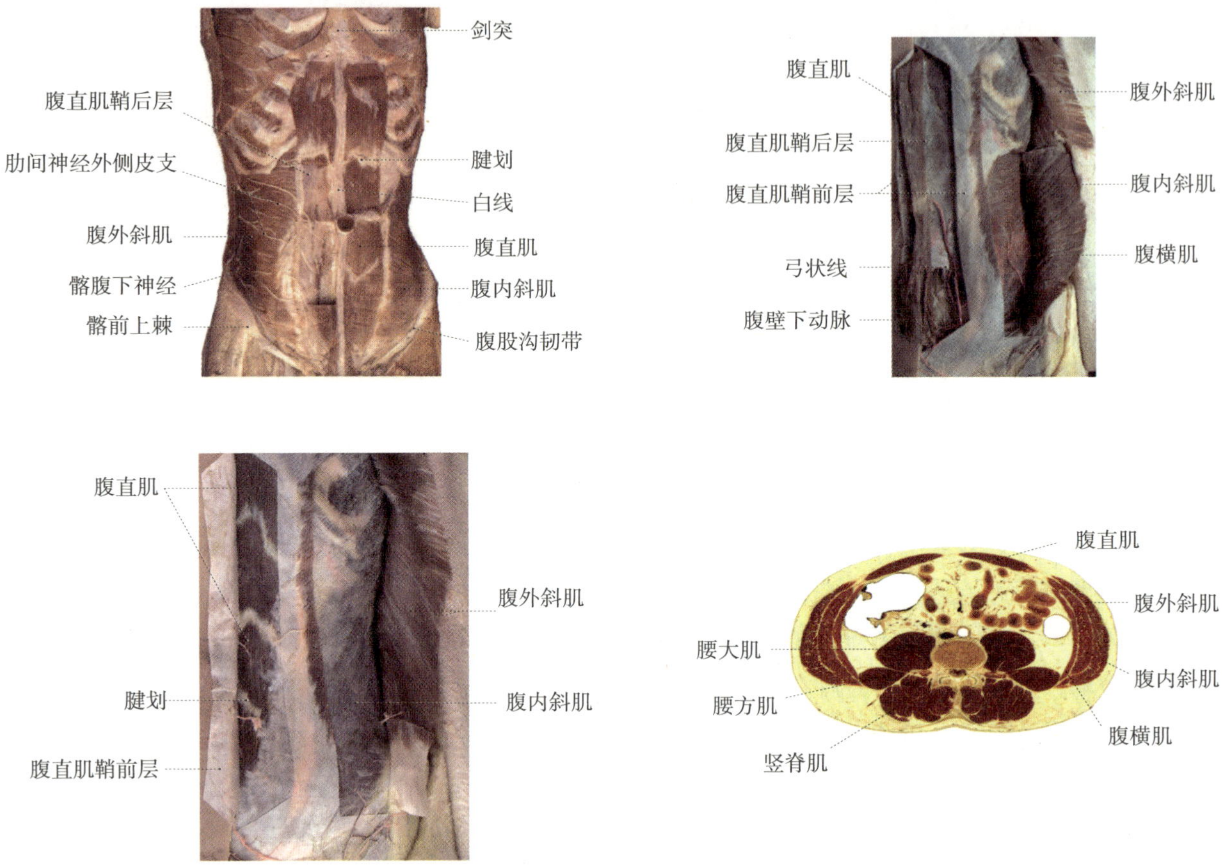

图 2-2-7　腹肌群及剖面图

（一）腹外斜肌

位于腹前外侧壁的浅层，肌束斜向前下，近腹直肌的外侧移行为腱膜。腹外斜肌腱膜下缘增厚卷曲，连于髂前上棘和耻骨结节之间，称为**腹股沟韧带**。在腹股沟韧带内侧端上方，腹外斜肌腱膜分裂形成一近似三角形的裂口，称为腹股沟管浅环（皮下环）。

（二）腹内斜肌

位于腹外斜肌的深面，肌束自后向前呈弓形散开，跨越男性的精索和女性的子宫圆韧带，与腹横肌腱膜结合止于耻骨梳。此部纤维为腹股沟镰，亦称联合腱。

（三）腹横肌

位于腹内斜肌的深面，肌纤维横行，向前延续为腱膜，经腹直肌后面参与组成腹直肌鞘的后层，终于白线。

（四）腹直肌

位于中线两侧的一对长带状肌，表面被腹直肌鞘包裹，纤维被 3~4 条横行腱划分隔，腱划与腹直肌鞘前层紧密结合。

（五）腹后壁

由腰方肌和腰大肌构成。腰方肌位于后壁两侧，起自髂嵴，止于第 12 肋，收缩时牵拉第 12

肋，使脊柱侧屈。

腹前外侧群具有保护、固定腹腔脏器的作用，收缩时缩小腹腔，增加腹压，以协助排便呕吐和分娩；腹压增加还可使膈穹隆上升，协助呼气。腹肌又是背部伸肌的拮抗肌，收缩时可使脊柱前屈、侧屈和旋转。

（六）腹肌的肌间结构

1. 白线

由腹前外侧壁三层扁肌的腱膜在腹前正中线上交织而成。白线血管较少，中部有一脐环，是腹壁薄弱处，易发生脐疝。

2. 腹股沟管

位于腹股沟韧带内侧半上方，为腹前壁 3 层扁肌之间的一条斜行裂隙，男性的精索或女性的子宫圆韧带由此通过（图 2-2-8）。

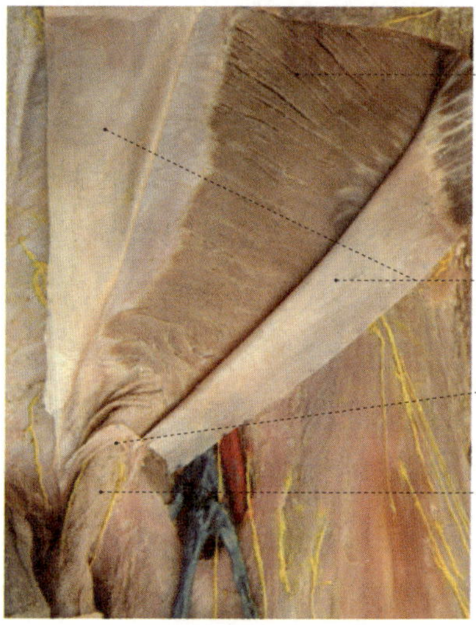

A. 浅层结构

B. 深层结构

图 2-2-8　腹股沟区层次

腹股沟管有两口和四壁。两口：内口称为腹股沟管深（腹）环，位于腹股沟韧带中点上方约一横指处，为腹横筋膜向外突出而成；外口即腹股沟管浅（皮下）环。四壁：前壁为腹外斜肌腱膜，后壁为腹横筋膜和腹股沟镰，上壁是腹内斜肌和腹横肌的弓状下缘，下壁为腹股沟韧带。

腹股沟管是腹壁的薄弱区，如腹腔内容物经腹股沟管突出称为腹股沟斜疝。

五、盆底肌

指封闭小骨盆下口的诸肌，亦称会阴肌。主要包括肛提肌、尾骨肌、会阴浅横肌、会阴深横肌和尿道括约肌等。

（一）肛提肌

起自小骨盆前壁和外侧壁内面，肌束向内、向后止于直肠壁、阴道壁和尾骨尖。呈漏斗形，承托盆腔脏器，并对肛管、阴道有括约作用。肛提肌上、下两面分别被盆膈上、下筋膜覆盖，共同构成盆膈。盆膈封闭小骨盆下口大部分，前方有盆膈裂孔。

（二）会阴深横肌

位于小骨盆下口的前下部，肌束横行附着于两侧的坐骨支。

（三）尿道括约肌

该肌在男性，环绕在尿道膜周围，形成尿道膜部括约肌；在女性，环绕尿道和阴道，称尿道阴道括约肌。

拓展阅读

中老年女性为何易漏尿？

由于女性的独特生理结构，导致很容易遭遇“尿失禁”问题。50岁以上的中老年女性中，高达50%的人曾出现漏尿现象。老年女性漏尿通常有：

①压力性尿失禁，②急迫性尿失禁，③混合性尿失禁三种类型。

治疗方法主要有盆底肌肉锻炼、监督式盆底治疗、阴道锥体训练或生物反馈治疗，以及尿道中段悬吊术等等。其中盆底肌肉锻炼也就是“凯格尔运动”，是一种在家就可以练的方法。这种方法对于压力型尿失禁患者来说尤其有效。它可以加强盆底肌肉组织，为尿道提供一块“挡板”，来压迫并反射性抑制逼尿肌收缩。

点燃思考

凯格尔运动是如何锻炼的？

（四）会阴深横肌

与尿道括约肌的上、下两面且被尿生殖膈上、下筋膜覆盖共同构成**尿生殖膈**，男性有尿道，女性有尿道和阴道通过。

任务四　认识四肢肌

案例导入

房先生，31岁，在一次篮球比赛中，拿球快攻时，右腿往前迈，左腿发力启动时感到“咯噔”一下小腿内侧上段抽搐一下，而后不能行走，左脚受力时疼痛加剧且肿胀，患者自述因未充分热身导致受伤。入院检查，可见左下肢外旋，跛行；左侧小腿内侧表面水肿；压痛点在小腿内侧上三分之一处（VAS6–7/10），左侧踝关节活动受限。Thompson 测试为阴性，单腿平衡站立测试患侧腿较差，以左侧腓肠肌内侧拉伤进行康复治疗。

任务描述

1. 照护员帮助房先生制订康复治疗计划，并协助房先生进行初期的康复训练。
2. 照护员和房先生共同分析伤情风险因子，并不断鼓励房先生，给予其康复的信心。

知识殿堂

扫码查看课件。

扫一扫

一、上肢肌

按部位分为肩肌、臂肌、前臂肌和手肌（图 2-2-9）。

（一）肩肌

分布在肩关节周围，均起自上肢带骨，止于肱骨。能运动肩关节，并能增强肩关节的稳固性。主要包括三角肌、冈上肌和冈下肌、大圆肌和小圆肌和肩胛下肌。

1. 三角肌

呈三角形，起自锁骨外侧份、肩峰和肩胛冈，肌束从前后和外侧三面包围肩关节，止于肱骨的三角肌粗隆。收缩时，主要使肩关节外展。三角肌是肌内注射的常用部位。

2. 冈上肌和冈下肌

分别位于冈上窝、冈下窝，收缩时可外展、外旋肩关节。

3. 大圆肌和小圆肌

位于冈下肌的下方，收缩时使肩关节内旋和外旋。

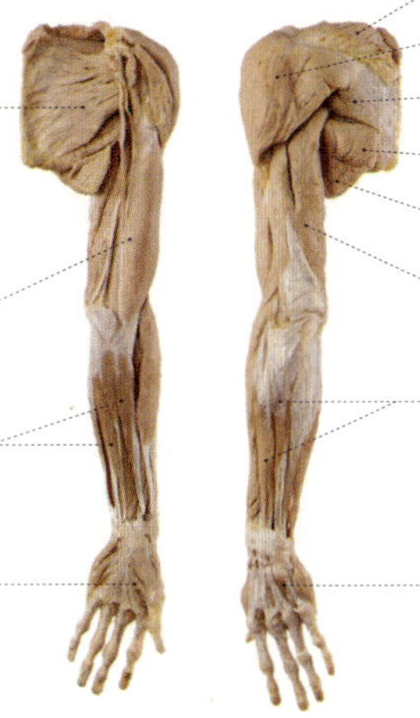

图 2-2-9　上肢肌

4. 肩胛下肌

位于肩胛下窝，收缩时内收、内旋肩关节。

（二）臂肌

臂肌覆盖肱骨，分前群的屈肌和后群的伸肌。

1. 前群

包括肱二头肌、喙肱肌和肱肌。

肱二头肌位于前臂浅层，呈梭形，长头起自肩胛骨盂上结节，短头起自肩胛骨喙突，两头合并成一个肌腹下行，止于桡骨粗隆。主要是屈肘关节、肩关节或使前臂旋后。

2. 后群

主要有肱三头肌，有 3 个头，长头起自肩胛骨盂下结节；外侧头和内侧头均起自肱骨背面。3 头合成肌腹，以扁腱止于尺骨鹰嘴。主要作用是伸肘关节。

（三）前臂肌

包绕在尺骨和桡骨周围，分前、后两群（图 2-2-10）。

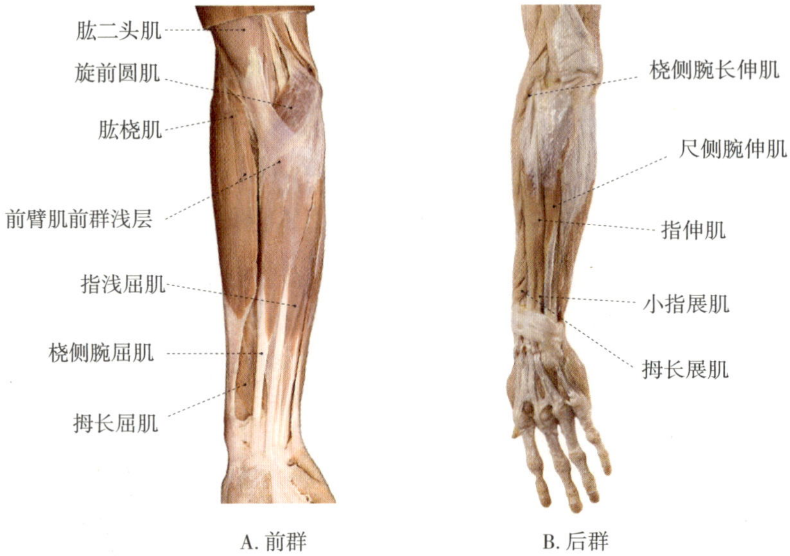

图 2-2-10　前臂肌

1. 前群

共 9 块，分浅、深两层。从桡侧向尺侧依次为肱桡肌、旋前圆肌、桡侧腕屈肌、掌长肌、指浅屈肌和尺侧腕屈肌。深层有拇长屈肌、指深屈肌、旋前方肌。作用主要是屈腕或指、旋前。

2. 后群

共 10 块，分浅、深两层。浅层肌由桡侧向尺侧，依次为桡侧腕长伸肌、桡侧腕短伸肌、指伸肌、小指伸肌和尺侧腕伸肌。深层肌从上到下，由桡侧到尺侧依次为旋后肌、拇长展肌，拇短伸肌、拇长伸肌和示指伸肌。作用主要是伸腕或指、旋后。

（四）手肌

位于手的掌侧面，短小，分外侧群、内侧群和中间群（图 2-2-11）。

1. 外侧群

在拇指侧形成丰满隆起称大鱼际。包括拇短展肌、拇短屈肌、拇对掌肌和拇收肌。

2. 内侧群

在小指侧形成手掌小指侧的隆起称小鱼际。包括小指展肌、小指短屈肌和小指对掌肌。

3. 中间群

位于掌心和掌骨之间，包括 4 块蚓状肌和 7 块骨间肌。

手肌主要作用是屈指内收或外展、屈掌和对掌运动。

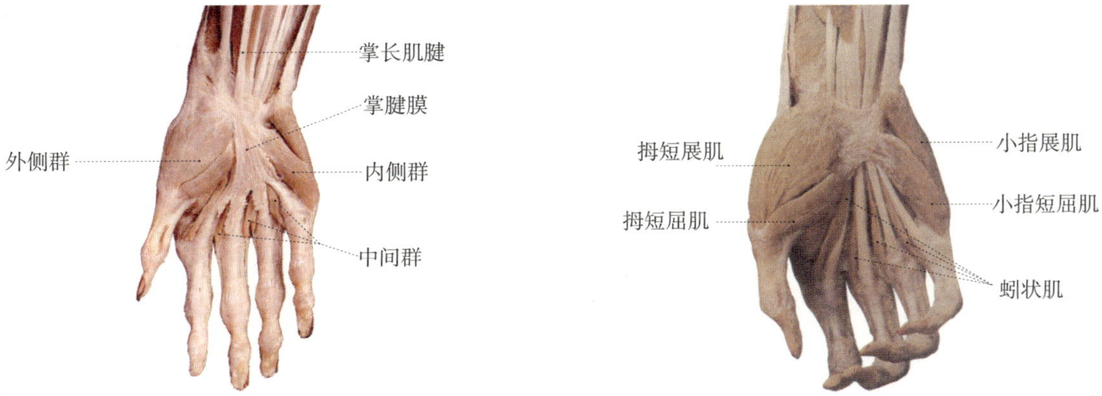

图 2-2-11　手肌

二、下肢肌

按部位分为髋肌、大腿肌、小腿肌和足肌（图 2-2-12）。

（一）髋肌

分布于髋关节周围，主要运动髋关节。髋肌分前后两群。

1. *前群*

主要为髂腰肌，由腰大肌和髂肌结合而成。腰大肌起自腰椎体侧面和横突，髂肌起自髂窝，两肌会合，向下经腹股沟韧带深面进入股部，止于股骨小转子。作用是屈髋关节并外旋大腿。

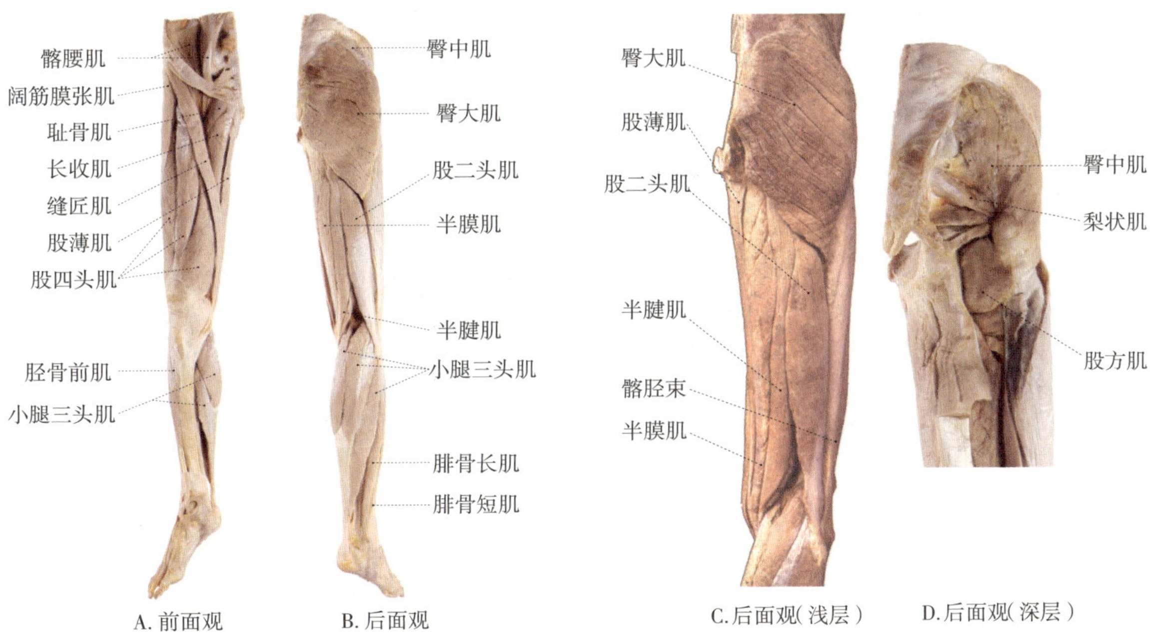

图 2-2-12　下肢肌、髋肌

2. *后群*

包括臀大肌、臀中肌、臀小肌和梨状肌等。

（1）臀大肌　位于臀部浅层，大且肥厚，和皮下组织形成臀部隆起。起自髂骨翼外面和骶骨后面，肌束斜向下外，止于髂胫束和股骨的臀肌粗隆，可伸髋关节，防止身体前倾，维持身体平衡。臀部外上 1/4 处为临床常用的肌内注射部位。

（2）臀中肌　位于臀大肌的深面，

（3）臀小肌　位于臀中肌的深面；两肌都呈扇形，起自髂骨外缘，肌束向下形成短腱，止于股骨大转子，两肌共同使髋关节外展。

（4）梨状肌　起自骶骨的前面，向外经坐骨大孔出骨盆入臀部，止于股骨大转子的顶部，可使髋关节外展和外旋。

拓展阅读

肌内注射

肌内注射，也可称为肌肉注射。常用于注射刺激性较强或剂量较大的药物，通过注射器注入肌肉组织内。临床上会选择肌肉较厚，离大神经、大血管较远的部位，通常选用臀大肌、三角肌及肱二头肌。

两岁以下婴幼儿不宜选用臀大肌注射，因有损伤坐骨神经的危险，幼儿在未能独自走路前，其臀部肌肉发育不好，应选择在臀中肌、臀小肌处注射。

点燃思考

臀大肌注射有哪几种定位方法？

（二）大腿肌

分布于股骨周围，分为前群、内侧群和后群（图 2-2-13）。

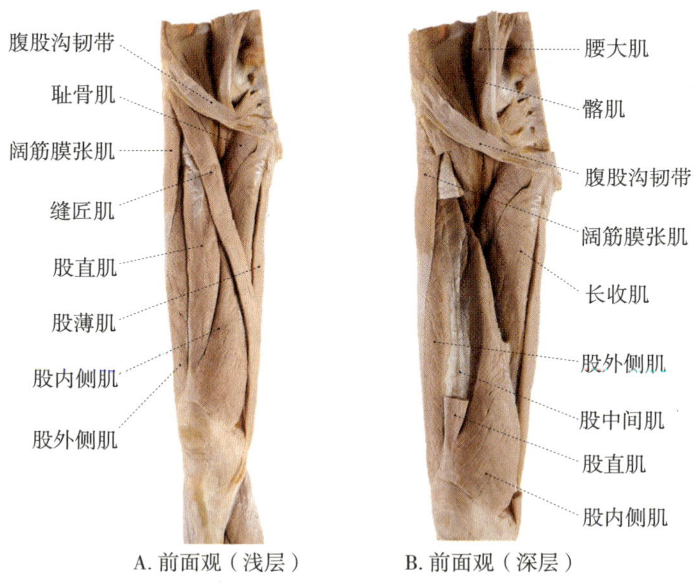

图 2-2-13　大腿肌

1. 前群

位于大腿前面，有缝匠肌和股四头肌。

（1）缝匠肌　呈扁带状，是人体最长的肌，起自髂前上棘，斜向内下方，经膝关节内侧，止于胫骨上端内侧面，可屈髋关节和膝关节。

（2）股四头肌　是全身体积最大的肌，有 4 个头，分别为股直肌、股内侧肌、股外侧肌和股中间肌。股直肌起于髂前下棘，其余均起自股骨，4 头合并向下移行为肌腱，包绕髌骨的前面和两侧，继而下延为髌韧带，止于胫骨粗隆，可伸膝关节和屈髋关节。

2. *内侧群*

位于大腿的内侧，由肌群浅层自外向内主要有耻骨肌、长收肌和股薄肌。作用主要是内收大腿。

3. *后群*

位于股骨后方，包括股二头肌、半腱肌和半膜肌。作用是伸髋关节、屈膝关节。当半屈膝位时，股二头肌可使小腿旋外，半腱肌和半膜肌可使小腿旋内。

（三）小腿肌

位于胫、腓骨周围，分为前群、后群和外侧群（图 2-2-14）。

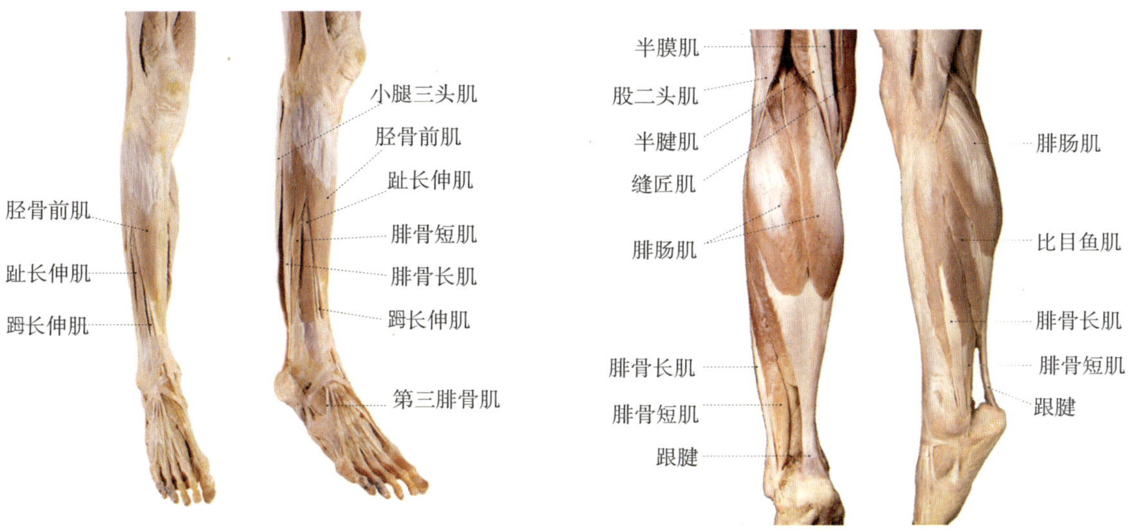

图 2-2-14　小腿肌

1. *前群*

位于小腿前面，从内侧向外侧依次为胫骨前肌、趾长伸肌和跗长伸肌，三肌均可伸（背屈）踝关节。

2. *外侧群*

位于小腿外侧，包括腓骨长肌和腓骨短肌，可使足外翻，并使踝关节跖屈。

3. *后群*

位于小腿后方，浅层有腓肠肌和比目鱼肌，两肌合称为小腿三头肌，约在小腿中部移行为粗大的跟腱，止于跟骨结节，可跖屈踝关节，屈小腿和上提足跟。深层有趾长屈肌、胫骨后肌和跗长屈肌。其中，胫骨后肌可屈踝关节和使足内翻；趾长屈肌，跗长屈肌分别屈相应的足趾，并使足跖屈。

（四）足肌

分为足背肌和足底肌（图 2-2-15）。足背肌弱小，助伸趾。足底肌的配布与手肌相似，可运动相对应趾骨。

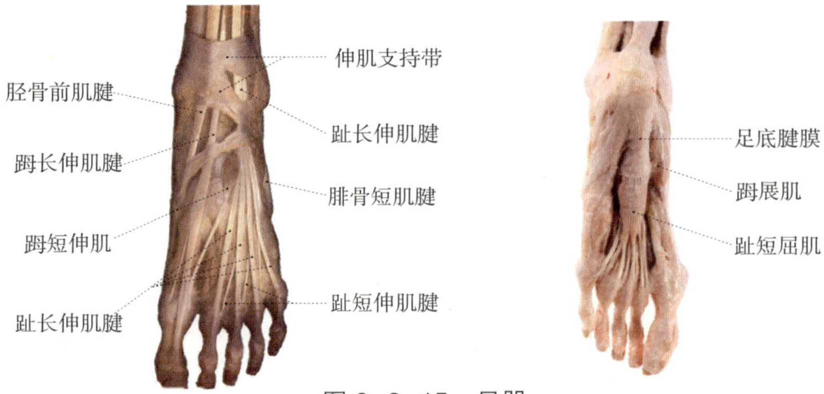

图 2-2-15　足肌

任务五　了解运动系统的衰老变化

骨、骨骼肌的衰老和萎缩是人体衰老的重要标志。

一、骨的衰老

老年人骨中有机物（骨胶原纤维和黏多糖蛋白）逐渐减少或消失，无机盐（如碳酸钙）含量增高，使骨弹性和韧性变差，脆性增加，易变形或骨折。骨质进行性萎缩，且密度降低导致骨质疏松；骨小梁减小并变细，脊柱会弯曲变短，身高降低。骨的新陈代谢减缓，骨的再生或修复能力逐渐减退，骨折面难愈合或不愈合。

二、关节的退化

伴随年龄的增长，老年人普遍存在关节或韧带的退行性改变，尤其是膝关节，主要表现如下。

（1）关节软骨面变薄或碎裂，形成游离体（即“关节鼠”），造成行走关节疼痛。

（2）关节软骨面完全退化，使关节两端的面直接接触，行走时摩擦疼痛。

（3）关节软骨边缘出现骨质增生形成骨刺，造成关节活动障碍，影响行走功能。

关节周围韧带弹性降低，关节囊内滑液减少变稠，并发滑膜炎症。椎间盘因长期负重，环内纤维变粗，弹性降低；盘周韧带渐松弛，椎体松动不稳，易发老年颈椎病或腰椎病。

由于骨和关节的老化或退变，老年人的关节活动范围也会缩小，尤其是肩关节后展、外旋；肘或膝关节的伸展；髋关节的内或外旋及脊柱的整体运动都会明显受限。

三、骨骼肌的衰老

随着年龄的增长，即使是健康的老年人，也会不可避免地发生骨骼肌质量或功能的退化，如肌纤维减少；神经肌肉控制退化、肌蛋白代谢失衡；肌力减少，易疲劳、平衡协调能力减弱致受伤概率增加等。

老年人骨和肌肉的衰老是多因素共同作用的结果，无论是结构的退化、功能的减退及代谢的紊乱，通过科学运动、营养优化与健康管理，可有效延缓运动系统机能的丧失，维持其正常生理活动的需求，提升晚年生活质量，这也体现了“终生健康”理念，呼应“健康老年化”国家战略目标。

【练习题】

一、A1 型题

1. 人体全身最大扁肌是（　　）。

A. 斜方肌　　B. 胸大肌　　C. 背阔肌

D. 菱形肌　　E. 肩胛提肌

2. 有关肌的叙述，正确的是（　　）。

A. 肌收缩时，起点向止点接近

B. 肌收缩时，多以起点作为动点

C. 肌收缩时，多以止点作为动点

D. 躯干肌的止点，多靠近正中矢状面

E. 四肢肌的起点，多位于肢体的远侧端

3. 可使肩关节内收、向内旋转的肌是（　　）。

A. 三角肌　　B. 胸大肌　　C. 肋间外肌

D. 冈上肌　　E. 肩胛提肌

4. 人体全身最长、既能屈膝关节又能屈髋关节的肌是（　　）。

A. 肱二头肌　　B. 缝匠肌　　C. 肱四头肌

D. 腓肠肌　　E. 股直肌

5. 有关膈的描述，下列选项中不正确的是（　　）。

A. 腱膜位于四周，肌纤维粗糙且坚韧　　B. 食管裂孔平对第 10 胸椎

C. 为扁肌呈穹隆状，向上膨隆　　D. 主动脉裂孔平对第 12 胸椎

E. 腔静脉孔平对第 8 胸椎

答案：CCBBA

解析：无

二、A2 型题

1. 王某，16 岁，头部右侧面被棍棒打伤，急诊入院。检查：右下颌肿胀疼痛，张口困难，合拢牙齿时，下颌骨右后部内上位移。X 线片显示右颏孔后尖牙和前磨牙之间下颌骨骨折。分析此案例中下颌骨右后部内上位移的原因是（　　）。

A. 翼外肌牵拉所致　　B. 咬肌牵拉所致　　C. 翼内肌牵拉所致

D. 外力击打所致　　E. 颊肌牵拉所致

解析：翼内肌是闭口肌，可与咬肌、颞肌共同收缩时可上提下颌骨，对抗下拉下颌骨肌群的作用。王某右下颌肿痛，无法闭口且骨位后移，故答案是 C。

2. 李女士，28 岁，裁缝。近期时常感觉右拇指活动无力，有时针都拿不住。入院检查：

右手大鱼际萎缩，右拇指外展和对掌运动受限。此案例诊断为“腕管综合征”，需手术切开腕管。下列选项中哪一个是通过腕管的（　　）。

A. 掌对掌肌腱　　B. 拇长屈肌腱　　C. 拇短伸肌腱

D. 拇长展肌腱　　E. 拇长伸肌腱

解析：腕管综合征的发病原因主要是长期反复做重复性动作，导致腕管内的结构异常压迫神经，引发炎症、水肿或肿瘤等。一般采用腕管减压术，通过切开屈肌支持带，增加腕管容积，达到降低腕管内压力的目的，进行传统开放性治疗。故答案是 B。

3. 王女士，驾车途中遇车祸，入院。查体：股骨下 1/3 处骨折，骨折远侧断面后移明显。分析造成断面向后位移的原因，是哪一块肌肉牵拉所致的（　　）。

A. 肱二头肌　　B. 半腱肌　　C. 半膜肌

D. 腓肠肌　　E. 比目鱼肌

解析：股骨下端骨折包括髁上、内或外髁及髁间骨折。髁上部指腓肠肌起点上 2~4 cm 的股骨干部分，远断端骨折，腓肠肌作用使共向后倾（屈），断面后移明显。故答案是 D。

4. 李大爷，58 岁，患有腹股沟疝，经过治疗后痊愈。下列选项中，对腹股沟管壁的构成描述不正确的是（　　）。

A. 前臂是腹外斜肌腱膜和腹内斜肌

B. 后臂是腹横筋膜和腹股沟镰

C. 上壁为腹内斜肌和腹横肌的弓状下缘

D. 下壁为腹股沟韧带

E. 以上均不是

解析：腹股沟有前、后、上、下和内、外口。前壁腹外斜肌肌膜，接腹内斜肌；后壁是腹横筋膜，有联合腱（腹股沟镰）加强；上臂为腹内斜肌和腹横肌的弓状下缘；下壁为腹股沟韧带。故答案为 E。

5. 男性，34 岁。1 年前打篮球受伤后膝关节经常隐痛，检查发现：右膝前内侧关节间隙处有压痛，MC—MurrAy 试验阳性，最可能的诊断是（　　）。

A. 内侧副韧带损伤　　B. 内侧半月板损伤　　C. 前十字韧带损伤

D. 创伤性关节炎　　E. 以上均不是

解析：膝关节半月板的损伤以内侧半月板损伤居多。患者关节内侧疼痛，MC–MurrAy 试验结果为阳性，提示内侧半月板有损伤。故答案为 B。

模块三
内脏系统

项目一　呼吸系统的结构和功能

学习目标

思政及素养目标

1. 培养守护健康、尊老敬老、爱岗敬业的职业素养。

2. 培养敬佑生命、甘于奉献、探索创新的医者精神。

3. 践行“健康所系，性命相托”的医者誓言，培养严谨细致的照护品质。

知识目标

1. 掌握呼吸系统的组成；上、下呼吸道的概念；左、右主支气管的区别；肺的位置、形态、结构及主要生理功能；肺通气。

2. 熟悉喉的组成；气管、肺的微细结构；呼吸过程。

3. 了解鼻腔的分部和结构；肺的血管；胸膜和纵隔；气体的交换及其在血液中的运输。

能力目标

1. 能辨认呼吸系统各器官的标本、模型，准确指出其关键结构和特征。

2. 能结合老年人呼吸功能减退的特点，分析呼吸困难、咳嗽无力等症状的生理机制。

3. 能制定针对慢性阻塞性肺疾病、肺炎等老年常见呼吸系统疾病的日常照护计划。

知识导读

扫码查看思维导图。

扫一扫

赛证对接

本项目内容往往对接呼吸系统各器官的解剖生理学相关知识，以进行呼吸系统疾病分析，协助老人鼻饲进食 / 进水、翻身叩背排痰、雾化吸入、吸氧、呼吸训练及慢性阻塞性肺疾病、肺炎等老年常见呼吸系统疾病健康教育等实际照护任务的形式考查。

任务一 认识呼吸系统解剖结构

案例导入

刘爷爷，68 岁，吸烟史 40 年，确诊慢性支气管炎 12 年。3 天前受凉后出现咳嗽加重、咳黄脓痰伴喘息，静息时呼吸频率 28 次 / 分，活动后口唇发绀，双肺可闻及广泛哮鸣音及湿啰音。医嘱给予雾化吸入布地奈德混悬液 + 异丙托溴铵 + 沙丁胺醇。

任务描述

1. 照护员帮助刘爷爷确认体表呼吸道和肺的投影位置，明确雾化药物入肺途径。
2. 照护员帮助刘爷爷分析出现咳嗽、咳痰等表现的原因，并制定相应照护措施。

知识殿堂

扫一扫

扫码查看课件。

呼吸系统由呼吸道和肺两部分组成。**呼吸道**是运输气体的通道，包括鼻、咽、喉、气管及各级支气管。临床上把鼻、咽、喉称为**上呼吸道**；气管、主支气管及其各级分支称为**下呼吸道**（图 3–1–1）。呼吸系统主要功能是从外界摄取氧气，并呼出二氧化碳，此外，还有嗅觉、发音等功能。

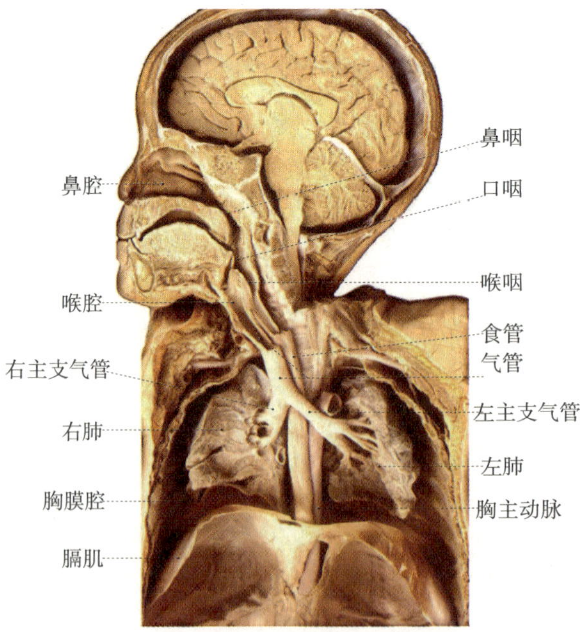

图 3–1–1 呼吸系统概观

一、呼吸道

（一）鼻

鼻是呼吸道的起始部分，也是嗅觉器官，还可协助发音。包括外鼻、鼻腔和鼻旁窦。

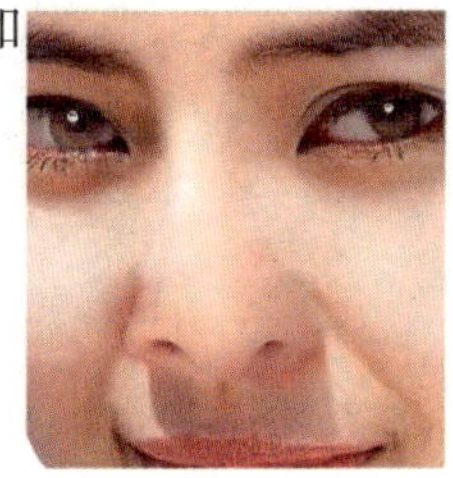

图 3–1–2 鼻

1. 外鼻

外鼻位于面部中央，以骨和软骨做支架，被覆皮肤和少量皮下组织。由上而下分鼻根、鼻背和鼻尖（图 3–1–2）。上端两眶之间部分称鼻根，向下延为隆起的鼻背，鼻背下端的隆起为鼻尖，鼻尖两侧扩大为鼻翼，呼吸困难时可见鼻翼扇动。

2. 鼻腔

鼻腔以骨和软骨为基础，内衬皮肤和黏膜，向前以鼻孔通外界，向后经鼻后孔通咽腔，被鼻中隔分成左、右鼻腔。每侧鼻腔又以鼻阈为界分前部的鼻前庭和后部的固有鼻腔。

（1）鼻前庭 由鼻翼围成的空腔，内衬皮肤，有鼻毛，具有阻拦异物、过滤空气的功能。鼻前庭由于缺乏皮下组织，故发生炎症或疖肿时，疼痛较为剧烈。

（2）固有鼻腔 位于鼻腔后上部，由骨和软骨被覆黏膜构成，是鼻腔的主要部分。鼻腔的外侧壁有上、中、下三个突向鼻腔的鼻甲，称上鼻甲、中鼻甲和下鼻甲。各鼻甲下方的裂隙分别为上鼻道、中鼻道和下鼻道。在上鼻甲的后上方有一凹陷为蝶筛隐窝。上、中鼻道及蝶筛隐窝分别有鼻旁窦的开口，下鼻道内有鼻泪管的开口。

固有鼻腔的黏膜分为嗅区和呼吸区。**嗅区**位于上鼻甲以及与上鼻甲相对的鼻中隔部分，活体黏膜呈淡黄色或苍白色，内含嗅细胞，感受嗅觉刺激。其余部分称**呼吸区**，呈粉红色，富含血管及腺体，具有温暖和湿润空气的功能。鼻中隔前下部的黏膜较薄，血管丰富而表浅，易引起出血，称**易出血区**。

拓展阅读

老年人嗅觉减退：不容忽视的生理变化

随着年龄增长，老年人的嗅觉功能逐渐衰退。从生理机制来看，鼻腔内嗅上皮的嗅细胞数量减少，其表面的嗅觉受体也发生变化，这使得嗅觉传导功能下降。同时，神经系统的老化，影响了大脑对嗅觉信号的处理。老年人嗅觉减退的临床表现具有渐进性特征，常表现为气味辨别力下降、阈值升高，严重者可出现幻嗅。除降低食欲、影响营养摄入外，更潜藏安全隐患，如无法及时察觉煤气泄漏、误食变质食物等，带来安全隐患。在日常生活中可采取相应措施，比如用鲜艳的色彩、丰富的口感来刺激老年人食欲，同时加强对家庭环境安全的排查，保障老年人的生活安全与舒适。

3. 鼻旁窦

为鼻腔周围含气颅骨的腔，内衬黏膜，能调节吸入空气的温度和湿度，并对发音起共鸣作用。鼻旁窦包括**额窦**、**筛窦**、**蝶窦**和**上颌窦**。其中额窦、上颌窦和筛窦前群、中群开口于中鼻道；筛窦后群开口于上鼻道；蝶窦开口于蝶筛隐窝（图 3–1–3）。

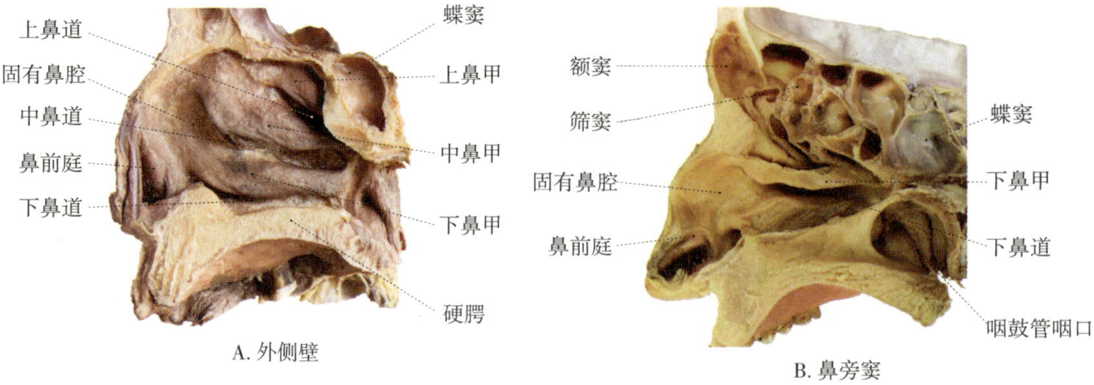

图 3-1-3　鼻腔

（二）咽

1. 位置和形态

咽是消化道和呼吸道的共同通道，为前后略扁的漏斗形肌性管道。位于颈椎前方，鼻腔、口腔的后方，上起颅底，下至第 6 颈椎体下缘平面与食管相续，长约 12 cm。咽的后壁与侧壁较完整，前壁不完整，根据前方毗邻，以软腭平面和会厌上缘平面为界，自上而下分为**鼻咽**、**口咽**和**喉咽**，分别与鼻腔、口腔、喉腔相通（图 3-1-4）。

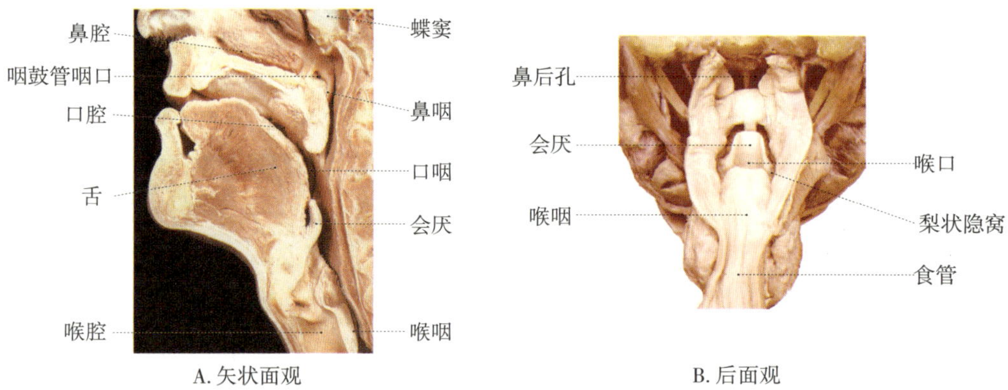

图 3-1-4　咽

2. 咽的分部

（1）鼻咽　位于鼻腔后方，上起颅底，下至软腭下缘平面，向前经鼻后孔通鼻腔。其两侧壁正对下鼻甲后方约 1.5 cm 处，各有一咽鼓管咽口，经咽鼓管与鼓室相通，空气由此口经咽鼓管进入中耳鼓室，以维持鼓膜内外压力的平衡。咽鼓管咽口的前、上和后方的半环形隆起，称咽鼓管圆枕，是临床检查寻找咽鼓管咽口的标志。咽鼓管圆枕后上方与咽后壁之间的凹陷，称**咽隐窝**，是鼻咽癌好发的部位。鼻咽后壁黏膜有丰富的淋巴组织，称咽扁桃体，在幼儿期较发达，6 ~ 10 岁逐渐萎缩退化。

（2）口咽　位于口腔后方，上起软腭下缘，下至会厌上缘平面，向前经咽峡通口腔。外侧壁腭舌弓和腭咽弓之间的凹陷，称扁桃体窝，容纳**腭扁桃体**，为咽部最大的淋巴器官。腭扁桃体呈卵圆形，内侧面朝向咽腔，表面的黏膜凹陷形成许多扁桃体小窝，是食物残渣、脓液易滞留的部位。舌扁桃体、腭扁桃体和咽扁桃体在咽部共同形成咽淋巴环，是呼吸道和消化道起始部的重要防御结构。

（3）喉咽　位于喉后方，上起会厌上缘平面，下至第6颈椎体下缘处续接食管，向前经喉口通喉腔。在喉口两侧各有一深窝，称**梨状隐窝**，是异物易于滞留的部位。

（三）喉

1. 位置

喉位于颈前部正中，向上开口于喉咽，向下与气管相连（图3-1-5）。成年人喉上界约平对第4、5颈椎体之间，下界平对第6颈椎体下缘。喉的结构较复杂，以喉软骨为基础，通过关节、韧带、肌肉连结而成。喉既是呼吸通道，又是发音器官。由于喉与舌骨及咽紧密连结，当进行吞咽动作时，喉可上、下移动。

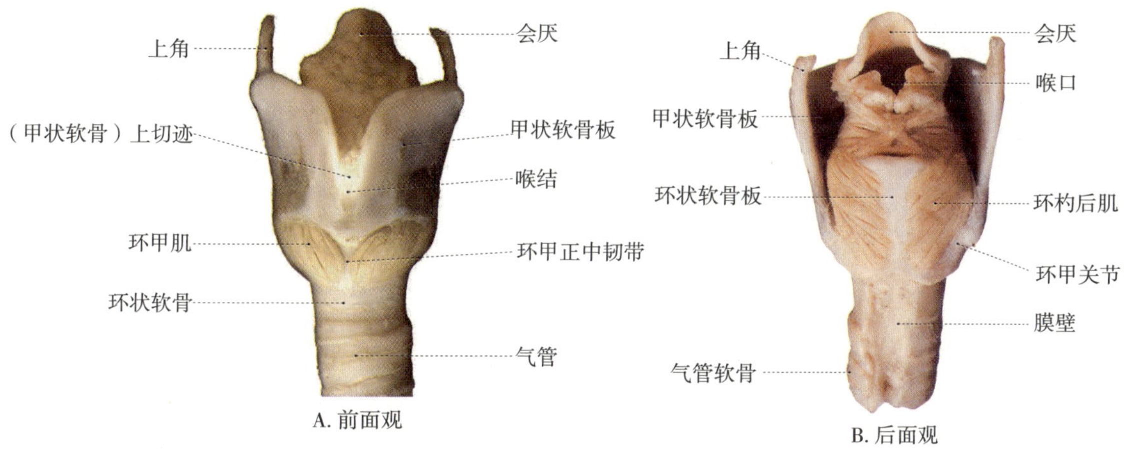

图3-1-5　喉

2. 喉软骨

分4种，包括甲状软骨（图3-1-6）、环状软骨、杓状软骨（图3-1-7）和会厌软骨。

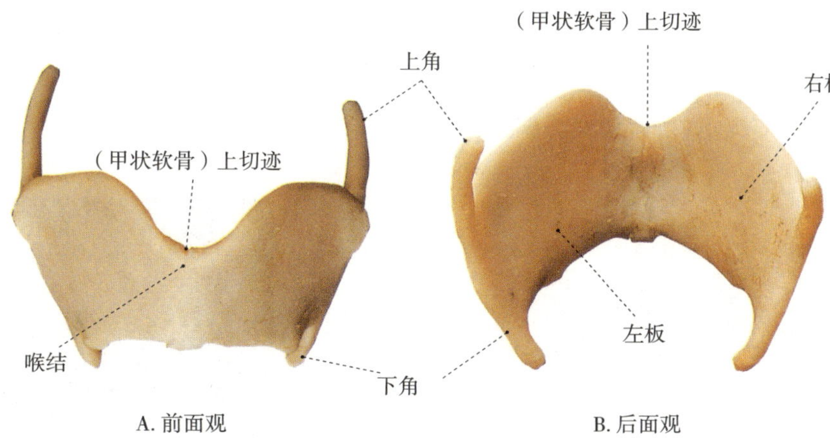

图3-1-6　甲状软骨

（1）甲状软骨　位于舌骨的下方，环状软骨的上方。是最大的喉软骨，由两块近似方形的软骨板愈合而成，两板在前方愈合形成前角，前角的上端为**喉结**，成年男性明显。甲状软骨下方伸出下角，下角与环状软骨构成关节。

（2）环状软骨　位于甲状软骨的下方，构成喉的底座。是呼吸道唯一完整的软骨环。前部低窄称为环状软骨弓，后部高宽称为环状软骨板。

（3）杓状软骨　位于环状软骨板的上方，构成环杓关节。呈三棱锥形，成对，左右各一。每侧杓状软骨与甲状软骨之间都附有一条声韧带，声韧带是声襞的结构基础。

（4）会厌软骨　似树叶，上宽下窄，下端借韧带连于甲状软骨前角的后面。会厌软骨外覆黏膜构成会厌。当吞咽时，会厌关闭喉口，防止食物进入喉腔。

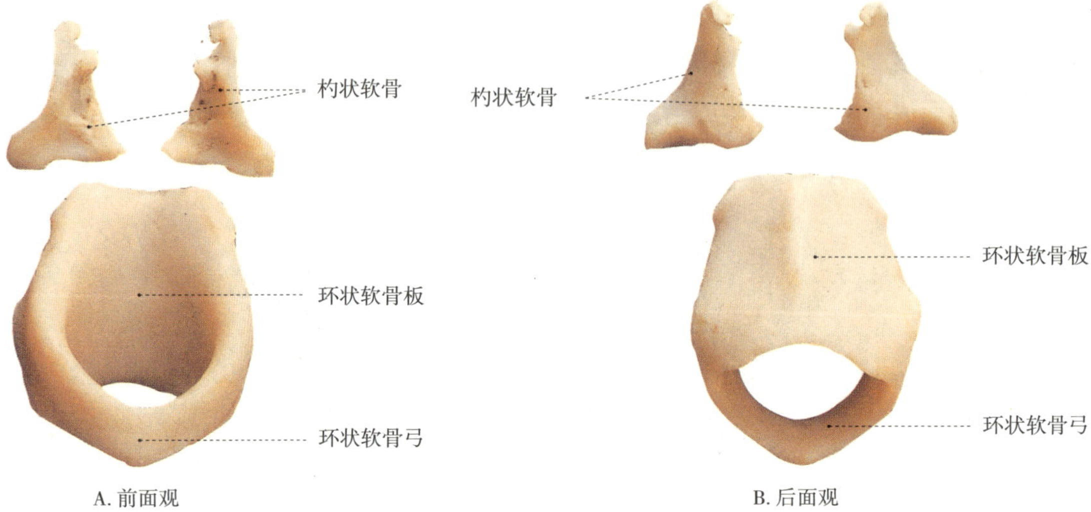

图 3–1–7　环状软骨和杓状软骨

3. 喉腔

喉腔入口称喉口，上通咽，下续气管。喉腔中部的侧壁有上、下两对呈矢状位的黏膜皱襞分别为前庭襞和声襞（图 3–1–8）。两侧前庭襞之间的裂隙称**前庭裂**；两侧声襞之间的裂隙称**声门裂**（图 3–1–9）。声门裂是喉腔最狭窄的部位。发声时，呼出的气流通过声门裂，可以引起声带振动，发出声音。

喉腔以前庭裂和声门裂分为三部分：喉口至前庭裂之间的部分称**喉前庭**；前庭裂和声门裂之间称**喉中间腔**；声门裂至环状软骨之间称**声门下腔**。其中声门下腔黏膜下组织比较疏松，炎症时易发生水肿而阻塞喉腔，导致呼吸困难，幼儿多见。

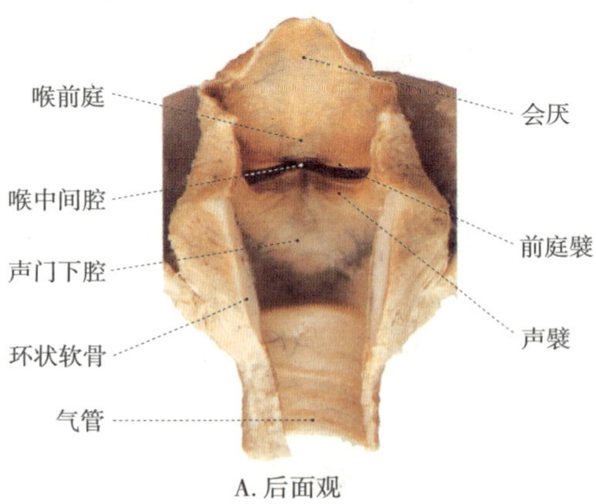

图 3–1–8　喉腔

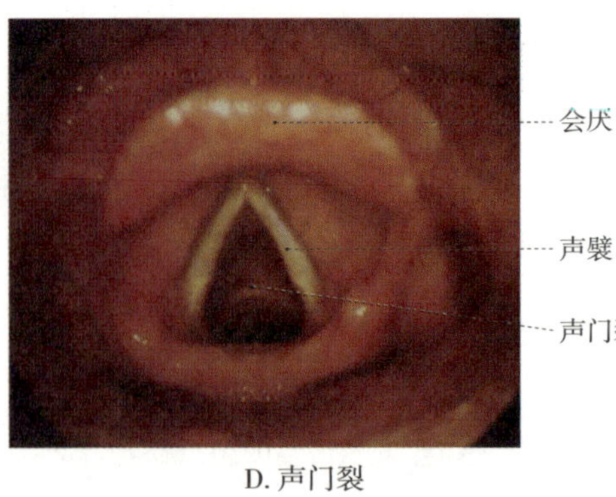

图 3–1–9　声门裂

拓展阅读

呼吸道梗阻：生命通道的危机

呼吸道是气体进出肺的通道，任何部位出现阻塞，都可能引发严重后果。喉腔作为呼吸道的关键部分，因异物卡顿、喉部水肿、肿瘤等原因，极易发生梗阻。一旦梗阻发生，气体交换受阻，机体缺氧，短时间内就会危及生命。

面对呼吸道梗阻，及时识别和进行急救至关重要。海姆立克急救法是应对异物梗阻的常用手段，通过特定的腹部冲击动作，促使异物排出。在日常生活中做好监管儿童避免接触危险小物件、有过敏史人群规避过敏原、吞咽障碍患者采用稠厚流食等预防工作。

（四）气管与主支气管

气管与主支气管是连于喉与肺之间的通气管道（图 3-1-10）。

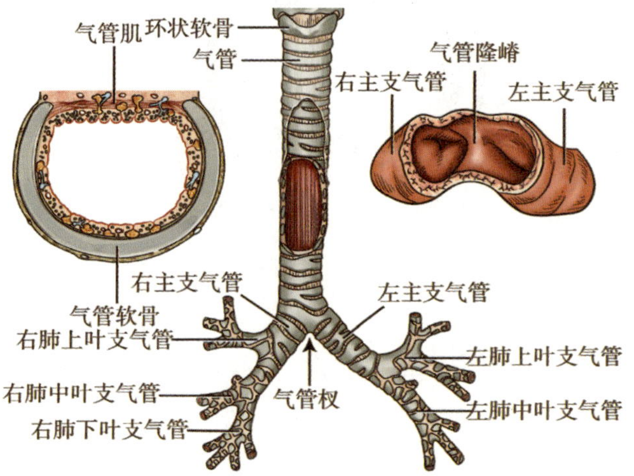

图 3-1-10　气管与支气管

1. 气管

成人气管长 10 ~ 13 cm，主要由 14 ~ 16 个呈“C”形的气管软骨连接而成，后方缺口由平滑肌和结缔组织封闭。位于颈部正中、食管前方，分颈部和胸部两部分，上端平对第 6 颈椎下缘与环状软骨相连，向下入胸腔，至胸骨角平面分为左、右主支气管，分叉处称为气管杈。在气管杈内面有一向上凸起的半月状隆嵴，称气管隆嵴，是支气管镜检查的重要标志。

2. 主支气管

为气管杈与肺门之间的管道，左、右各一。左、右主支气管在形态上有差异，左主支气管细而长，走行方向比较水平；右主支气管短而粗，走行方向近乎垂直。故临床上气管内异物易坠入右主支气管。

3. 气管和主支气管的微细结构

气管和主支气管的管壁分三层，从内向外依次为黏膜层、黏膜下层和外膜（图 3-1-11）。

（1）黏膜层　由假复层纤毛柱状上皮和固有层组成。上皮内含纤毛细胞、杯状细胞、刷细胞、基底细胞和小颗粒细胞。固有层为结缔组织，内含血管、淋巴管及淋巴组织。淋巴组织的浆细胞和上皮细胞共同分泌分泌型免疫球蛋白 A（sIgA）释放进入呼吸道。

（2）黏膜下层　由疏松结缔组织组成，富含血管、神经、淋巴管和气管腺。气管腺的导管经固有层开口于上皮的游离面；浆液性腺泡分泌的稀薄液体，有利于纤毛的正常摆动；黏液性腺泡与杯状细胞的分泌物，覆盖在黏膜表面形成黏液层，可黏附吸入空气中的灰尘和细菌，黏附物经上皮纤毛有节律地向咽部摆动而被排出。

（3）外膜　较厚，由“C”形的透明软骨和平滑肌纤维构成，维持气道通畅。软骨环缺口朝向气管背侧，由平滑肌束、弹性纤维封闭。咳嗽时，平滑肌收缩，管腔缩小，有助于痰液排出。

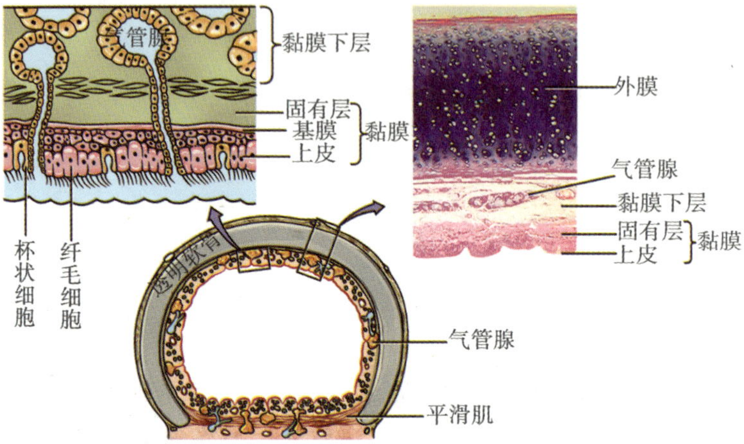

图 3-1-11　气管的微细结构

二、肺

（一）肺的位置和形态

肺位于胸腔内，膈的上方，纵隔的两侧，左、右各一。因心脏位置偏左，右侧膈下有肝，右肺较左肺宽而短（图 3-1-12）。肺质地柔软而富有弹性，呈海绵状，新生儿的肺呈淡红色，成人由于吸入空气中的尘埃逐渐沉积在肺内，呈深灰色或蓝黑色，吸烟者更甚。

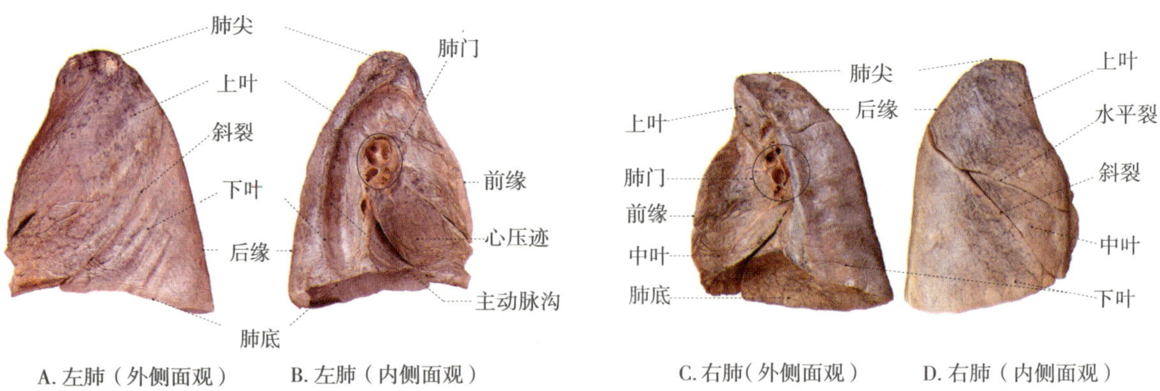

图 3-1-12　肺的形态

肺呈半圆锥形，有一尖、一底、两面和三缘。肺上端高出锁骨内侧 1/3 上方 2 ~ 3 cm，称肺尖；肺底，略向上凹，与膈相贴，称膈面；肺的外侧面与肋和肋间肌接触，称肋面；内侧面朝向纵隔，称纵隔面，其中央处有一凹陷称**肺门**，有主支气管、肺动脉、肺静脉、淋巴管及神经等出入，这些结构被结缔组织包绕成束，称为**肺根**。肺的后缘钝圆，贴于脊柱的两侧。肺的下缘较锐利，伸向膈与胸壁之间。前缘薄而锐利，右肺前缘几乎垂直，左肺前缘下部有一凹陷，为心切迹。

肺借叶间裂分为数叶。左肺狭长，被斜裂分为上、下两叶；右肺宽短，被斜裂和水平裂分为上、中、下三叶。

左、右主支气管在肺门处分出肺叶支气管进入肺叶，各肺叶支气管分出数支肺段支气管。每一肺段支气管及其所属的肺组织，称支气管肺段，简称肺段。肺段呈圆锥形，尖向肺门，底向肺表面。一般左、右两肺各分为 10 个肺段，临床常以肺段为单位施行定位诊断或肺段切除。

（二）肺的微细结构

肺的表面被覆有一层浆膜。肺组织分间质和实质两部分。肺间质由肺内的结缔组织、血管、淋巴管和神经等构成；肺实质由肺内各级支气管和肺泡构成，根据其功能不同，分为导气部和呼吸部（图 3-1-13）。

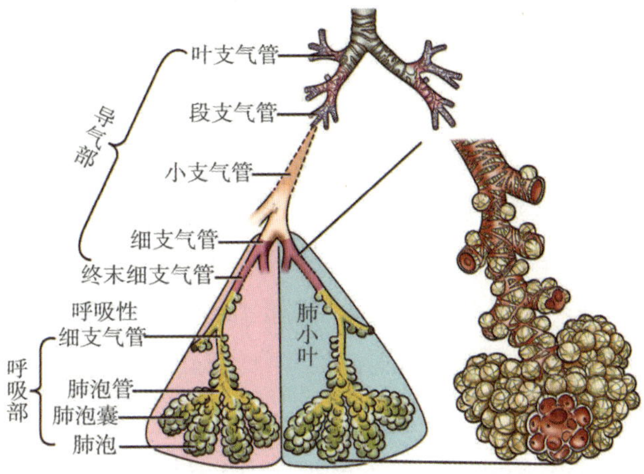

图 3-1-13　肺实质结构模式图

1. 导气部

主支气管进入肺门后分出各级支气管，包括肺叶支气管、肺段支气管、小支气管、细支气管以及终末细支气管，是肺内输送气体的通道，不能进行气体交换，称为**导气部**。

主支气管分支进入每个肺叶，称叶支气管；叶支气管分支称段支气管；段支气管多次分支称小支气管；小支气管继续分支，当管径小于 1 mm 时，称细支气管；细支气管继续分支至管径小于 0.5 mm 时，称终末细支气管。

每一细支气管及其以下的各级分支和肺泡，组成一个**肺小叶**，呈锥体形，尖端朝向肺门，底朝向肺表面，为肺的结构单位，每个肺叶内有 50 ~ 80 个肺小叶。

导气部各级支气管随着不断分支，管腔逐渐变细，管壁逐渐变薄，管壁的结构也相应发生变化。①黏膜层：逐渐变薄，上皮由假复层纤毛柱状上皮逐渐变为单层纤毛柱状上皮或单层柱状上皮，杯状细胞逐渐减少，最后消失；②黏膜下层：腺体逐渐减少，最后消失；③外膜：软骨逐渐变为软骨碎片，减少乃至消失，而平滑肌相对增多，最后形成完整的环行肌层。

由于细支气管和终末细支气管的管壁软骨片减少或消失，平滑肌形成完整的环行肌层，其收缩和舒张可以改变管径的大小，调节进入肺小叶的气流量。因此，当平滑肌痉挛时，可使管腔持续狭窄，导致呼吸困难，临床称支气管哮喘。

2. 呼吸部

进行气体交换的部分称**呼吸部**，包括呼吸性细支气管、肺泡管、肺泡囊和肺泡（图 3-1-14）。

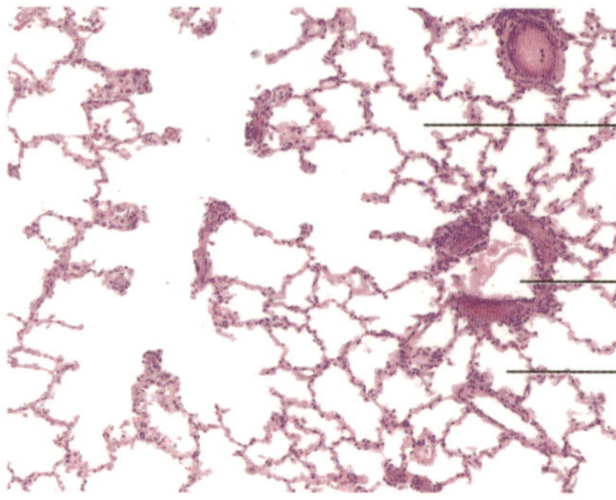

图 3-1-14　肺光镜图

呼吸性细支气管是终末细支气管的分支，管壁上有少量肺泡的开口；肺泡管是呼吸性细支气管的分支，管壁上有较多肺泡的开口；肺泡囊连于肺泡管末端，是多个肺泡共同开口的部位；肺泡（图 3-1-15）呈多面形囊泡形，是气体交换的部位。

肺泡壁极薄，由肺泡上皮细胞和基膜构成。肺泡上皮有两种类型，一种是Ⅰ型肺泡细胞，为扁平细胞，覆盖了肺泡约 95% 的表面积，是进行气体交换的部位。Ⅰ型肺泡细胞无增殖能力，损伤后由Ⅱ型肺泡细胞增殖分化补充。另一种是Ⅱ型肺泡细胞，体积较小，呈立方形或圆形，嵌在Ⅰ型肺泡细胞之间，能分泌肺泡表面活性物质，具有降低肺泡表面张力，防止肺泡塌陷及肺泡过度扩张，稳定肺泡大小的作用。

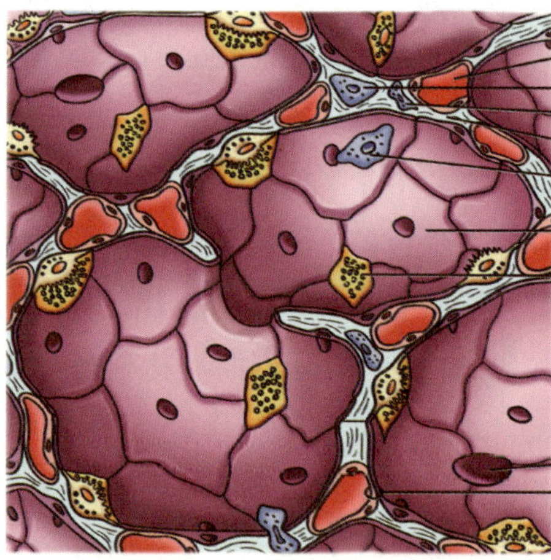

图 3-1-15　肺泡结构模式图

相邻的肺泡之间的结缔组织称为肺泡隔，富含毛细血管、肺巨噬细胞、成纤维细胞和弹性纤维等。毛细血管与肺泡上皮紧密相贴，有利于进行气体交换。肺泡巨噬细胞能吞噬细菌和异物，吞噬大量尘粒后，称尘细胞；吞噬肺淤血的红细胞后，称心力衰竭细胞。弹性纤维使肺泡具有弹性回缩力，若变性可致弹性减弱，肺泡扩大，形成肺气肿。

当肺泡与血液之间进行气体交换时，气体经过的肺泡表面液体层、肺泡上皮、上皮基膜、间质（薄层结缔组织）、毛细血管内皮基膜、毛细血管内皮这六层结构称**气 - 血屏障**（图 3-1-16），又称呼吸膜。

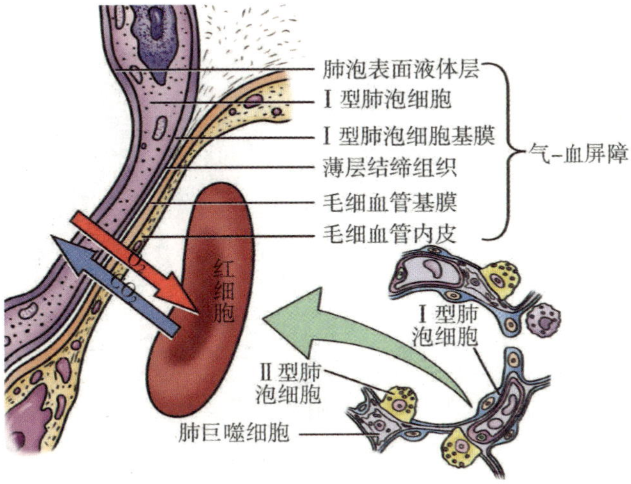

图 3-1-16　气 - 血屏障模式图

（三）肺的血管

肺有两套血管，即肺循环血管和支气管循环血管。肺循环血管又称功能性血管，由肺动脉和肺静脉组成，具有气体交换的功能。支气管循环血管，又称营养性血管，由支气管动脉和支气管静脉组成，具有营养肺组织的功能。

拓展阅读

新生儿呼吸窘迫综合征：早产儿的生命挑战

新生儿呼吸窘迫综合征（简称 NRD.S）是早产儿面临的重要健康挑战，由于肺部发育尚未成熟，缺乏肺泡表面活性物质，导致肺泡进行性萎陷，患儿于生后数小时内出现进行性呼吸困难、呻吟、发绀、吸气三凹征，严重者发生呼吸衰竭。肺表面活性物质通常在孕晚期大量生成，因此胎龄越小（如 28 周前出生的宝宝），患病风险越高。

三、胸膜与胸膜腔

（一）胸膜

胸膜（图 3-1-17）是被覆于胸壁内面、膈上面、纵隔两侧面和肺表面的一层薄而光滑的浆膜，分为脏胸膜和壁胸膜。紧贴肺脏表面并折入肺裂的称**脏胸膜**；被覆在胸壁内面、膈上面和纵隔两侧面的称**壁胸膜**。根据壁胸膜所在的位置可分为 4 个部分：被覆在胸壁内面的部分，称肋胸膜；被覆在膈上面的部分，称膈胸膜；被覆于纵隔两侧面的部分，称纵隔胸膜；包绕肺尖上方的部分，称胸膜顶。

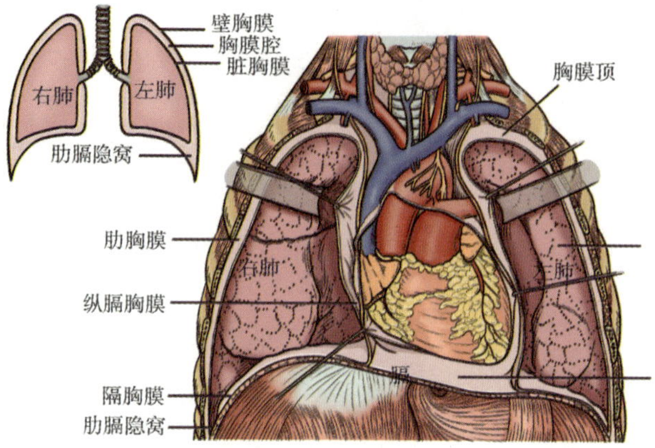

图 3-1-17　胸膜及胸膜腔

脏胸膜和壁胸膜在肺根处相互移行，围成一个潜在的密闭腔隙，称**胸膜腔**。胸膜腔左、右各一，互不相通，腔内为负压，内含少量浆液，具有润滑、减少呼吸运动摩擦力的作用。胸膜腔在壁胸膜某些部分的折转处，留有一些潜在性的间隙，即使在深吸气时，肺缘也不能伸入其间，这些间隙称胸膜隐窝。肋胸膜与膈胸膜返折处形成的半环形间隙，称**肋膈隐窝**，是胸膜腔的最低部位，胸膜腔积液多积聚于此，该处为临床上胸膜腔穿刺或引流的部位，也是易发生粘连的部位。

肋胸膜与纵隔胸膜前缘的反折线为胸膜前界。两侧自胸膜顶向内下，经胸锁关节后方，在第 2 胸肋关节水平，两侧靠拢垂直向下。右侧在第 6 胸肋关节处向右转，移行为下界；左侧在第 4 胸肋关节处斜向外下，至第 6 肋软骨后方移行为下界。

肋胸膜与膈胸膜的返折线为胸膜下界。右侧起自第 6 胸肋关节后方，左侧起自第 6 肋软骨后方，两侧均行向外下方，在锁骨中线处与第 8 肋相交，在腋中线处与第 10 肋相交，在肩胛线处与第 11 肋相交，在近后正中线处平第 12 胸椎棘突。由于右侧膈的位置较高，胸膜下界的投影位置也较左侧略高（图 3-1-18）。

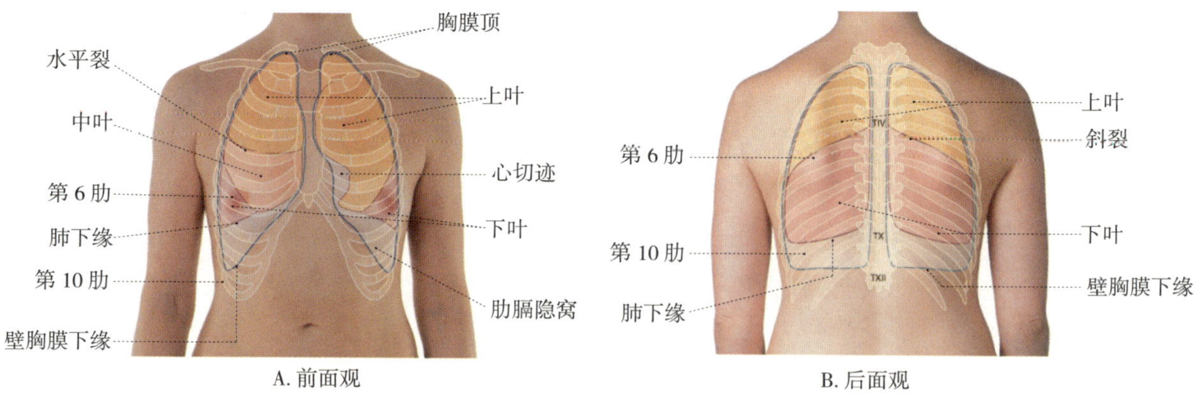

图 3-1-18　肺和胸膜的体表投影

两肺前缘的体表投影与胸膜前界的体表投影基本一致，两肺下缘的体表投影比胸膜下界的体表投影约高 2 肋。明确投影有助于准确判断病变位置、避免损伤重要结构。

（二）纵隔

纵隔是两侧纵隔胸膜之间所有器官、结构与结缔组织的总称。其前界为胸骨，后界为脊柱，两侧界为纵隔胸膜，上界为胸廓上口，下界为膈。纵隔通常以胸骨角至第 4 胸椎下缘的平面为界，分为上纵隔和下纵隔。下纵隔再以心包前后为界，分前、中、后纵隔（图 3–1–19）。

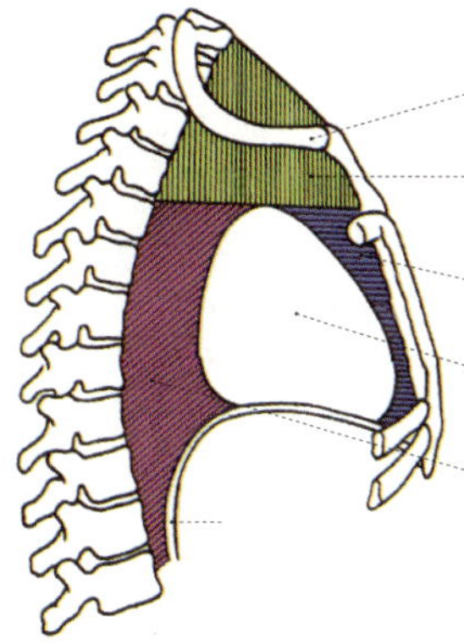

图 3–1–19　纵隔分部

上纵隔内有胸腺、气管、食管、出入心的大血管、迷走神经、膈神经、胸导管等。前纵隔内仅有少量淋巴结和疏松结缔组织。中纵隔内有心、心包及出入心的大血管根部等。后纵隔内有食管、气管杈、主支气管、胸主动脉、奇静脉及其属支、胸导管和迷走神经等（图 3–1–20）。

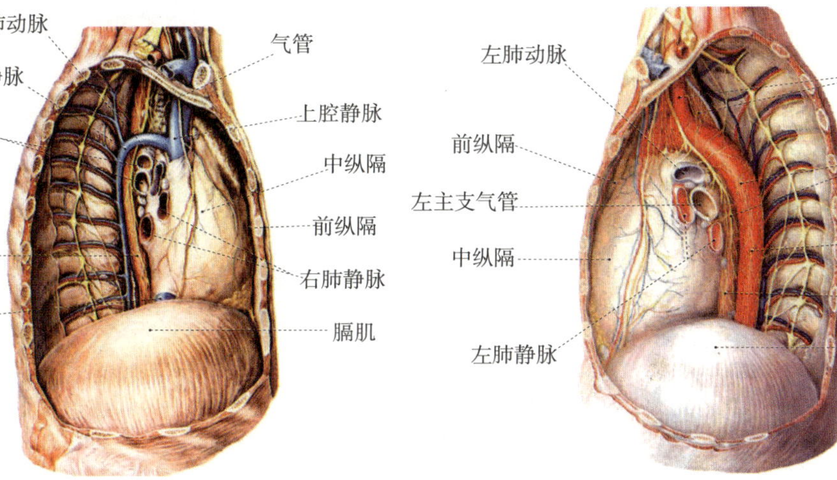

图 3–1–20　纵隔左、右侧面观

点燃思考

药物雾化吸入经何途径进入体内?

任务二　了解呼吸的过程

案例导入

李爷爷，75 岁，吸烟史 40 年。近 5 年反复出现活动后气促，近 1 个月静息时亦感呼吸困难，伴咳嗽、咳白色黏痰，晨起加重。查体示：桶状胸，肋间隙增宽，呼吸频率 25 次 / 分，听诊闻及哮鸣音、湿啰音。血氧饱和度静息时 89%，轻微活动后降至 82%，口唇及甲床明显发绀。动脉血气分析示：pH 7.32，PaO_2 52 mmHg，$PaCO_2$ 68 mmHg。诊断为慢性阻塞性肺疾病（COPD）急性加重期。

任务描述

1. 照护员帮助李爷爷分析桶状胸、呼吸加快、发绀等临床表现原因。

2. 照护员指导李爷爷进行呼吸功能训练。

知识殿堂

扫一扫

扫码查看课件。

呼吸是维持人体生命活动所必需的生理活动之一。机体在新陈代谢过程中，不断地从外环境中摄取氧气，并将代谢产生的二氧化碳排出体外。机体与外界环境间的气体交换过程，称为呼吸。呼吸的生理意义是进行气体交换，维持机体内环境中氧气和二氧化碳含量的相对稳定，保证机体新陈代谢的正常进行。

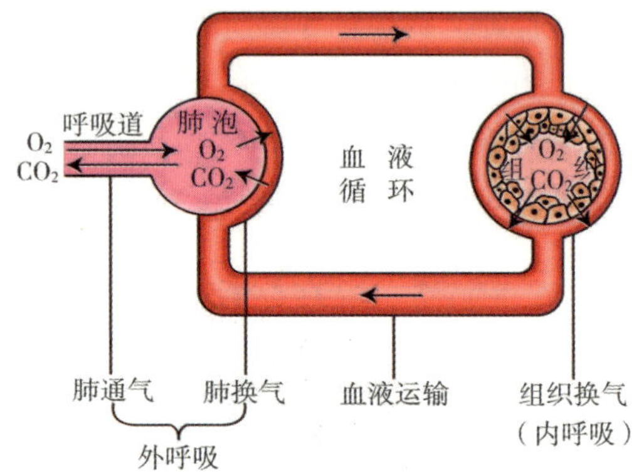

图 3-1-21　呼吸全过程示意图

呼吸过程由 4 个相互联系的环节构成：①肺通气：肺与外界空气间的气体交换；②肺换气：肺泡与肺毛细血管血液间的气体交换；③气体在血液中的运输：机体通过血液循环把氧气由肺运送到组织细胞，同时把组织细胞产生的二氧化碳运送到肺的过程；④组织换气：血液与组织细胞间的气体交换，又称**内呼吸**。肺通气和肺换气又合称为**外呼吸**或肺呼吸（图 3-1-21）。

一、肺通气

气体进出肺取决于两方面因素：①推动气体流动的动力；②阻止气体流动的阻力。动力必须克服阻力，才能实现肺通气。

（一）肺通气的动力

气体的流动是在压力差的推动下，由压力高处向压力低处流动。气体经呼吸道进出肺，是由肺内压与外界大气压之间的压力差决定的。通常情况下，外界大气压恒定，所以该压力差取决于肺内压的变化。肺内压的变化主要是由肺的张缩引起，而肺的张缩则由胸廓的扩大与缩小引起，胸廓的大小改变是通过呼吸运动实现的。因此，肺通气的直接动力是肺内压与大气压之差，原动力是呼吸运动。

1. 呼吸运动

呼吸肌的收缩和舒张引起胸廓节律性扩大和缩小的活动称为**呼吸运动**，包括吸气运动和呼气运动（图 3-1-22）。

（1）吸气运动　凡是能使胸廓扩大，产生吸气运动的肌肉称为吸气肌。平静呼吸时，吸气运动的产生主要由膈肌和肋间外肌收缩引起。膈肌位于胸、腹腔之间，构成胸腔底部，呈穹隆状向上隆起，当膈肌收缩时，穹隆部下降，从而使胸腔上下径增大。肋间外肌肌纤维起自上一肋骨的下缘，斜向前下方走行，止于下一肋骨的上缘，当其收缩时，肋骨和胸骨向上提，肋骨下缘向外侧偏转，从而使胸腔前后径和左右径均增大，从而使胸腔容积和肺容积扩大，导致肺内压降低而形成吸气。

（2）呼气运动　凡是使胸廓缩小，产生呼气运动的肌肉称为呼气肌。主要有肋间内肌和腹壁肌群。平静呼吸时，呼气运动的产生是由膈肌和肋间外肌舒张引起的。膈肌舒张时，腹腔脏器回位，膈穹窿上移，胸腔上下径减小，同时肋间外肌舒张，肋骨和胸骨下降，使胸腔前后径和左右径均减小，从而使胸腔容积和肺容积缩小，导致肺内压升高而形成呼气。

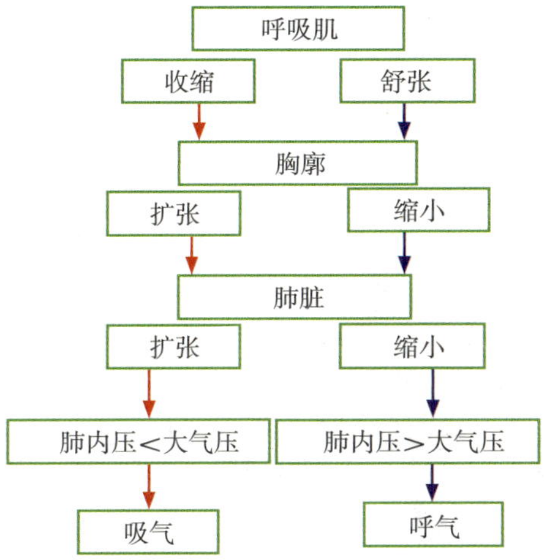

图 3-1-22　呼吸运动示意图

2. 呼吸运动的形式

呼吸运动根据呼吸深度一般分为平静呼吸和用力呼吸，根据引起呼吸运动的肌群可分为胸式呼吸和腹式呼吸。

（1）平静呼吸和用力呼吸　人体在安静状态下的呼吸运动称**平静呼吸**，正常成人为 12 ~ 20 次 / 分。平静呼吸主要靠膈肌和肋间外肌的收缩和舒张完成。平静吸气时，膈肌收缩，膈顶下降，胸廓上下径增大。同时肋间外肌收缩，肋骨和胸骨上抬，胸廓前后径和左右径也增大，胸廓和肺的容积增大，肺内压下降，当肺内压低于大气压时，气体入肺，完成吸气。呼气时，膈肌和肋间外肌舒张，肋骨和膈顶弹性回位，胸腔容积缩小，肺弹性回缩，肺内压升高，当肺内压高于大气压时，气体呼出，完成呼气。吸气是由吸气肌收缩所致，由于肌肉收缩需要做功，因此，平静呼吸的吸气动作是主动过程。呼气是由吸气肌舒张所致，肌肉舒张不需要做功，所以呼气动作是被动过程。

人体在运动或劳动时用力而加深的呼吸是用力呼吸或深呼吸。用力吸气时，除了膈肌和肋间外肌收缩加强外，辅助吸气肌也参与收缩，使胸廓和肺的容积进一步扩大，吸入更多气体。用力呼气时，除吸气肌群舒张外，呼气肌群如肋间内肌和腹肌收缩，使胸廓和肺的容积进一步缩小，呼出更多气体。用力呼吸时，吸气和呼气都是主动过程。

（2）胸式呼吸和腹式呼吸　胸式呼吸是以肋间外肌的舒缩，引起胸壁起伏明显的呼吸运动。腹式呼吸是以膈肌的舒缩，引起腹壁起伏明显的呼吸运动。正常成人的呼吸是腹式呼吸和胸式呼吸同时存在的一种混合式呼吸。婴儿常以腹式呼吸为主。只有在胸部和腹部活动受限时才可能出现某种单一的呼吸形式。在妊娠、腹水或腹部肿瘤等情况下，膈肌活动受限，表现为明显的胸式呼吸；胸廓有病变，如胸膜炎、胸膜腔积液的患者，胸廓运动受限，常以腹式呼吸为主。

3. 呼吸时肺内压与胸内压的变化

（1）肺内压　肺泡内的压力称为**肺内压**。在呼吸过程中，肺内压随胸腔容积变化呈周期性变化。平静吸气初，肺容积增大，肺内压下降，通常低于大气压，气体入肺。随着肺内气体逐渐增多，肺内压逐渐升高，平静吸气末，肺内压与大气压相等，气体在肺与大气间停止流动。平静呼气初，肺容积减小，肺内压升高，超过大气压，气体出肺。随着肺内气体逐渐减少，肺内压逐渐降低，平静呼气末，肺内压又与大气压相等，气体又在肺与大气间停止流动。由此可见，肺内压的周期性升降造成肺内压与大气压之间的压力差，成为推动气体进出肺的直接动力（图 3-1-23）。

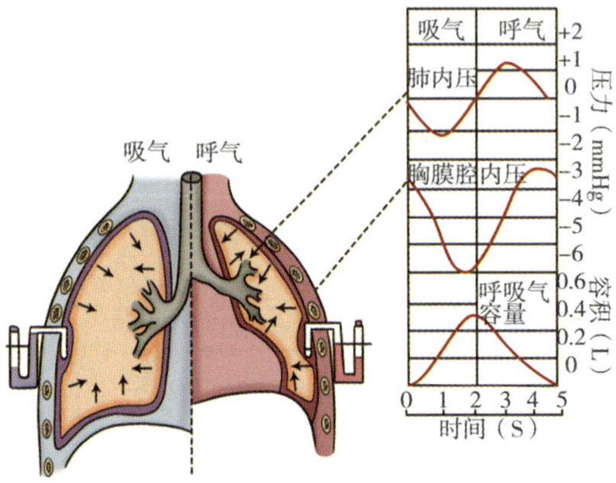

图 3-1-23　呼吸时，肺内压、胸膜腔内压及呼吸气容积的变化示意图

（2）胸内压　胸膜腔内的压力称胸内压。由于胸膜腔内压通常低于大气压，因此，习惯上称为**胸膜腔负压**，或简称胸内负压。平静呼吸过程中，规定大气压为零，平静呼气末胸膜腔内压为 –5 ～ –3 mmHg，平静吸气末胸膜腔内压为 –10 ～ –5 mmHg。用力呼吸时胸膜腔内压变化范围增大。

胸膜腔负压的形成与肺的回缩力有关，吸气时，肺扩张，肺回缩力增大，胸膜腔负压增大；呼气时，肺缩小，肺回缩力减小，胸膜腔负压减小。

胸膜腔负压的存在有重要生理意义：①维持肺呈扩张状态，利于肺通气。②降低中心静脉压，促进静脉血和淋巴液的回流。

气胸时，胸膜受损，气体将顺压力差进入胸膜腔，胸膜腔负压减小，甚至消失。肺因自身弹性回缩力塌陷，造成肺不张，导致呼吸和循环功能障碍，甚至危及生命。

（二）肺通气的阻力

肺通气的阻力即气体进出肺过程中遇到的阻力，包括弹性阻力和非弹性阻力。

1. 弹性阻力

弹性阻力主要来自肺，肺弹性阻力包括肺泡表面张力和肺弹性回缩力。肺泡表面张力由肺泡内液—气界面处的液体分子间的内聚力以及液体分子与气体分子间的相互作用形成，使得肺泡表面有自动回缩的趋势。由于肺泡表面活性物质的存在，可维持肺泡的扩张状态，不致萎缩塌陷。肺组织含弹性纤维，故具有弹性回缩力，在一定范围内，肺扩张越大，弹性回缩力也越大。

2. 非弹性阻力

非弹性阻力主要来自气道阻力，气道阻力是指气体通过呼吸道时，气体分子之间及气体分子与气道管壁之间的摩擦力。影响气道阻力的因素主要有气道管径、气流速度和气流形式。其中，气道管径是重要影响因素，气道管径越小，阻力越大，可出现呼吸困难。

（三）肺通气功能的评价指标

1. 肺容量

肺容纳的气体量称肺容量。可随气体的吸入或呼出而发生改变（图 3–1–24）。

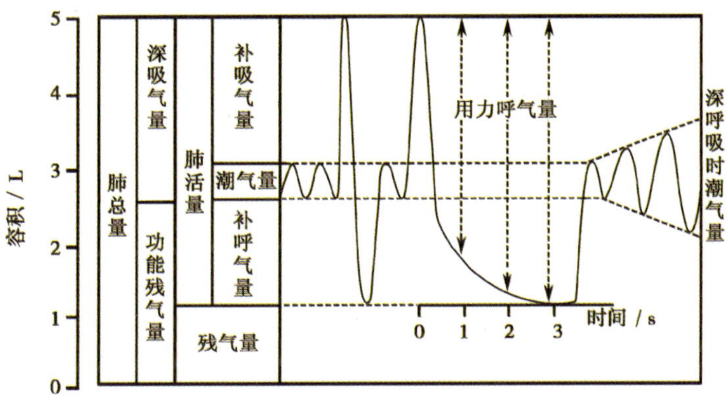

图 3–1–24　肺容量示意图

（1）潮气量　平静呼吸时，每次吸入或呼出的气体量。正常成人平静呼吸时为 400 ～ 600 mL，平均约 500 mL。运动时增大。

（2）补吸气量　平静吸气末，再尽力吸气，所能吸入的气体量。正常成人为 1500 ～ 2000 mL。补吸气量与潮气量之和，称为深吸气量，是衡量最大通气潜力的重要指标。

（3）补呼气量　平静呼气末，再尽力呼气，所能呼出的气体量。正常成人为 900 ～ 1200 mL。其大小反映呼气储备能力。

（4）残气量　最大呼气末，肺内仍残余的气体量。正常成人为 1000 ～ 1500 mL。支气管哮喘和肺气肿患者，残气量增多。

（5）功能残气量　平静呼气末，存留在肺内的气体量，是残气量与补呼气量之和，正常成人约 2500 mL。

（6）肺活量　尽力吸气后再尽力呼气，所呼出的最大气体量称为肺活量，是潮气量、补吸气量和补呼气量之和。正常成年男性约 3500 mL，女性约 2500 mL。肺活量有较大个体差异，与性别、年龄、身材大小、体位、呼吸肌强弱等因素有关，肺活量可反映肺一次通气的最大能力，是衡量肺通气功能的常用指标。由于不限制时间，所以不能充分反映通气功能的状况。

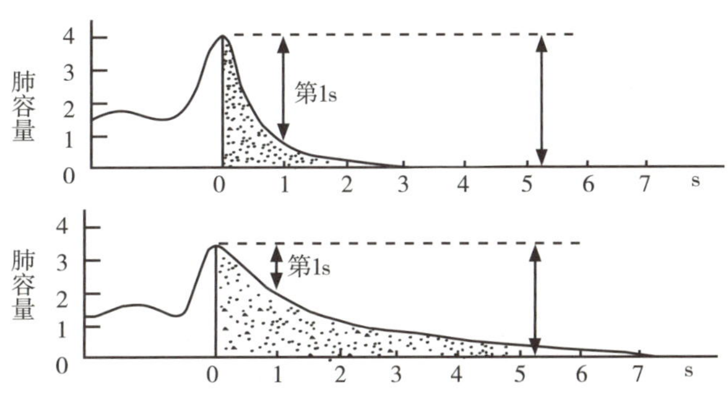

（7）用力呼气量（时间肺活量）　是指最大深吸气后再尽力尽快呼气，在一定时间内所能呼出的气体量，正常成人第 1、2、3 秒末呼出的气体量分别占肺活量的 83%、96%、99%。其中第 1 秒内的用力呼气量意义最大（图 3–1–25）。当肺弹性下降或阻塞性肺疾病时，肺活量可能正常，但用力呼气量会显著下降，是评价肺通气功能的较好指标。

（8）肺总量　肺所能容纳的最大气体量。是潮气量、补吸气量、补呼气量和残气量之和。正常成年男性约 5000 mL，女性约 3500 mL。

2. 肺通气量

（1）肺通气量　每分通气量是指每分钟吸入或呼出肺的气体量，其计算公式为：肺通气量 = 潮气量 × 呼吸频率。正常成人潮气量约 500 mL，呼吸频率每分钟 12 ~ 20 次，则每分通气量为 6 ~ 10 L。肺通气量随性别、年龄、身材和活动量的不同而有差异。

尽力做深快呼吸时，每分钟吸入或呼出的气量，称最大通气量。反映单位时间内充分发挥全部通气功能所能达到的最大通气量。正常成年男性为 100 ~ 120 L，女性为 70 ~ 80 L。是估计一个人能进行多大运动量的生理指标之一。

（2）无效腔和肺泡通气量　在呼吸过程中，每次吸气总有一部分气体留在鼻、咽、喉、气管、支气管等处，这部分气体没有进行气体交换，故将这部分呼吸道容积称为解剖无效腔，其容积约为 150 mL。每次吸气时，只有进入肺泡的气体才能与血液进行气体交换。而进入肺泡的气体，也可因血流在肺内分布不均而未能与血液进行气体交换，这部分肺泡容量称肺泡无效腔。解剖无效腔与肺泡无效腔合称生理无效腔，生理无效腔约等于解剖无效腔。

无效腔的存在，使得每次吸入的新鲜空气不能完全进入肺泡与血液进行气体交换。每次吸气时，实际进入肺泡并参与气体交换的有效通气量，即每次吸气的肺泡通气量 = 潮气量 – 无效腔气量。通常所说的肺泡通气量是指每分钟的肺泡通气量，因此，肺泡通气量 =（潮气量 – 无效腔气量）× 呼吸频率。由此可见，肺泡通气量是指每分钟吸入肺泡的新鲜空气量。由于生理无效腔约等于解剖无效腔，而解剖无效腔的容积是个常数，因此，肺泡通气量主要受潮气量和呼吸频率的影响。当潮气量减半呼吸频率加倍或当潮气量加倍呼吸频率减半时，肺通气量都相等，然而肺泡通气量则变化较大。故从气体交换的效果看，适度的深而慢的呼吸比浅而快的呼吸效率高（表 3–1–1）。

表 3-1-1　不同呼吸频率和潮气量时的肺通气量和肺泡通气量

呼吸频率（次 / 分）	潮气量 (mL)	肺通气量 (mL/min)	肺泡通气量 (mL/min)
16	500	8000	5600
8	1000	8000	6800
32	250	8000	3200

拓展阅读

人工呼吸：生命的“重启键”——肺通气原理的急救应用

人工呼吸通过模拟自然呼吸的动力机制，帮助呼吸骤停者维持通气。当患者因溺水、窒息等原因丧失自主呼吸时，施救者通过口对口（鼻）吹气或使用简易呼吸器，将空气送入患者肺部，利用肺的弹性回缩实现被动呼气。这一过程既克服了气道阻力，又通过外力维持了肺泡与外界的气体交换，为心脑等重要器官争取宝贵的抢救时间。

《中华人民共和国民法典》第一百八十四条明确规定“善意施救免责”，鼓励公众参与急救。近5年来，全国红十字系统开展应急救护取证培训1526余万人，学习急救技能不仅是自我保护，更是对社会责任的践行——每个人都能成为生命的守护者。

二、肺换气和组织换气

气体的交换包括肺换气和组织换气。肺泡与肺毛细血管血液之间的气体交换称肺换气，血液与组织细胞之间的气体交换称组织换气（图3–1–26）。

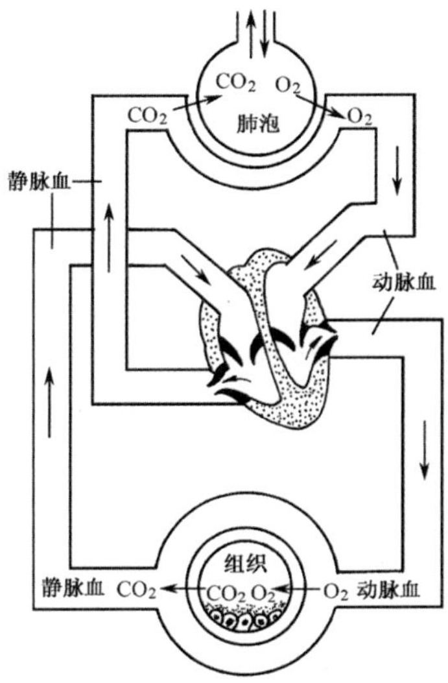

图3–1–26　肺换气和组织换气示意图

（一）气体交换的原理

气体的分压差是气体交换的动力，气体分子总是由分压高的一侧向分压低的一侧扩散。扩散的动力源于两处气体的压力差，压力差越大，气体分子扩散速度越快（表3–1–2）。同时，气体扩散速率还与气体分子量和溶解度有关，在其他因素相同时，气体扩散速率和气体分子的平方根成反比，与气体溶解度成正比。

表3–1–2　安静时肺泡气、血液、组织内 O_2 和 CO_2 的分压

单位：mmHg（kPa）

	海平面大气	肺泡气	动脉血	静脉血	组织
PO_2	159(21.2)	104(13.9)	100（13.3）	40（5.3）	30（4.0）
PCO_2	0.3(0.04)	40（5.3）	40（5.3）	46（6.1）	50（6.7）

（二）气体交换的过程

1. 肺换气

从表3–1–2可见，当静脉血流经肺毛细血管时，静脉血 PO_2 低于肺泡气 PO_2，而静脉血 PCO_2 高于肺泡气 PCO_2。在分压差作用下，O_2 迅速通过呼吸膜从肺泡扩散至血液，CO_2 则从血液扩散至肺泡，使血中 PO_2 升高、PCO_2 降低，静脉血逐渐转变为动脉血。

2. 组织换气

当动脉血流经组织时，由于细胞不断消耗 O_2，产生 CO_2，使组织 PO_2 低于动脉血 PO_2，组织 PCO_2 高于动脉血 PCO_2，在分压差作用下，CO_2 从组织扩散至动脉血中，O_2 从血液扩散至组织，使血中 PCO_2 升高、PO_2 降低，动脉血逐渐转变为静脉血。

（三）影响因素

1. 呼吸膜的厚度与面积

气体扩散速率与呼吸膜的厚度成反比，与面积成正比。因此，任何因素导致呼吸膜的厚度增加（如肺纤维化、肺水肿、肺炎等）或者扩散面积减小（如肺气肿、肺不张等），均可导致交换的气体量减少。

2. 通气 / 血流比值

通气 / 血流（V/Q）比值指每分钟肺泡通气量与每分钟肺血流量的比值。正常成人安静时，每分钟肺泡通气量为 4.2 L，肺血流量约为 5 L/min，V/Q 比值为 0.84。此时通气量与血流量配比适当，肺换气效率最高。V/Q 比值无论是增大或缩小，均可导致肺换气效率降低。例如，当肺动脉栓塞时，肺血流量减少，肺通气量正常，V/Q 比值增大，部分肺泡气体不能与血液进行气体交换，造成了肺泡无效腔增大；当支气管痉挛时，肺血流量正常，肺泡通气量减少，V/Q 比值减小，部分静脉得不到充分的气体交换，形成功能性动静脉短路。二者均可导致肺换气效率降低，造成机体缺氧（图 3-1-27）。

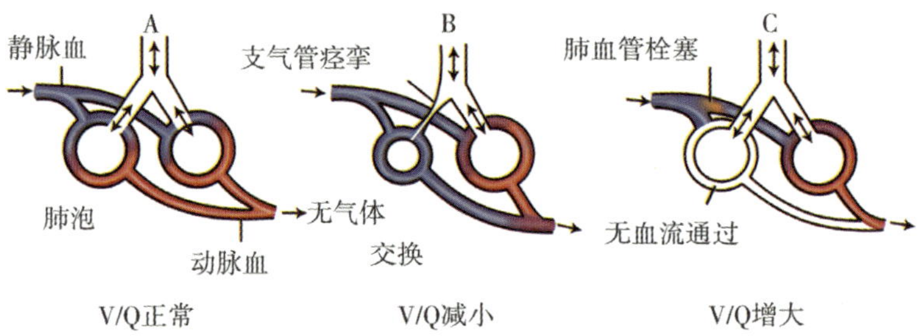

图 3-1-27　通气 / 血流（V/Q）比值示意图

三、气体在血液中的运输

（ ）气体在血液中运输的主要形式

O_2 和 CO_2 在血液中运输的形式有物理溶解和化学结合两种方式，其中化学结合是主要的运输形式，物理溶解的量很少但很重要，因为 O_2 和 CO_2 必须先溶解在血浆中才能发生化学结合，结合状态的气体，也必须先解离成溶解状态，才能逸出血液。因此，物理溶解的气体和化学结合的气体之间总是处于动态平衡之中。

（二）氧在血液中的运输

1. 物理溶解

气体的物理溶解量取决于该气体溶解度和分压大小。气体分压高，溶解度高，溶解的气体量多；相反，分压低，溶解度低，溶解的气体量少。血液中氧的溶解度极低，100 mL 血液中 O_2 的溶解量不超过 0.3 mL，约占血液运输 O_2 总量的 1.5%。

2. 化学结合

（1）氧与血红蛋白的结合

氧与血红蛋白（Hb）结合，形成氧合血红蛋白（HbO_2），是 O_2 在血液中运输的主要形式，正常成人每 100 mL 血液中 HbO_2 的量约为 195 mL，占血液运输总 O_2 量的 985%。Hb 与 O_2 的结合是可逆的，主要取决于 PO_2。当血液流经 PO_2 高的肺部时，Hb 与 O_2 迅速结合形成 HbO_2；当血液流经 PO_2 低的组织时，HbO_2 迅速解离释放出 O_2，成为去氧 Hb。

$$\underset{\text{去氧 Hb}}{Hb+O_2}\ \underset{PO_2\text{ 低（组织）}}{\overset{PO_2\text{ 高（肺）}}{\rightleftharpoons}}\ \underset{\text{氧合 Hb}}{HbO_2}$$

HbO_2 呈鲜红色，去氧 Hb 呈紫蓝色。血液中去氧 Hb 含量大于 50 g/L 时，皮肤、黏膜呈现青紫色，称为**发绀**。一般认为，发绀是缺氧的标志，但不完全如此。一氧化碳与血红蛋白的结合能力是氧的 210 倍，一氧化碳中毒时，血红蛋白与一氧化碳结合生成一氧化碳血红蛋白，呈樱桃红色，机体严重缺氧却不出现发绀。

（2）血氧饱和度

血氧饱和度指的是血液中含氧的多少。1 分子 Hb 最多可结合 4 分子 O_2，因此，血液能结合的 O_2 量是有一定限度的，即饱和性。在足够的氧分压下（$PO_2 \geq 13.3$ kPa），每克 Hb 最多可结合 1.34 mL 的 O_2。通常将每升血液中血红蛋白所能结合的最大 O_2 量，称为**氧容量**或血氧容量。每升血液的实际含 O_2 量，称为**氧含量**或血氧含量。氧容量受 Hb 浓度的影响，而氧含量主要受 PO_2 的影响。氧含量占氧容量的百分数，称为血氧饱和度或氧饱和度，即血氧饱和度 =（氧含量 / 氧容量）× 100%。根据此公式计算，动脉血氧饱和度约为 98%，静脉血氧饱和度约为 75%。

拓展阅读

守护生命的“氧气表”——血氧饱和度监测

血氧饱和度监测是指通过特定的技术和设备，对血液中氧合血红蛋白占全部血红蛋白的百分比进行测量，以此了解机体的氧合状态。血氧饱和度的正常范围为 95% ~ 100%，血氧饱和度低于 90% 可能存在缺氧情况。如呼吸系统疾病中的肺炎、肺气肿，心血管系统疾病中的先天性心脏病、心肌梗死，以及贫血、中毒等都可能导致血氧饱和度降低。持续的低血氧饱和度会对心、脑、肾等重要脏器造成损害，严重时可导致呼吸或心搏骤停。

（三）二氧化碳在血液中的运输

1. 物理溶解

血液中 CO_2 的溶解度比 O_2 大，每 100 mL 血液中可溶解 CO_2 的量约为 3 mL，占血液运输 CO_2 总量的 5%。

2. 化学结合

CO_2 化学结合形式有两种。

（1）碳酸氢盐　约占 CO_2 运输总量的 88%，是 CO_2 运输的主要形式。当血液流经组织时，CO_2 从组织扩散进入血浆红细胞内，在碳酸酐酶的催化下，CO_2 与 H_2O 结合生成 H_2CO_3，并解离成 H^+ 和 HCO_3^-。HCO_3^- 大部分顺浓度差扩散进入血浆并与血浆中 Na^+ 生成 $NaHCO_3$，少部分在红细胞内与 K^+ 生成 $KHCO_3$。当血液流经肺部时，以上反应向相反的方向进行，以 HCO_3^- 形式运输的 CO_2 在肺部释放并排出体外（图 3-1-28）。

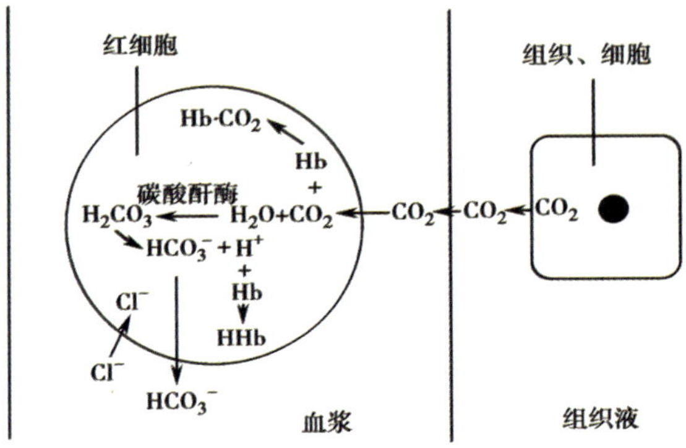

图 3-1-28　CO_2 在血液中的运输示意图

（2）氨基甲酸血红蛋白　约占 CO_2 运输总量的 7%。进入红细胞内的 CO_2，小部分直接与 Hb 的氨基结合，形成氨基甲酸血红蛋白。

$$HbNH_2O_2+H^++CO_2 \underset{\text{在肺脏}}{\overset{\text{在组织}}{\rightleftharpoons}} HbN\text{-}HCOOH+O_2$$

点燃思考

桶状胸如何影响呼吸效率?

任务三　了解呼吸运动的调节

案例导入

张爷爷，75 岁，患慢性阻塞性肺疾病多年。近日因受凉，咳嗽、咳痰、呼吸困难症状加重入院。血气分析显示 PaO_2 55 mmHg，$PaCO_2$ 58 mmHg。

任务描述

照护员帮助分析张爷爷低浓度给氧原因。

知识殿堂

扫码查看课件。

扫一扫

一、呼吸中枢

呼吸中枢是中枢神经系统内产生呼吸节律、调节呼吸运动的神经细胞群，分布于大脑皮层、间脑、脑桥、延髓和脊髓等部位。它们在呼吸节律的产生和调节中发挥不同的作用，正常呼吸是在它们的相互协调配合下实现的。其中延髓是产生节律性呼吸的基本中枢，脑桥可调整呼吸节律，使其更加完善，脊髓是联系脑和呼吸肌的中继站，大脑皮层等上位中枢可随意调节呼吸。

二、呼吸的反射性调节

中枢神经系统接受各种感受器的传入冲动，实现对呼吸运动的反射性调节，使呼吸运动的频率、深度和形式等发生相应的改变。呼吸反射包括化学感受性反射、肺牵张反射和防御性反射3类。

（一）化学感受性反射

动脉血或脑脊液中 PCO_2、PO_2 和 H^+ 浓度的变化，通过化学感受器反射性地改变呼吸运动，称为化学感受性反射。呼吸的化学感受性反射是一种经常发挥调节作用的反射活动，对维持血液 PO_2、PCO_2 及 H^+ 水平有着十分重要的作用。

1. 化学感受器

参与呼吸调节的化学感受器，按所在部位不同分为外周化学感受器和中枢化学感受器。外周化学感受器位于颈动脉体和主动脉体，当动脉血 PO_2 降低、PCO_2 或 H^+ 浓度升高时受刺激，冲动分别经窦神经和迷走神经传入延髓呼吸中枢，反射性引起呼吸加深加快。中枢化学感受器位于延髓腹外侧浅表部位，其对脑脊液的 H^+ 浓度改变极为敏感，而对动脉血 PO_2 的变化不敏感。

2.CO_2 对呼吸的影响

CO_2 是呼吸的生理性刺激物，是调节呼吸最重要的体液因素，血液中必须保持一定浓度的 CO_2，呼吸中枢才能保持正常的兴奋性。如在过度通气后，可发生呼吸暂停。这是由于过度通气排出过多的 CO_2，使血中 CO_2 浓度降低的缘故；适当增加吸入气中 CO_2 浓度，可使呼吸加深加快，肺通气量增加。如吸入气中 CO_2 含量增加到 1% 时，肺通气量开始增加，呼吸加深加快；吸入气中 CO_2 含量增加到 4% 时，肺通气量加倍；当吸入气中 CO_2 增加到 7% 时，肺通气量增加，但不足以将 CO_2 完全清除，导致血中 PCO_2 明显升高，可出现头痛、头昏等中毒症状；当 CO_2 增加到 15% ~ 20% 时，呼吸反而被抑制，可引起惊厥、昏迷，甚至呼吸停止。

CO_2 对呼吸的刺激作用是通过两条途径实现的：一是通过刺激外周化学感受器，冲动分别由窦神经和迷走神经传入延髓呼吸中枢，反射性引起呼吸加深加快；二是通过刺激中枢化学感受器，血液中 CO_2 分压升高时，CO_2 分子易透过血－脑屏障进入脑脊液，形成 H_2CO_3，继而解离出 H^+，使脑脊液 H^+ 浓度升高，H^+ 是中枢化学感受器的刺激物，使呼吸加快加深。途径中，以后者为主。

3.H^+ 对呼吸的影响

H^+ 是化学感受器的有效刺激物质，当血液中 H^+ 浓度增高，可导致呼吸加深、加快，肺通气量增加；反之，H^+ 浓度降低，呼吸受到抑制。因 H^+ 不易通过血脑屏障，限制了血液 H^+ 浓度升高对中枢化学感受器的作用，故血液中 H^+ 增加引起呼吸加强加快，主要是通过刺激外周化学感受器来实现的。

4. 缺 O_2 对呼吸的影响

动脉血中 PO_2 降低也可使呼吸加强，肺通气量增多，但只有当动脉血 PO_2 下降到 60 mmHg（8 kPa）以下时才有明显效应。低 O_2 对呼吸中枢的兴奋作用完全是通过刺激外周化学感受器来实现的，其中，颈动脉体起到主要作用。损毁或切断外周化学感受器的传入神经，则动脉血缺 O_2 不再引起呼吸加强反射。因缺 O_2 对呼吸中枢的直接作用是抑制，并且这种抑制作用随着缺 O_2 程度的加重而加强。轻度缺 O_2 时来自外周化学感受器的传入冲动能对抗缺 O_2 对呼吸中枢的直接抑制作用，反射性引起呼吸加强。但在严重缺 O_2 时来自外周化学感受器的传入冲动不能对抗缺 O_2 对呼吸中枢的直接抑制作用，而使呼吸减弱，甚至可以使呼吸停止。

动脉血 PO_2 对正常呼吸调节作用不大，仅在特殊情况下低 O_2 刺激才有重要意义。如严重肺气肿、肺心病患者由于换气障碍而导致低 O_2 和 CO_2 潴留。CO_2 长期潴留可使中枢化学感受器对其刺激发生适应，以致 CO_2 增多不再能够刺激呼吸；而外周化学感受器对低 O_2 适应很慢，这时低 O_2 对外周化学感受器的刺激即成为驱动呼吸的主要刺激。在这种情况下，需要维持患者适当低 O_2。如果此时给患者吸入纯 O_2 或者高浓度的 O_2，使动脉血 PO_2 上升到正常范围，则会使低 O_2 的驱动作用消除，引起患者呼吸暂停。故对这种患者不宜快速给氧，而应采取低浓度持续给氧。

总之，动脉血 PCO_2 和 H^+ 浓度的升高，以及 PO_2 的降低，均能刺激呼吸中枢。需要注意的是在整体情况下，不可能是单因素的改变，它们之间相互影响，因此必须全面分析，综合考虑。例如，在缺 O_2 引起呼吸加强的过程中，由于呼吸加强，排出过多的 CO_2，使动脉血中 PCO_2 和 H^+ 浓度下降，而减弱了缺 O_2 引起的呼吸加强作用，使呼吸加强效应明显减弱。

（二）机械感受性反射

由肺扩张或缩小所引起的吸气抑制或吸气兴奋的反射，称为**肺牵张反射**，又称黑 – 伯反射。它包括肺扩张反射和肺萎陷反射两种。

1. 肺扩张反射

肺扩张反射是肺充气或扩张时抑制吸气的反射。感受器主要分布在从气管到细支气管的平滑肌中，为牵张感受器，对牵拉刺激敏感、阈值低、适应慢。吸气时，肺扩张，牵拉呼吸道使其扩张，肺牵张感受器兴奋，冲动经迷走神经传入延髓，通过一定的神经联系，使吸气停止，转化为呼气。呼气时，肺缩小，牵张感受器经迷走神经的传入冲动减少，对延髓吸气神经元的抑制解除，吸气神经元兴奋，呼气转为吸气。肺牵张反射是一种负反馈调节机制，这一反射的生理意义是：加速吸气过程向呼气过程转换，使吸气不至于过长、过深，使呼吸周期缩短，呼吸频率加快。切断动物两侧迷走神经后，动物吸气延长，吸气加深，呼吸变慢变深。

肺扩张反射的敏感性有种系差异，兔和大鼠的肺扩张反射最强，而人的最弱。成年人，潮气量超过 1500 mL 以上时，才能引起肺扩张反射，因此，正常人平静呼吸时，这种反射一般不参与呼吸运动的调节。在病理情况下，如肺炎、肺充血等，由于肺顺应性降低，肺扩张时对气道的牵张刺激增强，可引起该反射，使呼吸变浅变快。

2. 肺萎陷反射

肺萎陷反射是肺萎陷时增强吸气活动或者促进呼气转为吸气的反射。感受器同样位于气道平滑肌内，但其性质尚不十分清楚。肺萎陷反射一般在较大程度的肺萎陷时才出现，对防止呼气过深和肺不张等具有一定作用，但在平静呼吸时对呼吸运动的调节意义不大。

（三）防御性呼吸反射

防御性呼吸反射是指当呼吸道黏膜受到刺激时，引起的一些对人体有保护作用的呼吸反射，称为防御性呼吸反射，主要有咳嗽反射和喷嚏反射。

咳嗽反射是常见的重要防御反射，它的感受器位于喉、气管和支气管的黏膜，能感受机械或化学的刺激，兴奋经迷走神经传入延髓，从而引发一系列协调且有序的反射效应。咳嗽时先深吸气，继之声门关闭，随后呼气肌强烈收缩，肺内压迅速升高，然后声门突然打开，气体快速由肺内冲出，同时将肺及呼吸道内异物或分泌物排出。正常的咳嗽反射对呼吸道有清洁作用，但剧烈或频繁的咳嗽对人体不利。

喷嚏反射是因鼻黏膜受刺激而引起，传入神经为三叉神经，其动作与咳嗽反射类似，不同的是腭垂下降，舌压向软腭，使肺内气体从鼻腔冲出，可以清除鼻腔内的异物。

拓展阅读

呼吸与情绪的奇妙关联

你是否留意过，紧张时呼吸急促，放松时呼吸平缓？这是因为情绪变化会触发神经系统反应，影响呼吸调节机制。当人处于焦虑、恐惧等负面情绪时，交感神经兴奋，促使呼吸加快变浅，为身体快速供能应对潜在威胁。比如公开演讲前，很多人会不自觉呼吸急促。而积极情绪如愉悦、放松时，副交感神经占主导，呼吸变得平稳深沉。

利用这一关联，深呼吸训练能有效调节情绪。腹式深呼吸，吸气时腹部隆起，呼气时腹部收缩，能激活副交感神经，让人平静下来，改善情绪状态，还能提高注意力、缓解压力。这表明呼吸不仅是维持生命的基本活动，还在情绪管理中发挥关键作用。

点燃思考

张爷爷因 COPD 长期缺氧，医嘱要求低浓度吸氧。如果短时间内给予高浓度氧，可能引发什么危险？为什么？

任务四　了解呼吸系统的衰老变化

一、呼吸系统结构的衰老变化

（一）胸廓的变化

椎间盘变性、萎缩变薄、胸椎压缩、弯曲，向后、后凸，肋骨钙化且趋于水平走向，肋间隙增宽，胸廓前后径增大呈桶状，胸廓活动度受限。

（二）呼吸肌的变化

老年人呼吸肌发生退行性改变，肌纤维组织萎缩减少，结缔组织和脂肪组织增生，导致肌力下降，肺活量降低，功能残气量增多，肺储备能力下降。

（三）呼吸道的变化

老年人气道腺上皮细胞萎缩减少，黏液分泌减少，而由纤毛细胞化生的杯状细胞不断增多，导致分泌物增多，同时，支气管纤毛上皮细胞减少，纤毛运动减弱，排出痰液、异物的能力下降。气管及支气管软骨钙化、管壁变硬，小气管纤维弹性蛋白原被破坏，呼吸道弹性降低，功能减退。

（四）肺组织的变化

肺组织发生萎缩和退行性改变。肺组织弹性纤维数量减少，肺弹性回缩力下降，细支气管、肺泡管、肺泡囊、肺泡等结构持续性扩张，过度通气，最终导致肺泡壁变薄、断裂，肺泡相互融合，数目减少。

二、呼吸系统功能的衰老变化

（一）通气与气体交换障碍

老年人肺弹性回缩力减弱，氧弥散能力减退，肺有效通气量降低，通气 / 血流比值失调，因而肺内气体潴留。老年人为了代偿通气不足，呼吸频率常加快。

（二）氧合与二氧化碳清除失衡

老年人肺泡数量逐渐减少，肺血流量减低，动脉血氧分压随年龄递减，氧储备及缺氧耐受能力显著降低，易诱发呼吸衰竭。

（三）呼吸调控机制衰退

随着年龄增长，呼吸中枢化学感受器对低氧血症和高碳酸血症的敏感性降低，呼吸驱动下降。同时，老年人使用麻醉剂、镇静剂的概率增高，而中枢对麻醉剂、镇静剂的敏感性增高，会导致老年人呼吸中枢更加容易受抑制，呼吸代偿能力明显下降。

点燃思考

老年人呼吸道纤毛运动减弱，痰液难以排出。作为照护员，除鼓励老年人多饮水外，还可采取哪些措施帮助其排痰？

【练习题】

一、A1 型题

1. 老年人肺组织弹性减退易导致（　　）。

A. 潮气量增加　　B. 功能残气量增加　　C. 肺泡表面积增大
D. 氧分压升高　　E. 二氧化碳分压降低

2. 气管软骨的结构特点是（　　）。

A. 完整的环形软骨　　B. “C” 形软骨环，缺口由平滑肌封闭
C. 不规则骨片　　D. 完全由平滑肌构成　　E. 成人数量 5 ~ 10 个

3. 平静呼吸时，吸气的主要动力来源于（　　）。

A. 肋间内肌收缩　　B. 膈肌收缩　　C. 腹肌收缩

D. 胸锁乳突肌收缩　　E. 肺泡弹性纤维的回缩

4. 氧气在血液中运输的主要形式是（　　）。

A. 物理溶解　　B. 氨基甲酸血红蛋白　　C. 氧合血红蛋白

D. 碳酸氢盐　　E. 血红蛋白

5. 老年人咳嗽无力的主要原因是（　　）。

A. 肺泡数量增多　　B. 呼吸道纤毛运动减弱　　C. 肺活量增加

D. 胸廓弹性增强　　E. 膈肌收缩力增强

答案：BBBCB

解析：无

二、A2 型题

1. 王爷爷，78 岁，COPD 患者，动脉血气分析显示 $PaO_2$50 mmHg，$PaCO_2$60 mmHg。医嘱要求低浓度持续吸氧，其目的是（　　）。

A. 提高肺泡氧分压至正常水平　　B. 避免抑制呼吸中枢的缺氧驱动

C. 减少二氧化碳潴留风险　　D. 增强血红蛋白携氧能力

E. 促进支气管纤毛运动

答案：B

解析：COPD 患者长期高碳酸血症使中枢化学感受器对 CO_2 敏感性降低，呼吸主要依赖低氧对外周化学感受器的刺激。若高浓度给氧会消除低氧驱动，导致呼吸抑制，因此需低浓度（1 ~ 2 L/min）持续给氧。

2. 李奶奶，80 岁，因肺炎住院，听诊双肺底湿啰音。照护员应优先考虑的病理变化是（　　）。

A. 支气管痉挛　　B. 肺泡内液体渗出　　C. 胸膜腔积液

D. 肺弹性纤维断裂　　E. 气道异物阻塞

答案：B

解析：湿啰音是由于气体通过呼吸道内的分泌物（如渗出液、痰液）产生水泡音，常见于肺水肿或肺炎等肺泡内液体渗出的情况。

3. 张爷爷，75 岁，长期吸烟，近期咳嗽加重伴黄脓痰。照护员帮助其分析症状时，应重点考虑（　　）。

A. 肺泡表面活性物质减少　B. 呼吸道黏膜杯状细胞增生　C. 肺弹性回缩力增强

D. 胸膜腔负压增大　　E. 膈肌活动度增加

答案：B

解析：长期吸烟刺激呼吸道黏膜，导致杯状细胞增生、黏液分泌增多，痰液黏稠且难以排出，易继发感染，表现为咳嗽加重和黄脓痰。

4. 赵奶奶，70 岁，主诉活动后气促，查体示桶状胸。其最可能的病理基础是（　　）。

A. 肺弹性纤维破坏，肺泡过度扩张　　B. 胸廓前后径缩小

C. 肋间外肌萎缩　　D. 肺泡表面活性物质增多　　E. 支气管软骨钙化

答案：A

解析：桶状胸是肺气肿的典型体征，由于肺泡弹性纤维破坏、肺泡融合扩张，导致胸廓前后径增大呈桶状。

5. 刘爷爷，82 岁，因呼吸困难就诊，动脉血 $PaCO_2$ 70 mmHg。照护员应警惕的并发症是（　　）。

A. 代谢性酸中毒　　B. 呼吸性碱中毒　　C. 呼吸性酸中毒

D. 低钾血症　　E. 高血糖症

答案：C

解析：$PaCO_2$ 升高提示 CO_2 潴留，为呼吸性酸中毒，常见于通气功能障碍（如 COPD、肺炎等）。

项目二　消化系统的结构和功能

学习目标

思政及素养目标

1. 培养尊重、关爱老年人的职业道德和素养，增强照护工作的耐心、细心和责任心。
2. 培养严谨的科学态度和探索精神，增强健康意识。

知识目标

1. 掌握消化系统的组成；上、下消化道的概念；食管的分部及狭窄；胃的形态及分部；胃液的成分及功能；十二指肠的形态及分部；阑尾的位置及麦氏点；直肠及肛管的形态及黏膜的特征。
2. 理解消化道平滑肌的生理特性；消化、吸收的概念；小肠黏膜的微细结构；腹膜形成的结构。
3. 了解消化管壁分层；食物在消化系统内的消化和吸收过程。

能力目标

1. 能辨认消化系统各器官的标本、模型，准确指出其关键结构和特征。
2. 能用消化道平滑肌的生理特性解释消化道的活动特点。
3. 能分析简单的消化系统疾病案例。

知识导读

扫一扫

扫码查看思维导图。

赛证对接

本项目内容往往对接消化系统各器官的解剖生理学相关知识，进行消化系统病例分析，以消化系统疾病老人的饮食护理，便秘 / 腹泻老人排泄护理，胆囊炎、胃炎、胃溃疡等消化系统疾病健康宣教等实际照护任务的形式考查。

一、消化系统的组成

消化系统由消化管和消化腺两部分组成。消化管是一条长而迂曲的管道，包括口腔、咽、食管、胃、小肠（十二指肠、空肠和回肠）和大肠（盲肠、阑尾、结肠、直肠和肛管）。临床上，通常把从口腔到十二指肠这段消化管称为上消化道，空肠以下的消化管称为下消化道。消化腺是分泌消化液的器官，包括大消化腺和小消化腺。大消化腺有口腔腺、肝、胰；小消化腺主要为消化管壁内的小腺体，如胃腺和肠腺等，它们均开口于消化管内，其分泌液参与对食物的消化（图 3–2–1）。

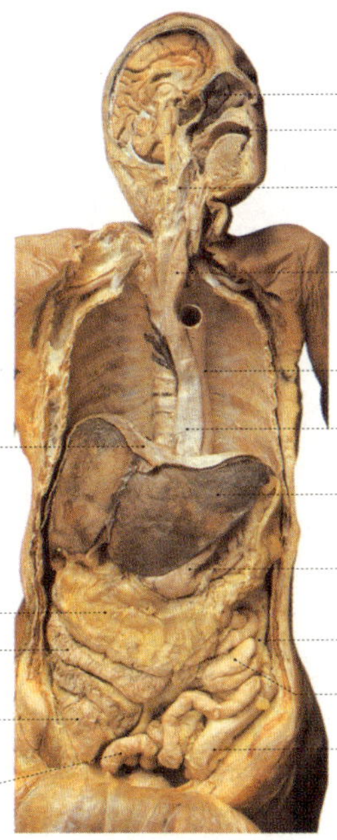

图 3–2–1　消化系统概观

二、消化系统的主要生理功能

消化系统的主要功能是消化食物和吸收营养物质，还能排出某些代谢产物。人体需要的营养物质主要包括糖、脂肪、蛋白质、维生素、无机盐和水。其中维生素、无机盐和水为小分子物质，可被机体直接吸收；而糖、脂肪、蛋白质属于大分子物质，需经过消化之后才能被吸收。

消化是指食物在消化道内被分解为小分子的过程。食物的消化方式有两种：机械性消化和化学性消化。机械性消化是通过消化道平滑肌的运动，将食物磨碎，与消化液充分混合并向消化道远端推送的过程；化学性消化是指消化腺分泌消化液，通过其中消化酶的作用将大分子物质分解为可被吸收的小分子物质的过程。通常情况下，这两种消化方式同时进行并互相配合，共同完成对食物的消化作用。吸收是指经消化后形成的小分子物质以及水、无机盐和维生素透过消化道黏膜，进入血液或淋巴的过程。未被消化和吸收的食物残渣形成粪便排出体外。消化和吸收是相辅相成、紧密联系的过程。

任务一　认识消化管

案例导入

王奶奶，72 岁。上腹部疼痛 2 个月，疼痛具有节律性，多在餐后半小时发作，持续 1 ~ 2 小时后缓解，伴有腹胀、反酸、嗳气，近期疼痛发作频繁且程度加重。自行服用胃药（具体不详）后症状无明显改善，影响睡眠和食欲，故前来就医。入院后胃镜检查：胃窦处可见一 1.0 cm × 0.8 cm 大小的溃疡灶，边缘整齐，底部覆有白苔，周围黏膜充血、水肿。

任务描述

1. 照护员帮助解释胃镜检查报告单中胃窦的位置。
2. 照护员帮助王奶奶在体表寻找胃的投影位置。
3. 照护员帮助分析王奶奶为什么出现腹胀、反酸、嗳气等表现，并制定对应照护措施。

知识殿堂

扫一扫

扫码查看课件。

一、消化管壁的一般结构及生理特性

（一）消化管壁的一般结构

除口腔与咽外，消化管壁一般从内向外可分为黏膜、黏膜下层、肌层和外膜四层（图 3-2-2）。

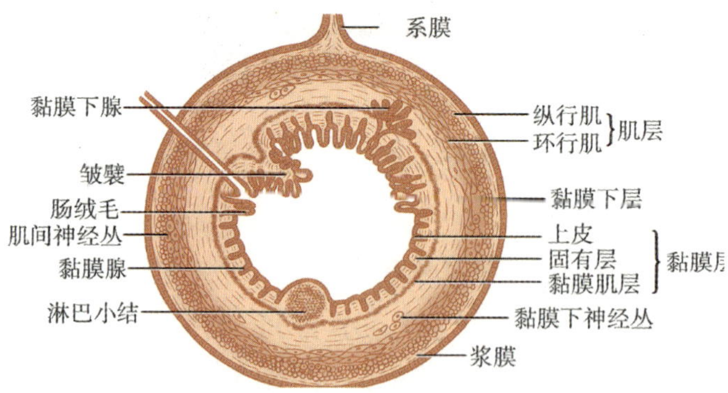

图 3-2-2　消化管壁结构模式图

1. 黏膜

黏膜位于管壁最内层，是消化管进行消化、吸收活动最重要的部分，表面润滑，便于食物的运输和消化吸收。黏膜自内向外由上皮、固有层和黏膜肌层三部分组成。

（1）上皮　衬于黏膜的表层，类型因其所在位置而异。消化管两端（口腔、咽、食管及肛门）分布有复层扁平上皮，以保护功能为主；其余节段分布有单层柱状上皮，以消化、吸收功能

为主。

（2）固有层　由疏松结缔组织构成，内含有小消化腺、血管、神经、分散的平滑肌、淋巴管和淋巴组织。

（3）黏膜肌层　一般由内环行和外纵行两薄层平滑肌组成。平滑肌的收缩和舒张可改变黏膜形态，有利于营养物质吸收、血液运行和腺体的分泌。

2. 黏膜下层

黏膜下层又称黏膜下组织，为疏松结缔组织，含有较大的血管、淋巴管和黏膜下神经丛。

黏膜和部分黏膜下层常共同向腔内突出，形成纵行或环行的皱襞，借以扩大黏膜的表面积。

3. 肌层

消化管两端为骨骼肌，其余部分由平滑肌组成。一般分为内环行和外纵行两层，肌层之间有肌间神经丛。某些部位环行肌增厚，形成括约肌。肌层的收缩和舒张，形成消化管的蠕动，使消化液与食物充分混合，并不断将食物向下推进。

4. 外膜

外膜位于管壁最外层，为纤维膜或浆膜。咽、食管、直肠下部的外膜，由结缔组织构成，称纤维膜，起固定作用；其他部分的外膜，由少量结缔组织及其表面的间皮共同构成，称浆膜，表面光滑，有利于器官的活动。

（二）消化管壁平滑肌的生理特性

与骨骼肌、心肌相比，消化道平滑肌兴奋性较低，收缩缓慢；具有自律性，在离体后，置于适宜的人工环境内仍能自动进行节律性收缩和舒张，但节律较慢且不稳定，远不如心肌规则；具有一定的紧张性，经常保持微弱的持续收缩状态；富有伸展性，可容纳食物，增加容积。

二、口腔

口腔是消化管的起始部。其前壁为上、下唇；上壁为腭；下壁为口腔底；两侧壁为颊。口腔向前经口裂通向外界，向后经咽峡与咽相通。口腔内有舌、牙等器官（图 3-2-3）。口腔以上、下牙弓（包括牙槽突、牙列）和牙龈为界分为口腔前庭和固有口腔两部分，当上、下牙列咬合时，二者仍可借第 3 磨牙后方的间隙相通。临床上可通过此间隙对牙关紧闭的患者灌注营养物质或急救药物。

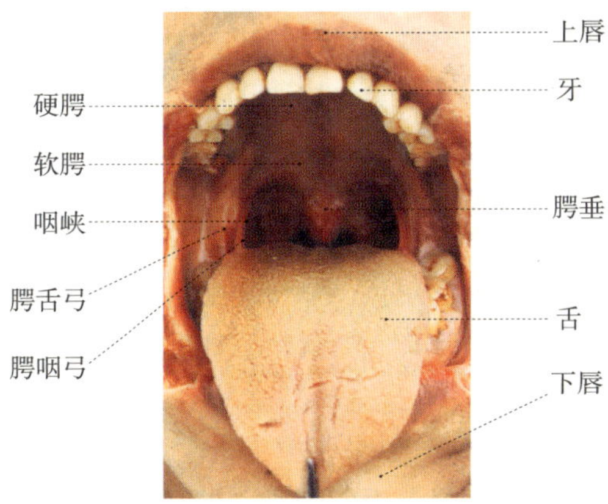

图 3-2-3　口腔及咽峡

（一）口唇和颊

口唇分为上唇和下唇，两唇之间的裂隙称口裂。在口裂的两侧，上、下唇结合处称口角。上唇外面正中线处有一纵行浅沟称人中，为人类所特有。昏迷患者急救时，可在此处进行指压或针刺，促使患者苏醒。上唇两侧与颊交界处的弧形浅沟称鼻唇沟。

颊位于口腔两侧，由皮肤、颊肌及黏膜组成。在上颌第二磨牙牙冠相对的颊黏膜上有腮腺导管的开口。

（二）腭

腭构成口腔的上壁，分隔鼻腔与口腔。腭的前 2/3 以骨性结构为基础，被覆黏膜，与骨膜紧密结合，称**硬腭**；后 1/3 以骨骼肌和黏膜为基础，称**软腭**。软腭后缘游离，中央有一向下的突起称腭垂或悬雍垂。腭垂两侧有两对黏膜皱襞：前方的一对向外、向下续于舌根，称腭舌弓；后方的一对向外、向下延至咽侧壁，称腭咽弓。两弓之间的凹陷，称扁桃体窝，容纳腭扁桃体。腭垂、左右腭舌弓与舌根共同围成**咽峡**，是口腔与咽的分界（图 3-2-3）。

（三）牙

牙是人体最坚硬的器官，嵌于上、下颌骨的牙槽内，具有咀嚼食物和辅助发音等功能。

1. 牙的形态和构造

牙分为牙冠、牙颈和牙根三部分。暴露于口腔内的部分称**牙冠**，嵌入牙槽内的部分称**牙根**，介于牙冠、牙根之间被牙龈覆盖的部分称**牙颈**。牙中间的空腔称牙腔，牙冠内的部分称牙冠腔，牙根内的部分称牙根管（图 3-2-4）。

牙由牙质、釉质、牙骨质和牙髓构成。**牙质**构成牙的主体，呈淡黄色，硬度仅次于釉质。牙冠的表面覆有一层洁白的**釉质**，为人体内最坚硬的组织。在牙颈和牙根，牙质的表面包有**牙骨质**。**牙髓**位于牙腔内，由神经、血管、淋巴管和结缔组织共同构成。牙髓内有丰富的感觉神经末梢，牙髓炎时疼痛剧烈。

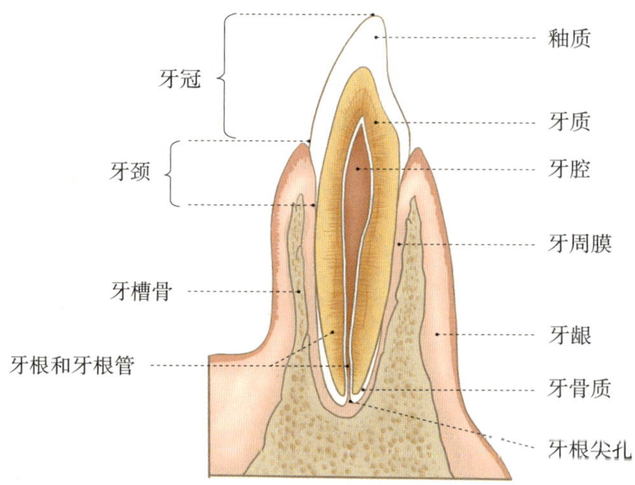

图 3-2-4　牙的构造模式图（纵切）

2. 牙的分类和排列

人的一生共有两组牙：乳牙和恒牙。乳牙共 20 颗，一般在出生后 6 个月开始萌出，3 岁前出齐。6 ~ 7 岁起乳牙开始脱落，恒牙相继萌出。恒牙共 32 颗，分为切牙、尖牙、前磨牙和磨牙，14 岁左右基本出齐。第三磨牙往往在 18 ~ 28 岁或更晚才萌出，又称迟牙或智齿，有的人第三磨牙终生不萌出（图 3-2-5）。

临床上为了记录牙的位置，以被检查者的方位为准，以“+”记号划分为 4 区，表示左上颌、右上颌、左下颌及右下颌的牙位，以罗马数字Ⅰ ~ Ⅴ表示乳牙，以阿拉伯数字 1 ~ 8 表示恒牙。如$\underline{|V}$表示左上颌第 2 乳磨牙，$\overline{|6}$表示左下颌第 1 磨牙。

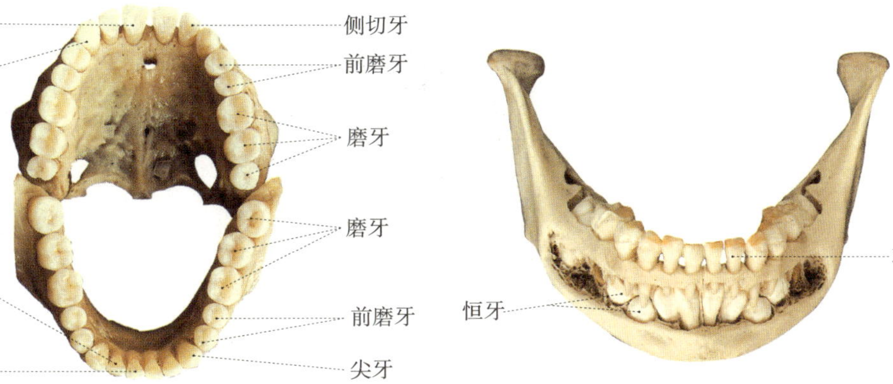

图 3-2-5 牙的排列

3. 牙周组织

牙周组织包括牙槽骨、牙周膜和牙龈三部分，对牙起支持、保护和固定作用。

牙槽骨是牙根周围的骨质。**牙周膜**是介于牙槽骨与牙根之间的致密结缔组织，可固定牙根、缓冲咀嚼时的压力。**牙龈**是包被牙槽骨、牙颈表面的口腔黏膜，富含血管，色淡红。老年人由于牙龈和骨膜的血管萎缩退化，营养降低，牙根萎缩，以致牙逐渐松动。

（四）舌

1. 舌的形态

舌位于口腔底，呈扁椭圆形，分为上、下两面，上面拱起称舌背。在舌背以“人”字形的界沟为界，舌后 1/3 为舌根，舌前 2/3 为舌体，舌体的前端，称舌尖（图 3-2-6）。舌具有搅拌食物、协助吞咽、感受味觉和辅助发音的功能。

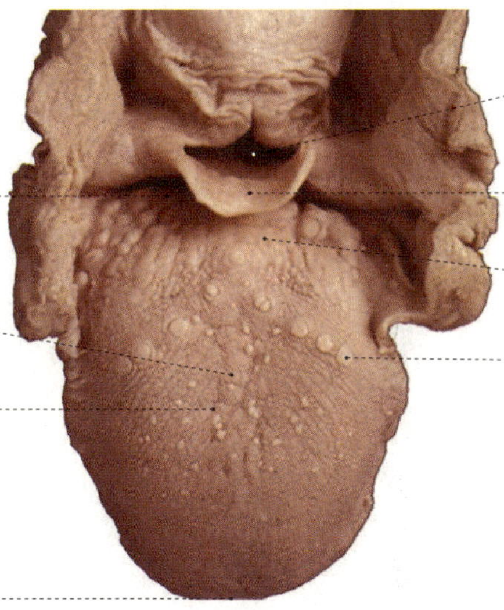

图 3-2-6 舌背面

舌下面正中线处有连口腔底的黏膜皱襞，称舌系带。舌系带根部两侧各有一个圆形隆起，称舌下阜，是下颌下腺导管和舌下腺大管的共同开口。舌下阜向后外侧延续成带状的黏膜皱襞，称为舌下襞，其深面有舌下腺，舌下腺小管开口于舌下襞（图 3-2-7）。

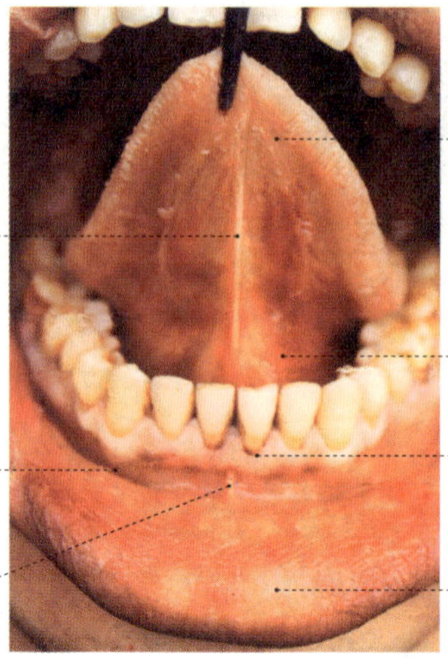

图 3-2-7　舌下面

2. 舌黏膜

舌黏膜呈淡红色，覆于舌的表面。舌根背面的黏膜内有淋巴组织聚集成的突起，称舌扁桃体。在舌体和舌尖的黏膜上有大小不等的突起，称舌乳头。舌乳头有 4 种（图 3-2-6）：丝状乳头、菌状乳头、叶状乳头和轮廓乳头。丝状乳头为一般感受器，感受触觉、痛觉和温度觉，其余舌乳头内均含有味蕾，是味觉感受器，能感受酸、甜、苦、咸等味觉刺激。舌黏膜表面的上皮细胞角化脱落后，与食物残渣、细菌等混杂在一起，附着于舌体形成舌苔。正常的舌苔呈淡薄乳白色。

3. 舌肌

舌肌为骨骼肌，分为舌内肌和舌外肌（图 3-2-8）。舌内肌起、止点均在舌内，构成舌的主体，肌束呈纵、横和垂直 3 个方向排列，收缩时可改变舌的外形；舌外肌起自舌的周围结构而止于舌内，收缩时可改变舌的位置。最重要的舌外肌是**颏舌肌**，该肌左右各一，起自下颌骨体内面中线两侧，肌束向后呈扇形止于舌内。颏舌肌两侧同时收缩，舌前伸；一侧收缩，舌尖伸向对侧。如一侧颏舌肌瘫痪，伸舌时舌肌偏向瘫痪侧。

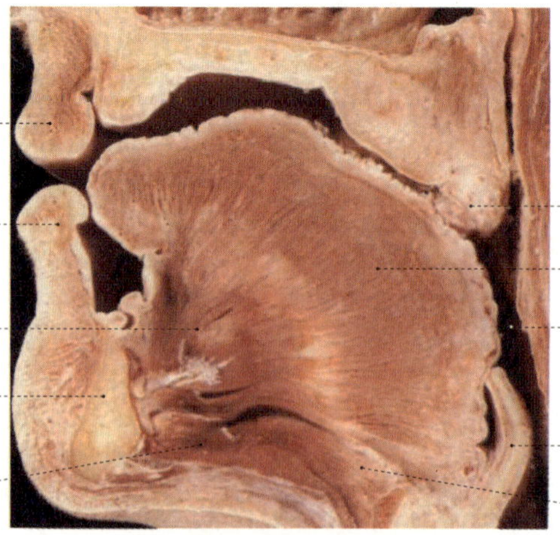

图 3-2-8　舌肌

（五）唾液腺

1. 唾液腺的组成

唾液腺又称口腔腺，是所有开口于口腔的腺体的总称。唾液腺分泌唾液并将其排入口腔，具有湿润口腔黏膜、帮助消化等作用。唾液腺除唇腺、颊腺等小腺外，主要有腮腺、下颌下腺和舌下腺 3 对大唾液腺（图 3–2–9）。

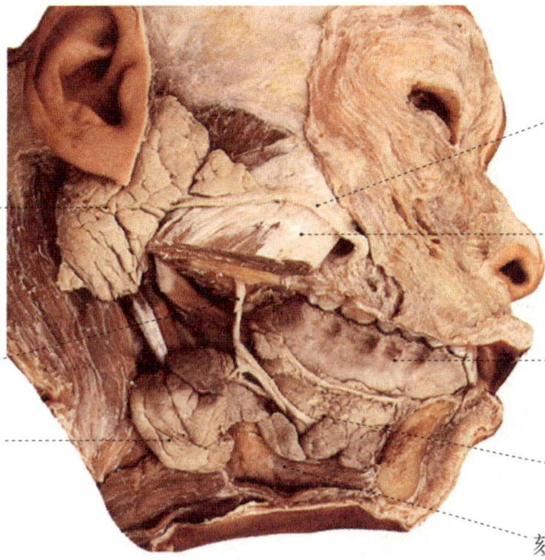

图 3–2–9　大唾液腺

（1）腮腺　是最大的一对唾液腺。呈不规则三角形，位于耳郭的前下方，上达颧弓，下至下颌角。腮腺导管从腮腺前缘的上部发出，在颧弓下方一横指处横过咬肌表面，开口于平对上颌第 2 磨牙的颊黏膜处（图 3–2–9）。

（2）下颌下腺　位于下颌体的深面，略呈卵圆形，开口于舌下阜。

（3）舌下腺　比较小，位于口腔底舌下襞的深面，略扁而长。开口于舌下襞和舌下阜。

2. 唾液的分泌与功能

唾液是由唾液腺分泌的混合液。正常成人每日唾液分泌量为 1 ～ 1.5 L。

（1）唾液的成分

唾液是无色无味近于中性（pH 6.6 ～ 7.1）的低渗液体。水分约占 99%。有机物主要为唾液淀粉酶、溶菌酶、黏蛋白、免疫球蛋白等，无机物有 Na^+、K^+、Ca^{2+}、Cl^-、HCO_3^- 等。

（2）唾液的作用

①湿润和溶解食物，便于吞咽并产生味觉；②化学性消化，唾液淀粉酶可将淀粉水解为麦芽糖，其酶活性的最适 pH 为 7.0；③清洁和保护口腔，清除口腔中的食物残渣，溶菌酶和免疫球蛋白还具有杀灭细菌和病毒的作用；④排泄功能，进入人体内的某些重金属（如铅、汞）、氰化物和狂犬病毒可随唾液分泌排出。

三、食管

（一）食管的位置和分部

食管上端于第 6 颈椎下缘平面与咽相连，下行穿膈的食管裂孔，下端于第 11 胸椎体的左侧与胃的贲门相续，为肌性管道，全长约 25 cm。按其行程可分为颈部、胸部和腹部（图 3–2–10）。

颈部长约 5 cm，自起始端至平胸骨颈静脉切迹平面，其前壁与气管相贴，后方与脊柱相邻，两侧有颈部大血管；胸部 18 ～ 20 cm，自颈静脉切迹至穿膈食管裂孔处，自上而下前方依次为气管、左主支气管和心包；腹部最短，长 1 ～ 2 cm，在膈的下方与贲门相连。

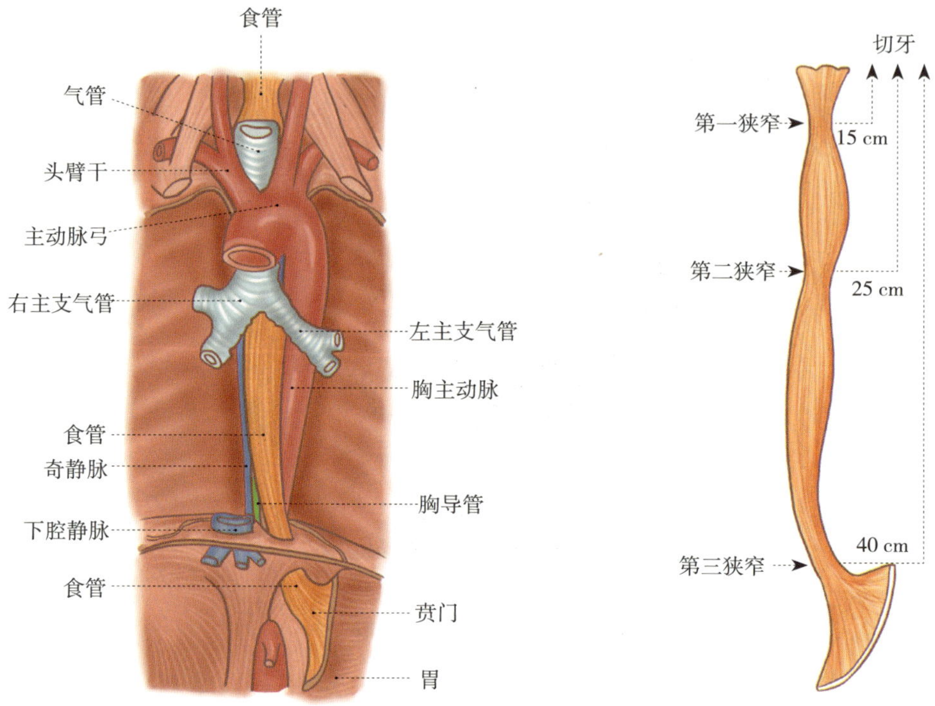

图 3-2-10　食管及三个狭窄

（二）食管的狭窄

食管全长有三处生理性狭窄。第 1 处狭窄在食管起始处，距中切牙约 15 cm。第 2 处狭窄在食管与左主支气管交叉处，距中切牙约 25 cm。第 3 处狭窄在食管穿膈处，距中切牙约 40 cm。这些狭窄处常为异物滞留和食管肿瘤的好发部位。进行食管内插管时，应注意这 3 处狭窄。

（三）食管壁的组织结构

食管壁腔面有 7 ～ 10 条纵行黏膜皱襞，当食物通过时、食管扩张、皱襞消失。

食管的黏膜上皮为复层扁平上皮，耐摩擦，有保护作用。黏膜下层富含食管腺。食管腺分泌的黏液经导管排入食管腔内，利于食物通过。食管肌层上 1/3 段为骨骼肌，下 1/3 段为平滑肌，中 1/3 段由骨骼肌与平滑肌混合组成。外膜较薄，为纤维膜。

（四）咀嚼和吞咽

1. 咀嚼

是由各咀嚼肌按一定顺序收缩而实现的复杂的反射性节律性活动，受大脑意识控制。咀嚼的主要作用是：①通过牙齿对食物的切割、研磨和舌的搅拌将食物切碎并与唾液充分混合形成食团，便于吞咽；②使食物与唾液淀粉酶充分接触，有利于唾液淀粉酶发挥化学性消化作用。所以，进食过快或牙齿缺失的人，因食物在口腔内得不到充分的消化就会加重胃肠负担。

2. 吞咽

是指口腔内的食团经咽和食管到达胃内的过程，是可随意发动的有序而复杂的神经反射性活动（图 3-2-11）。根据食团所通过的部位，可将吞咽过程依次分为连续的三段：

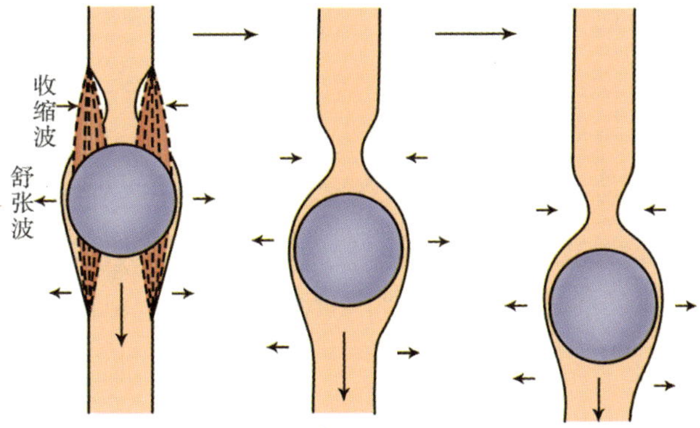

图 3-2-11　吞咽过程

第一段（口腔期）：由口腔到咽。此段是在大脑皮层控制下随意启动的，主要依靠舌的翻卷运动将食团挤至咽部。

第二段（咽期）：由咽到食管上端，约需 0.1 s。此段是通过一系列的吞咽反射活动实现的。在昏迷、深度麻醉和患某些神经系统疾病（如偏瘫）时，吞咽反射障碍，进食时（尤其是流质），食物易误入气管，造成患者误吸。

第三段（食管期）：沿食管下行至胃。此段主要通过食管的蠕动实现，当食团进入食管后，反射性的产生食管蠕动将食团推送入胃。蠕动是消化道平滑肌共有的基本运动形式，是由平滑肌顺序收缩形成的一种向前推进的波形运动。吞咽的第二、三段都是不随意的反射动作。

3. 食管的功能

正常情况下，胃内容物不会向食管逆流。在食管上端，咽与食管的交界处有食管上括约肌，属于骨骼肌。吞咽过程中，该括约肌松弛使食团进入食管，完成吞咽后，该括约肌又会强力收缩，可防止食物反流，并阻止呼吸时空气进入食管。食管与胃贲门连接处在形态学上不存在明显的括约肌，但却存在一段类似生理性括约肌作用的宽 1 ~ 3 cm 的高压区，其内压力比胃内压高出 5 ~ 10 mmHg，此区称为食管下括约肌（LES），是阻止胃内容物反流入食管的生理性障碍。

拓展阅读

为什么老年人饭后总是“烧心”？

烧心是一种常见的消化系统症状，主要指胸骨后感到烧灼感，常伴有反酸、嗳气等症状。老年人饭后“烧心”是由于食管下括约肌（LES）萎缩，张力减弱，难以有效地阻止胃内容物反流进入食管。而老年人的胃蠕动功能减弱，消化速度变慢，胃排空延迟，食物在胃内停留时间延长，饭后胃内压力持续处于较高水平，更容易迫使酸性胃内容物反流入食管下段，刺激食管黏膜，引起“烧心感”。

点燃思考

老年人进餐后为何不应立即平卧？

四、胃

胃是消化管中最膨大的部分，上接食管，下续十二指肠。胃具有容纳食物、调和食糜、分泌胃液、初步消化食物以及内分泌等功能。成人胃容量约 1500 mL，新生儿胃容量约 30 mL。

（一）胃的形态、分部与位置毗邻

胃有前后两壁、入出两口和上下两缘（图 3-2-12）。两壁为前壁和后壁。入口称贲门，与食管相接；出口称幽门，与十二指肠相续。上缘较短，凹向右上方，称胃小弯，其最低处形成一切迹，称角切迹；下缘较长，凸向左下方，称胃大弯。胃的形态可因体型、体位、性别、年龄以及充盈程度的不同而有所变化。

胃可分为四部分：贲门附近的部分称贲门部，贲门平面以上凸出的部分称胃底，胃的中间部分称胃体，自角切迹至幽门之间的部分称幽门部。幽门部分为左侧宽大的幽门窦和右侧较窄的幽门管。胃癌和胃溃疡多发生于幽门窦胃小弯附近。

在中等充盈时，胃大部分位于左季肋区，小部分位于腹上区。

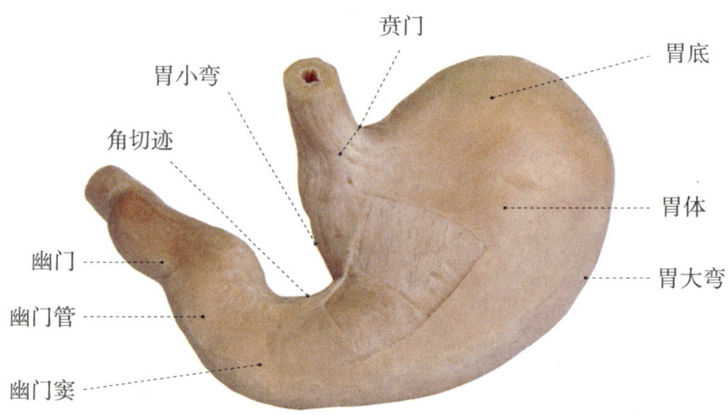

图 3-2-12　胃的形态

（二）胃壁的微细结构

胃壁由黏膜、黏膜下层、肌层、浆膜四层组成。其结构特点主要表现在黏膜层和肌层（图 3-2-13）。

1. 黏膜

胃黏膜柔软，胃空虚时形成许多黏膜皱襞，胃充盈时皱襞变低或消失。在胃小弯处，有 4 ~ 5 条纵行皱襞较恒定。幽门处黏膜皱襞呈环形，称幽门瓣。胃黏膜表面有许多针孔状小窝，称胃小凹，其底部有胃腺开口。

（1）上皮　为单层柱状上皮，其中无杯状细胞。上皮细胞分泌黏液，覆盖于上皮的游离面。黏液与上皮细胞之间的紧密连接组成胃黏膜屏障，能阻止胃液中的盐酸与胃蛋白酶对黏膜自身的消化。

（2）固有层　内有大量管状的胃腺。根据结构与分布部位的不同，胃腺可分为贲门腺、幽门腺与胃底腺。

贲门腺和幽门腺分别位于贲门部和幽门部的固有层内，分泌黏液和溶菌酶。幽门腺还有内分泌功能的 G 细胞，产生胃泌素。

胃底腺位于胃底与胃体部的固有层内，是分泌胃液的主要腺体。它主要由三种细胞组成：

①壁细胞：又称泌酸细胞，可合成和分泌盐酸及内因子。盐酸具有杀菌作用，并能激活胃蛋白酶原转变成胃蛋白酶。内因子与维生素 B_{12} 结合成复合物，以便回肠吸收维生素 B_{12}。若内因子缺乏，维生素 B_{12} 的吸收障碍，红细胞生成受阻，会出现恶性贫血。

②主细胞：又称胃酶细胞，可分泌胃蛋白酶原。胃蛋白酶原经盐酸激活转变成有活性的胃蛋白酶，在酸性环境下参与蛋白质的分解。

③颈黏液细胞：数量较少，分泌黏液。

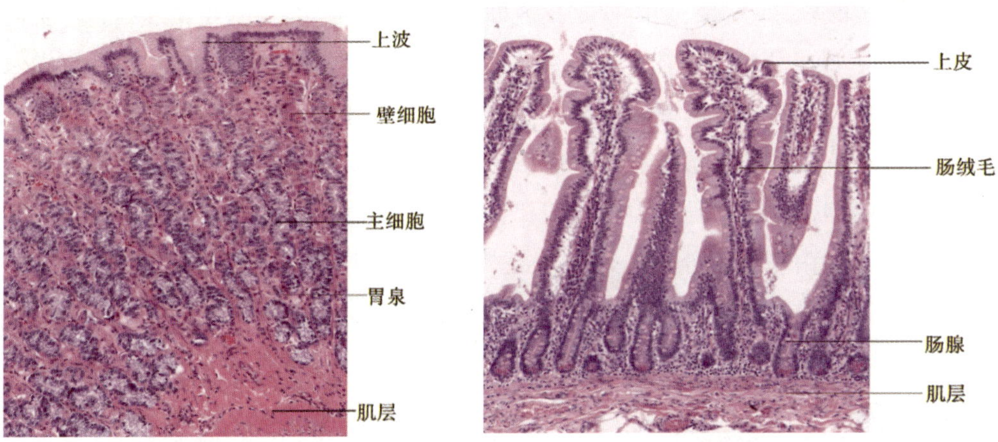

A. 胃的黏膜　　B. 空肠黏膜

图 3-2-13　胃黏膜和空肠黏膜的微细结构

2. 肌层

肌层较厚，可分为内斜、中环和外纵三层平滑肌。环行肌较发达，在幽门处增厚，形成幽门括约肌，它既能调节胃内容物进入小肠的速度，又可防止小肠内容物逆流入胃。

（三）胃内消化

食物在胃内的化学性消化是通过胃液作用实现的。胃液主要由胃腺分泌。

1 胃液的分泌

纯净的胃液是无色透明的酸性液体，pH 为 0.9 ~ 1.5，正常成人每日分泌量为 1.5 ~ 2.5 L。除水外，主要成分及作用如下：

（1）盐酸　又称胃酸，由泌酸腺中的壁细胞分泌。盐酸的主要生理作用有：①激活胃蛋白酶原，使其转变为有活性的胃蛋白酶；②为胃蛋白酶分解蛋白质提供适宜的酸性环境；③使食物中的蛋白质变性，易于分解；④杀死进入胃内的细菌；⑤盐酸进入小肠后，可促进胰液、胆汁和小肠液分泌；⑥进入小肠后有利于铁和钙的吸收。因此，盐酸分泌不足或缺乏，可引起腹胀、腹泻等消化不良症状。如果分泌过多，则会对胃和十二指肠造成侵蚀，可诱发溃疡病。

胃液中的盐酸以两种形式存在：一种是游离状态，称游离酸；另一种是与蛋白质结合为盐酸蛋白盐，称结合酸。胃液中游离酸占绝大部分。正常人空腹时盐酸的排出量称基础酸排出量，为 0 ~ 5 mmol/h。在食物或某些药物刺激下，盐酸排出量可明显增加，最大盐酸排出量可达 20 ~ 50 mmol/h。男性盐酸分泌率高于女性，50 岁以后分泌率有所下降。

胃液中 H^+ 的分泌是靠细胞顶膜上的质子泵，即 H^+，K^+-ATP 酶实现的。质子泵是一种镶嵌于膜内的转运蛋白，具有转运 H^+、K^+ 和水解 ATP 的功能，壁细胞利用 ATP 分解释放的能量将 H^+ 逆浓度差转运到胃腔内。现已证实，质子泵是各种因素引起的胃酸分泌的最后通路，因此抑制质子泵的药物（如奥美拉唑）在临床上已广泛用于治疗消化性溃疡。

（2）胃蛋白酶原　主要由泌酸腺的主细胞分泌，不具有活性。进入胃腔后，在盐酸和已被激活的胃蛋白酶的作用下，转变为有活性的胃蛋白酶。在酸性环境中，胃蛋白酶能使食物中的蛋白质水解，生成朊 、胨、少量多肽及氨基酸。胃蛋白酶作用的最适 pH 为 1.5 ~ 2.5，当 pH>5 时，胃蛋白酶活性消失。

（3）黏液与碳酸氢盐　黏液是由胃黏膜表面上皮细胞、泌酸腺的颈黏液细胞、贲门腺和幽门腺共同分泌的。主要成分是糖蛋白，覆盖在胃黏膜表面，形成厚约 500 μm 的凝胶样保护层，作用是减少粗糙食物对胃黏膜的机械性损伤。胃内的 HCO_3^- 主要由胃黏膜的上皮细胞分泌。

单独的黏液和碳酸氢盐都不能有效地保护胃黏膜，但二者联合作用则可构成黏液—碳酸氢盐屏障，能有效地保护胃黏膜不受胃腔内盐酸和胃蛋白酶的侵蚀。

（4）内因子　是由壁细胞分泌的一种糖蛋白，可与食物中的维生素 B_{12} 结合形成复合物，保护其不被肠道细菌所破坏，并促进回肠对维生素 B_{12} 的吸收。内因子缺乏时（如胃大部切除的患者），维生素 B_{12} 吸收障碍，影响红细胞成熟，引起巨幼红细胞性贫血。

拓展阅读

幽门螺杆菌与消化性溃疡

幽门螺杆菌是一种主要寄居于胃黏膜的革兰氏阴性菌，它与胃炎、胃溃疡等多种胃部疾病的发生密切相关。研究证实，90% 以上的十二指肠溃疡和 80% 以上的胃溃疡都是因幽门螺杆菌感染引起。

幽门螺杆菌的发现过程充满波折。1983 年，澳大利亚内科医生 Marshall 和病理学家 Warren 报道了可导致胃炎和胃溃疡的细菌——幽门螺杆菌（Hp）。但他们的观点却受到了同行的嘲笑讽刺，当时的医学界普遍认为没有细菌可以在胃液中存活。为了证明幽门螺杆菌和胃病的关系，马歇尔喝下了含有幽门螺杆菌的培养液，几天后就出现了胃痛、呕吐等症状，并通过胃镜证实胃炎和大量幽门螺杆菌存在。这才让幽门螺杆菌逐渐进入大众视野。2005 年，Marshall 和 Warren 也因为这一发现，获得了诺贝尔医学奖。

2. 胃的运动

食物在胃内的机械性消化是通过胃的运动来实现的。胃底和胃体前部称头区，运动较弱，主要作用是容纳食物。胃体远端和胃窦称尾区，运动较强，主要功能是进行机械性消化，并逐步将食糜排入十二指肠。

（1）胃运动的主要形式

1）紧张性收缩：指胃壁平滑肌常处于一定程度的持续收缩状态。其生理意义在于维持胃的正常位置和形态，并保持胃腔内具有一定的基础压力，促进胃液渗入食物进行化学性消化，是其他运动形式的基础。临床上出现的胃下垂或胃扩张，常与胃的紧张性收缩过度降低有关。

2）容受性舒张：咀嚼和吞咽时，食物刺激口、咽、食管等处的感受器，反射性地引起头区胃壁肌肉舒张，胃内容积增大，称容受性舒张。它能使胃容纳大量食物而胃内压无明显变化。

3）蠕动：胃的蠕动是在食物入胃后 5 分钟左右开始的。蠕动波始于胃的中部，以 3 次 / 分的频率向幽门方向推进。

胃蠕动的主要生理意义是：①磨碎固体食物；②搅拌食物，使之与胃液充分混合，以利于化学性消化；③推送食糜通过幽门进入十二指肠。

（2）胃排空及其控制

食糜由胃排入十二指肠的过程称为**胃排空**。食物入胃后 5 分钟左右开始排入十二指肠。胃排空的速度与食糜的物理性状和化学组成有关。一般来说，稀薄的、液态的食糜比黏稠、固态的食物排空快；颗粒小的比大块食物排空快；等渗液比非等渗液排空快。在三大主要营养物质中，糖类排空最快，蛋白质次之，脂肪类最慢。混合性食物由胃完全排空需 4 ~ 6 小时。胃排空的动力是胃的运动以及由此形成的胃与十二指肠之间的压力差。

胃排空速度受两个方面的因素控制：

1）胃内食物促进排空　胃内食物对胃壁的机械和化学刺激，可通过神经反射和体液因素调节，使胃运动加强，胃内压升高，从而促进胃排空。

2）十二指肠内因素抑制胃排空：进入十二指肠的酸、脂肪、高张溶液及食物对肠腔的机械扩张等均可刺激肠壁上的相应感受器，反射性地抑制胃运动，使胃排空减慢，这种反射称为肠—胃反射。酸和脂肪还可刺激小肠黏膜释放胰泌素、抑胃肽等多种激素来抑制胃排空。

（3）呕吐

呕吐是将胃及小肠上段内容物经口腔强力驱出的过程。呕吐中枢位于延髓，呕吐前常出现呼吸急促和心跳加快等症状。与呕吐有关的感受器位于舌根、咽部、胃、大小肠、胆总管、腹膜、泌尿生殖器官等部位。视觉或内耳前庭器官受到某种刺激，也可引起呕吐。颅内压增高时可直接刺激呕吐中枢，引起喷射性呕吐。呕吐是一种具有保护意义的反射活动，通过呕吐可把胃、肠内有害物质排出。因此，临床上对食物中毒的患者，可借助催吐的方法将胃内的毒物排出。但剧烈而频繁的呕吐，不但影响正常进食、消化和吸收，甚至会丢失大量的消化液，严重时可造成体内水、电解质和酸碱平衡紊乱。

五、小肠

小肠是消化管中最长的一段，长 5 ~ 7 m，是消化与吸收的主要场所。它上起幽门，下连盲肠，自上向下依次分为十二指肠、空肠和回肠。

（一）小肠的结构

1. 十二指肠

十二指肠为小肠的起始段，长约 25 cm，呈“C”形从右侧包绕胰头，紧贴腹后壁。十二指肠可分为四部分（图 3-2-14）。

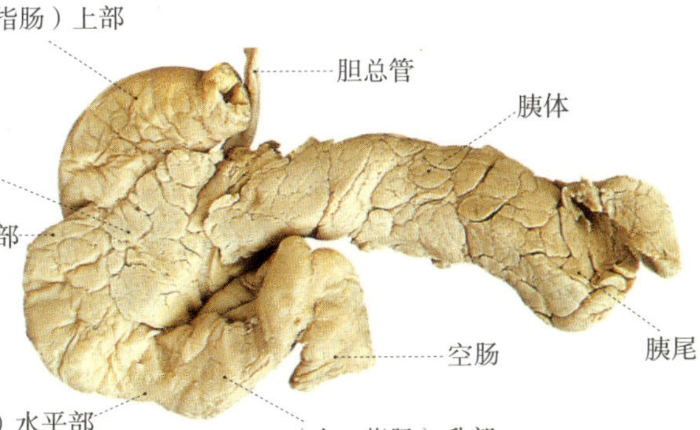

图 3-2-14　胆道、十二指肠和胰（前面观）

（1）上部　在第 1 腰椎体的右

侧起自幽门，斜向右上方至肝门下方急转向下移行为降部。上部近幽门处肠壁较薄，黏膜光滑无皱襞，称十二指肠球，是十二指肠溃疡的好发部位。

（2）降部　在第1腰椎右侧下降，至第3腰椎体水平转向左接水平部。降部后内侧壁上有一纵行黏膜皱襞，称十二指肠纵襞，其下方圆形隆起称十二指肠大乳头，是胆总管和胰管的共同开口处。十二指肠大乳头距中切牙约75 cm。

（3）水平部　在第3腰椎平面横向左，跨过下腔静脉至腹主动脉前方与升部相连，肠系膜上动、静脉紧贴该部前方。

（4）升部　自第3腰椎左侧上升，至第2腰椎体左侧急转向前下方，形成十二指肠空肠曲，续为空肠。十二指肠空肠曲被十二指肠悬肌固定于腹后壁。十二指肠悬肌和包绕其下段的腹膜皱襞共同构成十二指肠悬韧带，又称Treitz韧带，手术时可作为确认空肠起始部的标志。

2. 空、回肠

空肠上端接十二指肠，回肠下端连盲肠，在腹腔的中下部迂回盘曲形成肠袢。空、回肠均由系膜连于腹后壁，有较大的活动度。空、回肠之间无明显界限，空肠占全长近侧2/5，位于腹腔左上，管径粗、管壁厚、血液循环丰富、颜色红润、黏膜皱襞高而密集；回肠占全长远侧3/5，位于腹腔右下，管径细、管壁薄、血管少、颜色灰暗、黏膜皱襞低平而稀疏。

3. 小肠壁的微细结构

小肠管壁均由黏膜、黏膜下层、肌层和浆膜组成。其结构特点主要是管壁腔面有环形皱襞和肠绒毛，固有层内有肠腺和淋巴组织（图3-2-13）。

（1）环形皱襞　小肠的腔面，除十二指肠球和回肠末端外，其余各部分均有环形皱襞，由黏膜和黏膜下层向腔内凸出而成，在十二指肠远端与空肠近端最明显。

（2）肠绒毛　小肠黏膜表面有许多细小的指状凸起，称**肠绒毛**，由黏膜上皮和固有层向肠腔内突出而成的，是小肠黏膜特有的结构。

1）上皮：为单层柱状上皮，由吸收细胞和杯状细胞组成。吸收细胞数量多，细胞呈高柱状，核椭圆形，位于细胞基底部；细胞游离面有明显的纹状缘，它由许多排列紧密而整齐的微绒毛组成。环形皱襞、肠绒毛和微绒毛可扩大小肠的表面积，有利于小肠的吸收功能。杯状细胞分散于吸收细胞之间，分泌黏液；黏液附于上皮表面，有润滑与保护作用。

2）固有层：由结缔组织组成，形成肠绒毛中轴，中央有1～2条纵行毛细淋巴管，称中央乳糜管。中央乳糜管周围有丰富的毛细血管网，毛细血管的内皮有孔，有利于物质的通过。

（3）肠腺

相邻肠绒毛基部的上皮下陷至固有层内，形成管状肠腺，开口于相邻肠绒毛之间。肠绒毛和肠腺的上皮相连续。

十二指肠的黏膜下层内有十二指肠腺。腺导管穿黏膜肌层，开口于肠腺底部。该腺分泌碱性黏液，保护十二指肠黏膜免受酸性胃液的侵蚀。

4. 淋巴组织

固有层富有淋巴组织，包括淋巴小结与弥散淋巴组织。空肠的淋巴小结较少，回肠的淋巴小结发达，多聚集成集合淋巴小结，是小肠重要的防御结构。

（二）小肠内消化

小肠内消化是整个消化过程中最重要最主要的阶段。在这里，食糜经过小肠运动的机械性消化，胰液、胆汁和小肠液的化学性消化，整个消化过程基本完成，未被消化的食物残渣进入大肠参与粪便的形成。

1. 小肠液的分泌

小肠内有两种腺体，即十二指肠腺和小肠腺。十二指肠腺分泌含黏蛋白的碱性黏稠液体，可防止胃酸对十二指肠上皮的侵蚀。小肠腺的分泌物构成了小肠液的主要部分。

小肠液是弱碱性液体，pH 约为 7.6，渗透压和血浆相等。分泌量大，成年人每日分泌量为 1 ~ 3 L。其成分除水和无机盐外，还有肠激酶和黏蛋白。小肠液可保护十二指肠黏膜免受胃酸的侵蚀；有利于小肠内的水分及营养物质的吸收；肠激酶可激活胰液中的胰蛋白酶原，有利于蛋白质的消化。

2. 小肠的运动

小肠的运动功能是继续研磨食糜，并与小肠内消化液充分混合，与肠黏膜广泛接触，有利于营养物质的吸收，同时从小肠上段向下段推进食糜。

（1）紧张性收缩　紧张性收缩是小肠进行其他运动形式的基础。它在进餐后增强，有利于肠内容物的混合与推进，也有利于吸收。

（2）分节运动　分节运动是一种以环行肌为主的节律性收缩和舒张运动。分节运动的作用是：①将食糜与消化液充分混合，以便于消化酶对食物进行消化；②使食糜与肠壁紧密接触，为吸收创造有利条件；③挤压肠壁促进血液和淋巴回流，以利于吸收。

（3）蠕动　小肠的任何部位均可发生蠕动，可将食糜向大肠方向推进，其速度为 0.5 ~ 2.0 cm/s。小肠蠕动波很弱，通常只推进约数厘米后即消失。蠕动 的意义在于使分节运动作用后的食糜向前推进，到达一个新的节段后再开始分节运动。

在小肠还常可见一种推进速度快（2 ~ 25 cm/s）、传播距离较远的蠕动，称**蠕动冲**。它可将食糜从小肠的始端一直推送到末端，有时还可推送到大肠。蠕动冲可能是由吞咽动作或食糜刺激十二指肠所引起的。

六、大肠

大肠全长约 1.5 m，起自回肠末端，终于肛门。可分为盲肠、阑尾、结肠、直肠和肛管五部分。

盲肠和结肠有三个特征性结构，即结肠带、结肠袋和肠脂垂。结肠带有三条，由肠壁的纵行平滑肌增厚而成，沿肠管的纵轴排列，汇于阑尾根部。结肠袋是肠壁呈囊袋状向外膨出的部分。肠脂垂是沿结肠带分布的大、小不等的脂肪突起（图 3–2–15）。结肠带、结肠袋和肠脂垂是肉眼区分大肠和小肠的特征性结构。

（一）大肠的结构

1. 盲肠和阑尾

盲肠是大肠的起始段，长 6 ~ 8 cm，呈囊袋状，位于右髂窝内。回肠末端突入盲肠左侧壁开口于盲肠，在开口处形成上、下两片唇状黏膜皱襞称回盲瓣，此瓣既可控制小肠内容物过快进入盲肠，又可防止大肠内容物逆流到回肠。在回盲瓣下方约 2 cm 处，有阑尾的开口（图 3-2-16）。

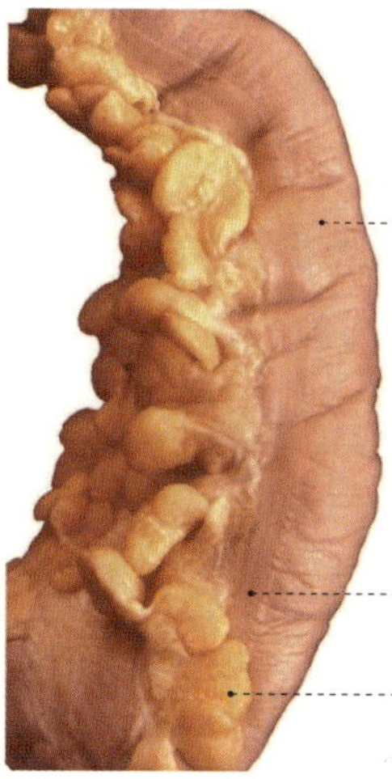

图 3-2-15　结肠的特征

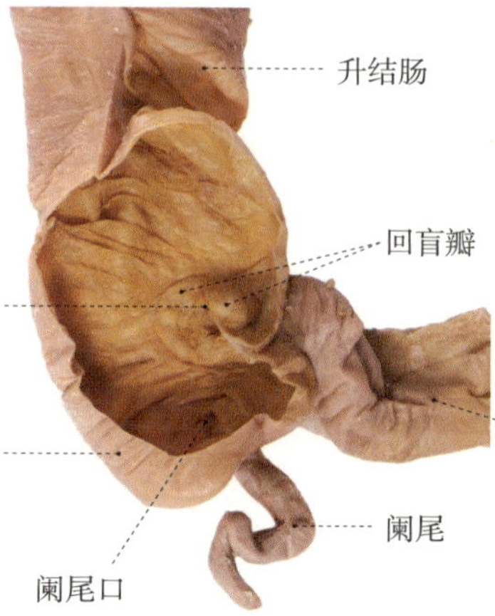

图 3-2-16　盲肠和阑尾

阑尾长 6 ~ 8 cm，是一蚓状突起。多位于右髂窝内（图 3-2-17），其末端游离，位置变异较大，但其根部位置固定，位于三条结肠带汇集处。手术时可沿结肠带向下寻找阑尾。

阑尾根部的体表投影称麦氏点（McBurney 点），在脐与右髂前上棘连线的中、外 1/3 交点处。急性阑尾炎时，此处常有明显的压痛、反跳痛，有一定诊断价值。

2. 结肠

结肠围绕在空、回肠周围，可分为升结肠、横结肠、降结肠和乙状结肠四部分（图 3-2-18）。

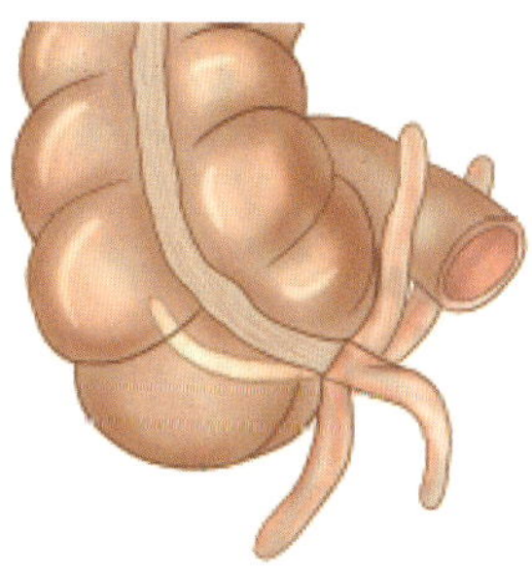

图 3-2-17　阑尾的位置

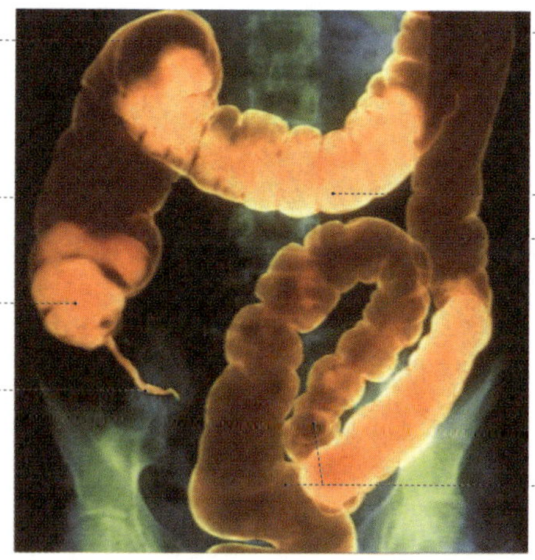

图 3-2-18　大肠

升结肠直接续于盲肠，在右腹外侧区上升至肝右叶下方，转向左形成结肠右曲（或称肝曲），移行为横结肠。

横结肠起自结肠右曲，向左横行至脾的下方转折向下，形成结肠左曲（或称脾曲）与降结肠相连。横结肠借横结肠系膜连于腹后壁，活动度较大，常呈弓形下垂。

降结肠起自结肠左曲，沿左侧腹后壁下降，至左髂窝处移行为乙状结肠。

乙状结肠在左髂窝内，呈“乙”形弯曲，至第 3 骶椎平面移行为直肠。乙状结肠借乙状结肠系膜连于骨盆侧壁，活动度较大。

3. 直肠

直肠位于盆腔后部，长 10 ~ 14 cm，在第 3 骶椎前方续自乙状结肠，沿骶、尾骨前方下行，穿盆膈移行为肛管。直肠并不直，在矢状面上有两个弯曲：骶曲位于骶骨前方，凸向后；会阴曲位于尾骨尖前方转向后下，凸向前。

直肠的下段肠腔膨大，称直肠壶腹，腔面有三个半月形皱襞，称直肠横襞。中间的直肠横襞最大且位置最为恒定，位于直肠右前壁，距肛门约 7 cm。临床上做直肠镜、乙状结肠镜检查时，应注意直肠的弯曲和横襞，以免损伤肠壁（图 3–2–19）。

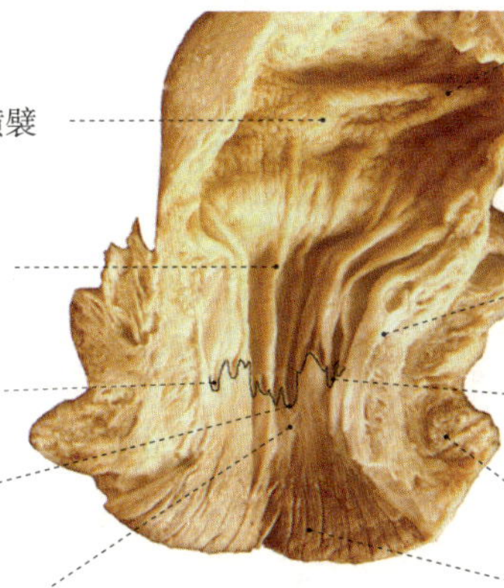

图 3–2–19　直肠和肛管内面观

4. 肛管

肛管是盆膈以下的消化管。上接直肠，末端终于肛门，长 3 ~ 4 cm（图 3–2–19）。肛管内面有 6 ~ 10 条纵行的黏膜皱襞，称肛柱。各肛柱下端相连的半月状黏膜皱襞称肛瓣。肛瓣与相邻的肛柱下端共同形成开口向上的小隐窝，称肛窦。窦内常有粪便积存，易发生感染，严重时可形成肛门周围脓肿或肛瘘。

各肛柱下端和肛瓣共同连成锯齿状的环形线，称齿状线，又称肛皮线；此线是皮肤与黏膜的分界线。肛管黏膜下组织和皮下组织有丰富的静脉丛，病理情况下静脉丛可曲张突起形成痔。发生在齿状线以上的痔称内痔，齿状线以下的痔称外痔。在齿状线下方有约 1 cm 宽的环形带，表面光滑，称肛梳或痔环。肛梳下缘距肛门约 1.5 cm 处有一浅沟，称白线，此线在肛门内、外括约肌的分界处。在肛管周围有肛门内、外括约肌围绕。肛门内括约肌由直肠壁环行平滑肌增厚而成，有协助排便的作用；肛门外括约肌由骨骼肌构成，有括约肛门和控制排便的作用。

（二）大肠内消化

人类的大肠内没有重要的消化活动。大肠的主要作用是吸收水和电解质，参与机体对水、电解质平衡的调节；吸收由结肠内细菌合成的维生素 B 复合物和维生素 K；完成对食物残渣的加工，形成并暂时贮存粪便。

1. 大肠液的分泌及大肠内细菌的作用

大肠液是由大肠腺和大肠黏膜杯状细胞分泌的。大肠液的主要成分是黏液和碳酸氢盐，pH 8.3 ~ 8.4。大肠液的主要作用在于其中的黏蛋白能保护肠黏膜和润滑粪便。

大肠内有许多来自食物和空气中的细菌，大肠内的环境适宜细菌的生长繁殖。细菌对糖及脂肪的分解称为发酵，对蛋白质的分解称为腐败，能产生大量有害的分解产物，随粪便或气体排出体外，少量由肠壁吸收后到肝进行解毒。若消化不良或便秘时，有害物质不能及时清除，被吸收入血太多，会损害肝脏功能。

大肠内正常菌群能抑制致病菌的生长，因此，长期大量使用肠道抗生素会导致菌群失调而致疾病。

2. 大肠的运动

（1）袋状往返运动　这种运动在空腹时最多见。是由环行肌不规则的收缩引起的。它使结肠袋中的内容物向两个方向作短距离的位移，但并不向前推进，只是进行缓慢的揉搓，能促进水分的充分吸收。

（2）分节推进运动或多袋推进运动　一个结肠袋的内容物被推送到下一邻近肠段的运动，称为分节推进运动；一段结肠上同时发生较多袋状收缩，并将其内容物向下推移，称为多袋推进运动。进食后增强。

（3）蠕动　大肠的蠕动是由一些稳定向前的收缩波所组成的。另还有一种进行很快且前进很远的蠕动，称为集团蠕动。通常开始于横结肠，能将一部分大肠内容物推送至降结肠或乙状结肠。集团蠕动常见于进餐后，可能是胃内容物进入十二指肠，由十二指肠—结肠反射所引起。

3. 排便反射

一般情况下直肠内没有粪便，当肠的蠕动将粪便推入直肠时，会刺激直肠壁内的感受器使之兴奋，兴奋经盆神经和腹下神经中的传入神经传至脊髓腰骶部的初级排便中枢，同时上传到大脑皮质，引起便意。如果条件不许可，大脑皮质将发出抑制性的传出冲动，抑制排便；如果条件许可，大脑皮质发出兴奋性的传出冲动，使初级排便中枢兴奋，兴奋经盆神经传出，使降结肠、乙状结肠和直肠收缩，肛门内括约肌舒张，同时，阴部神经的传出冲动减少，肛门外括约肌也舒张，粪便排出体外。另外，排便时，腹肌和膈肌收缩以增加腹压，促进排便。

点燃思考

为什么老年人容易大便失禁？

七、消化道的吸收功能

（一）营养物质吸收的部位

口腔黏膜仅吸收硝酸甘油等少数药物，食物在食管内基本不被吸收，胃内食物的吸收很少，仅能吸收酒精和少量水分，大肠一般只能吸收水分和无机盐，小肠是吸收的主要部位。一般认为，糖类、蛋白质和脂肪的消化产物大部分是在十二指肠和空肠吸收的。回肠具有主动吸收胆盐和维生素 B_{12} 的作用。

（二）主要营养物质的吸收

1. 糖的吸收

糖类只有分解为单糖后才能被吸收。肠管中的单糖主要是葡萄糖，其次是半乳糖和果糖。单糖的吸收是一种继发性主动转运过程，需要 Na^+ 泵提供能量。糖被吸收后经毛细血管进入血液。

2. 蛋白质的吸收

食物中的蛋白质经消化分解为氨基酸后，几乎全部被小肠吸收通过毛细血管进入血液。氨基酸的吸收过程与葡萄糖吸收相似，属于继发性主动转运。

3. 脂肪的吸收

脂肪消化后形成脂肪酸、甘油一酯、甘油等，并与胆盐形成混合微胶粒通过覆盖在小肠绒毛表面的静水层到达微绒毛。在这里甘油一酯、脂肪酸和胆固醇又逐渐地从混合微胶粒中释出，并透过微绒毛的脂蛋白膜进入黏膜细胞，胆盐留在肠腔内被重新利用。长链脂肪酸及甘油一酯进入细胞后，在肠上皮细胞的内质网中大部分被重新合成甘油三酯，并与细胞中生成的载脂蛋白形成乳糜微粒。乳糜微粒随即进入高尔基复合体中，被包裹在囊泡内，最后以胞吐的方式离开上皮细胞，进入细胞间隙，扩散入淋巴。中、短链甘油三酯水解产生的脂肪酸和甘油一酯，可直接进入肝门静脉而不进入淋巴。由于膳食中的动、植物油中含长链脂肪酸多，所以脂肪的吸收途径以淋巴为主。

拓展阅读

微型侦察兵——磁控胶囊内镜

磁控胶囊内镜检查是一种先进的无创胃肠道检查技术。主要由胶囊内镜、体外磁场控制装置、图像接收和处理系统三部分组成。胶囊内镜体积小巧，内置有摄像头、光源、电池、无线传输等微型装置，如同一个微型的“侦察兵”，能深入胃肠道内部进行“探秘”。患者检查前需禁食 6 ～ 8 小时，随后吞服胶囊内镜，随着胃肠道的蠕动内镜会在消化道内移动，同时对胃肠道内部进行拍摄，所拍摄的图像无线实时传输至图像接收器。医生通过图像分析软件进行观察和分析，从而了解胃肠道内是否存在炎症、溃疡、息肉、肿瘤等病变。该检查无创无痛，适用于对传统胃肠镜检查有恐惧心理或因身体原因（如年老体弱、心肺功能不佳等）不能耐受传统胃肠镜检查的患者。但是，磁控胶囊内镜检查并非适用于所有人，它存在严格的禁忌证，例如胃肠道梗阻、狭窄或瘘管形成，因为胶囊可能无法顺利通过这些部位，导致消化道堵塞。

任务二　认识消化腺

案例导入

李大爷，75 岁，有高血压史。近日无诱因右上腹剧痛，向右肩放射，伴恶心呕吐。体检：右上腹压痛，墨非征阳性。血常规白细胞和中性粒细胞升高，B 超显示胆囊增大、壁增厚、有结石。诊断为慢性胆囊炎急性发作伴胆囊结石。入院后先禁食、胃肠减压，给予药物抗感染、解痉止痛。病情稳定后行腹腔镜胆囊切除术，术后恢复良好，遂出院回家中休养。

任务描述

1. 照护员帮助解释为胆囊病变为何出现右上腹疼痛？
2. 照护员帮助李大爷制订术后饮食照护计划。

知识殿堂

扫一扫

扫码查看课件。

一、肝

肝是人体内最大的腺体。肝不仅能分泌胆汁，参与食物的消化，还具有解毒、代谢、储存、防御和造血等功能。

（一）肝的形态和位置

肝呈红褐色，质软而脆，受暴力冲击易破裂出血。肝似楔形，分上、下两面和前、后两缘（图 3-2-20）。肝上面隆凸，与膈相贴，称膈面；借矢状位的镰状韧带分为肝左叶和肝右叶。肝膈面后部无腹膜覆盖的部分，称肝裸区。肝下面凹凸不平，与腹腔脏器相邻，称脏面。脏面有呈“H”形的三条沟，其正中的横沟称**肝门**，是左右肝管、肝门静脉、肝固有动脉、神经、淋巴管等出入肝的部位。出入肝门的结构被结缔组织包绕，形成**肝蒂**。左纵沟前部有肝圆韧带，后部有静脉韧带。右纵沟前部为胆囊窝，容纳胆囊；后部为腔静脉沟，有下腔静脉通过。肝的脏面被“H”形的沟分为四叶：右纵沟右侧为肝右叶，左纵沟左侧为肝左叶，左、右纵沟之间横沟之前称方叶，横沟后方为尾状叶。

肝大部分位于右季肋区及腹上区，小部分位于左季肋区。肝大部分被肋弓遮盖，在腹上区左、右肋弓间的部分直接和腹前壁相贴。

肝的上界与膈穹隆一致。其最高点在右侧相当于右锁骨中线和右第 5 肋的交点处；左侧略低，相当于左锁骨中线和左第 5 肋间隙的交点处。肝的下界，右侧部和右肋弓一致，在腹上区肝下界可达剑突下方 3 ~ 5 cm。7 岁以下的儿童，肝下界可超出右肋弓下缘 2 cm 以内；7 岁以后肝下界接近成人。肝的位置随膈的运动上、下移动，平静呼吸时肝可上、下移动 2 ~ 3 cm。

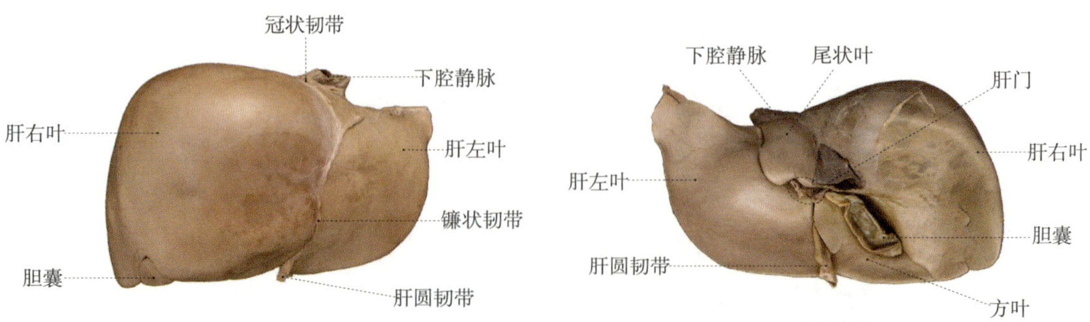

A. 膈面观　　B. 脏面观

图 3-2-20　肝的形态（膈面和脏面）

（二）肝的微细结构

肝表面被覆致密结缔组织被膜，并富有弹性纤维。肝门处的结缔组织随血管、肝管的分支伸入肝实质，将实质分隔成许多肝小叶（图 3–2–21）。

1．肝小叶

肝小叶是肝的基本结构和功能单位，呈多面棱柱状，主要由肝细胞组成。人的肝小叶间结缔组织较少，小叶分界不明显。每个肝小叶的中央有一条中央静脉，肝板、肝血窦等结构以中央静脉为中心，呈放射状排列，共同组成肝小叶的复杂立体构型（图 3–2–21）。

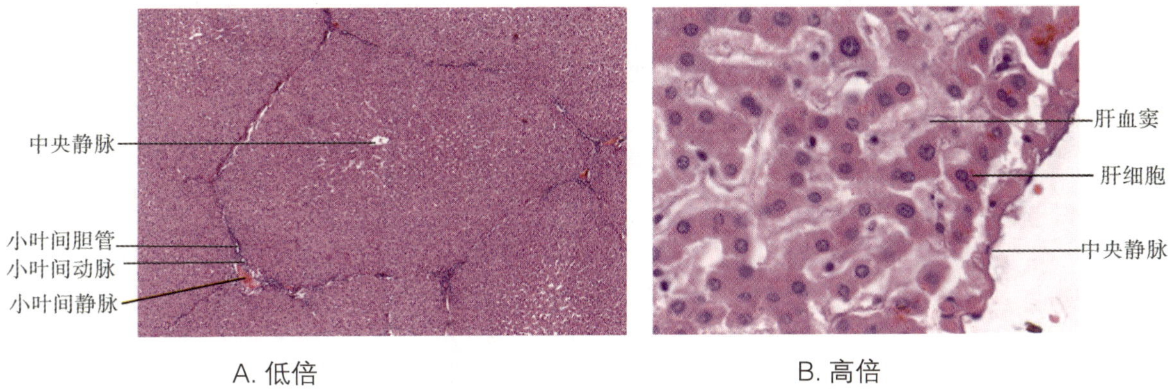

图 3–2–21　肝的微细结构

（1）中央静脉　位于肝小叶中央，由许多肝血窦汇集而成，管壁不完整，肝血窦中的血液均流入中央静脉。

（2）肝板　由肝细胞单行排列形成有孔的板状结构，称肝板。肝板以中央静脉为中心，呈放射状排列，并相互吻合连成网状。在肝切面中，肝板呈条索状，又称肝索。

肝细胞是构成肝实质的主要成分。肝细胞能合成多种血浆蛋白质，如纤维蛋白原、白蛋白和凝血酶原等；合成胆汁，参与脂类、糖、激素代谢及解毒等功能。

（3）肝血窦　位于肝板之间，窦腔大而不规则，相互吻合成网，其内充满血液（图 3–2–21）。窦壁主要由内皮细胞构成，细胞有孔，细胞之间有较大的间隙，内皮外无基膜，上述结构有利于肝细胞和血液间的物质交换。血窦内还有肝巨噬细胞（库普弗细胞），该细胞可清除由胃肠道进入门静脉内的细菌、病毒和异物，也可吞噬衰老的红细胞，还能处理抗原，参与免疫应答。血窦内的血液来自肝门静脉和肝固有动脉，血液从肝小叶周边经血窦汇入中央静脉。

（4）窦周隙　又称 Disse 间隙，是肝血窦内皮细胞与肝细胞之间的狭窄间隙，宽约 0.4 μm，其内充满从血窦内渗出的血浆；肝细胞的微绒毛伸入其中，有利于肝细胞与血液之间进行物质交换。

（5）胆小管　是相邻肝细胞之间质膜局部凹陷形成的微细管道。胆小管周围相邻的肝细胞膜形成紧密连接，封闭胆小管腔，可阻止胆汁外溢入窦周隙。胆小管位于肝板内，互相通连成网状，从肝小叶中央向周边走行。当肝的病变引起肝细胞的紧密连接遭到破坏时，胆汁可经肝细胞之间的间隙，溢入窦周隙和肝血窦而入血，导致黄疸。

综上所述，每个肝细胞均具有三种邻接面：相邻肝细胞的连接面；通过窦周隙与肝血窦进行物质交换的肝血窦面；局部肝细胞膜还特化形成胆小管，称胆小管面。肝细胞通过这三种邻接面实现其多种多样的功能。

2．肝门管区

在相邻几个肝小叶之间的区域，结缔组织较多，内有肝固有动脉的分支称小叶间动脉，肝门静脉的分支称小叶间静脉，以及胆小管汇集而成的小叶间胆管，此区称**肝门管区**。小叶间动脉管径细、管壁厚，内皮细胞外有数层环行平滑肌围绕；小叶间静脉管腔大而不规则、管壁薄；小叶间胆管的管径细，管壁为单层立方上皮（图 3-2-21）。

（三）肝的血液循环

肝的血液供应丰富，有两套血管入肝：肝门静脉是肝的功能性血管；肝固有动脉是肝的营养性血管。出肝的血管是肝静脉，汇入下腔静脉（图 3-2-22）。

功能性血管：肝门静脉 → 小叶间静脉 ↘

肝血窦 → 中央静脉 → 小叶下静脉 → 肝静脉 → 下腔静脉

营养性血管：肝固有动脉 → 小叶间动脉 ↗

图 3-2-22　肝的血液循环

（四）肝外胆道

肝外胆道系统包括胆囊，肝左、右管，肝总管和胆总管。

1．胆囊

胆囊位于肝脏面的胆囊窝内，上面借结缔组织和肝相连，下面游离与横结肠的起始部和十二指肠上部相邻。胆囊容积为 40 ~ 60 mL，具有贮存和浓缩胆汁的功能。胆囊呈梨形，分为底、体、颈、管四部分。前端钝圆称胆囊底，常露出于肝的前缘，与腹前壁相贴，其体表投影在右锁骨中线和右肋弓交点处的稍下方，胆囊炎时，此处常有明显的压痛；中间称胆囊体，是胆囊的主体；后端称胆囊颈，弯向下移行成胆囊管（图 3-2-23）。胆囊内衬黏膜，胆囊管和胆囊颈处黏膜呈螺旋状突入管腔，形成螺旋襞，有控制胆汁进出的作用，胆囊结石易嵌顿在此。

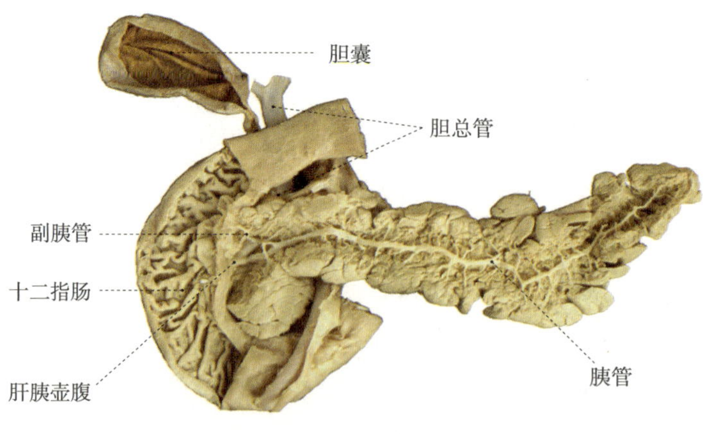

图 3-2-23　胆囊及输胆管道

2. 肝管与肝总管

肝左、右管出肝门后合成肝总管，肝总管下行与胆囊管汇合成胆总管。

3. 胆总管

胆总管长 4 ~ 8 cm，直径 0.6 ~ 0.8 cm。在肝十二指肠韧带游离缘内下行，经十二指肠上部后方，斜穿十二指肠降部与胰管汇合，形成肝胰壶腹（Vater 壶腹），开口于十二指肠大乳头。在肝胰壶腹周围有增厚的环行平滑肌，称肝胰壶腹括约肌（Oddi 括约肌）。肝胰壶腹括约肌的收缩与舒张，可控制胆汁和胰液的排出。

胆汁由肝细胞分泌排出至十二指肠腔的途径如下（图 3-2-24）：

肝细胞分泌胆汁→胆小管→小叶间胆管→肝左、右管→胆总管→肝胰壶腹→十二指肠

（胆囊↑胆总管）

图 3-2-24　胆汁的产生与排出途径

（五）胆汁的分泌和功能

胆汁由肝细胞分泌，在消化期，胆汁经肝管、胆总管直接排入十二指肠；在非消化期，胆汁经胆囊管进入胆囊储存。

1. 胆汁的性质和成分

胆汁是较黏稠且味苦的有色液体。肝脏分泌的胆汁称肝胆汁，为金黄色或橘棕色，pH 7.4；胆囊贮存的胆汁称胆囊胆汁，因被浓缩颜色变深，呈弱酸性，pH 6.8。每日分泌量为 0.8 ~ 1.0 L。

胆汁的成分较为复杂，除水、Na^+、K^+、Ca^{2+} 和 HCO^{3-} 等无机成分外，有机成分主要有胆汁酸和胆色素，以及少量胆固醇、卵磷脂等，不含消化酶。

2. 胆汁的作用

胆汁对脂肪的消化和吸收有重要作用，主要是胆盐和胆汁酸的作用。

胆汁的主要作用有：①乳化脂肪；②帮助脂肪吸收；③促进了脂溶性维生素 A、D、E、K 的吸收；④胆盐在小肠内被吸收后可直接刺激肝细胞分泌胆汁，称为胆盐的利胆作用。因此，胆盐还是促进胆汁自身分泌的体液因素。

拓展阅读

胆道系统的不速之客——胆结石

胆结石又称胆石症，是指胆道系统包括胆囊或胆管内发生结石的疾病。本病主要见于成年人，女性常见，男女比例约为 1∶3。结石在胆囊或胆管内形成后，小的如沙粒，大的像桃核，数量可以从一颗到成百上千颗。这些结石不仅刺激胆囊黏膜，引起胆囊的慢性炎症，而且当结石嵌顿在胆囊颈或胆囊管后，还可引起继发感染以及胆绞痛。

长期高胆固醇、高脂肪、低纤维饮食是胆石症的重要诱因；肥胖人群胆汁中胆固醇分泌增加，也为胆石症的发生创造了条件；老年人的胆囊功能逐渐下降，胆囊壁增厚、弹性降低，胆囊收缩能力减弱，胆汁排空时间延长，胆汁容易在胆囊内淤积，亦增加了胆石症的发病风险。

二、胰

胰是人体第二大腺体，由内分泌部和外分泌部两部分组成，具有消化和参与调节糖代谢的功能。

（一）胰的形态和位置

胰位于胃的后方，在第1、2腰椎水平横贴于腹后壁，其前面被有腹膜，是腹膜外位器官。由于胰的位置较深，前方有横结肠、大网膜和胃等掩盖，故胰病变时，早期腹壁体征常不明显，从而加大了早期诊断的难度。

胰质地软，色灰红，可分为胰头、胰体和胰尾三部分（图3-2-14）。其右端膨大被十二指肠所包绕，称胰头；中间部呈棱柱状，称胰体；末端较细，伸向脾门，称胰尾。在胰实质内，有一条纵贯全长的输出管，称胰管，它沿途收集各级小管，输送胰液，与胆总管汇合后，共同开口于十二指肠大乳头。

（二）胰的微细结构

胰的实质由外分泌部和内分泌部两部分组成（图3-2-25）。

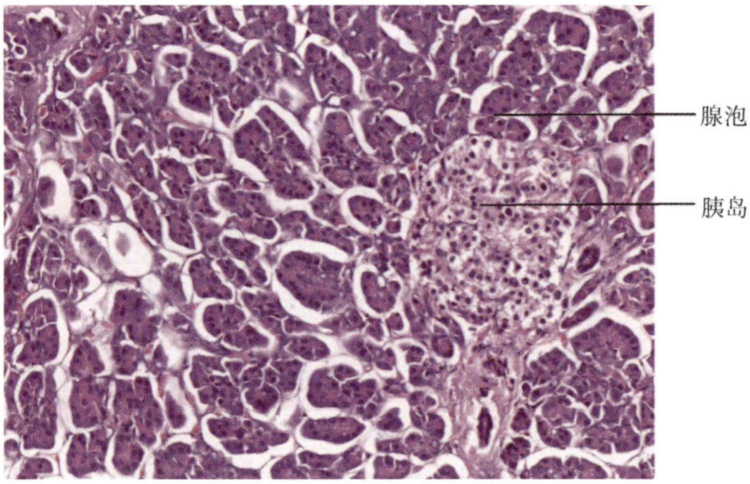

图3-2-25 胰的微细结构

1. 外分泌部

外分泌部占胰的大部分，包括腺泡和导管。腺泡由浆液性腺细胞构成，细胞呈锥体形，细胞核圆，居于基底部。导管起自腺泡腔，逐级汇合形成胰管。外分泌部分泌胰液，含有胰蛋白酶、胰脂肪酶、胰淀粉酶和核糖核酸酶等多种消化酶，排入十二指肠，参与蛋白质、脂肪和糖的消化。

2. 内分泌部

内分泌部又称**胰岛**，是散在于腺泡之间、大小不等的内分泌细胞团。胰岛主要有A、B、D 3种内分泌细胞。在HE染色标本中不易区分，应用特殊染色法可显示。A细胞多分布于胰岛外周，分泌胰高血糖素，能促进糖原分解为葡萄糖并抑制糖原合成，使血糖升高。B细胞数量较多，多位于胰岛中央，分泌胰岛素，可促进糖原合成和葡萄糖分解，使血糖浓度降低。D细胞数量较少，分泌生长抑素，调节A、B细胞的分泌功能。

点燃思考

从生理衰老和生活方式变化两个方面思考，为什么老年人高血糖更常见?

（三）胰液的成分和功能

胰液是无色的碱性液体，pH 7.8 ～ 8.4，每日分泌量为 1 ～ 2 L。

1. 胰液的无机物成分和作用

胰液中 HCO_3^- 的含量为血浆 HCO_3^- 浓度的 4 倍，主要由胰腺小导管上皮细胞分泌，主要作用是中和进入十二指肠的胃酸，保护肠黏膜免受酸的侵蚀；同时也为小肠内的多种消化酶提供适宜的 pH 环境。

2. 胰液的有机物成分和作用

胰液中的有机物主要是多种消化酶，由腺泡细胞分泌。主要有：

（1）胰淀粉酶　可将淀粉水解为麦芽糖、麦芽寡糖和糊精。

（2）胰脂肪酶　在有辅脂酶存在的前提下，可将甘油三酯分解为脂肪酸、甘油一酯和甘油。

（3）蛋白水解酶　主要有胰蛋白酶、糜蛋白酶两种，它们都是以无活性的酶原形式存在于胰液中。小肠液中的肠激酶可将无活性的胰蛋白酶原激活，变为有活性的胰蛋白酶。此外，胃酸、胰蛋白酶本身，以及组织液也能激活胰蛋白酶原。糜蛋白酶原在胰蛋白酶的激活下转变为有活性的糜蛋白酶。胰蛋白酶与糜蛋白酶作用很相似，都能将蛋白质水解成际和胨，当二者共同作用于蛋白质时，能将蛋白质分解成小分子多肽和氨基酸。

胰液是最重要、消化能力最强的消化液。当胰液分泌缺乏时，食物中的脂肪和蛋白质不能被完全消化吸收。

任务三　了解消化活动的调节方式

一、神经调节

消化系统中除了口腔、咽、食管上端和肛门外括约肌为骨骼肌，受躯体神经支配外，其余器官均受自主神经系统的交感神经和副交感神经双重支配。交感神经抑制消化器官的活动，表现为胃肠运动减弱、消化腺分泌减少、括约肌收缩；而副交感神经则兴奋消化器官的活动，表现为胃肠运动增强、消化腺分泌增加、括约肌舒张。机体对消化器官活动的调节是通过各种反射活动完成的。在消化器官的活动中，以副交感神经的影响更大。

拓展阅读

神奇的肠脑：人体的第二大脑

你知道吗？肚子里藏着一个“大脑”，称肠脑，学名为肠神经系统。它是分布在胃肠道壁内的神经丛，有 1 亿至 5 亿个神经元。

肠脑主要由肌间神经丛和黏膜下神经丛组成。前者调节胃肠运动，让食物顺利“旅行”；后者管理黏膜分泌、吸收和局部血流。它功能强大，自主消化，调控营养吸收，还是肠道免疫“卫士”。

肠脑和我们头部的大脑之间存在着紧密的联系，这就是“脑—肠轴”。肠道的状态会通过肠脑影响大脑的情绪和认知功能，大脑的情绪变化也会反过来影响肠道。比如，当我们压力大、焦虑的时候，常常会出现食欲不振、消化不良的情况；而肠道菌群失调时，也可能引发焦虑、抑郁等情绪问题。

点燃思考

为什么有些人一紧张就想拉肚子？

二、体液调节

胃肠黏膜内分布的内分泌细胞超过体内所有内分泌腺分泌细胞的总和，因此消化道可称为体内最大最复杂的内分泌器官。消化道黏膜内分泌细胞合成和分泌的激素，称为胃肠激素（属肽类物质），其中对消化器官功能影响较大的主要有促胃液素、促胰液素、缩胆囊素等。胃肠激素对消化器官的作用主要有3个方面：①调节消化腺的分泌和消化道的运动；②调节其他激素的释放（如抑胃肽有促进胰岛素分泌的作用）；③营养作用，指一些胃肠激素具有促进消化道组织的代谢和生长的作用。

此外，许多胃肠激素不仅存在于消化道黏膜内，还存在于中枢神经系统中，如生长抑素等。这些具有双重分布的肽类物质，统称为脑—肠肽。

任务四　认识腹膜

一、概述

腹膜是一层薄而光滑的浆膜，由间皮和结缔组织构成，呈半透明状，覆盖于腹、盆壁内面和腹、盆腔脏器表面。

衬于腹、盆壁内面的腹膜，称**壁腹膜**；贴覆于腹、盆腔脏器表面的腹膜，称**脏腹膜**。壁腹膜和脏腹膜相互延续、移行，围成潜在性浆膜腔隙，称**腹膜腔**。男性腹膜腔是一完全封闭的腔隙；女性腹膜腔借输卵管腹腔口，经输卵管、子宫、阴道和外界相通，从而增加了感染机会。

腹腔和腹膜腔的概念是不同的。腹腔是指盆膈以上由腹壁和膈围成的腔；腹膜腔是套在腹腔内脏、壁腹膜之间的腔隙，腹膜腔内有少量的浆液。腹腔内的器官均位于腹膜腔之外。

腹膜具有分泌、吸收、保护、支持、防御和修复等多种功能：①正常腹膜可分泌少量浆液，起润滑和减少脏器间摩擦的作用；②腹膜能吸收腹膜腔内的液体和空气等，上腹部腹膜吸收能力较强；③腹膜对脏器有支持和固定的作用；④腹膜腔的浆液中有大量的巨噬细胞和纤维素，能发挥防御及修复功能。

点燃思考

腹膜炎或腹部手术的患者为何多采取半卧位?

二、腹膜和盆腔脏器的关系

根据腹、盆腔器官被腹膜覆盖程度的不同，可将腹、盆腔器官分为三类（图 3-2-26）。

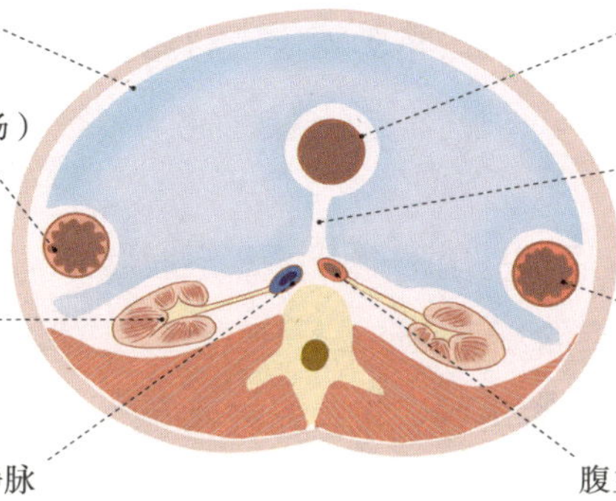

图 3-2-26　腹膜与器官的关系（横切面）

（一）腹膜内位器官

腹膜内位器官是指表面都被腹膜覆盖的器官。这类器官活动性较大，如胃、空肠、回肠、盲肠、阑尾、横结肠、乙状结肠、脾和输卵管等。

（二）腹膜间位器官

腹膜间位器官是指表面大部分或三面被腹膜覆盖的器官。这类器官活动性较小，如肝、胆囊、升结肠、降结肠、子宫和充盈的膀胱等。

（三）腹膜外位器官

腹膜外位器官是指仅一面被腹膜所覆盖的器官。这类器官位置固定，几乎不能活动。如肾、肾上腺、输尿管、胰、十二指肠降部和水平部及空虚的膀胱等。

三、腹膜形成的结构

腹膜从腹、盆壁内面移行至器官表面，或由一个器官移行于另一个器官时，形成了韧带、系膜、网膜和陷凹等结构（图 3-2-27）。

（一）韧带

韧带是连于腹、盆壁与器官之间或连接相邻器官之间的腹膜结构，对器官起固定作用。

1．肝的韧带

肝的上方有镰状韧带、冠状韧带和三角韧带。肝的下方有肝胃韧带和肝十二指肠韧带。镰状韧带是位于肝的膈面与膈之间呈矢状位的双层腹膜结构，其游离缘内含肝圆韧带。冠状韧带是膈与肝之间的呈冠状位腹膜结构，分前、

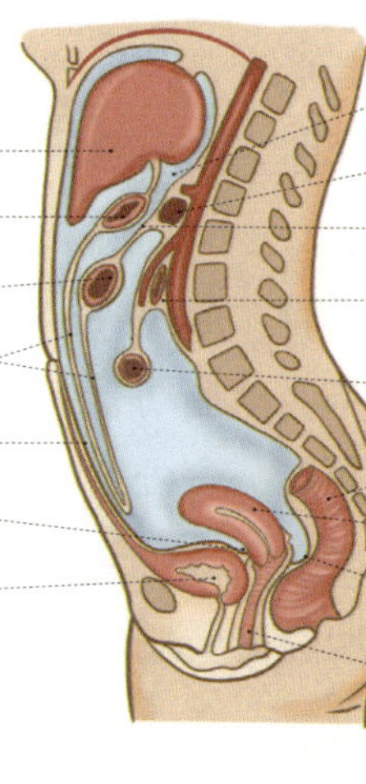

图 3-2-27　女性腹膜的配布（正中矢状切面）

后两层，两层之间无腹膜被覆的区域称为肝裸区。在冠状韧带的左、右两端，前、后两层相贴增厚，形成左、右三角韧带。

2. 脾的韧带

脾的韧带包括胃脾韧带和脾肾韧带。胃脾韧带是连于胃底和脾门间的双层腹膜结构。脾肾韧带为脾门连至左肾前面的双层腹膜结构。

（二）系膜

系膜是壁、脏腹膜相互延续移行形成的将肠管连于腹后壁的双层腹膜结构。两层腹膜间夹有血管、神经、淋巴管和淋巴结等。

1. 肠系膜

肠系膜是将空、回肠固定于腹后壁呈扇形展开的双层腹膜结构。其附着在腹后壁的部分称小肠系膜根，长约 15 cm，自第 2 腰椎的左侧斜向右下方，延至右骶髂关节的前方。肠系膜宽而长，因此空、回肠的活动性较大，易发生肠扭转、肠套叠等急腹症。

2. 阑尾系膜

阑尾系膜将阑尾连于肠系膜下方，呈三角形。其游离缘内有阑尾动、静脉通过。

3. 横结肠系膜

横结肠系膜是将横结肠连于腹后壁的双层腹膜结构，其根部自结肠右曲向左至结肠左曲。系膜中份较长，因此横结肠中份呈弓形悬垂状，活动性较大。

4. 乙状结肠系膜

乙状结肠系膜是将乙状结肠连于左下腹的双层腹膜结构。该系膜较长，故乙状结肠活动度也较大，易发生肠扭转。

（三）网膜

网膜包括小网膜和大网膜（图 3–2–27）。

1. 小网膜

小网膜是从肝门向下至胃小弯和十二指肠上部的双层腹膜结构，分为两部分。左侧部是连于肝门和胃小弯的部分称肝胃韧带，内有胃左、右血管，胃左、右淋巴结和胃的神经等。右侧部是连于肝门和十二指肠上部的部分，称肝十二指肠韧带，内有胆总管、肝固有动脉和肝门静脉等。小网膜右侧游离缘的后方为网膜孔，通过此孔可进入胃后方的网膜囊。

2. 大网膜

大网膜是连于胃大弯和横结肠之间的四层腹膜结构，形似围裙状垂于空、回肠和横结肠的前方。大网膜内有丰富的脂肪、血管和巨噬细胞等，具有重要的防御功能。当腹腔器官有炎症时，大网膜下垂部分可向病变处移动，将病灶包裹并粘连，以防止炎症扩散蔓延。因此腹部手术时，可根据大网膜移动情况来探查病变部位。小儿的大网膜较短，当有下腹部的炎症，如阑尾炎穿孔等，大网膜无法使炎症局限，因而易形成弥漫性腹膜炎。

3. 网膜囊

网膜囊是位于小网膜及胃后方的扁窄间隙，又称小腹膜腔。网膜囊经其右侧的网膜孔与腹膜腔的其他部分相通。网膜囊是一盲囊且位置较深，当胃后壁穿孔时，胃内容物先积聚在囊内，增加到一定量时，可经网膜孔进入腹膜腔的其他部分。给疾病的早期诊断带来一定困难。

（四）陷凹

陷凹主要位于盆腔内，是腹膜在盆腔脏器之间移行反折而成。男性在直肠与膀胱之间，有直肠膀胱陷凹。女性在膀胱与子宫之间有**膀胱子宫陷凹**，在直肠与子宫之间有**直肠子宫陷凹**，也称Douglas 腔。直肠子宫陷凹较深，与阴道后穹之间仅隔以薄层阴道后壁和腹膜（图 3-2-27）。站立或半卧位时，男性的直肠膀胱陷凹和女性的直肠子宫陷凹是腹膜腔最低部位，因此腹膜腔如有积液常聚积于这些陷凹内。

任务五　了解消化系统的衰老变化

一、消化系统结构的衰老变化

老年人牙齿缺失的情况较为常见，不仅影响食物的咀嚼效率，还会导致消化不良等问题；老年人唾液腺萎缩，唾液分泌量减少，减弱口腔对食物的初步消化作用且增加口腔疾病的发生风险，易出现口腔溃疡、口腔炎等疾病；老年人食管平滑肌萎缩，蠕动能力减弱，可能会出现吞咽困难；食管下段括约肌萎缩，可导致胃食管反流，引发烧心、反酸等症状；老年人胃黏膜变薄，腺体萎缩，胃酸和胃蛋白酶分泌减少，可出现胃胀、胃痛等消化不良症状；胃的弹性降低，容积相对减小，导致老年人每餐的进食量减少；小肠黏膜绒毛变短、稀疏，影响小肠对营养物质的吸收，肠系膜血管硬化，血流量减少，易出现营养不良等问题；直肠肌肉萎缩，排便反射减弱，老年人对排便的控制能力下降，易出现大便失禁等问题。

二、消化系统功能的衰老变化

随着年龄增长，老年人咀嚼能力下降，味觉减退，唾液分泌减少，胃酸、胃蛋白酶等消化液成分分泌减少，对蛋白质等食物的消化分解能力下降，易出现消化不良；老年人的吸收能力也会下降，对葡萄糖、氨基酸、脂肪酸、维生素、矿物质等营养物质的吸收减少，易出现营养不良、贫血、腹泻等问题；食管蠕动能力减弱，胃排空延迟，肠蠕动功能减弱，易引起胃食管反流、胃胀胃痛、慢性便秘等问题。肝脏体积缩小，血流量减少，肝酶活性降低，对药物、毒素的解毒能力下降；胆囊变小、增厚，收缩功能减弱，胆囊胆汁浓缩，胆固醇沉积，胆汁排放不畅，易形成结石，并易患胆囊炎；同时，胆汁分泌减少且排放不规律，对脂肪的乳化作用减弱，导致老年人对脂肪的消化吸收能力降低，进食油腻食物后易出现消化不良、腹泻等症状；胰液分泌量减少，影响淀粉、脂肪、蛋白质等营养物质的消化吸收，可能出现脂肪泻、血糖波动等情况；胰腺内分泌功能改变，胰岛素分泌相对不足或作用缺陷，使老年人对血糖的调节能力下降，患糖尿病及相关并发症的风险增加。

【练习题】

一、A1 型题

1. 人体消化系统中，开始消化蛋白质的器官是（　　）。

A. 口腔　　B. 胃　　C. 小肠

D. 大肠　　E. 食管

2. 下列消化液中，不含消化酶的是（　　）。

A. 唾液　　B. 胃液　　C. 胆汁

D. 胰液　　E. 肠液

3. 小肠是人体消化食物和吸收营养物质的主要场所，下列哪项不是小肠的结构与功能相适应的特点（　　）。

A. 小肠长 5 ~ 6 米　　B. 小肠内表面有许多皱襞和小肠绒毛

C. 小肠绒毛内有丰富的毛细血管　　D. 小肠内有多种消化液

E. 小肠有结肠带、结肠袋、肠脂垂

4. 肝脏分泌的胆汁经下列哪一结构流入十二指肠（　　）。

A. 胆囊管　　B. 胆总管　　C. 胰管

D. 肝管　　E. 胆囊管

5. 下列关于胃的说法，错误的是（　　）。

A. 胃是消化道中最膨大的部分　　B. 胃可以初步消化蛋白质

C. 胃壁有三层肌肉层，能进行强有力的蠕动　　D. 胃能吸收葡萄糖、氨基酸等营养物质

E. 胃窦是溃疡好发处

答案：BCEBD

解析：无

二、A2 型题

1. 张大爷，70 岁，近期进食后常感上腹部饱胀不适，伴有嗳气，无明显疼痛。胃镜检查显示胃黏膜轻度萎缩。导致张大爷这些症状最可能的生理原因是（　　）。

A. 胃蛋白酶原分泌增加　　B. 胃酸分泌减少　　C. 胃蠕动加快

D. 小肠吸收功能亢进　　E. 胃黏膜血流量增多

答案：B

解析：随着年龄增长，胃黏膜萎缩，壁细胞数量减少，胃酸分泌减少，影响食物消化，导致饱胀、嗳气等消化不良症状。A 选项胃蛋白酶原分泌增加一般不会引起这些症状；C 选项胃蠕动加快通常表现为饥饿感增加等，而非饱胀；D 选项小肠吸收功能亢进与题干症状无关；E 选项胃黏膜血流量增多也不是导致该症状的原因。

2. 李奶奶，75 岁，长期便秘，粪便干结。以下关于老年人便秘与消化系统关系的说法，正确的是（　　）。

A. 老年人肠道平滑肌松弛，蠕动减慢　　B. 结肠吸收水分能力减弱

C. 直肠感觉神经敏感性增强　　D. 小肠消化酶分泌过多

E. 回盲瓣功能亢进

答案：A

解析：老年人肠道平滑肌松弛，蠕动减慢，使粪便在肠道内停留时间延长，水分被过度吸收，导致粪便干结、便秘。B 选项结肠吸收水分能力减弱会使粪便含水量增加，不易便秘；C 选项直肠感觉神经敏感性增强会促使排便，而不是导致便秘；D 选项小肠消化酶分泌过多主要影响消化，与便秘关系不大；E 选项回盲瓣功能亢进一般不会直接引发便秘。

3. 赵爷爷，80 岁，患有肝硬化多年。近日出现下肢水肿，腹部膨隆，移动性浊音阳性。从消化系统解剖生理角度分析，主要原因是（　　）。

A. 肝脏合成白蛋白减少　　B. 胆囊储存胆汁功能障碍　　C. 胰腺消化酶分泌不足

D. 食管静脉曲张破裂　　E. 肠道菌群失调

答案：A

解析：肝硬化时，肝脏合成白蛋白的能力下降，导致血浆胶体渗透压降低，液体从血管内渗出到组织间隙，引起下肢水肿和腹水（腹部膨隆、移动性浊音阳性）。B 选项胆囊储存胆汁功能障碍主要影响脂肪消化，与水肿、腹水无关；C 选项胰腺消化酶分泌不足影响食物消化，不导致这些症状；D 选项食管静脉曲张破裂会引起上消化道出血；E 选项肠道菌群失调主要导致消化功能紊乱、腹泻或便秘等，与水肿和腹水无关。

4. 刘奶奶，68 岁，因食管癌手术后出现吞咽困难，进食固体食物时尤为明显。该症状主要与消化系统的哪个部位受损有关（　　）。

A. 胃贲门　　B. 十二指肠　　C. 食管

D. 回肠　　E. 空肠

答案：C

解析：食管癌手术主要切除病变的食管部分，术后吞咽困难主要是因为食管这一食物通道受损，影响食物通过。A 选项胃贲门主要控制食物从食管进入胃，题干是食管癌手术，不是贲门问题；B 选项十二指肠主要是消化和吸收的部位，与吞咽困难无关；D 选项回肠和 E 选项空肠主要进行营养物质的吸收，不涉及吞咽功能。

5. 孙爷爷，72 岁，患慢性胰腺炎，近期出现脂肪泻，体重下降。这主要是由于胰腺分泌的哪种消化酶不足导致的（　　）。

A. 淀粉酶　　B. 脂肪酶　　C. 蛋白酶

D. 麦芽糖酶　　E. 羧基肽酶

答案：B

解析：脂肪酶负责脂肪的消化，慢性胰腺炎时胰腺分泌脂肪酶不足，脂肪不能被充分消化分解，就会随粪便排出，形成脂肪泻，进而导致体重下降。A 选项淀粉酶主要消化淀粉，不足时主要影响碳水化合物消化；C 选项蛋白酶主要消化蛋白质；D 选项麦芽糖酶主要分解麦芽糖，其不足对脂肪消化无影响；E 选项羧基肽酶主要参与蛋白质的消化，与脂肪泻无关。

项目三　能量代谢与体温

学习目标

思政及素养目标

1. 培养学生耐心照护老年人的服务意识，增强为老年人提供健康指导的意识。
2. 培养学生的科学探索精神和批判性思维，学会从现象中总结规律。

知识目标

1. 掌握基础代谢率、体温的概念；体温的正常值及生理变化规律。
2. 理解影响能量代谢的因素；机体主要的产热和散热部位；机体的散热形式。
3. 了解机体能量的来源、去路；体温调节的调定点学说。

能力目标

1. 能解释体温变化的原因及正确判断体温是否正常。
2. 能对发热患者实施合理的降温措施。

知识导读

扫码查看思维导图。

扫一扫

赛证对接

本项目内容对接机体能量代谢与体温的相关生理学知识，在比赛中通过实际照护的形式考察，通过病例分析，分析基础代谢率及其影响因素，发热老人的降温护理、低体温老人的复温护理等照护措施等。

任务一　认识能量代谢

案例导入

李爷爷，男，75 岁，身高 170 cm，体重 54 kg，中专文化，既往有 2 型糖尿病病史 8 年，并患有阿尔兹海默病，一周前入住养老院，日常以卧床和坐轮椅为主，近期发现李爷爷食欲明显下降，体重减轻。

任务描述

1. 照护员帮助分析李爷爷食欲下降和体重减轻可能的原因。

2. 照护员帮助计算李爷爷的基础代谢率，并制定相应的饮食搭配方案。

知识殿堂

扫码查看课件。

扫一扫

一、机体能量的来源和利用

新陈代谢是人体生命活动最基本的特征之一，包括合成代谢和分解代谢。合成代谢是指机体从外界摄取营养物质合成或更新自身组织。分解代谢是指机体分解自身物质，并释放能量以维持体温和各项功能活动。由此可见，机体新陈代谢过程中物质代谢和能量代谢密不可分。将物质代谢过程中所伴随的能量的释放、转移、储存及利用等一系列过程称为能量代谢。

（一）能量的来源

机体所需的能量主要来源于食物中的糖、脂肪和蛋白质中蕴藏的化学能。

1. 糖

糖类是机体主要的供能物质。机体所需能量的 50% ~ 70% 来源于糖类。糖类主要存在于谷类和薯类食物中，糖类经过消化后主要的分解产物为葡萄糖，吸收入血后，部分维持正常血糖浓度，部分以糖原的形式贮存于肝脏和肌肉中。

2. 脂肪

脂肪的主要生理功能是储能和供能。人体内储存的脂肪约占体重的 20%，机体所消耗的能量有 30% ~ 50% 来自脂肪，当机体需要时，储存的脂肪分解为甘油和脂肪酸，在不发生其他并发症的情况下，储存的脂类可满足 1 ~ 2 个月所需。

3. 蛋白质

蛋白质的主要作用是合成细胞，并不是机体的主要供能物质。当人体处于长期饥饿或体力极度消耗使体内的糖原和脂肪被耗竭时，才开始依靠蛋白质分解释放能量供机体利用。

（二）能量的去路

糖、脂肪、蛋白质等营养物质在体内氧化分解释放能量，其中 50% 以上直接转化为热能以维持体温，余下部分以化学能的形式储存于三磷酸腺苷（ATP）的高能磷酸键中，组织细胞可直接利用 ATP 提供的能量。除 ATP 外，体内还有另外一种主要的高能磷酸化合物，即肌肉中的磷酸肌酸（CP）。CP 不是细胞活动的直接供能者，它可与 ATP 之间进行能量转移，当细胞内 ATP 生成过剩时，ATP 将高能磷酸键转给肌酸，合成 CP 以建立起能量贮存库；反之，当 ATP 消耗增多时，CP 中的高能磷酸键可迅速转给二磷酸腺苷（ADP），生成 ATP，完成各项生理功能，如肌肉收缩、腺体分泌、物质转运等（图 3–3–1）。

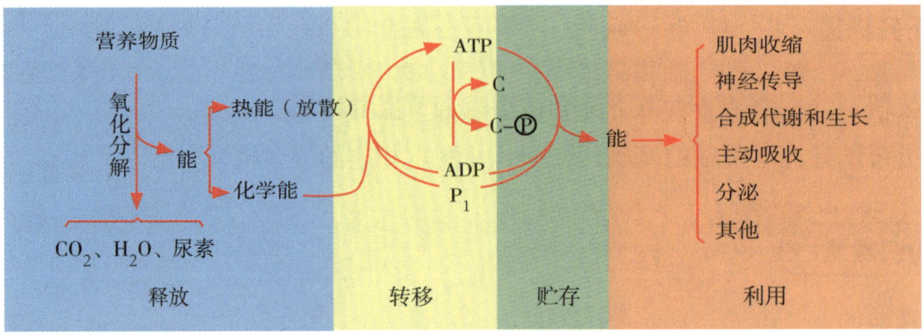

Pi: 磷酸；C: 肌酸；C–P: 磷酸肌酸

图 3–3–1　体内能量的释放、转移、储存和利用

二、影响能量代谢的主要因素

影响机体能量代谢的因素很多，主要因素有肌肉活动、环境温度、食物的特殊动力效应以及精神和心理活动。

（一）肌肉活动

肌肉活动对能量代谢的影响最显著。机体产热量与肌肉活动的强度呈正比关系。人在剧烈运动或重体力劳动时耗氧量和产热量均可达安静时的 10 ~ 20 倍。

（二）环境温度

人体在安静状态下，环境温度在 20 ~ 30℃时机体能量代谢率最为稳定。环境温度过低或过高都会使能量代谢率提高。当环境温度低于 20℃时，寒冷刺激引起机体寒战使代谢率升高，以维持正常体温。当环境温度高于 30℃时，体内酶活性增加，生化反应速度加快，呼吸、循环功能增强等因素，使能量代谢率增加。

（三）食物的特殊动力效应

进食后的一段时间内，即使处于安静状态，机体的产热量、能量代谢率也比进食前有所增加，一般进食后 1 小时开始，持续 7 ~ 8 小时。这种进食刺激机体额外消耗能量，产生热量的现象称为食物的特殊动力效应。

（四）精神和心理活动

人在安静思考问题时，对能量代谢的影响不大。当精神活动活跃时，如焦虑、恐惧或情绪激动时，能量代谢率往往会明显增加。原因主要是骨骼肌紧张性增加，交感神经兴奋促进甲状腺和肾上腺髓质等腺体的分泌，甲状腺激素、肾上腺素、去甲肾上腺素分泌增多，使机体代谢增强。

另外，人体的能量代谢还与年龄、性别、生长激素等因素有关，通常同龄男性高于女性，幼儿高于成人，并随年龄的增长而逐渐下降。此外，生长激素可提高机体的能量代谢率。

三、基础代谢

基础代谢是指人体处于基础状态下的能量代谢。基础状态指的是，环境温度保持在 20 ~ 25℃，受试者空腹（禁食 12 ~ 14 小时以上），清醒、静卧的状态。因此，在基础状态下单位时间内的能量代谢称为**基础代谢率**（BMR）。

BMR 一般用基础状态下单位时间内每平方米体表面积的产热量来衡量，通常以 kJ/（$m^2 \cdot h$）来表示。BMR 与体表面积基本上成正比，而与体重不成比例。BMR 除受体表面积的影响外，也会受到性别、年龄的影响。相同条件下，男性高于女性，儿童高于成人（表 3-3-1）。

表 3-3-1 我国正常人基础代谢率的平均值 [kJ/(m^2·h)]

年龄 / 岁	11 ~ 15	16 ~ 17	18 ~ 19	20 ~ 30	31 ~ 40	41 ~ 50	50 以上
男性	195.5	193.4	166.2	157.8	158.6	154.0	149.0
女性	172.5	181.7	154.0	146.5	146.9	142.4	138.6

临床上测定基础代谢率时一般不用实际值，通常用相对值表示。计算公式为：

$$\text{基础代谢率（相对值）} = \text{实测值} - \frac{\text{实测值} - \text{正常平均值}}{\text{正常平均值}} \times 100\%$$

BMR 的相对值如果相差在 ±（10% ~ 15%）以内，均属正常。当相差超过 ±20% 时，有可能是病理性变化。在临床上的各种疾病中，甲状腺功能亢进时，BMR 可比正常值高 25% ~ 80%；甲状腺功能低下时，BMR 可比正常值低 20% ~ 40%。糖尿病、心力衰竭及肾病综合征等临床疾病也会使基础代谢率增高。因此，给老年人制定饮食方案时，需要掌握老年人实时的能量消耗情况。

拓展阅读

吃高蛋白食物能御寒？

食物的特殊动力效应（进食后额外产热）在老年人中尤为明显。研究表明，高蛋白饮食可使产热量增加 30%，相当于“自带小太阳”。因此，冬季为老人准备温热的鸡蛋羹、鱼肉粥，既能补充能量，又能通过食物热效应提升体感温度。

点燃思考

为什么长期卧床的老人即使每天摄入足够热量，仍会逐渐消瘦？

任务二 认识体温及其调节

案例导入

刘奶奶，女，70 岁，4 天前洗澡时因水温偏低受凉，次日清晨出现流鼻涕、打喷嚏、肌肉酸痛等症状遂去医院就诊，诊断为“上呼吸道感染”。今日起床后，感觉全身无力，在家中通过智能手环监测到体温为 37.6℃，前来照护中心寻求帮助。

任务描述

1. 照护员使用水银体温计帮助刘奶奶测量腋窝温度。
2. 照护员帮助刘奶奶制订并采取有效的物理降温措施，并告诉刘奶奶如何预防此类事件。

知识殿堂

扫一扫

扫码查看课件。

一、人体的正常体温及生理变动

机体的体温通常分为体表温度和体核温度。体表温度是指身体表层部分的温度，不稳定，易受环境的影响，并且各部位差异大。体核温度是指机体深部的温度，较体表温度高，相对稳定。生理学上通常将机体深部的平均温度称为**体温**。

（一）正常体温

虽然体温相对稳定，但各内脏器官代谢水平不同，各部分温度也略有差异。安静时，肝脏代谢最为活跃，温度最高；运动时，骨骼肌的温度最高。循环血液通过在体内交换热量使深部各器官的温度趋于一致，因此可用血液温度代表机体深部的平均值。由于体核温度不易测量，故临床上进行体温测量的部位通常为直肠、口腔和腋窝。

直肠温度的正常值为 36.9 ~ 37.9℃，比较接近体核温度，测量时需将温度计插入肛门 6 厘米以上，测量时间为 1 ~ 3 min；口腔温度略低，正常值为 36.7 ~ 37.7℃，测量时将温度计含于舌下，测量时间为 3 ~ 5 min，容易受呼吸、进食等因素的影响；腋窝是临床上采用比较广泛的测温部位，正常值为 36.0 ~ 37.4℃，测定腋窝温度要保持腋窝干燥、上臂紧贴胸廓并保持 10 min 左右，使腋窝密闭形成人工体腔，机体深部的热量逐渐传导过来。

（二）体温的生理变动

在正常生理情况下，体温受昼夜变化、性别、年龄、活动状态等因素的影响而发生一定的变化，变化幅度一般不超过 1℃。

1. 昼夜变化

正常人体体温随昼夜变化呈周期性波动，清晨 2 ~ 6 时体温最低，8 时逐渐升高，午后 1 ~ 6 时最高，随后逐渐下降，波动幅度一般不超过 1℃。体温的这种昼夜周期性波动称为日节律或昼夜节律。体温的昼夜节律取决于生物体的内在生物节律，目前认为，下丘脑视上核可能是生物节律的控制中心。

2. 性别

通常情况下，成年女性的体温平均比男子高约 0.3℃。成年女子的基础体温随月经周期而发生规律性变动，在月经期和排卵前体温较低，排卵日最低，排卵后体温升高 0.3 ~ 0.6℃，可能与孕激素的产热效应有关（图 3-3-2）。临床上测定女性的基础体温有助于了解有无排卵及推算排卵日期。

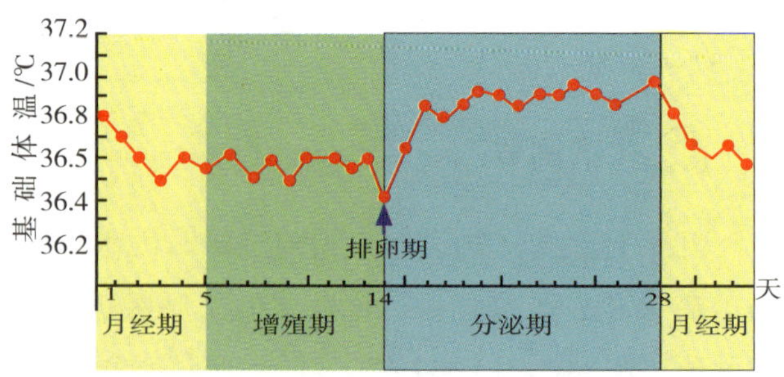

图 3-3-2　女性月经周期中的基础体温变化

3. 年龄

体温高低受能量代谢水平的影响。儿童体温稍高于成年人，老年人体温比成年人低一些。新生儿，尤其是早产儿因体温调节中枢发育还不完善，体温调节能力差，易受环境因素的影响，老年人代谢水平低且体温调节能力减弱，因此，应注意对新生儿和老年人进行保温。

4. 肌肉活动

肌肉活动使代谢增强，产热量增加，导致体温升高。因此，测量体温时，受试者需要先安静一段时间后再进行测量。

5. 其他因素

除上述因素外，情绪激动、精神紧张、进食及甲状腺激素增多等都会对体温产生影响。麻醉药物也可抑制体温调节中枢，扩张血管使散热增加，所以对于麻醉手术患者应注意术中及术后的保温护理。

二、体热平衡

人体体温的相对稳定能够得以维持，是因为在体温调节中枢的控制下，产热和散热过程维持着动态平衡。

（一）人体的产热

1. 产热部位

机体热量主要来源于组织器官进行代谢产生，产热的多少取决于代谢水平的高低。安静状态下，主要的产热部位是内脏，其中肝脏代谢活动最旺盛，产热量最多。机体运动或劳动时，骨骼肌为主要的产热器官，产热量可增加到总热量的 73%，剧烈运动时，可达机体总产热量的 90%。

2. 产热形式

机体有多种产热形式，包括基础代谢产热、肌肉活动产热、食物特殊动力效应产热等。在寒冷环境中主要通过战栗产热和非战栗产热增加产热量。

（1）战栗产热　机体受寒冷刺激时，首先出现寒冷性肌紧张，此时代谢率增加 4 ~ 5 倍，寒冷刺激持续作用时会产生战栗来增加热量，这种形式称为战栗产热。战栗的特点是骨骼肌发生不随意的节律性收缩，其节律为 9 ~ 11 次 / 分，屈肌和伸肌同时收缩但不做外功，因此产热量大。

（2）非战栗产热　非战栗产热是一种通过提高组织代谢率增加产热的形式，又称代谢性产热。非战栗性产热中褐色脂肪组织产热量最多，它主要分布在肩胛骨间、颈背部、腋窝等处。

3. 产热的调节

寒冷刺激可引起甲状腺激素的分泌，而甲状腺激素是刺激机体产热的重要内分泌因素，因此可显著增加产热量。寒冷刺激也可兴奋交感神经，增强肾上腺髓质的活动，使肾上腺素和去甲肾上腺素释放增多，增加产热。

（二）人体的散热

1. 散热部位

人体散热的部位有皮肤、呼吸道、消化道、泌尿道等，皮肤是主要的散热部位，散热约占总散热量的 85%，其余少部分热量可随呼吸、尿液、粪便等方式排出体外。

2. 散热方式

体表热量的散热方式有辐射、传导、对流和蒸发散热。当环境温度低于体表温度时，机体主要通过辐射、传导和对流方式散热；当环境温度等于或高于皮肤温度时，主要依靠蒸发方式散热。

（1）辐射散热　机体将体热以热射线的形式传给外界温度较低物体的散热方式，称为辐射散热。散热量多少主要取决于皮肤与周围环境间的温度差和有效辐射面积，温差越大、有效辐射面积越大，辐射散热量越多。机体处于安静状态时，辐射散热量约占总散热量的60%。

（2）传导散热　机体的热量直接传给与之接触的较冷物体的一种散热方式，称为传导散热。散热量的多少取决于皮肤与接触物的温度差、接触面积和物体的导热性能。脂肪的导热性能差，肥胖者皮下脂肪多，故肥胖者体内的热量散失的较少而怕热。水的导热性能好，故临床上常用冰袋和冰帽给高热病人降温。

（3）对流散热　对流散热是指通过气体对流实现热量交换，快速带走热量的一种散热方式，是传导散热的特殊形式。人体热量传给与皮肤接触的空气，再通过空气流动与冷空气进行交换，不断循环，最终将热量散失到空气中。对流散热量的多少受风速的影响，风速越大，散热量越多；反之越少。

（4）蒸发散热　蒸发散热是指水分从皮肤表面蒸发而散发体热的一种方式。一般每蒸发1 g水分可带走2.4 kJ热量，当环境温度等于或高于皮肤温度时，蒸发散热便成为机体唯一有效的散热方式。临床上用酒精给高热病人擦浴来降温，就是利用了蒸发散热。蒸发散热可分为不感蒸发和可感蒸发两种形式。不感蒸发是指水分直接透出皮肤和黏膜（主要是呼吸道黏膜）表面，在未聚成明显水滴之前便被蒸发的一种形式；可感蒸发（又称发汗），指的是汗腺分泌汗液，在皮肤表面形成汗滴后蒸发散热的过程。

3. 散热的调节

散热的调节主要通过调节皮肤血流量和发汗来实现。机体皮肤血管受交感神经的支配，当处于炎热环境时，交感神经紧张性降低，皮肤血管舒张，血流量增加，增加皮肤散热；当处于寒冷环境或情绪紧张时，交感神经兴奋，皮肤血管收缩，血流量减少，散热量减少。发汗是一种反射性活动，当体温升高或热刺激作用于皮肤的感受器时，下丘脑发汗中枢会支配全身的小汗腺发汗，实现蒸发散热。

三、体温的调节

人体的体温调节主要包括自主性体温调节和行为性体温调节。自主性体温调节是指当体内外温度发生变化时，通过体温调节中枢控制机体产热和散热的过程。自主性体温调节可使体温维持在一个相对稳定的水平，是体温调节的基础。行为性体温调节是指人体能根据内外环境变化通过一定的行为来维持体温恒定的过程。

（一）温度感受器

根据感受器存在的部位不同，可分为外周温度感受器和中枢温度感受器。

1. 外周温度感受器

外周温度感受器是存在于人体的皮肤、黏膜和腹腔中对温度变化敏感的游离神经末梢，包括冷觉感受器和热觉感受器。它可感受冷、热刺激，并灵敏地感受局部温度的改变，并将温度信息传到体温调节中枢。

2. 中枢温度感受器

中枢温度感受器是指主要分布于脊髓、延髓、脑干网状结构以及下丘脑内感受温度变化的神经元，包括热敏神经元和冷敏神经元，它们分别感受温度的升高或降低的刺激，并将信息传给体温调节中枢来实现体温调节。

（二）体温调节中枢

体温调节中枢存在于从脊髓到大脑皮质的整个中枢神经系统的各级部位。实验证明，体温调节的基本中枢位于下丘脑。视前区—下丘脑前部的温度敏感神经元，既能感受它局部组织温度变化的刺激，又能对其他途径传入的温度变化信息进行整合处理，是体温调节中枢整合机构的中心部位。

（三）体温调节的调定点学说

机体能够在各种环境中维持体温相对恒定的机制，目前常用体温调定点学说来解释。该学说认为，体温的调节类似一个恒温器的调节，视前区—下丘脑前部的温度敏感神经元起调定点的作用，一般认为正常人的调定点在 37℃左右，相当于机体设定的温度标准值，体温调节中枢会按照这个温度通过产热与散热调节，维持体温在调定点水平。当体温与调定点的温度一致时，机体的产热和散热保持平衡；当体温高于调定点的温度时，体温调节中枢使散热活动增加，产热活动减少直到体温降到调定点水平；当体温低于调定点的温度时，体温调节中枢使产热活动增加，散热活动减少直到体温升到调定点水平（图 3–3–3）。

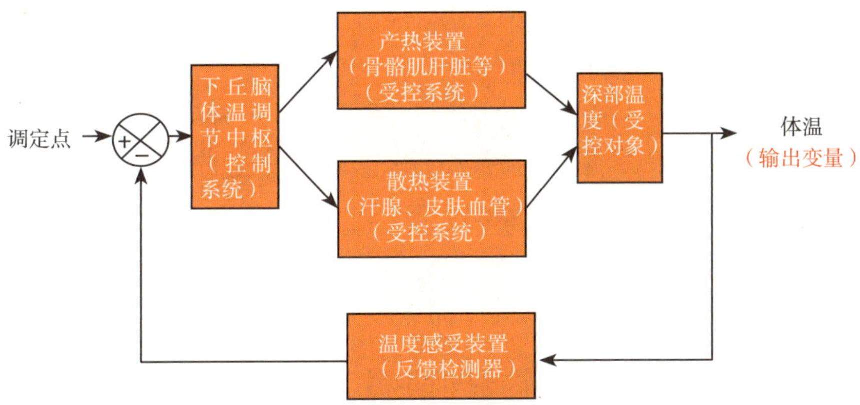

图 3–3–3　体温调节自动控制示意图

拓展阅读

为什么老年人总说“屋里冷”？

寒冬里，年轻人穿单衣仍冒汗，老年人却裹着棉袄喊冷——这背后是体温调节系统的“老化”。随着年龄增长，皮肤温度感受器减少 40%，血管舒缩反应减慢，导致老年人对温度变化的感知和适应能力显著下降。更危险的是，老年人体内“产热器”-- 肌肉量减少，基础代谢率降低，体温低于 36℃的低体温症发生率高达 15%。

点燃思考

为什么老年人在炎热天气中更容易中暑？

【练习题】

一、A1 型题

1. 影响能量代谢最显著的因素（　　）。

A. 精神紧张　　B. 高温环境　　C. 肌肉活动

D. 食物的特殊动力效应　　E. 寒冷环境

2. 基础代谢率相对值的正常变动范围是（　　）。

A. ± 5%　　B. ± 5% ~ ± 10%　　C.+10%~ ± 15%

D. ± 20%　　E. ± 20%~ ± 30%

3. 生理学上的体温是指人体的（　　）。

A. 深部平均温度　　B. 口腔平均温度　　C. 腋窝平均温度

D. 直肠平均温度　　E. 体表平均温度

4. 临床上给高热病人使用冰袋、冰帽降温的原理是（　　）。

A. 增加对流散热　　B. 增加传导散热　　C. 增加辐射散热

D. 增加蒸发散热　　E. 增加发汗

5. 当环境温度等于或高于皮肤温度时，机体的唯一散热方式是（　　）。

A. 传导　　B. 辐射　　C. 出汗

D. 蒸发　　E. 对流

答案：CCABD

解析：无

二、A2 型题

1. 王爷爷，70 岁，因长期卧床导致身体虚弱，家人发现他最近体温偏低且容易疲劳。这种现象最可能的原因是（　　）。

A. 基础代谢率下降　　B. 甲状腺功能减退　　C. 肾上腺素分泌减少

D. 体温调节中枢受损　　E. 营养不良

答案：A

解析：老年人基础代谢率随年龄增长逐渐下降，长期卧床会进一步降低代谢率，导致体温偏低和疲劳。B 选项甲状腺功能减退会导致低体温，但题干未提及甲状腺功能异常；C 选项肾上腺素分泌减少与低体温关系不大；D 选项体温调节中枢受损可能导致体温调节障碍，但不是基础代谢率下降的直接原因；E 选项营养不良可能导致低体温，但不是主要因素。

2. 李爷爷，72 岁，冬季常感畏寒，手脚冰凉，食欲正常但体重逐渐增加。其基础代谢率检测低于正常值，最可能的病因是（　　）。

A. 甲状腺功能减退　　B. 肾上腺皮质功能亢进　　C. 糖尿病

D. 垂体功能亢进　　E. 慢性心力衰竭

答案：A

解析：老年人甲状腺功能减退时，甲状腺激素分泌减少，导致基础代谢率下降，产热减少，表现为畏寒、低体温和体重增加（代谢率低致能量消耗减少）。B 选项肾上腺皮质功能亢进常伴高血压和向心性肥胖；C 选项糖尿病以高血糖和多食、体重下降为特征；D 选项垂体功能亢进可能影响多种激素；E 选项慢性心力衰竭主要导致水肿和呼吸困难，与代谢率无直接关联。

3. 赵奶奶，80 岁，服用降压药后出现头晕、体温 35.8℃。该现象与药物导致的哪种体温调节异常有关？（　　）。

A. 产热减少　　B. 散热过度　　C. 体温调定点下移

D. 下丘脑损伤　　E. 寒战反应增强

答案：B

解析：某些降压药（如 α 受体阻滞剂）可扩张外周血管，使血流量增加，增加皮肤散热，导致体温过低。A、C、D 选项题干未提及；E 选项寒战是产热反应，与体温下降矛盾。

4. 张大爷，62 岁，高温环境（38℃）中长时间训练后出现头晕、皮肤干燥无汗、体温 40℃。其体温调节障碍的主要原因是？（　　）。

A. 产热减少　　B. 对流散热抑制　　C. 辐射散热增强

D. 蒸发散热受阻　　E. 传导散热不足

答案：D

解析：高温环境下，蒸发散热（通过汗液蒸发）是主要散热方式。题干中“皮肤干燥无汗”表明汗腺分泌障碍，蒸发散热受阻，导致体温升高至中暑状态。A 选项产热减少没有在题干中体现，B 选项对流、C 选项辐射、E 选项传导是在环境温度低于皮肤温度时发挥散热作用，题干中的环境温度已达 38℃，这时候主要采用蒸发散热的方式。

5. 李奶奶，68 岁，因情绪激动后出现右侧肢体活动不灵来院就诊，头部 CT 显示在下丘脑部有出血性改变。入院治疗后病情稳定，但是却持续出现发热，体温波动在 39.0 ~ 39.5℃。请问李奶奶出现体温升高最可能的原因是（　　）。

A. 无汗症　　B. 持续战栗　　C. 感染

D. 病室温度过高　　E. 体温调节中枢功能障碍

答案：E

解析：下丘脑是人体体温调节的核心区域，出血损伤直接破坏其温度调控功能，导致中枢性发热。A 选项无汗症通常表现为汗腺分泌减少或缺失，导致散热能力下降，但单纯无汗症极少引发持续高热；B 持续战栗常发生在体温上升期，当体温达到新调定点后会停止，李奶奶的体温已稳定在 39.0 ~ 39.5℃，此时无须持续战栗产热；C 选项感染，题干中未提及感染及感染的相关症状；D 选项病室温度过高引起的发热通常表现为体温随环境温度波动，且脱离高温环境后体温可下降。

项目四　泌尿系统的结构和功能

学习目标

思政及素养目标

1. 培养尊重、关爱老年人的职业道德和素养，在泌尿系统疾病的照护中体现耐心、细心和责任心。

2. 树立严谨的科学照护观念，增强对老年人泌尿系统健康的关注意识。

知识目标

1. 掌握泌尿系统的组成；肾脏的位置、肾的冠状剖面结构；输尿管的分段与狭窄、女性尿道的特点；尿生成的基本过程；渗透性利尿和水利尿的概念。

2. 理解肾门、肾的冠状剖面结构、膀胱的外形和膀胱三角；肾小球的滤过作用及其影响因素；多尿、少尿、无尿的概念及排尿反射。

3. 了解肾的大致外形和被膜；膀胱的位置及周围毗邻结构；肾小管和集合管的重吸收及分泌作用。

能力目标

1. 能辨识泌尿系统各器官的标本、模型，准确指出其关键结构特征。

2. 能分析老年人泌尿系统常见问题的发生原因，如可能与尿路感染有关的尿频、尿急，并能及时报告给医护人员、运用简单的照护办法缓解疾病痛苦。

3. 能用简单易懂的语言解释老年人泌尿系统的一些常见生理现象。

知识导读

扫码查看思维导图。

扫一扫

赛证对接

本项目内容紧密关联泌尿系统各器官的解剖生理学知识，通过泌尿系统病例分析，以老人的饮食与水分管理，尿失禁/尿潴留老人的排泄照护，尿路感染、肾结石等泌尿系统疾病健康宣教等实际照护任务的形式进行考查。

泌尿系统由肾、输尿管、膀胱和尿道组成（图 3-4-1）。肾生成尿液，输尿管引流尿液进入膀胱暂时储存，当膀胱充盈到一定程度，激发排尿反射，最终将尿液经尿道排出体外。

泌尿系统可调节体内水、电解质的平衡，排出体内的代谢废物及多余的水分，维持机体内环境的稳态。尿的生成包括肾小球的滤过、肾小管和集合管的重吸收、肾小管和集合管的分泌 3 个连续的过程，受到自身调节以及神经和体液的控制。

图 3-4-1 泌尿系统概况（男性）

任务一 认识肾的解剖结构

案例导入

张爷爷，69 岁。近期出现腰部酸痛，尤其是在劳累或长时间站立后症状加剧，休息后可有所缓解。同时，他还注意到自己的尿液颜色偏深，有时伴有泡沫，且夜尿次数增多。自行服用了一些保健品（具体不详）后，症状并未得到明显改善，因此前来就医。经过检查，医生初步诊断为慢性肾病，并安排了肾脏 B 超检查以进一步确认。

任务描述

1. 照护员帮助分析为什么肾脏疾病往往会腰痛？
2. 照护员帮助分析为什么出现腰部酸痛、尿液颜色偏深、夜尿次数增多等表现。
3. 照护员帮助张爷爷制定对应照护措施，并进行服用药物、保健品的健康宣教。

知识殿堂

扫一扫

扫码查看课件。

一、肾的位置和形态

（一）肾的位置

肾左右各一，均位于脊柱两侧、腹膜后间隙内，紧贴腹后壁，为腹膜外位器官。与左肾相比，右肾因受肝脏影响，位置略低。左肾介于第 11 胸椎体下缘至第 2 腰椎下缘之间，右肾介于第 12 胸椎体上缘至第 3 腰椎体上缘之间（图 3–4–2）。

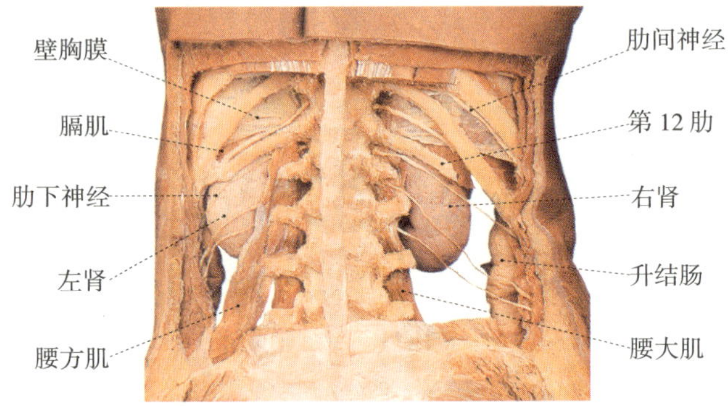

图 3–4–2　肾的位置（后面观）

（二）肾的形态

肾是形似蚕豆的实质性脏器，长 8 ~ 14 cm，宽 5 ~ 7 cm，重 130 ~ 150 g（图 3–4–3）。肾可以分为内、外侧两缘，前后两面和上下两端。外侧缘光滑、隆凸；内侧缘中部凹陷，其间有肾动脉、肾静脉、肾盂及神经、淋巴管出入，称为**肾门**。出入肾门的所有结构被结缔组织包裹称肾蒂。肾门的体表投影位于腰背部竖脊肌外侧缘与第 12 肋的夹角处，称**肾区**（脊肋角）。此处叩击或触压疼痛，常提示肾病变可能。由肾门伸入肾实质的凹陷称肾窦。肾的前面向前外侧凸起，后面平坦，紧贴腹后壁。上端宽而薄，下端窄而厚。

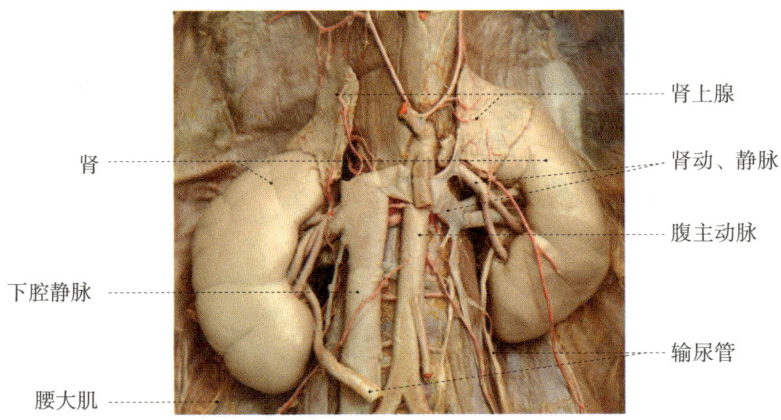

图 3–4–3　肾的位置（前面观）

二、肾的剖面结构

在肾的冠状切面上，肾实质可分为肾皮质和肾髓质两部分（图 3–4–4）。

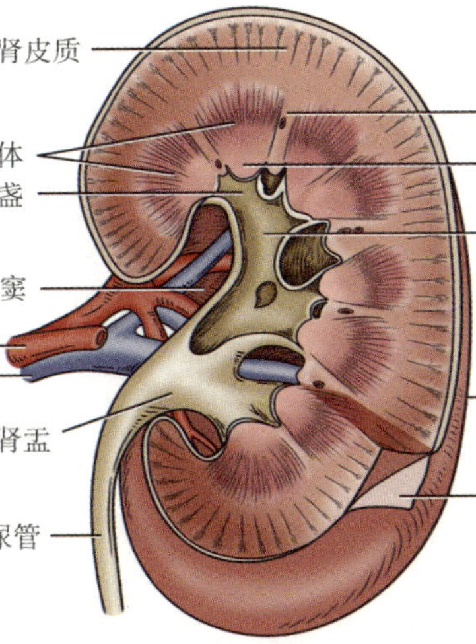

图 3-4-4　肾的冠状切面

（一）肾皮质

肾皮质位于肾实质的表层，新鲜标本呈红褐色，富含血管，肉眼可见点状颗粒，由肾小体和肾小管组成。肾皮质包绕肾髓质，部分皮质伸入髓质之间，称为肾柱。

（二）肾髓质

肾髓质位于肾实质深层，呈淡红色，厚度约占肾实质的 2/3。肾髓质被肾柱分隔成 15 ～ 20 个肾锥体。肾锥体底朝皮质、尖端朝向肾窦，2 ～ 3 个肾锥体尖端合并为 1 个肾乳头，突入肾小盏内。肾乳头顶端有乳头孔，终尿经乳头孔排入肾小盏。相邻 2 ～ 3 个肾小盏合并成一个肾大盏，2 ～ 3 个肾大盏汇合成肾盂，肾盂出肾门下行变细移行为输尿管。尿液依次经肾乳头、肾小盏、肾大盏、肾盂，流入输尿管（图 3-4-5）。

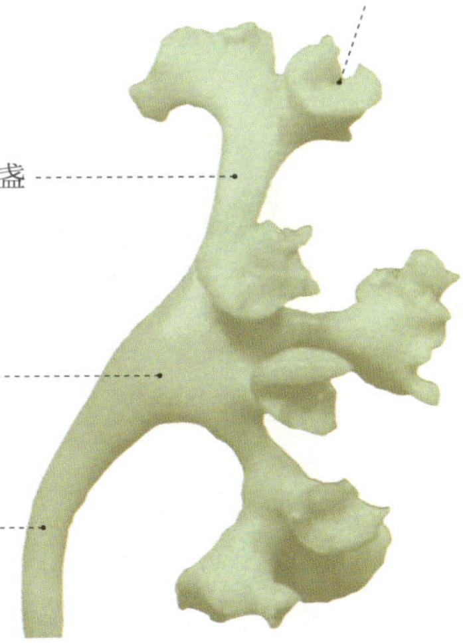

图 3-4-5　肾盂、肾盏、输尿管（铸型）

三、肾的被膜

肾表面被覆 3 层被膜，由内向外依次为纤维囊、脂肪囊和肾筋膜。肾的被膜具有固定和保护功能，对维持肾在腹腔内正常位置具有重要作用（图 3-4-6）。

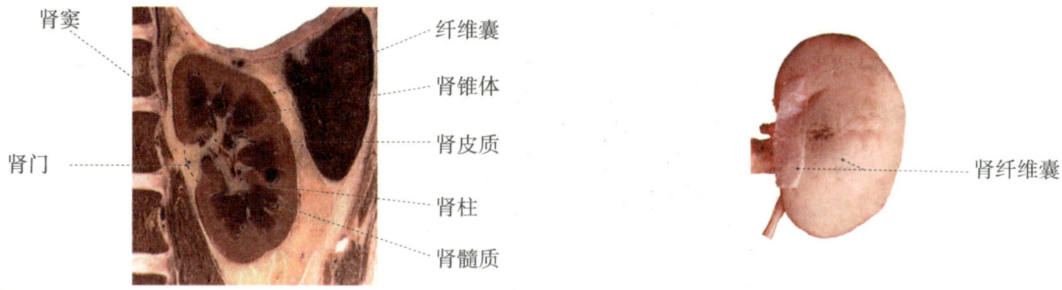

A. 肾筋膜和脂肪囊　　B. 肾纤维囊

图 3-4-6　肾的被膜

1. 纤维囊

纤维囊为包裹于肾实质外表面的薄层结缔组织膜，质地坚韧致密，紧贴肾实质表面，具有保护和固定肾的作用。纤维囊易于剥离，如剥离困难即为病理现象。

2. 脂肪囊

脂肪囊又称肾床，是位于纤维囊和肾筋膜之间、紧密包裹肾脏的脂肪组织，具有固定肾和缓冲的作用。临床上的肾囊封闭，即将药物注入脂肪囊内。

3. 肾筋膜

肾筋膜位于脂肪囊外面，包绕肾和肾上腺。肾筋膜可分为肾前筋膜和肾后筋膜两层，二者在肾外侧缘及肾上腺上方均相融合。在肾下方则互相分离，并分别与腹膜外组织和髂筋膜移行，其间有输尿管通过。在肾内侧，肾前筋膜包裹肾血管的表面，并与对侧肾前筋膜相移行。

四、肾的微细结构

肾脏是人体的重要排泄器官，负责过滤血液，排除废物和多余的水分，形成尿液。为了深入理解肾脏的功能，我们需要详细探讨其微细结构，肾实质由大量的肾单位和集合管组成，其间有少量的结缔组织、血管和神经等构成肾间质。

（一）肾单位

肾单位是肾的基本结构和功能单位，由肾小体和肾小管两部分组成。它与集合管共同完成泌尿功能。人的每侧肾脏约有 100 万个以上的肾单位（图 3-4-7）。

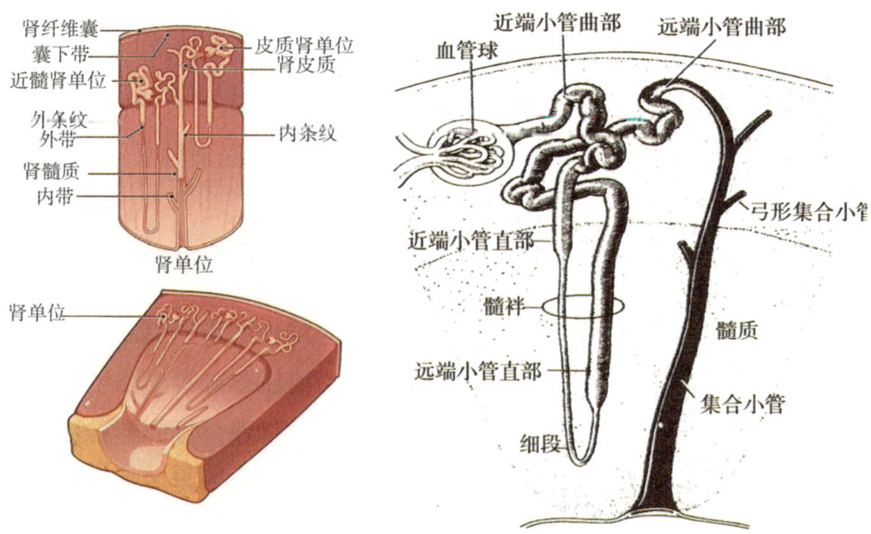

图 3-4-7　肾单位

1. 肾小体

肾小体是肾单位的起始部分，位于肾皮质内，呈球状，由血管球和肾小囊组成（图 3-4-8）。

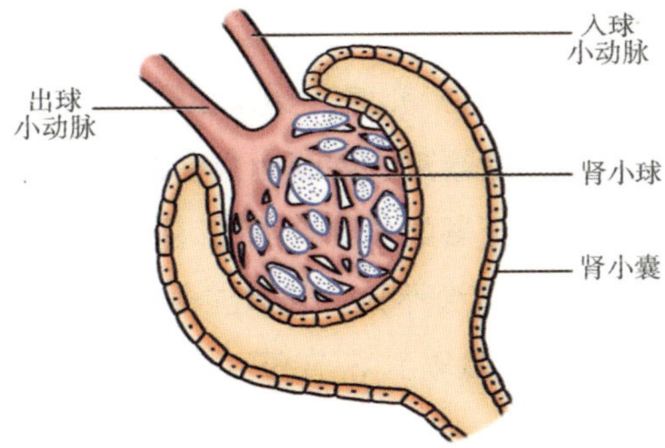

图 3-4-8　肾小体的结构

（1）血管球　血管球也称为肾小球，是一团毛细血管网，其两端分别与入球小动脉和出球小动脉相连。这些毛细血管壁很薄，仅由一层内皮细胞和基底膜构成，有利于血液与肾小囊内液体之间的物质交换。

（2）肾小囊　包裹血管球的杯状双层囊称为肾小囊，囊壁分脏、壁两层。脏层为多突起的足细胞，其突起相互穿插交错贴于毛细血管基膜上，突起间有窄小的缝隙，称裂孔，其上有裂孔膜覆盖。壁层为单层扁平上皮，与肾小管相连。脏、壁两层之间的腔隙称为肾小囊腔，与肾小管相通。当血液流经肾小球时，血浆中小分子物质通过肾小球毛细血管内皮细胞、基膜和足细胞裂孔膜滤入肾小囊腔，因此这三者构成**滤过膜**（又称血—尿屏障）。

2. 肾小管

肾小管（图 3-4-7）是肾小体后的细长上皮性小管，负责重吸收和排泌功能。它依次分为近端小管、细段和远端小管。其中由近直小管、细端和远直小管组成的 U 形结构称为**髓袢**。

（1）近端小管 近端小管紧接肾小囊腔，包括近曲小管和近直小管。近端小管上皮细胞排列紧密，管腔较小，具有强大的重吸收能力，能吸收原尿中几乎所有的葡萄糖、氨基酸、蛋白质、无机盐（如钠、钾、氯离子等）和一定量的水。

（2）细段 细段又称髓袢细段，连接近端小管与远端小管，位于肾髓质内。细段管壁极薄，仅由单层扁平上皮构成，通透性高，有利于水和离子的快速通过。

（3）远端小管 远端小管包括远曲小管和远直小管，管腔较大，管壁上皮细胞排列不如近端小管紧密。远端小管具有继续吸收水分和离子的作用，并参与尿液浓缩和离子交换等生理过程。

（二）集合管

集合管分为弓形集合管、直集合管和乳头管 3 类。集合管不包括在肾单位内，但在功能上和远曲小管密切相关。集合管的主要功能是进一步吸收水分和离子，使尿液进一步浓缩。集合管和肾单位合称**泌尿小管**。

（三）球旁复合体

球旁复合体又称肾小球旁器，由球旁细胞、致密斑和球外系膜细胞等特殊分化的细胞群构成。

1. 球旁细胞

球旁细胞是入球小动脉管壁中靠近血管球附近的平滑肌细胞转化而成的内分泌细胞。球旁细胞能合成、储存和释放肾素。

2. 致密斑

致密斑是远端小管管壁上皮细胞增高致密排列而成，能感受尿液中钠离子浓度的变化，并将这一信息传递给球旁细胞，从而调节肾素的分泌，维持机体的水、盐平衡和血压稳定。

五、肾的血液循环

肾动脉自腹主动脉呈直角发出，随后依次分支为叶间动脉、弓形动脉、小叶间动脉，最终经入球小动脉进入肾小体，在此形成肾小球毛细血管网。之后，该毛细血管网汇集成出球小动脉，离开肾小体。出球小动脉进一步分支，形成管周毛细血管网，这些毛细血管网环绕在肾小管和集合管周围。随后，血液汇集为小叶间静脉、弓形静脉、叶间静脉，最终流入肾静脉。

肾脏的血液供应极为丰富。在正常成人安静状态下，每分钟约有 1200 mL 的血液流经两侧肾脏，这一血流量占心排血量的 1/5 ~ 1/4。其中，约 90% 的血液分布在肾皮质，而约 10% 分布在肾髓质。肾脏如此丰富的血流量，对于尿液的生成具有重要意义（图 3–4–9）。

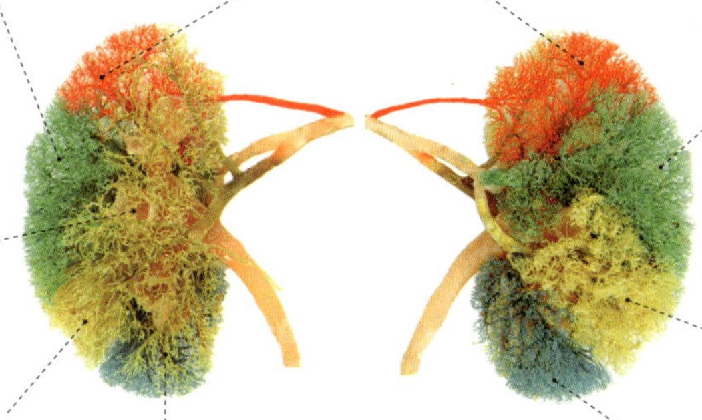

图 3–4–9　肾动脉（铸型）

肾小球毛细血管网血压高，有利于肾小球原尿的滤过；管周毛细血管网压力低，有利于肾小管的重吸收。

拓展阅读

泌尿系的“石头记”

在人体泌尿系统中，泌尿结石是较为常见的异常状况。这些结石在肾脏、输尿管等部位“扎根”，给健康带来隐患。

泌尿结石的形成受多种因素影响。喝水太少时，尿液浓缩，钙、草酸、尿酸等溶质浓度升高，超出溶解度后析出结晶，逐渐形成结石；长期高糖、高盐、高蛋白饮食，也会增加结石风险；此外，像肾小管酸中毒等代谢异常疾病，也会提高泌尿结石发病概率。

泌尿结石形成后，肾绞痛是突出表现，疼痛剧烈且呈阵发性，向腹部、腹股沟等部位放射。结石移动或损伤黏膜还会引发血尿，多为镜下血尿，严重时肉眼可见。患者还可能出现尿频、尿急、尿痛等膀胱刺激症状。若结石堵塞输尿管，导致尿液引流不畅，将会引发肾积水，若不及时处理，会损害肾脏功能，甚至发展为肾衰竭。

预防泌尿结石，要从多方面入手。每天保证足量饮水，均衡饮食，控制高糖、高盐、高蛋白食物的摄入，少吃草酸含量高的菠菜、巧克力等，同时坚持运动，都有助于预防结石。让我们从日常入手，降低发病风险，守护泌尿健康。

点燃思考

为什么医护人员总叮嘱结石患者多喝水？

任务二　了解尿生成的基本过程

案例导入

赵阿姨，56 岁，近期发现自己排尿习惯有所改变，白天尿频，夜间也需多次起夜，且尿液颜色偏淡，量较多。她担心这可能是身体健康出了问题，于是前往医院就诊。经过一系列检查，医生发现可能与赵阿姨的糖尿病有关，并向她详细解释了尿生成的基本步骤，以便她更好地理解自己的病情。

任务描述

1. 照护员以生活中的实例向赵阿姨解释尿生成从血液到尿液的转变过程。

2. 照护员需要为她进行一次简要的健康宣教，解释尿生成的基本步骤、糖尿病对尿生成的影响以及如何通过饮食和药物控制症状。

知识殿堂

扫码查看课件。

扫一扫

一、肾小球的滤过功能

（一）肾小球的滤过功能

当血液流经肾小球毛细血管网时，在有效滤过压的作用下，血浆中除蛋白质分子外的其他成分会穿过滤过膜，进入肾小囊腔，从而形成超滤液，这种超滤液也被称为**原尿**。通过微穿刺技术，获取肾小囊腔内的超滤液，并对其进行分析。分析结果显示，超滤液中的各种晶体物质成分及其浓度与血浆非常接近。这一事实表明，原尿实际上是血浆经过超滤作用形成的，而非肾脏主动分泌的产物。

单位时间（每分钟）内两侧肾脏共同生成的超滤液量，称为**肾小球滤过率**（GFR）。正常成年人肾小球滤过率平均约 125 mL/min，因此一昼夜滤出的原尿量高达 180 L。肾小球滤过率与肾血浆流量的比值称为滤过分数，正常成年人约为 19%，表明当肾血浆流量为 660 mL/min 时，约 1/5 的血量被过滤到肾小囊中。肾小球滤过率以及滤过分数是衡量肾脏功能的重要指标，能够反映肾脏的滤过能力和效率。

（二）影响肾小球滤过的因素

1. 滤过膜面积及通透性

通常情况下，滤过膜的通透性保持相对稳定，因此肾小球滤过的成分也基本不变。正常成年人的两肾滤过膜总面积超过 1.5 m^2，这一面积足以支持人体血浆的滤过需求。然而，当肾脏出现病理变化时，滤过膜的通透性和面积可能会发生改变，进而影响尿液的量和成分。

例如，发生急性肾小球肾炎时，一方面由于炎症对滤过膜的损伤，机械屏障和电学屏障的功能减弱，使得一些原本不能滤过的大分子物质，如血浆蛋白甚至红细胞，也能通过滤过膜。这可能导致患者出现蛋白尿、血尿等症状；另一方面肾小球毛细血管内皮细胞的增生和肿胀可能导致毛细血管管腔变窄或完全阻塞，从而减少有效滤过面积，导致原尿生成减少，这可能导致患者出现少尿甚至无尿的症状。

2. 有效滤过压

肾小球有效滤过压是肾小球滤过的动力，由三种力量相互作用产生，即肾小球毛细血管血压是促进滤过的力量，血浆胶体渗透压和肾小囊内压是阻止滤过的力量，因此肾小球有效滤过压 = 肾小球毛细血管血压 –（血浆胶体渗透压 + 肾小囊内压）（图 3–4–10）。

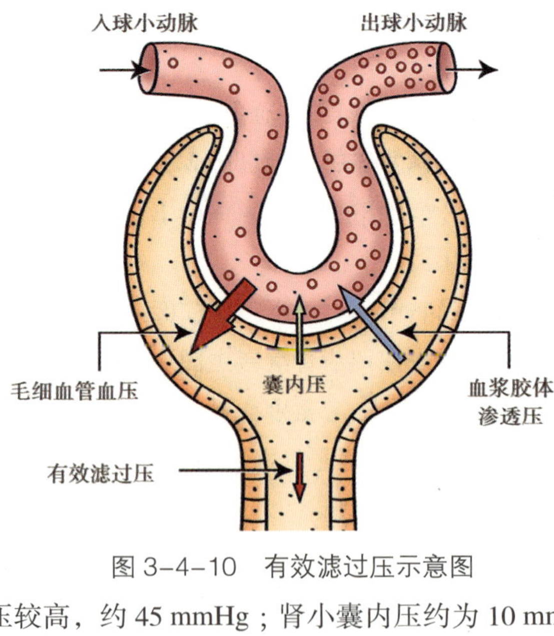

图 3–4–10　有效滤过压示意图

肾小球毛细血管血压较高，约 45 mmHg；肾小囊内压约为 10 mmHg，毛细血管入球端血浆胶体渗透压为 25 mmHg，因此，入球端有效滤过压为 45 –（25+10）=10 mmHg，推动血浆中的水和溶质进入肾小囊，形成**原尿**。伴随着水的不断滤过，血浆蛋白浓度增高，胶体渗透压逐渐增大，有效滤过压逐步降低。在毛细血管出球端血浆胶体渗透压升高至 35 mmHg，因此出球端有效滤过压下降为 0 mmHg，达到滤过平衡，滤过停止。

（1）肾小球毛细血管血压　肾血流量具有自身调节机制，当动脉血压变动于 80 ～ 180 mmHg 范围时，肾小球毛细血管血压可维持相对稳定，维持肾小球滤过率基本不变；当动脉血压下降到 80 mmHg 以下时，肾小球毛细血管血压相应下降，有效滤过率降低，肾小球滤过率减少而引起少尿；当动脉血压降至 40 ～ 50 mmHg 以下时，肾小球滤过率降为零，无原尿生成。

（2）血浆胶体渗透压　血浆胶体渗透压在正常情况下比较稳定，若血浆蛋白浓度下降时，如静脉输入大量生理盐水稀释血浆，肝硬化患者、老年人肝脏合成白蛋白能力下降等情况，均会导致胶体渗透压下降，有效滤过压升高，滤过率也增加，尿量增多

（3）肾小囊内压　正常情况下肾小囊内压比较稳定。当尿路梗阻时肾小囊内压升高，使有效滤过压降低，滤过率减少，如输尿管或肾盂结石、肿瘤压迫等。

3. 肾血浆流量

肾血浆流量对肾小球滤过率的影响主要是通过改变滤过平衡的位置，而非有效滤过压。肾血浆流量增大时，胶体渗透压上升速度减慢，有效滤过压递减也减慢，滤过平衡将靠近出球小动脉，滤过率增高；反之则减少。正常情况下，肾血流量存在自身调节，较为稳定；剧烈运动、严重缺氧和中毒性休克时，交感神经兴奋致肾血管剧烈收缩，肾血流量和血浆流量明显减少，肾小球滤过率降低。

二、肾小管、集合管的重吸收和分泌功能

（一）肾小管、集合管的重吸收功能

原尿进入肾小管后称为小管液。肾小管和集合管的重吸收是指小管液在流经肾小管和集合管时，其中大部分水和溶质经肾小管和集合管上皮细胞重新进入肾小管周围毛细血管网的过程。小管液在流经肾小管和集合管后，形成**终尿**。

人两侧肾每天生成的原尿达 180 L，而终尿仅为 1.5 L 左右。这表明，滤过液中约 99% 的水被肾小管和集合管重吸收。对不同的物质，肾小管和集合管有选择性地重吸收，且重吸收有一定的限度。

1. 重吸收的部位

肾小管和集合管都具有重吸收功能，其中近端小管重吸收的物质种类最多、数量最大，是重吸收的主要部位。远曲小管和集合管的重吸收量较少、种类也少，但它们对水的重吸收量可随机体水的出入量而发生调节，是影响尿量的主要因素。

2. 重吸收的方式

重吸收的方式有跨膜转运和细胞旁转运两种，以前者为主。跨膜转运，按照是否消耗能量分为主动重吸收和被动重吸收。在小管上皮细胞之间靠管腔侧膜处有紧密连接，小管液中的物质也可通过这里重吸收，称为细胞旁转运，它是跨膜转运的补充。

3. 重吸收的特点

（1）选择性　肾小管和集合管对溶质的重吸收具有选择性。例如对葡萄糖、氨基酸是完全重吸收；对 Na^+、K^+、HCO_3^- 是大部分重吸收；肌酐则不能被重吸收。这样既保留了对机体有用的物质，又能清除有害和过剩的物质，实现血液净化。

（2）有限性　各种物质在肾小管和集合管的重吸收都有一个最大限度，若血浆中某物质浓度

过高，致使小管液中该物质的浓度超出了肾小管上皮细胞对其最大重吸收限度时，此物质就会在尿液中出现。以葡萄糖为例，当血糖浓度过高时，原尿中葡萄糖含量超过肾小管吸收限度，则多余的葡萄糖随尿液最终排出体外，形成糖尿。

4. 几种主要物质的重吸收

（1）NaCl 和水的重吸收　小管液中 NaCl 的重吸收率为 99%。除髓袢降支细段外，肾小管各段和集合管对 NaCl 均有重吸收的能力。其中在近端小管的重吸收量为 65% ~ 70%，在髓袢重吸收量约为 20%，约 12% 在远端小管和集合管被重吸收，并受醛固酮的调节。

水的重吸收量约占滤过量的 99%。除髓袢升支不能重吸收水外，其余各段均能发生重吸收。

近端小管是水重吸收的主要部位，重吸收的量占滤过量的 65% ~ 70%，与机体是否缺水无直接关系，属于**必需性重吸收**。

远端小管和集合管对水的重吸收量占滤过量的 20% ~ 30%，属于**调节性重吸收**，受血管升压素的影响，依机体需水情况而增减。当机体缺水时，血管升压素分泌增加，集合管对水的重吸收增多，尿量就减少；当机体摄水过多时，血管升压素分泌减少，水的重吸收减少，尿量增多。故远端小管和集合管中水的重吸收，对维持机体的水平衡和血浆晶体渗透压有重要意义。

NaCl 的重吸收是以钠泵介导的主动重吸收为主；水的重吸收则是被动的渗透过程。

（2）葡萄糖的重吸收　在正常血糖浓度下，葡萄糖经过近端小管可全部被重吸收。但葡萄糖重吸收是借助钠依赖性葡萄糖转运体的继发性主动转运。钠依赖性葡萄糖转运体蛋白的数量有限，且仅分布在近端小管，若血浆中葡萄糖浓度超过 180 mg/dL 时，部分近端小管重吸收葡萄糖的能力达到极限，多余的葡萄糖无法被重吸收进入血液，留在小管液中，排出体外形成糖尿。因此尿中开始出现葡萄糖时的最高血糖浓度称为**肾糖阈**，通常为 180 mg/dL。

（3）氨基酸的重吸收　氨基酸的重吸收与葡萄糖的重吸收机制相似。

（二）肾小管、集合管的分泌功能

肾小管和集合管的分泌是指肾小管和集合管管壁上皮细胞将自身代谢产生的物质分泌到小管液中去的过程；而肾小管和集合管上皮细胞将血液中的某种物质排入小管液的过程称为排泄。由于分泌和排泄的物质都是通过肾小管上皮细胞排入小管腔，故一般不作严格区分，统称为分泌。

1.H^+ 的分泌

除髓袢细段外，各段肾小管和集合管的上皮细胞均有分泌 H^+ 的功能，但主要在近端小管分泌。H^+ 的分泌有两种机制：Na^+–H^+ 交换和 H^+ 泵主动分泌 H^+，但以前者为主。

在 Na^+–H^+ 交换过程中，H^+ 的分泌通过 CO_2 循环间接促进 HCO_3^- 的重吸收：细胞内的 H^+ 与小管液中的 HCO_3^- 结合生成 H_2CO_3，分解为 CO_2 扩散回细胞，重新生成 HCO_3^- 并通过基底膜侧转运体进入血液。这一过程每分泌 1 个 H^+，可重吸收 1 个 Na^+，并间接促进 1 个 HCO_3^- 的重吸收，从而起到排酸保碱的作用，维持体内酸碱平衡。

2.K^+ 的分泌

原尿中的 K^+ 绝大部分被肾小管各段和集合管重吸收入血。终尿中的 K^+ 主要是由远端小管和集合管分泌的。

机体 K^+ 的代谢特点是：多吃多排，少吃少排，不吃也排，故临床上要注意适量补 K^+。

3.NH_3 的分泌

NH_3 来自谷氨酰胺脱氨基反应，主要由远端小管和集合管分泌。NH_3 具有脂溶性，能通过细胞膜向 pH 较低的小管液自由扩散。进入小管液的 NH_3 能与小管液中的 H^+ 结合生成 NH_4^+，并进一步与小管液中的强酸盐（如 NaCl 等）的负离子结合，生成铵盐（NH_4Cl 等），并随尿排出。NH_3 的分泌，不仅促进了排 H^+，也促进了 $NaHCO_3$ 的重吸收，间接起到了排酸保碱的作用（图 3-4-11）。

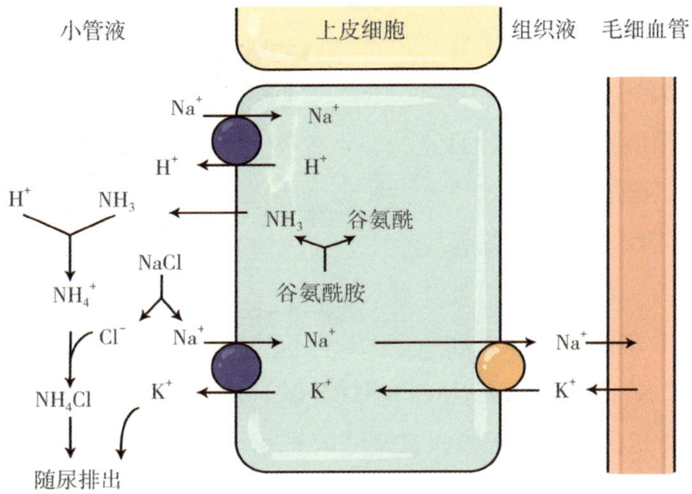

图 3-4-11　肾小管上皮细胞分泌 H^+、NH_3、K^+ 示意图

4. 其他物质的分泌

体内的某些代谢产物如肌酐和进入体内的物质如青霉素、酚红等，它们均可在近端小管被直接排入小管腔中通过尿液排出体外。肌酐还可从肾小球滤过，每日随尿排出的肌酐量大于滤过的量，当肾小管功能受损或肾小球滤过率减少时，血肌酐含量均可增多。因此，血肌酐水平是判定肾功能的一个重要指标。

（三）影响肾小管、集合管的重吸收和分泌的因素

1. 体液调节

（1）抗利尿激素　抗利尿激素（ADH）又称血管升压素（VP），它在下丘脑的神经元胞体中合成，经下丘脑—垂体束运输到神经垂体贮存，在机体需要时释放进入血液。生理浓度的抗利尿激素的作用主要是促进远曲小管和集合管对水的重吸收，使尿液浓缩，尿量减少（抗利尿）。

调节抗利尿激素分泌的主要因素是血浆晶体渗透压、循环血量和动脉血压。大量发汗、严重呕吐或腹泻等情况使机体失水时，血浆晶体渗透压升高，可引起抗利尿激素分泌增多，使肾对水的重吸收活动明显增强，导致尿液浓缩和尿量减少。相反，大量饮清水后，血浆晶体渗透压降低，抑制抗利尿激素分泌，导致尿液被稀释，尿量增加，从而使机体内多余的水排出体外。例如，正常人一次饮用 1000 mL 清水后，约过半小时尿量就开始增加，到第 1 小时末，尿量可达最高值，随后尿量减少，2 ~ 3 h 后尿量恢复到原来水平。如果饮用的是等渗盐水（0.9%NaCl 溶液），则排尿量不出现饮清水后那样的变化。这种一次大量饮用清水后引起尿量增多的现象，称为**水利尿**，它是临床上用来检测肾稀释能力的一种方法。

循环血量的改变，能反射性地影响抗
容量感受器，可反射性地抑制抗利尿激素
而得到恢复；当血量减少时，发生相反的
射性地抑制抗利尿激素的释放。此外，心
激其分泌（图 3-4-12）。

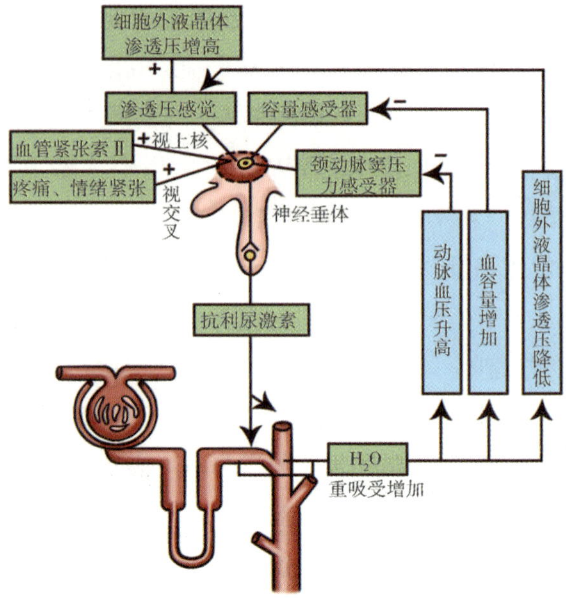

图 3-4-12　抗利尿激素的调节及其作用示意图

尿崩症是一类由于下丘脑—垂体病变致使抗利尿激素分泌不足（中枢性尿崩症），或肾脏对抗利尿激素不敏感（肾性尿崩症），进而造成肾小管重吸收水功能出现障碍的疾病。尿崩症患者的每日尿量可达 4 ～ 10 L 甚至更多。

（2）醛固酮　醛固酮（ALD）是肾上腺皮质球状带分泌的一种激素，可促进远曲小管和集合管上皮细胞对 Na^+ 和水的重吸收，同时促进 K^+ 的排出，所以醛固酮具有保 Na^+、排 K^+ 和增加细胞外液量的作用。

醛固酮的分泌主要受肾素—血管紧张素—醛固酮系统和血 K^+、血 Na^+ 浓度的调节。肾素—血管紧张素系统兴奋，导致血管紧张素增多，血管紧张素可刺激肾上腺皮质分泌醛固酮增多。醛固酮的分泌除了受血管紧张素调节外，血 K^+ 浓度升高和血 Na^+ 浓度降低，可直接刺激肾上腺皮质球状带增加醛固酮的分泌，导致保 Na^+ 排 K^+，从而维持血 K^+ 和血 Na^+ 浓度的平衡；反之，血 K^+ 浓度降低，或血 Na^+ 浓度升高，则抑制醛固酮的分泌（图 3-4-13）。

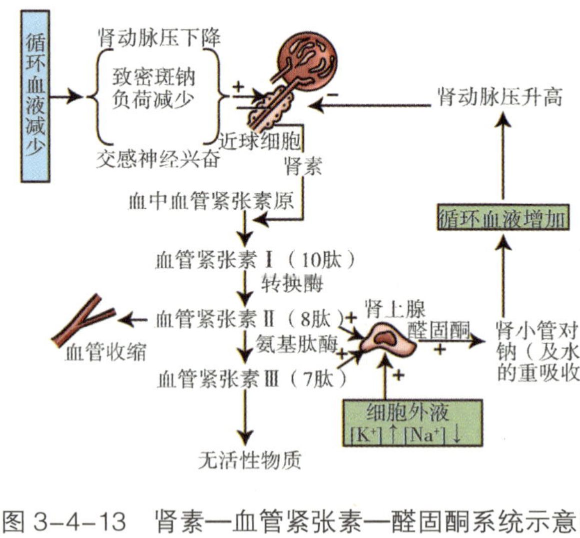

图 3-4-13　肾素—血管紧张素—醛固酮系统示意图

（3）心房钠尿肽　心房钠尿肽（ANP）由心房肌合成。可明显促进机体的水和 Na^+ 的排出。其作用机制包括：①抑制集合管管腔膜上的 Na^+ 通道，从而阻碍集合管对 NaCl 和水的重吸收；②使入球小动脉和出球小动脉（特别是前者）舒张，导致肾小球滤过率增加；③抑制球旁细胞分泌肾素，从而减少血管紧张素和醛固酮的分泌；④抑制肾上腺分泌醛固酮；⑤抑制下丘脑—垂体后叶系统分泌抗利尿激素，尿量增多。

2. 神经调节

肾交感神经兴奋时不仅可收缩肾脏血管平滑肌，减少肾小球毛细血管的血浆流量，降低其血压，使肾小球滤过率减少，还能增加近端小管和髓袢上皮细胞对 Na^+、Cl^- 和水的重吸收，同时刺激球旁细胞释放肾素，增加醛固酮的分泌，促进肾小管对 Na^+、Cl^- 和水的重吸收。

3. 肾内自身调节

（1）渗透性利尿　提高小管液中的溶质浓度，增加小管液的渗透压，可对抗肾小管对水的重吸收，导致尿量增多，此现象称**渗透性利尿**。当小管中溶质浓度升高，导致小管液渗透压增大，在近端小管就能阻碍水的重吸收，使重吸收水的球管平衡被打破，过多的水保留在小管中。由于小管中水增多，导致小管液中 Na^+ 被稀释，降低了小管内外 Na^+ 的浓度差，Na^+ 的重吸收也减少，最终肾脏排水和排钠增加。临床上给患者使用甘露醇等制剂，就是利用这些药物可被肾小球滤过，而不被肾小管重吸收的特点，来提高小管液中溶质的浓度，以达到利尿和消肿的目的。

拓展阅读

身体的“水利工程”，渗透性利尿为哪般？

王爷爷准备周末和朋友爬山，为了减轻重量，在山脚下就一口气灌下两大瓶含糖运动饮料，本想着能快速补充能量，可没过多久，就开始频繁跑厕所，尿量还特别多。王爷爷感到很纳闷，为啥喝了饮料就一直跑厕所呢？其实，这一现象背后藏着渗透性利尿的奥秘。

人体的肾脏就像一座时刻运转的水利工程，肾单位是其中的关键一环。血液流经肾单位时，在肾小球滤过作用下，会先形成原尿，原尿中包含水、葡萄糖、电解质等物质。随后，尿液流经肾小管进行重吸收，大部分有用物质重新回到体内，剩余废物溶解于尿液排出体外。

王爷爷摄入大量高糖饮料，体内血糖飙升，超过了肾糖阈。大量葡萄糖随着血液进入肾脏，而肾小管对葡萄糖的重吸收能力有限，过多的葡萄糖滞留在肾小管内，从而阻碍了水的正常重吸收。为了维持体内平衡，身体只能让更多水分与葡萄糖一同排出，于是出现糖尿且尿量明显增多的现象。这种因肾小管内葡萄糖等溶质浓度升高导致尿量增多的情况就是渗透性利尿。

现在你明白王爷爷为啥总跑厕所了吗？

点燃思考

典型的糖尿病患者会出现“三多一少”的症状，也就是“多饮、多食、多尿、体重减轻”，思考其发生原因。

（2）球管平衡　正常情况下，近端小管对水和溶质的重吸收率会随着肾小球滤过率的变化而变化。实验证明，无论肾小球滤过的原尿量增多还是减小，近端小管的重吸收始终占肾小球滤过率的 65% ~ 70%。这种现象称**球管平衡**，也称定比重吸收。球管平衡可使尿中排出的水和溶质，不会随着肾小球滤过率的变化而出现大幅度的变动。但在某些情况下，如提高小管液中溶质浓度，产生渗透性利尿，就能打破球管平衡，使重吸收减少，尿量增多。

三、尿的浓缩和稀释

机体缺水或水充足的情况下，尿液的渗透压会发生大幅度的变化。机体缺水时，排出远高于血浆渗透压的高渗尿，其渗透压最高可达血浆渗透压的4倍。当机体内水过多时，则排出渗透压低于血浆渗透压的低渗尿。但当肾稀释和浓缩尿的功能受损时，无论机体是水过多还是缺水，患者排出终尿的渗透压与血浆几乎相同，此为等渗尿。肾的浓缩和稀释机制在维持机体水平衡和渗透压稳定中起了重要作用。

1. 髓质渗透压梯度

肾实质分为肾皮质和肾髓质两部分。皮质的血流量非常丰富，其组织液的渗透压与血浆的渗透压相同；在髓质，越靠近其深部，组织液的渗透压会逐渐升高，最大可达血浆渗透压的4倍，形成明显的渗透梯度。髓质渗透压梯度的存在，是尿液浓缩和稀释的必要条件。

2. 尿液的浓缩和稀释

（1）尿液的浓缩　在机体因饮水不足等情况导致缺水时，垂体后叶释放抗利尿激素（ADH）使远曲小管和集合管对水的通透性增大，水的重吸收增加，导致小管中终尿的渗透压增高，尿液浓缩。

（2）尿液的稀释　当体内水过多时，抗利尿激素的释放受到抑制，导致远曲小管和集合管对水的通透性下降，水重吸收减少，尿液稀释。

任务三　尿的输送、贮存与排放

案例导入

李女士，65岁。因腰部剧烈疼痛并伴有尿频、尿急症状持续数周前来就医。疼痛具有阵发性，尤其在活动或排尿时加剧。经过医生详细检查，确认其肾内存在一颗直径约1厘米的结石。鉴于结石的大小和位置，医生决定采用体外冲击波碎石术进行治疗。碎石后，结石被成功破碎成多个小块，需通过尿液自然排出体外。然而，李女士对此过程表示担忧，害怕结石在排出过程中会嵌顿滞留在某个部位，从而引发进一步的疼痛或并发症。

任务描述

1. 照护员帮助解释结石排出路径。

2. 照护员帮助指导体表定位，并解释结石排出时可能经过的身体区域，如腰部、下腹部，直至尿道。

3. 照护员帮助分析碎石后可能出现的症状并制定相应照护措施。

知识殿堂

扫码查看课件。

扫一扫

一、输尿管、膀胱和尿道的形态结构

输尿管、膀胱、尿道是引流尿液排出体外的重要结构。尿液自肾生成后，经输尿管输送到膀胱，在膀胱内暂时储存，经尿道排出体外。男性尿道与女性尿道在结构和功能上有所不同，男性尿道兼有生殖功能。

（一）输尿管

输尿管为一对腹膜外位的肌性管道，大部分走行于腹腔内，小部分深入小骨盆，上接肾盂，下连膀胱，长 20 ~ 30 cm，管径平均 0.5 ~ 1.0 cm。

1. 输尿管的分部

输尿管全长根据行程可分为 3 部分，即输尿管腹部、输尿管盆部和输尿管壁内部（图 3–4–14）。

（1）输尿管腹部　输尿管腹部起自肾盂下端，经腰大肌前面下行至小骨盆入口处，左侧输尿管越过左髂总动脉末端前方，右侧输尿管越过右髂外动脉起始部的前方，两侧输尿管进入盆腔移行为盆部。

（2）输尿管盆部　输尿管盆部始于小骨盆入口处，沿盆腔侧壁下行，跨过闭孔神经血管束，达坐骨棘水平。男性输尿管经直肠外侧壁与膀胱后壁之间下行，在输精管后外方与其交叉后穿入膀胱底；女性输尿管经子宫颈外侧，绕过子宫动脉后下方，行至膀胱底穿入膀胱壁内。

（3）输尿管壁内部　输尿管壁内部斜行于膀胱壁内，长约 1.5 cm，以输尿管口开口于膀胱三角区。当膀胱充盈时，壁内部因膀胱内压升高而闭合，阻止尿液反流入输尿管。

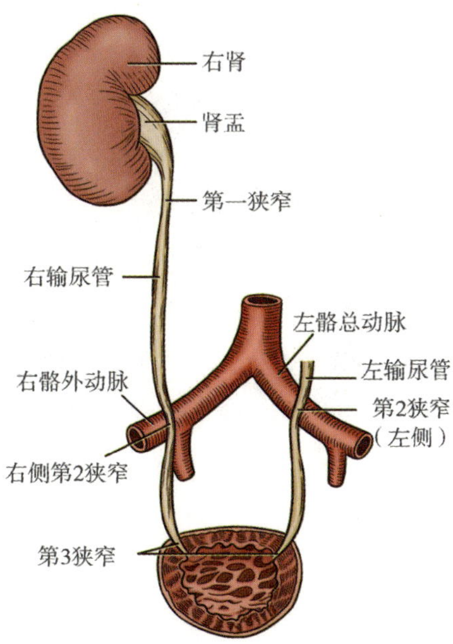

图 3–4–14　输尿管的走行

2. 输尿管的狭窄

输尿管全程有 3 处狭窄，为输尿管结石易滞留的位置。3 处狭窄分别是输尿管起始处，即肾盂输尿管移行处；小骨盆上口处，即输尿管跨过髂血管处；输尿管的壁内部。

（二）膀胱

膀胱是储存尿液的肌性囊状器官，其位置、大小和形态随尿液充盈程度而变化。一般成年人膀胱的容量为 350 ~ 500 mL，最大容量为 800 mL，新生儿膀胱容量约为成人的 1/10，老年人因膀胱肌张力低下而容量略有增大。

1. 膀胱的位置与毗邻

膀胱位于盆腔内，前方为耻骨联合，上方为腹腔脏器，两侧为骨盆壁，后方和下方的毗邻脏器因性别而异。男性膀胱后方与精囊、输精管壶腹和直肠相毗邻（图 3-4-15），女性膀胱后方与子宫和阴道相毗邻（图 3-4-16）；膀胱下方，男性与前列腺相毗邻，女性与尿生殖膈相毗邻。

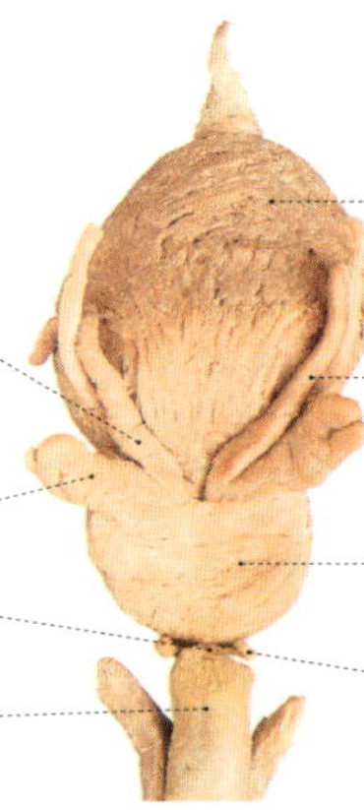

图 3-4-15　男性膀胱后面观

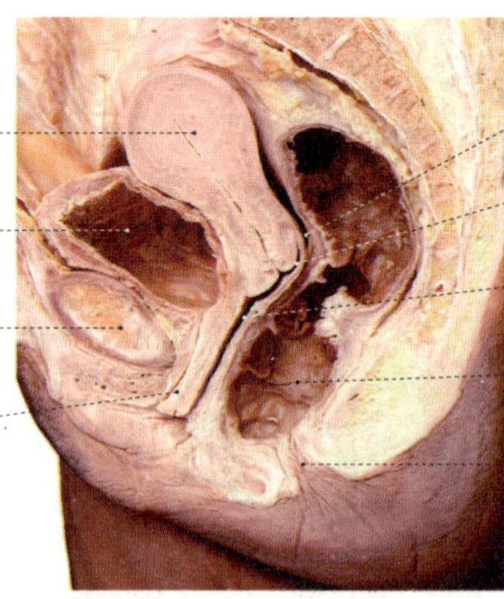

图 3-4-16　女性盆腔正中矢状切面

2. 膀胱的形态

空虚的膀胱呈三棱锥体形，可分为分尖、体、底和颈四部分。膀胱前端朝向前上方的部分称为膀胱尖；后端朝向后下方的部分，称为膀胱底；介于膀胱尖与膀胱底之间的部分称为膀胱体；膀胱的最下部分为膀胱颈。

膀胱壁自内向外由黏膜、肌层和外膜三层构成。膀胱内面被覆黏膜，黏膜在膀胱收缩时聚集成皱襞，称膀胱襞。在膀胱底内面，两侧输尿管口和尿道内口之间有一呈三角形的区域，称**膀胱三角**（图 3-4-17）。此区域由于缺少黏膜下层，黏膜与肌层紧密连接，无论膀胱充盈或皱缩，始终平滑无皱襞。膀胱三角是肿瘤、结核和炎症的好发部位，膀胱镜检查时应注意。

膀胱镜下，两个输尿管口之间为一苍白带状皱襞，称输尿管间襞，是临床上寻找输尿管口的标志。

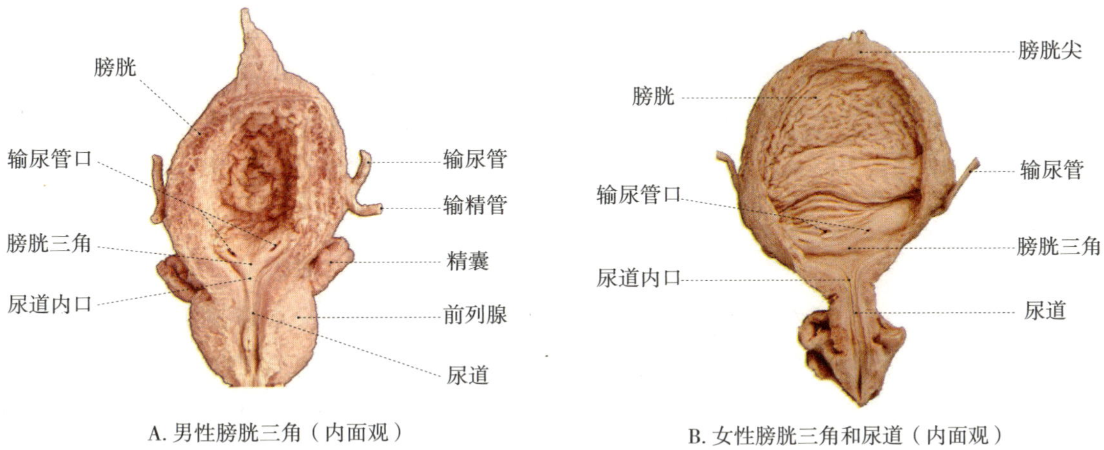

图 3-4-17　男性、女性膀胱三角

（三）尿道

男性尿道兼有生殖功能，详见男性生殖系统。

女性尿道长 3 ～ 5 cm，直径约 0.6 cm，与男性尿道相比，具有短、宽、直等特点（图 3-4-16）。起自尿道内口，向前下方行走，穿过尿生殖膈，终于阴道前庭的尿道外口。尿道内口及尿道穿过尿生殖膈处均有括约肌环绕，可控制排尿。在尿道的下端有尿道旁腺，其导管开口于尿道周围。尿道旁腺发生感染时，可形成囊肿压迫尿道，引起尿路不畅。

拓展阅读

尿裤子的尴尬——尿失禁

你是否曾因一个不经意的动作，如咳嗽、大笑，就出现尿裤子的尴尬情况呢？这可能是患上了尿失禁。尿失禁是指尿液不自主地经尿道流出，不受个体意识控制的一种泌尿系统症状。在女性及老年人中较为常见。尿失禁主要分为以下 4 种类型：①压力性尿失禁，多发生于女性群体。由于盆底肌松弛，当腹压增加时，尿液便会不自主溢出；②功能性尿失禁，常见于存在认知障碍的人群，如老年痴呆患者。这类患者因丧失对排尿的自主控制能力，从而出现尿失禁现象；③充溢性尿失禁，由膀胱张力减弱或尿道梗阻所致。膀胱在充盈状态下，尿液会溢出，患者常伴有膀胱排空不全的感觉；④急迫性尿失禁，因膀胱逼尿肌不稳定引发。患者会突然产生强烈的尿意，同时伴有大量尿液漏出。

尿失禁虽不致命，却严重影响生活质量，还可能导致社交问题。通过盆底肌训练、药物治疗、手术等方法，多数尿失禁能得到改善。

点燃思考

为什么女性更易出现逆行性尿路感染？

二、尿液及其排放

（一）尿量与尿的理化性质

1. 尿量

正常成人每昼夜排出的尿量为 1.0 ~ 2.0 L，平均 1.5 L。正常情况下，摄入的水量和排出量基本平衡。如果每昼夜的尿量持续在 2.5 L 以上，称为**多尿**；持续在 0.1 ~ 0.5 L 范围内，称为**少尿**；若少于 0.1 L，称为**无尿**。多尿可因水分大量丢失而引起脱水；少尿或无尿可造成代谢产物在体内大量堆积，这些异常导致内环境稳态被破坏。

2. 尿的理化性质

（1）化学成分　尿由水及溶于其中的固体物质组成。水占 95% ~ 97%，固体物质占 3% ~ 5%，包括有机物和无机物两大类。有机物主要是蛋白质的代谢产物，如尿素、肌酐、肌酸等。无机物主要是 Na^+、Mg^{2+}、K^+、Cl^-、Ca^{2+} 及草酸盐、磷酸盐等成分。此外尿中还含有微量蛋白质、还原糖、酮体等，但由于含量极少，用一般检验方法难以测出，故可忽略不计。

（2）颜色　新鲜尿呈淡黄色、透明。尿液的颜色主要来自胆色素的代谢产物，并受一些食物和药物的影响。尿少或存放时间长时，尿的颜色加深且变混浊。摄入胡萝卜素或用黄连素、维生素 B_2 等药物，尿呈深黄色；病理情况下，尿中出现较多的红细胞，尿呈淡红色；尿中有淋巴液时，尿呈乳白色；肝细胞严重受损时，胆红素随尿排出，尿呈深黄色。

（3）酸碱度　尿液的酸碱度变动范围较大，pH 可由 5.0 变动至 8.0。尿的酸碱度受食物和代谢产物的影响。当摄食蛋白质较多时，尿呈酸性；而摄食蔬菜、水果时，尿呈碱性。

（4）密度　尿密度波动在 1.012 ~ 1.025，但受饮水量、出汗等因素影响。大量饮水后，尿量增加，尿密度减少；机体缺水时，尿量减少，尿密度升高。若尿比重长期固定在 1.010 ± 0.003，提示肾丧失了浓缩尿的功能。

（二）排尿反射与排尿异常

肾脏连续不断地生成尿液，经肾盂、输尿管输送到膀胱。膀胱具有贮存和排出尿液两大功能。当膀胱内尿液增加到 400 ~ 500 mL 时，膀胱壁牵张感受器被激活，信号经盆神经传递至骶髓初级排尿中枢及大脑皮层高级中枢，触发尿意。排尿受自主神经与意识双重调控：若环境适宜，大脑皮层通过兴奋脊髓中枢启动排尿，引发逼尿肌收缩、内外括约肌松弛，并通过正反馈机制强化排尿直至排空；若环境不便，大脑皮层可抑制脊髓中枢暂缓排尿。婴幼儿因大脑发育未成熟，常出现尿频或遗尿；脊髓骶段损伤或昏迷会破坏中枢联系，导致尿失禁；排尿反射障碍则引发尿潴留；尿频常见于膀胱炎、结石或生理性因素（如过量饮水）。

排尿反射是一种受自主神经和意识双重控制的反射活动，其反射中枢包括脊髓骶段初级排尿中枢和大脑皮层的高级排尿中枢。排尿是一种正反馈过程，它使排尿反射一再加强，直至尿液排完为止。此外，在排尿过程中，有意识地通过加强腹部肌肉的收缩，对排尿也有促进作用。

任务四　了解泌尿系统的衰老变化

一、泌尿系统结构的衰老变化

泌尿系统结构的衰老变化主要体现在肾脏、输尿管、膀胱和尿道等核心器官的形态与组织改变上，这些变化直接影响泌尿系统的正常运作。

（一）肾脏的结构改变

随着年龄增长，肾脏体积逐渐缩小，重量减轻，肾皮质变薄，肾单位数量减少；肾小球发生玻璃样变和硬化，基底膜增厚，导致滤过功能下降；肾小管萎缩，肾小管细胞脂肪变性，弹性纤维增多，内膜增厚，重吸收和分泌功能受损；肾动脉和肾小动脉硬化，血管壁增厚，管腔狭窄，影响肾脏血液供应。

（二）输尿管的结构改变

老年人输尿管平滑肌层逐渐萎缩、弹性降低，导致蠕动功能减弱，同时支配输尿管的神经纤维数量减少，进一步影响输尿管的收缩能力。

（三）膀胱的结构改变

膀胱壁肌肉张力降低，弹性组织变硬，导致膀胱容量减小；逼尿肌肥大，肌纤维增生，但收缩力减弱，影响排尿效率；膀胱括约肌功能减退，导致尿失禁风险增加。

（四）尿道的结构改变

老年男性常发生前列腺增生肥大压迫尿道，导致尿道狭窄和排尿困难；老年女性尿道腺体分泌减少，尿道黏膜变薄，括约肌功能减弱，增加尿路感染和尿失禁风险。

二、泌尿系统功能的衰老变化

泌尿系统功能的衰老变化主要表现为尿液生成、排泄、储存以及内分泌和免疫调节能力的下降，这些变化显著影响老年人的生活质量。

（一）尿液生成与排泄功能下降

肾脏滤过功能减退，导致体内代谢废物和多余水分清除能力下降；肾小管功能减退，重吸收和分泌功能受损，影响水、电解质和酸碱平衡；肾脏调节尿液浓度的能力下降，导致多尿、夜尿增多。

（二）膀胱与尿道功能减退

膀胱容量减少，逼尿肌功能减退，导致尿频、尿急和尿不尽；尿道括约肌松弛和逼尿肌无力，导致排尿费力、尿流缓慢；膀胱过度活动和括约肌功能减退，导致尿液不自主流出（尿失禁）。

（三）内分泌功能改变

肾脏分泌促红细胞生成素能力下降，导致贫血风险增加；肾素—血管紧张素—醛固酮系统活性改变，影响血压调节和水电解质平衡。

（四）免疫功能减弱

泌尿系统内的免疫细胞数量和功能减退，导致抵抗力下降；尿液冲刷作用减弱和免疫屏障功能下降，增加尿路感染的风险。

这些衰老变化是随着年龄增长而逐渐出现的，它们可能单独或共同作用，导致泌尿系统的功能下降，进而影响老年人的生活质量。为了保持泌尿系统的健康，老年人应定期进行泌尿系统检查，及时发现并处理潜在的问题。同时，保持良好的生活习惯，如适量饮水、避免憋尿、进行盆底肌训练等，也有助于延缓泌尿系统结构的衰老变化。老年人的肾脏储备能力差，在特殊情况下，容易发生肾功能不全。

拓展阅读

预防老年性尿路感染

老年人日常照护方面，男女均需每日冲洗外阴部，或用无菌盐水清洁尿道外口，保持清洁以防感染。女性便后应从前向后轻拭，避免污染尿道口；勤换内衣裤，中年女性注意经期卫生，男性若包皮过长需每日清洗。

生活习惯上，每日饮水量不少于 2000 mL，确保排尿量超过 1500 mL。忌食辛辣，宜食清淡营养食物。

及时治疗尿道炎、盆腔炎等感染性疾病，清除体内感染灶；积极治疗糖尿病等降低免疫力的疾病；避免感冒、熬夜、憋尿及过度劳累。此外，加强运动可增强身体抵抗力，促进健康。

点燃思考

膀胱逼尿肌与黏膜下层胶原纤维的增龄性改变，为何会影响膀胱储尿功能？

【练习题】

一、A1 型题

1. 肾脏的基本功能单位是（　　）。

A. 肾小球　　B. 肾小管　　C. 肾单位

D. 肾盂　　E. 肾皮质

2. 下列哪项不是尿液形成的过程（　　）。

A. 肾小球滤过　　B. 肾小管重吸收　　C. 尿液浓缩

D. 尿液稀释　　E. 血液凝固

3. 膀胱的主要功能是（　　）。

A. 滤过血液　　B. 形成尿液　　C. 储存尿液

D. 重吸收水分　　E. 分泌激素

4. 下列哪种疾病最常见于老年男性，且主要表现为排尿困难（　　）。

A. 肾结石　　B. 肾盂肾炎　　C. 良性前列腺增生

D. 膀胱炎　　E. 肾癌

5. 下列哪种物质是尿液中的主要成分，且其排出量可以反映肾功能（　　）。

A. 尿素　　B. 葡萄糖　　C. 蛋白质

D. 红细胞　　E. 白细胞

答案：CECCA

解析：无

二、A2 型题

1. 张大爷，60 岁，近期出现尿频、尿急、尿痛的症状，且尿液混浊。医生初步诊断为尿路感染。问题：张大爷最可能受累的泌尿系统部位是（　　）。

A. 肾脏　　B. 输尿管　　C. 膀胱

D. 尿道　　E. 前列腺

答案：C

解析：张大爷的症状（尿频、尿急、尿痛，尿液混浊）是典型的膀胱炎表现。膀胱炎是膀胱的炎症，通常由细菌感染引起。肾脏、输尿管、尿道虽然也可能发生感染，但症状与张先生描述的不完全吻合。前列腺问题通常表现为排尿困难、尿流细等，故选 C。

2. 李奶奶，55 岁，体检时发现尿液中有红细胞。进一步检查发现左肾有结石。问题：李奶奶尿液中出现红细胞的最可能原因是（　　）。

A. 肾结石划伤肾组织　　B. 膀胱炎　　C. 尿道炎

D. 肾盂肾炎　　E. 肾小球肾炎

答案：A

解析：肾结石在移动或排出过程中可能划伤肾组织或输尿管黏膜，导致尿液中出现红细胞。膀胱炎、尿道炎主要表现为尿频、尿急、尿痛，不一定有红细胞。肾盂肾炎可能有发热、腰痛等症状。肾小球肾炎主要表现为血尿、蛋白尿、水肿等，但通常不会单独出现红细胞而无其他症状，故选 A。

3. 王大爷，78 岁，因排尿困难入院。查体发现前列腺增大，质地硬。问题：王大爷最可能的诊断是（　　）。

A. 前列腺癌　　B. 良性前列腺增生　　C. 膀胱炎

D. 尿道结石　　E. 肾结核

答案：B

解析：老年男性出现排尿困难，且查体发现前列腺增大、质地硬，最可能的诊断是良性前列腺增生。前列腺癌虽然也可能导致前列腺增大，但通常伴有其他症状，如血尿、骨痛等。膀胱炎、尿道结石主要表现为尿频、尿急、尿痛或排尿中断。肾结核主要表现为尿频、尿急、尿痛伴终末血尿。故选 B。

4. 患者李阿姨，因右侧腰腹部疼痛来诊。医生检查时，发现患者疼痛最明显处位于竖脊肌外侧缘与第 12 肋的夹角顶点。该位置在解剖学上被称为（　　）。

A. 麦氏点　　B. 肋脊点　　C. 胆囊点

D. 上输尿管点　　E. 中输尿管点

答案：B

解析：肋脊点位于竖脊肌外侧缘与第 12 肋的夹角顶点，是检查肾脏疾病压痛的重要体表标志。麦氏点在脐与右髂前上棘连线中外 1/3 交界处，主要与阑尾疾病相关；胆囊点在右锁骨中线与肋缘交界处，与胆囊病变有关；上输尿管点在脐水平线上腹直肌外缘，中输尿管点在髂前上棘水平腹直肌外缘，这两个点主要用于检查输尿管病变，故答案为 B。

5. 患者，男性，65 岁，患糖尿病多年，近期因血糖控制不佳，出现多尿症状。经检查，患者尿糖阳性，血葡萄糖水平为 16.7 mmol/L。请问该患者多尿的主要原因是（　　）。

A. 抗利尿激素分泌减少　B. 醛固酮分泌减少　C. 肾小管重吸收障碍

D. 渗透性利尿　E. 水利尿

答案：D

解析：糖尿病患者血糖升高，当血糖超过肾糖阈时，肾小球滤过的葡萄糖不能被肾小管完全重吸收，导致小管液中葡萄糖含量增加，渗透压升高，妨碍了水和 NaCl 的重吸收，引起尿量增多，这种利尿方式称为渗透性利尿。该患者尿糖阳性，血葡萄糖水平高，符合渗透性利尿的机制，故答案为 D。抗利尿激素分泌减少会导致尿崩症，但题干中未提及相关信息；醛固酮主要作用于远曲小管和集合管，促进 Na^+ 重吸收和 K^+ 分泌，与该患者多尿原因无关；肾小管重吸收障碍一般是由于肾小管本身病变引起，题干中未提示有肾小管病变；水利尿是大量饮水后引起的尿量增多，与本题情况不符。

项目五　生殖系统的结构与功能

学习目标

思政及素养目标

1. 树立正确的性观念和健康的生殖意识，培养尊重生命、关爱他人的人文情怀。

2. 培养严谨负责、耐心细致的职业道德，增强创新思维，为推动生殖医学进步贡献力量。

知识目标

1. 掌握男、女性生殖系统的组成及功能，男性包括睾丸和附属腺的形态、位置及毗邻，输精管和尿道的行程、分部、狭窄及弯曲，女性包括卵巢和子宫的位置、形态、分部及固定装置，输卵管的分部与意义，阴道穹的构成及毗邻。

2. 理解睾丸、附睾的组织结构，卵泡的发育过程，雄激素、雌激素、孕激素的生理作用。

3. 了解月经周期，受精、卵裂与植入，男、女性生殖系统的衰老变化。

能力目标

1. 能够在人体解剖标本、模型上准确辨认生殖系统各器官的形态、位置，并指出其关键结构和特征。

2. 能用睾丸和卵巢的生理特性解释男性排精和女性月经周期的活动特点。

3. 能分析简单的生殖系统疾病案例。

知识导读

扫码查看思维导图。

扫一扫

赛证对接

本项目内容主要对接生殖系统的解剖生理知识，通过案例分析，围绕老年人生殖系统的衰老变化，对前列腺增生、老年性阴道炎、尿失禁等患者进行功能锻炼、心理支持等以实际照护任务的形式考查。

任务一　认识男性生殖系统

案例导入

孙爷爷，70 岁。最近半年感觉阴囊坠胀不适，站立及行走时症状加重，平卧休息后有所缓解。同时发现阴囊内有蚯蚓状团块，且左侧更为明显。因担心病情，精神压力逐渐增大，日常活动也受到一定影响。前往医院进行阴囊超声检查，结果显示左侧精索静脉曲张，内径约 3.5 mm（正常内径小于 2 mm），血液反流时间延长。

任务描述

1. 照护员向孙爷爷解释超声报告单中左侧精索的大致位置。

2. 照护员帮助分析孙爷爷出现阴囊坠胀、蚯蚓状团块等症状的原因，并制定针对性的照护措施。

知识殿堂

扫码查看课件。

扫一扫

男性生殖系统（图 3-5-1）包括内生殖器和外生殖器两部分。

内生殖器包括睾丸、附睾、输精管、射精管、男性尿道、精囊、前列腺和尿道球腺。外生殖器包括阴囊和阴茎。

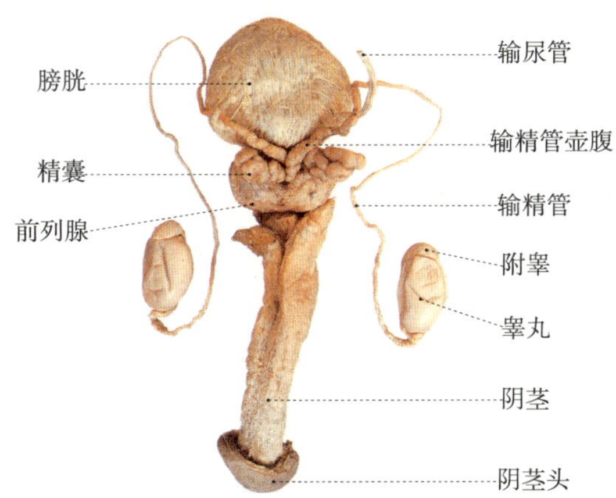

图 3-5-1　男性生殖系统（后面观）

一、内生殖器

（一）睾丸

1. 睾丸的位置和形态

睾丸是男性生殖腺，具有产生精子和分泌雄性激素的作用。

睾丸（图 3-5-2）位于阴囊内，左右各一，呈扁椭圆形，表面光滑，可分为上、下两端，前、后两缘，内、外侧两面。其前缘游离，上端和后缘有附睾附着。

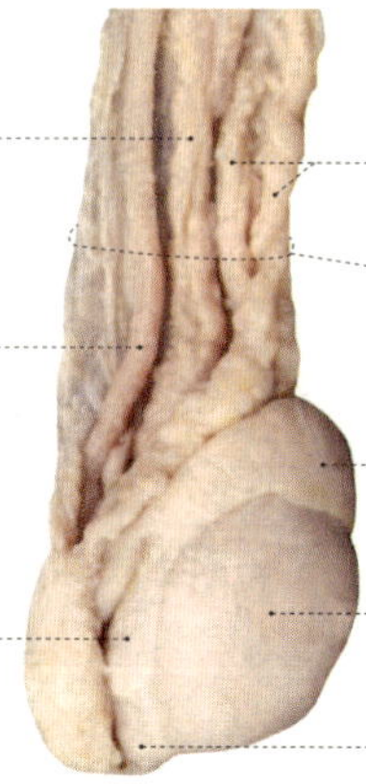

图 3-5-2　精索、睾丸和附睾

2. 睾丸的微细结构

睾丸由被膜和睾丸实质构成（图 3-5-3）。睾丸表面为坚厚的致密结缔组织膜，称白膜。白膜在睾丸后缘处增厚并伸入睾丸内形成睾丸纵隔，睾丸纵隔发出放射状睾丸小隔，将睾丸实质分成 100 ~ 200 个锥体形的睾丸小叶。每个睾丸小叶内有 2 ~ 4 条细长盘曲的精曲小管，管的上皮由生精细胞和支持细胞组成。精曲小管之间的疏松结缔组织为睾丸间质，内有间质细胞，可分泌雄激素。每个睾丸小叶的精曲小管在接近睾丸纵隔处汇合成短而直的精直小管，精直小管移行至睾丸纵隔内，交织吻合成睾丸网，再从睾丸网发出 12 ~ 15 条睾丸输出小管，穿出睾丸后缘的上部进入附睾头（图 3-5-3）。

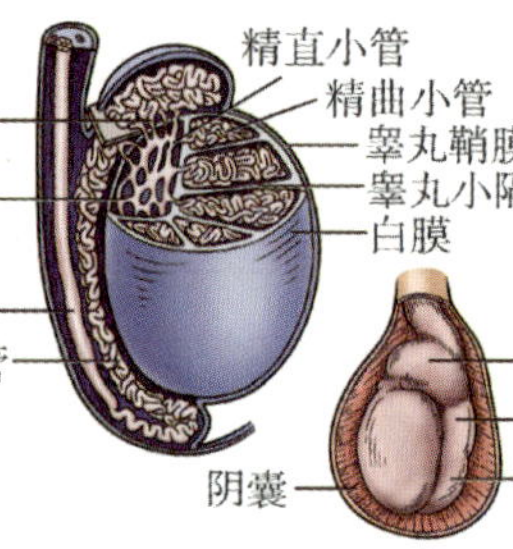

图 3-5-3　睾丸位置和结构模式图

3. 睾丸的功能

（1）生精功能

精子是在睾丸小叶的精曲小管中生成的。精曲小管管壁为特殊的复层生精上皮，由生精细胞和支持细胞组成。生精细胞位于支持细胞之间，包括精原细胞、初级精母细胞、次级精母细胞、精子细胞和精子。自青春期开始后，在腺垂体分泌的促性腺激素 FSH 的作用下，精原细胞分化成为初级精母细胞。初级精母细胞完成第一次减数分裂，形成两个次级精母细胞。次级精母细胞迅速完成第二次减数分裂，形成两个精子细胞。精子细胞不再分裂，经过复杂的形态变化逐渐转变成精子，这个过程称精子形成。成熟精子形似蝌蚪，长约 60 μm，分头、尾两部分。精子的头为高度浓缩的细胞核，其前 2/3 被顶体覆盖。顶体内含多种水解酶，可协助精子完成受精过程。精子的尾细长，可快速摆动推动精子移动，是精子的运动装置。

（2）内分泌功能

睾丸最重要的内分泌功能是分泌**雄激素**。雄激素能维持生精作用，为精子发生和发育提供适宜的微环境，促进男性内、外生殖器发育；促进男性第二性征出现并维持其正常状态，维持正常的性欲；促进蛋白质合成，增加肌肉力量和质量，促进骨骼生长和钙磷沉积。此外，睾丸还可分泌抑制素，通过调节卵泡刺激素水平来间接影响精子的发生，使精子生成保持相对稳定状态。

（3）睾丸功能的调节

睾丸功能的启动和维持均依赖于下丘脑－腺垂体－睾丸轴的调节。下丘脑分泌的促性腺激素释放激素（GnRH）促进腺垂体合成和分泌精子生成素（FSH）和间质细胞刺激素（LH）。FSH 主要作用于生精细胞与支持细胞，启动精子发生。LH 主要作用于间质细胞，刺激间质细胞合成睾酮。

当血中睾酮达到一定浓度后，便可负反馈作用于下丘脑和腺垂体，抑制 GnRH 分泌，进而抑制 FSH 和 LH 的分泌，从而使血中睾酮浓度稳定在一定水平。

（二）生殖管道

1. 附睾

附睾紧贴睾丸的上端和后缘，上端膨大为附睾头，中间为附睾体，下端为附睾尾（图 3–5–2）。睾丸输出小管进入附睾后弯曲盘绕形成附睾头，而后汇合成附睾管，附睾管曲折盘绕形成附睾体和尾。附睾尾末端向后上弯曲延续为输精管。

附睾的主要功能是暂时存储精子，分泌附睾液为精子提供营养，促进精子进一步发育成熟。

2. 输精管

输精管为一对长 40 ～ 50 cm，直径约 3 mm 的肌性管道，管壁较厚（图 3–5–2），分为睾丸部、精索部、腹股沟管部和盆部 4 段。

(1) 睾丸部　最短，起自附睾尾部，沿睾丸后缘及附睾内侧上行到睾丸上端，移行于精索部。

(2) 精索部　介于睾丸上端与腹股沟管浅环之间，位置表浅易于触及，是输精管结扎的常用部位。

(3) 腹股沟管部　位于腹股沟管内，经腹股沟管深环进入腹腔，移行为盆部。

自睾丸上端至腹股沟管深环之间，有一对质地柔软的圆索状结构，称精索（图 3–5–2），由输精管、睾丸动脉、蔓状静脉丛、神经、淋巴管和鞘韧带等构成。

(4) 盆部　最长，自腹股沟管深环起始，沿骨盆侧壁行向后下，经输尿管末端前方达膀胱底后面，两侧输精管逐渐靠近。输精管末段呈梭形膨大，形成输精管壶腹。

3. 射精管

射精管由输精管末端和精囊腺排泄管汇合而成，长约 2 cm。两侧射精管均向前下斜穿前列腺实质，开口于尿道前列腺部。

（三）附属腺

1. 前列腺

前列腺是呈栗子形的实质性器官，位于膀胱下方，男性尿道贯穿其中（图 3–5–4）。上面宽大称为前列腺底，下端尖细称为前列腺尖，底与尖之间为前列腺体。前列腺后面平坦，中间有一纵行浅沟，称前列腺沟。活体直肠指诊可触及此沟，前列腺肥大时此沟可消失。前列腺的排泄管直接开口于尿道前列腺部。其分泌物呈乳白色，参与精液的组成。

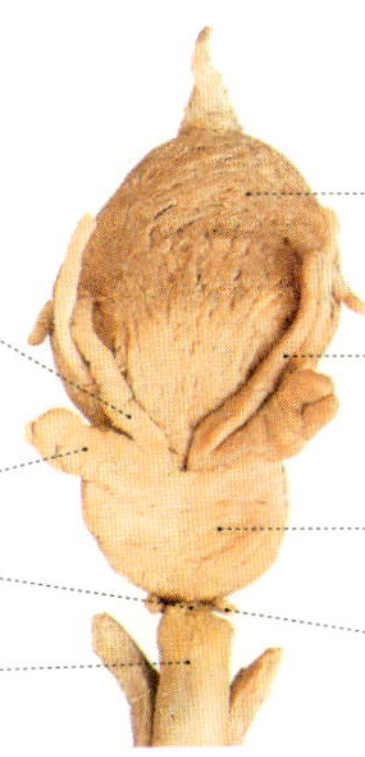

图 3–5–4　前列腺的形态（后面观）

2. 精囊

精囊又称精囊腺（图 3-5-4），是一对长椭圆形的囊状器官，位于膀胱底的后方，输精管末端的外侧，其排泄管与输精管末端汇合形成射精管。分泌物呈淡黄色，参与精液的组成。

3. 尿道球腺

尿道球腺为一对豌豆大小的球形腺体（图 3-5-4）。其分泌物经细长的排泄管排入尿道球部，参与精液的组成。

二、外生殖器

（一）阴囊

阴囊（图 3-5-5）为一皮肤囊袋，位于阴茎后下方，由阴囊中隔分为左、右两部分，容纳睾丸和附睾。阴囊皮肤薄而柔软，富有伸展性，性成熟后色素沉着明显，成人有少量阴毛。阴囊皮下组织含有平滑肌纤维称肉膜。肉膜可随温度的变化而收缩或舒张，以调节阴囊内的温度，维持精子发育和生存的微环境。

（二）阴茎

阴茎（图 3-5-5）分头、体、根三部分。前端膨大为阴茎头，尖端有呈矢状位的尿道外口，中部为阴茎体，呈圆柱状，悬垂于耻骨联合前下方。头、体交界处有一环形沟为冠状沟。后端为阴茎根，附着于耻骨下支和坐骨支。阴茎头和阴茎体为可动部，阴茎根为固定部。

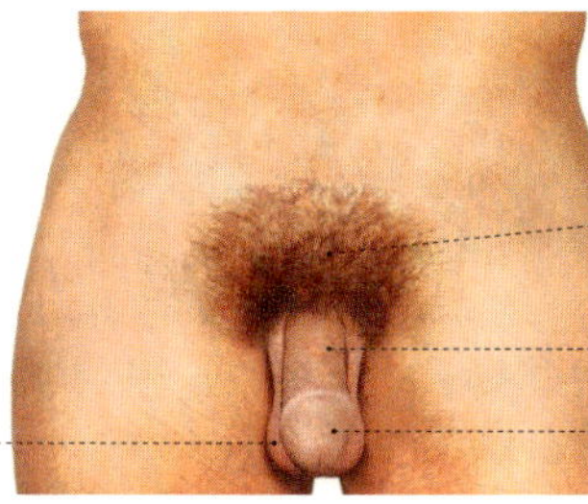

图 3-5-5　男性外生殖器

阴茎由海绵体外包筋膜和皮肤构成。海绵体共有三条，其中阴茎海绵体两条，位于背侧；尿道海绵体一条，位于腹侧，其前后两端均膨大，前端即阴茎头，后端为尿道球。男性尿道贯穿尿道海绵体全长。

阴茎的皮肤薄而柔软，富有伸展性。皮下组织疏松而无脂肪组织。在阴茎颈处，皮肤向前延伸返折成双层皱襞包绕阴茎头，称阴茎包皮。阴茎包皮与阴茎头腹侧中线处连有一条纵行的皮肤皱襞称包皮系带。

三、男性尿道

男性尿道起于膀胱的尿道内口，止于阴茎头的尿道外口，具有排尿和排精的双重作用（图 3-5-6）。成年男性尿道全长 16 ~ 22 cm，管径 5 ~ 7 mm，全长分三部，即前列腺部、膜部和海绵体部。

（1）前列腺部　为尿道穿过前列腺的部分，长约 3 cm，是尿道中最宽和最易扩张的部分。其后壁有射精管和前列腺排泄管的开口。

（2）膜部　为尿道穿经尿生殖膈的部分，管腔狭窄，是最短的一段，长约 1.2 cm，周围有尿道括约肌环绕。尿道括约肌属于骨骼肌，可随意收缩、控制排尿。

（3）海绵体部　为尿道穿经尿道海绵体的部分，是最长的一段，长 12 ~ 17 cm。其位于尿道球内的一段称尿道球部；在阴茎头内的尿道管径扩大称舟状窝。

男性尿道在行程中粗细不同，全长有三处狭窄、三个扩大和两个弯曲。

三处狭窄分别在尿道内口、尿道膜部、尿道外口，其中以尿道外口最狭窄。尿道结石常易嵌顿在这些狭窄的部位。

三处扩大分别在前列腺部、尿道球部、舟状窝。

两个弯曲分别是耻骨下弯和耻骨前弯。耻骨下弯位于耻骨联合下方，此弯曲位置恒定不变；耻骨前弯位于耻骨联合前下方，将阴茎向上提起或阴茎勃起时，此弯曲可消失。临床上行导尿术时，应注意男性尿道的狭窄和弯曲，以免损伤尿道。

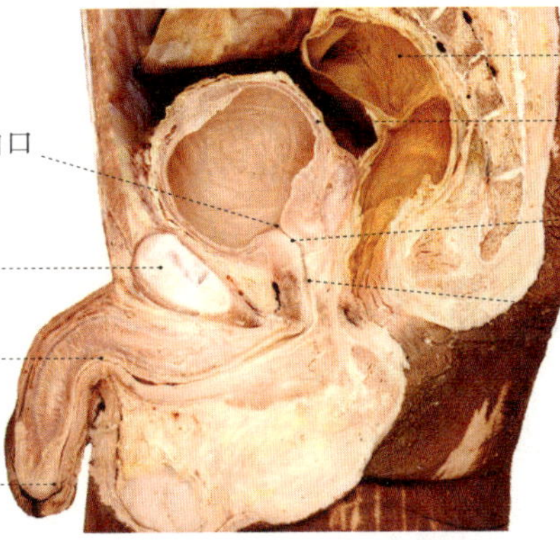

图 3-5-6　男性尿道

拓展阅读

为什么许多老年男性会出现前列腺肥大、尿频等症状？

雄激素作用：随着年龄增长，男性体内的雄激素水平会发生变化。睾酮在前列腺细胞内会被转化为双氢睾酮，双氢睾酮能促进前列腺细胞的增殖，使得前列腺组织不断增生。长期作用下，前列腺体积逐渐增大，进而压迫尿道，引起尿频、尿急、尿不尽等一系列排尿问题。

细胞老化与凋亡失衡：正常情况下，前列腺细胞的增殖和凋亡处于动态平衡。但老年男性的细胞功能逐渐衰退，这种平衡被打破，细胞增殖速度超过凋亡速度，导致前列腺细胞数量增多，引发前列腺增生、肥大。

点燃思考

为什么睾丸会“定居”在阴囊而不是体内呢？

任务二　认识女性生殖系统

案例导入

王奶奶，72 岁。近半年来出现阴道不规则出血，量不多但断断续续，同时伴有下腹部坠胀感，有时感觉腰骶部酸痛。自觉外阴瘙痒不适，分泌物增多且性状改变，呈淡黄色、稀薄状。自行清洗及使用一些外用药物后，症状未见明显好转。由于担心身体状况，前来医院就诊。妇科检查：外阴皮肤黏膜变薄、干燥，有散在抓痕；阴道黏膜萎缩、变薄，皱襞消失，可见少量淡黄色分泌物；宫颈萎缩，表面光滑；子宫体萎缩，质地较硬，大小较正常明显缩小；双侧附件区未触及明显包块，但有轻度压痛。

任务描述

1. 照护员向王奶奶解释生殖系统中子宫、卵巢等主要器官在体内的位置。

2. 照护员帮助王奶奶理解绝经后生殖系统这些变化的正常与异常之处。

3. 照护员分析王奶奶出现阴道出血、分泌物异常、下腹部坠胀等表现的可能原因，并制定相应的照护措施。

知识殿堂

扫一扫

扫码查看课件。

女性生殖系统包括内生殖器和外生殖器两部分。

内生殖器包括卵巢、输卵管、子宫、阴道和前庭大腺（图 3–5–7），外生殖器包括阴阜、阴蒂、大阴唇、小阴唇和阴道前庭。

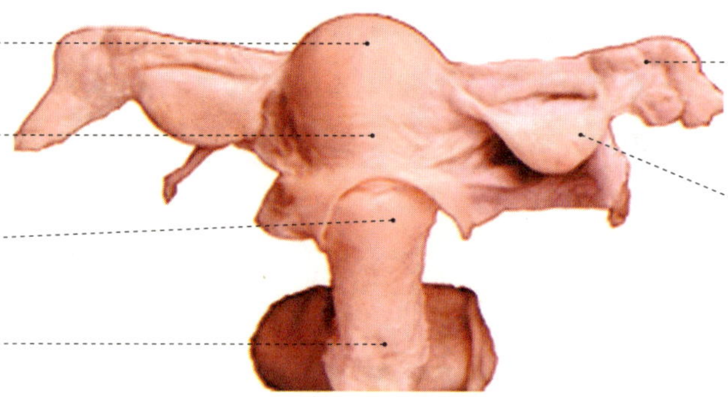

图 3–5–7　女性内生殖器

一、内生殖器

（一）卵巢

1. 卵巢的位置和形态

卵巢是女性生殖腺，左、右成对，是产生卵子和分泌雌性激素的器官（图 3–5–7）。卵巢位于小骨盆侧壁，髂总动脉分叉处下方。卵巢呈灰红色、扁椭圆形，分上、下两端，前、后两缘和内、外侧两面。卵巢上端接近输卵管伞，并借卵巢悬韧带固定于骨盆侧壁；卵巢下端由条索状的卵巢固有韧带连于子宫底，其表面被覆腹膜；前缘借卵巢系膜附着于子宫阔韧带后层，其中部有血管、神经等出入，称卵巢门；后缘游离。

2. 卵巢的结构

卵巢为实质性器官，由外周的皮质和中央的髓质两部分组成，二者之间无明显分界。皮质由不同发育阶段的卵泡、黄体、白体、闭锁卵泡以及结缔组织构成；髓质由疏松结缔组织构成，含较多血管与淋巴管。

3. 卵泡的发育

卵泡由一个卵母细胞及其周围的卵泡细胞组成。卵泡的发育与成熟是一个连续的生长过程，分为原始卵泡、生长卵泡和成熟卵泡三个阶段。

（1）原始卵泡　位于皮质的浅层，体积小、数量多，由中央的一个初级卵母细胞和周边的单层扁平卵泡细胞构成。

（2）生长卵泡　自青春期开始，在垂体促性腺激素的作用下，部分原始卵泡开始生长发育，称生长卵泡。初期卵泡细胞增生，由单层变为多层，同时，初级卵母细胞与卵泡细胞之间出现嗜酸性的透明带。继而卵泡细胞之间开始出现卵泡腔，腔内充满卵泡液。随着卵泡液的增多和卵泡腔的扩大，卵母细胞、透明带、放射冠三者形成卵丘突入卵泡腔内。

（3）成熟卵泡　是卵泡发育的最后阶段，卵泡液急剧增多，卵泡壁变薄，卵泡体积增至最大，其直径可达 2 cm，并向卵巢表面突出。在排卵前 36 ~ 48 h，初级卵母细胞完成第一次减数分裂，形成一个次级卵母细胞和一个第一极体。次级卵母细胞染色体数量减半，核型为 23，X（2nDNA），随即进入第二次减数分裂，但停滞在分裂中期。

4. 卵巢的功能

（1）生卵功能

生育年龄的妇女，在腺垂体卵泡刺激素（FSH）的作用下，每个月经周期中都有十几个原始卵泡同时开始发育，但一般只有一个发育为成熟卵泡，其余卵泡则退化成闭锁卵泡。在黄体生成素（LH）的作用下，于月经周期的第 14 天左右，成熟卵泡破裂，次级卵母细胞、透明带、放射冠随卵泡液排出，这一过程称为排卵。卵排出后，若 24 h 未受精则退化消失；若受精，则次级卵母细胞继续完成第二次减数分裂，形成 1 个成熟的卵细胞。排卵后卵泡壁内陷逐渐形成黄体，若排出的卵未受精，则称月经黄体，在排卵后第 10 天开始退化；若受精，称为妊娠黄体，可持续发育 4 ~ 6 个月。月经黄体和妊娠黄体最后都会被纤维结缔组织取代，形成白体。

女性一生中排 400 ~ 500 个卵，通常左右卵巢交替排卵，每次排 1 个卵，偶尔可同时排两个或两个以上。绝经期后，排卵停止。

（2）内分泌功能

雌激素和孕激素主要由黄体分泌，卵泡和妊娠期的胎盘也可分泌。

雌激素在女性生理过程中作用广泛，能协同 FSH 促进卵泡发育、诱导 LH 峰以诱发排卵；促使子宫、输卵管及阴道发育并发挥相应功能，增强阴道抗菌能力；促进乳腺发育及脂肪、毛发呈女性分布；促进并维持女性第二性征与性欲，助力骨骼生长、钙盐沉积及骨骺闭合；还能促进神经元生长、分化与突触形成，推动神经递质合成。孕激素以雌激素的作用为基础，作用于子宫，为受精卵的着床和妊娠的维持提供基本保障。

（二）生殖管道

1. 输卵管

输卵管为一对细长而弯曲的肌性管道（图 3-5-8），长 10 ~ 12 cm。其外侧端游离，借输卵管腹腔口与腹膜腔相通。内侧端连于子宫，以输卵管子宫口通子宫腔。女性腹膜腔经输卵管、子宫和阴道与外界相通。

输卵管全长由内而外分为 4 部分：

①输卵管子宫部：为输卵管穿过子宫壁的部分。

②输卵管峡部：紧邻子宫壁，短而直，管腔较为狭窄，是输卵管结扎术的常选部位。

③输卵管壶腹部：约占输卵管全长的 2/3，管径粗而弯曲，血管丰富，卵子通常在此受精。

④输卵管漏斗部：为输卵管外侧端的膨大部分，呈漏斗形，其末端周缘有许多细长指状突起，称输卵管伞，是手术时寻找输卵管的标志。

2. 子宫

子宫为一中空的肌性器官，是孕育胎儿和产生月经的器官（图 3–5–8、图 3–5–9）。

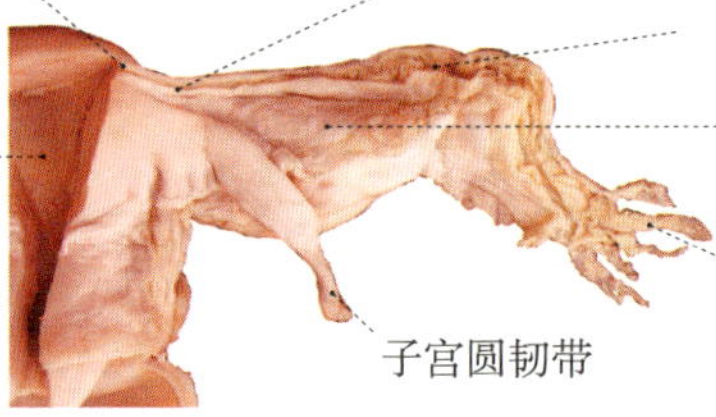

图 3–5–8　输卵管

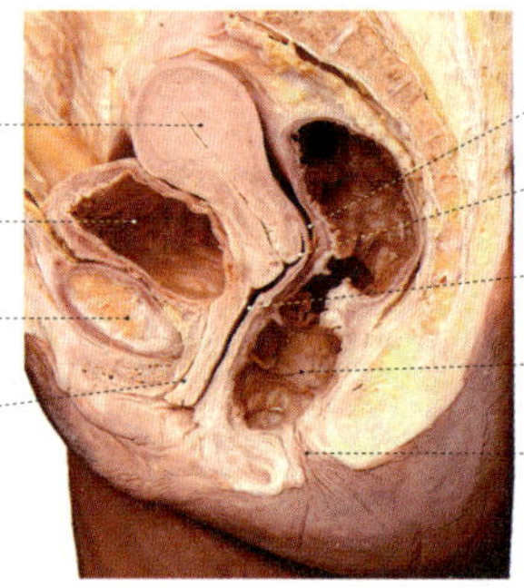

图 3–5–9　子宫和阴道的位置

（1）子宫的形态和分部

成人未孕子宫呈前后略扁倒置的梨形，长 7 ～ 8 cm，宽 4 ～ 5 cm，厚 2 ～ 3 cm。子宫分为底、体和颈 3 部分（图 3–5–7）。子宫底指位于两侧输卵管子宫口以上的膨隆部分。子宫的下部缩细部分为子宫颈，子宫颈的下 1/3 伸入阴道内称子宫颈阴道部，上 2/3 位于阴道以上称子宫颈阴道上部。子宫颈为炎症和肿瘤的好发部位。子宫颈与子宫底之间的部分为子宫体。子宫颈与子宫体交界处稍细，称**子宫峡**。非妊娠期，子宫峡不明显，长约 1 cm；妊娠期，子宫峡逐渐伸展变长，管壁变薄，至妊娠末期可延长至 7 ～ 11 cm，形成子宫下段，临床产科常在此处作剖宫产术切口。

子宫的内腔比较狭窄，分为上、下两部分：上部由子宫底和子宫体围成，称**子宫腔**，呈前后略扁倒置的三角形，两侧与输卵管子宫口相通；下部位于子宫颈内，称**子宫颈管**，呈梭形。子宫颈管的上口通子宫腔；子宫颈管下口通阴道，即子宫口。未产妇的子宫口为圆形，边缘光滑而整齐，经产妇的子宫口呈横裂状。

（2）子宫的位置及固定装置

子宫位于小骨盆的中央，前邻膀胱，后邻直肠，下端接阴道，两侧有输卵管、卵巢。输卵管和卵巢在临床上通常称为子宫附件。正常子宫的位置呈前倾前屈位（图 3–5–9）。

子宫正常位置的维持主要是靠盆底肌的承托和子宫周围韧带的牵引。维持子宫正常位置的韧带有以下 4 对：

①子宫阔韧带：呈冠状位，由子宫前、后面的腹膜自子宫侧壁向两侧盆壁延伸而成，可限制子宫向两侧移动。

②子宫圆韧带：为一圆索状结构，全长 12~14 cm。起自子宫前面两侧，在阔韧带内向前外侧穿腹股沟管止于大阴唇皮下，是维持子宫前倾的主要结构。

③子宫主韧带：在子宫阔韧带下部两层腹膜之间，由结缔组织和平滑肌组成。子宫主韧带将子宫颈阴道上部向两侧连于骨盆侧壁，起固定子宫颈、防止子宫向下脱垂的作用。

④骶子宫韧带：由结缔组织和平滑肌组成。起自子宫颈后面，向后绕过直肠两侧附着于骶骨前面。该韧带牵引子宫颈向后上，维持子宫前屈。

（3）子宫壁的结构

子宫壁由内而外分为内膜、肌层、外膜三层。

①内膜：分浅、深两层。浅层为功能层，较厚，约占整个内膜厚度的 4/5。自青春期开始，在卵巢激素的作用下，功能层发生周期性脱落和出血，形成月经。妊娠时，胚泡植入功能层并在其中生长发育。深层为基底层，较薄，约占整个内膜厚度的 1/5，不发生周期性脱落，有修复功能层的作用。

②肌层：由成束的平滑肌纤维交错构成，富有舒缩性。

③外膜：子宫底部和体部为浆膜，子宫颈处为纤维膜。

（4）月经周期：在下丘脑—腺垂体—卵巢轴的密切协同和调控下，子宫内膜呈现周期性脱落出血现象，称为月经。女子首次出现月经，称为初潮，多始于 13 ~ 15 岁。从一次月经开始到下一次月经开始前的时间，称为一个月经周期。正常月经周期为 21 ~ 36 天，平均为 28 天。

3. 阴道

阴道是连接于子宫和外生殖器之间的肌性管道，有较强的伸展性。是导入精液、排出月经和娩出胎儿的通道（图 3-5-9）。

阴道有前壁、后壁和两侧壁。阴道上部较宽阔，环绕子宫颈阴道部形成环形间隙，称阴道穹。阴道穹分前、后部和左、右侧部；后部最深，又称**阴道后穹**。阴道后穹与直肠子宫陷凹紧密相邻，二者之间仅隔以阴道壁和腹膜。临床上腹膜腔内有积液时，常经阴道后穹进行穿刺或引流以协助诊断和治疗。阴道下部较窄，以阴道口开口于阴道前庭。处女阴道口的周围有处女膜附着。处女膜破裂后，阴道口的周缘留有处女膜痕。

拓展阅读

绝经后阴道的“脆弱危机”——老年性阴道炎

绝经后，卵巢功能衰退，雌激素水平显著下降。雌激素在维持阴道黏膜厚度、弹性和酸性环境方面起着关键作用，雌激素水平降低会导致阴道黏膜变薄、干燥，阴道的 pH 值升高，乳酸杆菌减少，从而破坏了阴道的自然防御机制，使病原菌更容易入侵，引发感染。例如，正常情况下，阴道内呈酸性环境（pH 值约为 4.5），这种环境可以抑制病原菌的生长。但在雌激素缺乏的情况下，阴道 pH 值升高至接近中性，病原菌（如葡萄球菌、大肠杆菌等）更容易繁殖，从而引发阴道炎症。

点燃思考

阴道独特的解剖结构对胎儿分娩、月经排出、防止感染起到了怎样的关键作用？

二、外生殖器

女性外生殖器又称女阴，包括阴阜、阴蒂、大阴唇、小阴唇和阴道前庭（图 3-5-10）。

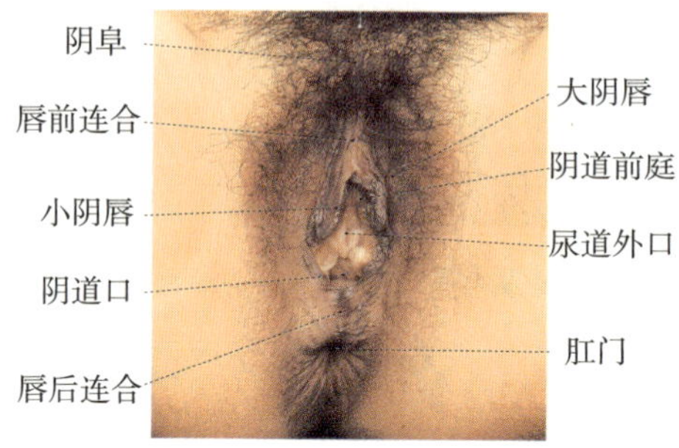

图 3-5-10　女性外生殖器

1. 阴阜　为耻骨联合前方的皮肤隆起。性成熟后阴阜生有阴毛。

2. 阴蒂　位于尿道外口的前方，由两条阴蒂海绵体构成，表面富含神经末梢，感觉敏锐。

3. 大阴唇　位于阴阜的后下方，是一对纵行的皮肤隆起。其前端和后端相互联合，称为唇前联合和唇后联合。

4. 小阴唇　位于大阴唇内侧的一对较薄的皮肤皱襞，表面光滑无阴毛。两侧小阴唇的前端形成阴蒂包皮和阴蒂系带。

5. 阴道前庭　是两侧小阴唇之间的裂隙。前部有尿道外口，后部有较大的阴道口，阴道口的两侧各有一个前庭大腺导管的开口。

三、乳房和会阴

（一）乳房

乳房是哺乳类动物所特有的结构。人的乳房左右成对。男性乳房不发达。女性乳房为哺乳器官，青春期后开始发育生长，妊娠后期和哺乳期迅速发育增大，并开始分泌乳汁。

1. 乳房的位置与形态

乳房位于胸前部两侧，胸大肌及胸肌筋膜的表面，上起 2 ~ 3 肋，下至 6 ~ 7 肋，内侧至胸骨旁线，外侧可达腋中线。男性乳头位置较恒定，多平第 4 肋间隙或第 5 肋，常作为定位标志。

成年女性未授乳的乳房呈半球形，紧张而富有弹性。乳房的中央有乳头，乳头周围的皮肤色素较多，形成颜色较深的环形区域，称乳晕。乳头和乳晕的皮肤较为薄弱，易受损伤而感染。

2. 乳房的内部结构

乳房主要由皮肤、脂肪组织、纤维组织和乳腺构成。脂肪组织和纤维组织嵌入乳腺之间，将乳腺分为 15 ~ 20 个乳腺小叶。乳腺小叶以乳头为中心，呈放射状排列。乳腺小叶排泄管称输乳管，开口于乳头。乳房手术时，应采取放射状切口，尽量减少对输乳管的损伤（图 3-5-11）。

乳房的皮肤与深面的胸肌筋膜之间连有许多纤维组织小束，称乳房悬韧带（Cooper 韧带），它对乳房有支持和固定作用。当乳腺癌侵及乳房悬韧带时，韧带缩短，牵拉皮肤向内凹陷，类似橘皮，临床上称为橘皮样变，是乳腺癌早期的体征之一。

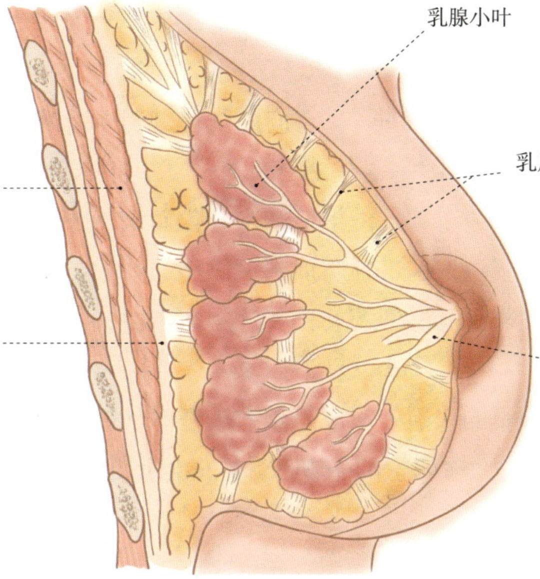

图 3-5-11　乳房的结构

（二）会阴

会阴有狭义会阴和广义会阴两种概念。狭义会阴又称**产科会阴**，是指外生殖器与肛门之间的狭小区域。产妇分娩时此区易发生会阴撕裂，应注意保护此处。广义会阴是指封闭骨盆下口的所有软组织，其境界呈菱形，前界为耻骨联合，后界为尾骨尖，两侧界由前向后依次为耻骨下支、坐骨支、坐骨结节和骶结节韧带。以两侧坐骨结节连线为界，可将广义会阴分为前后两个三角形区域。前方为尿生殖区（尿生殖三角），男性有尿道通过，女性有尿道和阴道通过；后方为肛区（肛门三角），中央有肛管通过（图 3-5-12）。

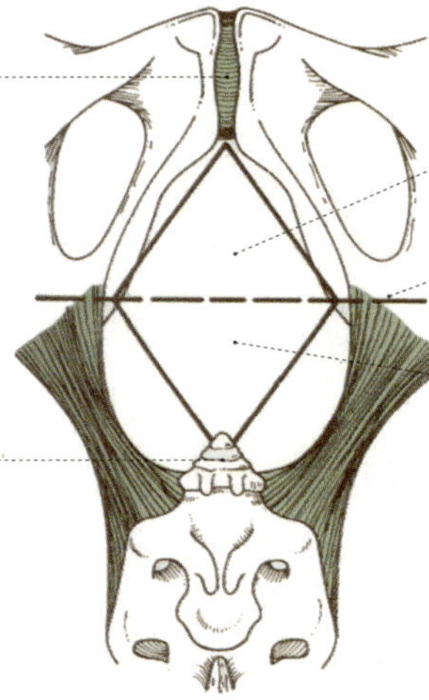

图 3-5-12　会阴分区

任务三　了解生殖细胞与受精

一、生殖细胞

生殖细胞，即配子，包括精子和卵子。它们的发育过程涉及两次减数分裂，导致染色体数量减半，最终形成单倍体细胞。生殖细胞含有 23 条染色体，其中 22 条为常染色体，1 条为性染色体。

精子的发育始于睾丸的精曲小管，由生精细胞分化而来，并在附睾中成熟。新形成的精子头部覆盖着一层来自精液的糖蛋白，这层物质抑制顶体酶的释放，使精子暂时无法受精。当精子进入女性生殖道后，子宫和输卵管分泌的酶会分解这层糖蛋白，使精子获得受精能力，这一过程称为获能。

卵子的生成则发生在卵巢的卵泡中。成熟卵泡破裂时，会释放出处于第二次减数分裂中期的次级卵母细胞，该细胞随后进入输卵管的壶腹部并在此停留，等待与精子结合。如果未发生受精，卵子将在排卵后约 24 h 内退化。

二、受精、卵裂与植入

（一）受精

1. 受精的时间、地点和过程

受精（图 3–5–13）是指获能的成熟精子与卵子相互结合，形成受精卵的过程，通常发生在排卵后的 24 h 内，受精的地点一般在输卵管壶腹部。其过程如下：

精子在女性生殖道内获能，与卵子相遇后，精子释放顶体酶，溶解卵子周围的放射冠和透明带，精子穿过透明带后，与卵子细胞膜接触并融合，精子的细胞核及细胞质进入卵子内。受精子钻入的刺激，卵子完成第二次减数分裂，精子和卵子的细胞核分别形成雄原核和雌原核，两核融合形成具有 46 条染色体的受精卵，标志着受精过程完成。同时卵子外表发生透明带反应，阻止其他精子进入。

2. 受精的意义

（1）启动胚胎发育　受精是新生命开始的标志，精子和卵子结合形成受精卵后，受精卵会开始一系列复杂的细胞分裂和分化过程，逐渐发育成一个新个体。

（2）恢复染色体数目　单倍体的精子和卵子通过受精，恢复到二倍体的染色体数目，保持了物种染色体数目的稳定性；同时，精子和卵子遗传物质相互结合，使子代继承了父母双方的遗传特征，实现了遗传物质的重新组合和传递，增加了遗传多样性。

（3）决定性别　人类的性别是由性染色体决定的，如果受精时精子携带的是 Y 染色体，则发育为男性；如果精子携带的是 X 染色体，则发育为女性。

（二）卵裂

受精卵进行的有丝分裂称为**卵裂**，产生的子细胞称卵裂球。受精卵在卵裂的同时，受输卵管的蠕动和纤毛的作用，逐渐向子宫腔移动。受精后第 3 天，形成 12 ~ 16 个卵裂球的实心细胞团，称为桑椹胚。桑椹胚继续分裂，在受精后第 4 天左右进入宫腔，形成中空的囊胚，也称胚泡。胚泡壁的单层扁平上皮称为滋养层，胚泡腔一侧的细胞团称为内细胞群，内细胞群将来分化发育为各种组织结构和器官系统。受精后第 5 天左右，胚泡与子宫内膜接触并开始植入。

（三）植入

又称着床（图 3-5-13），是指胚泡埋入子宫内膜功能层的过程，通常在受精后的第 5 ~ 6 天开始，第 11 ~ 12 天结束。其过程如下：

受精后第 5 天左右，透明带逐渐消失，随后滋养层分泌蛋白水解酶融蚀子宫内膜，胚泡沿缺口逐渐埋入子宫内膜的功能层，待胚泡全部埋入后，缺口处上皮修复，植入完成。植入通常发生在子宫底和子宫体上部。若植入部位靠近宫颈处，将形成前置胎盘；若植入在子宫以外的部位，称异位妊娠，也叫宫外孕，常发生在输卵管壶腹部。

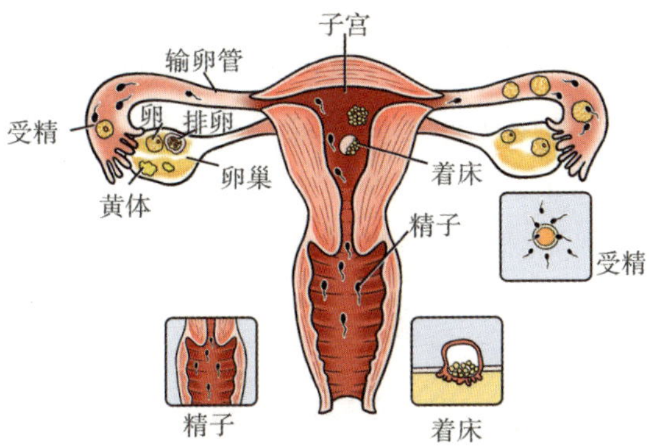

图 3-5-13　受精与着床

拓展阅读

生命起始的优胜劣汰

在生命的奇妙旅程中，受精堪称一场激烈非凡的“竞赛”，淋漓尽致地展现了优胜劣汰这一自然法则。

男性一次排出数以亿计的精子，这些精子堪称“游泳健将”，平均每小时能游动 4 ~ 5 mm，这相当于人类 2 ~ 3 km 的游泳时速。精子们浩浩荡荡向着卵子的方向奋勇前行。但阴道的酸性环境宛如严苛的“关卡”，大量精子在此折戟沉沙。蜿蜒曲折的输卵管更是如同迷宫，又有部分精子迷失了方向。只有那些活力最强、最健康的精子，才有机会突破层层阻碍，接近卵子。

而精子一旦接近卵子，又会面临新的挑战——卵子周围存在的透明带。只有率先成功穿透透明带的精子，才能与卵子融合，完成受精过程。当第一个精子成功穿过透明带后，透明带会迅速硬化，阻止其他精子再进入，保证只有一个精子与卵子融合，维持遗传稳定性，为胚胎正常发育创造条件。

这种生命起始的优胜劣汰确保了携带最优良基因组合的精子与卵子结合，为新生命的诞生奠定坚实基础，有助于后代继承更优质的遗传物质，提高适应环境和生存繁衍的能力。

点燃思考

为什么精子的获能过程必须在女性生殖道内完成？这一过程对受精成功起什么关键作用？

任务四　了解生殖系统的衰老变化

随着年龄的逐步增大，男性和女性的生殖系统均不可避免地会逐渐出现结构衰老与功能衰退的现象。

一、生殖系统结构的衰老变化

1. 男性生殖系统的变化

（1）睾丸体积缩小，质地变软，生精小管出现萎缩、纤维化，睾丸间质细胞数量减少。

（2）前列腺常出现不同程度的增生，使前列腺体积增大，压迫尿道，可导致尿道变形、狭窄。

（3）阴茎海绵体的弹性纤维减少，胶原纤维增多，白膜的弹性和伸展性降低，阴茎的大小可能略有缩小，海绵体窦的充血能力也有所下降。

2. 女性生殖系统的变化

（1）卵巢　体积明显缩小，重量减轻，表面变得皱缩不平。卵巢内的原始卵泡在出生时有100万～200万个，到青春期约4万个，至更年期仅存几百个，绝经后基本耗竭。

（2）子宫　子宫体萎缩，肌层变薄，内膜变薄且不再发生周期性变化，子宫颈变小、变硬，宫颈管变窄。

（3）阴道　黏膜变薄、干涩，弹性降低，皱襞减少甚至消失，阴道穹隆变浅，阴道长度缩短。

（4）乳腺组织　逐渐被脂肪组织替代，乳房下垂、松弛，乳头和乳晕的颜色变浅。

二、生殖系统功能的衰老变化

1. 男性生殖系统的变化

（1）生殖功能　生精能力逐渐下降，精子数量减少、活力降低、畸形率增加，使生育能力逐渐降低，但一般不像女性那样有明确的终止生育的时间节点。

（2）内分泌功能　睾丸间质细胞分泌睾酮的能力逐渐减退，导致体内雄激素水平下降，可能出现肌肉量减少、脂肪增加、骨密度降低、性功能减退等症状。

（3）性反应　勃起功能逐渐减退，勃起硬度和维持时间不如年轻时，射精潜伏期延长，射精力量减弱，精液量减少，性高潮的强度也有所降低，不应期延长。

2. 女性生殖系统的变化

（1）生殖功能　卵巢排卵功能逐渐停止，雌激素和孕激素分泌大幅减少，生育能力丧失。一般在45～55岁左右进入绝经期，此后不再有月经来潮和自然受孕的可能。

（2）内分泌功能　雌激素水平下降，导致出现潮热、盗汗、情绪波动、骨质疏松等一系列症状。同时，由于激素变化，阴道和尿道黏膜变薄，局部抵抗力降低，容易发生感染。

（3）性反应 阴道润滑作用减弱，性唤起时间延长，性高潮频率降低，性快感减弱，且可能出现性交疼痛等不适。

虽然生殖系统的衰老是不可避免的生物学过程，但个体差异显著。通过早期健康管理和科学干预，可以部分延缓功能衰退，改善生活质量。

【练习题】

一、A1 型题

1. 男性生殖系统中，产生精子的器官是（ ）。

A. 睾丸 B. 附睾 C. 输精管

D. 前列腺 E. 精囊腺

2. 女性生殖系统中，受精的部位通常在（ ）。

A. 子宫体 B. 子宫颈 C. 输卵管峡部

D. 输卵管壶腹部 E. 输卵管漏斗部

3. 维持子宫前倾位的主要韧带是（ ）。

A. 子宫阔韧带 B. 子宫主韧带 C. 子宫圆韧带

D. 骶子宫韧带 E. 卵巢悬韧带

4. 男性尿道最狭窄的部位是（ ）。

A. 尿道内口 B. 尿道膜部 C. 尿道球部

D. 尿道外口 E. 尿道前列腺部

5. 下列关于卵巢的说法，错误的是（ ）。

A. 是女性的性腺 B. 具有生殖和内分泌功能

C. 位于盆腔侧壁的卵巢窝内 D. 青春期开始后每月通常只有一个卵泡发育成熟

E. 绝经后卵巢大小无明显变化

答案：ADCDE

解析：无

二、A2 型题

1. 赵爷爷，70 岁，行前列腺手术时，医生需要特别注意保护的结构是（ ）。

A. 输精管 B. 射精管 C. 尿道球腺

D. 直肠 E. 阴茎海绵体

答案：B

解析：在前列腺手术时，射精管斜穿前列腺实质，开口于尿道前列腺部，手术中需要特别注意保护，以免损伤导致射精功能障碍等。

2. 张爷爷，68 岁，体检时超声检查发现前列腺有多个钙化灶。医生考虑与前列腺的生理功能及解剖结构有关，以下关于前列腺在老年男性体内相关情况的说法正确的是（ ）。

A. 前列腺分泌的液体占精液的绝大部分

B. 老年男性前列腺对雄激素不敏感

C. 前列腺钙化灶主要与尿道球腺分泌物沉积有关

D. 前列腺环绕尿道前列腺部，其增生可能压迫尿道

E. 老年男性前列腺不再具有内分泌功能

答案：D

解析：前列腺环绕尿道前列腺部，老年男性易出现前列腺增生，增生的前列腺可能压迫尿道导致排尿困难等症状。前列腺分泌的液体占精液的一部分，但不是绝大部分。老年男性前列腺对雄激素仍敏感，只是雄激素水平可能有所变化。前列腺钙化灶主要与前列腺本身的病变等有关，与尿道球腺分泌物无关。前列腺仍具有一定内分泌功能，可分泌一些物质。

3. 林奶奶，72 岁，因下腹部坠胀不适就诊。妇科检查发现子宫脱垂Ⅱ度。从解剖学角度分析，以下哪项结构松弛与该患者子宫脱垂关系最密切（　　）。

A. 子宫阔韧带　　B. 卵巢悬韧带　　C. 主韧带和子宫骶韧带

D. 圆韧带　　E. 骨盆漏斗韧带

答案：C

解析：主韧带和子宫骶韧带是固定子宫颈位置、防止子宫脱垂的主要结构。子宫阔韧带主要是限制子宫向两侧倾斜，卵巢悬韧带和骨盆漏斗韧带主要与卵巢固定等有关，圆韧带主要维持子宫前倾位。

4. 包大爷，61 岁，出现性欲减退、勃起功能障碍等症状。从生理学角度考虑，以下哪种激素水平的变化与这些症状关系最为密切（　　）。

A. 甲状腺激素　　B. 胰岛素　　C. 雄激素

D. 雌激素　　E. 生长激素

答案：C

解析：雄激素对于男性的性欲、生殖器官发育及勃起功能等都有重要作用。随着年龄增长，男性体内雄激素水平逐渐下降，可导致性欲减退、勃起功能障碍等。甲状腺激素主要影响代谢等，胰岛素主要调节血糖，雌激素在男性体内含量较少，不是导致这些症状的主要激素，生长激素主要与生长发育等有关，与老年男性这些生殖系统症状关系不密切。

5. 徐奶奶，69 岁，体检发现双侧卵巢萎缩，体积明显减小。关于老年女性卵巢生理变化的说法，正确的是（　　）。

A. 卵巢仍能周期性排卵　　B. 卵巢不再分泌雌激素

C. 卵巢间质细胞增生，分泌雄激素增多　　D. 卵巢不再分泌孕激素

E. 卵巢对促性腺激素的反应性增强

答案：D

解析：绝经后女性卵巢功能衰退，不再周期性排卵，也不再分泌孕激素，但仍分泌雌激素，卵巢间质细胞可能有一定变化，但不是分泌雄激素增多，卵巢对促性腺激素的反应性是降低的，而不是增强。

模块四
脉管系统

项目一　心血管系统的结构和功能

学习目标

思政及素养目标

1. 增强健康意识，培养关注心血管健康的意识，建立科学的生活方式。
2. 培养对生命的敬畏感和珍惜健康的责任感。
3. 认识心血管疾病的社会危害性，增强对社会公共健康的责任感，树立“健康中国”理念。

知识目标

1. 掌握心脏的结构、血管的类型与分布、血液循环路径以及心脏泵血功能的基本原理。
2. 掌握心率、血压、血流阻力等调节因素，理解神经、体液调节对血管收缩和舒张的影响。
3. 了解常见心血管疾病的基本知识，培养疾病防控意识。

能力目标

1. 能辨认心血管系统的组成，能够准确识别心脏的位置、外形、各个腔室、瓣膜、传导系、投影及心包；体循环及肺循环的主要血管，并描述其解剖特点和功能。
2. 能解释心血管系统的功能及心脏搏动、血压调节及血液循环的特点，并分析影响心血管系统功能的主要因素。
3. 能结合所学知识，初步分析高血压、冠心病等常见心血管疾病的临床表现和预防措施，培养健康管理的基本能力。

知识导读

扫码查看思维导图。

扫一扫

赛证对接

本项目内容主要对接心血管系统的解剖生理知识，通过心血管疾病案例分析、血压测量与评估、高血压患者的健康管理、心脏病患者的康复护理等实际照护任务进行考查。

脉管系统是人体内一系列封闭且连续的管道系统，其主要功能是把肺摄入的氧和消化系统吸收的营养物质运至全身各器官的组织和细胞。同时，将二氧化碳、尿素等组织、细胞的代谢产物运送到肺、肾和皮肤等器官排出体外，从而保证人体新陈代谢的正常进行。此外，脉管系统对维持身体内环境相对稳定以及防御功能均起着重要的作用。

一、脉管系统的组成及主要功能

脉管系统包括心血管系统和淋巴系统两部分。心血管系统由心、动脉、毛细血管和静脉组成，血液在其中循环流动。淋巴系统由淋巴管道、淋巴器官和淋巴组织组成，淋巴沿淋巴管道不断流动，最后汇入静脉。因此，可将淋巴管道视为静脉的辅助管道。

（一）心

心主要由心肌构成，是推动血液循环的动力器官。心被房间隔和室间隔分为左心房、右心房和左心室、右心室四个腔。同侧的心房和心室之间借房室口相通。心房接受静脉，心室发出动脉。在房室口和动脉口处附有瓣膜，保证血液定向流动。

（二）动脉

动脉是输送血液离心的血管。在行程中不断分支，管径越分越细，管壁越分越薄，最终移行为毛细血管。

（三）静脉

静脉是输送血液回心的血管。小静脉起于毛细血管静脉端，在向心回流的过程中不断接受属支，管径由细变粗，最后汇合成大静脉注入心房。

（四）毛细血管

毛细血管是连于动、静脉之间的极细微的管道，数量多、分布广、管壁薄、通透性大，是血液与组织液进行物质交换的场所。

二、血液循环

血液由心室射出，经动脉、毛细血管和静脉又返回心房，如此周而复始循环流动，称**血液循环**。根据循环途径不同可分为相互连续的两部分，即体循环和肺循环，二者经心的左、右房室口同步进行（图 4–1–1）。

（一）体循环（大循环）

当左心室收缩时，含有丰富氧和营养物质的动脉血射入主动脉，经主动脉的各级分支流向全身毛细血管，血液在此与组织、细胞进行物质交换后，动脉血转换为含氧量较低的静脉血，汇入各级静脉，最后经上、下腔静脉及冠状窦返回右心房。

（二）肺循环（小循环）

当右心室收缩时，静脉血射入肺动脉，经肺动脉干的各级分支进入肺泡周围毛细血管，血液在此进行气体交换，静脉血转变为动脉血，再经肺静脉返回左心房。

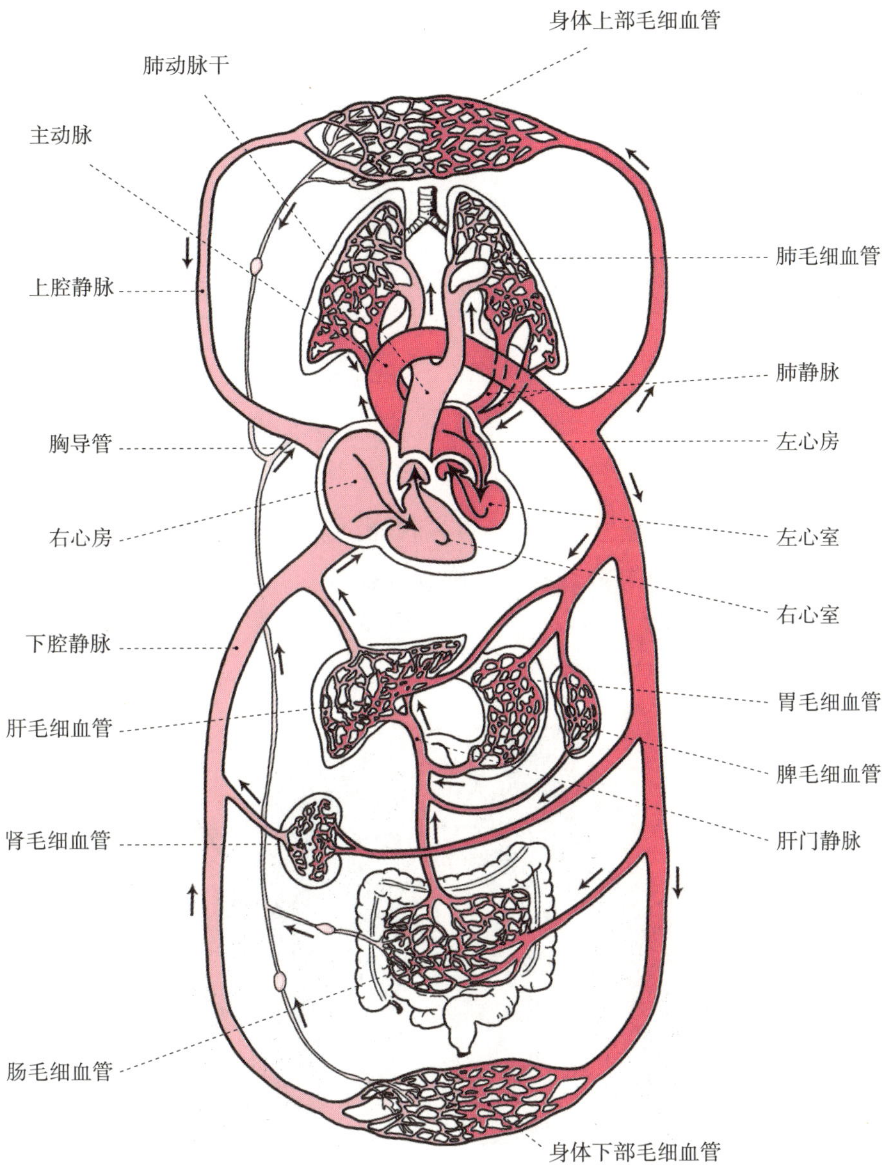

图 4-1-1　血液循环

任务一　认识心

案例导入

李爷爷，75 岁，患有高血压多年，最近 1 个月频繁感到胸闷、气短，尤其是在活动后，偶尔伴有心悸和头晕，休息后可缓解。最近一次胸闷持续约 10 分钟，伴有轻微胸痛，家人紧急送医后提示心肌供血不足，诊断为冠心病（稳定型心绞痛），建议药物治疗并进行生活方式调整。

任务描述

1. 照护员指导家属理解“心肌供血不足”与心绞痛症状的关系。
2. 照护员帮助李爷爷在体表寻找心脏的投影位置，了解其与常见胸痛部位的对应关系。
3. 照护员帮助分析李爷爷为什么会出现胸闷、气短、心悸等表现，并制定对应照护措施。

知识殿堂

扫一扫

扫码查看课件。

一、心的结构

（一）心的位置和毗邻

心位于胸腔的中纵隔内，约 2/3 位于正中矢状面的左侧，1/3 位于正中矢状面的右侧（图 4-1-2）。前方正对胸骨体和第 2 ～ 6 肋软骨，后方平对第 5 ～ 8 胸椎，两侧为纵隔胸膜，上方与出入心的大血管相连，下方邻膈。

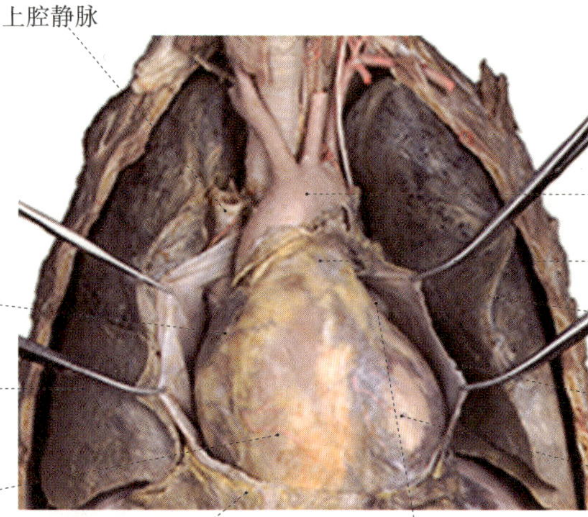

图 4-1-2　心的位置

（二）心的外形

心呈倒置的、前后略扁的圆锥体，大小如本人拳头。外裹心包，有一尖、一底、两面、三缘，表面有四条沟。

（三）心腔的构造

1. 右心房

右心房（图 4-1-3）位于心的右上部，腔大而壁薄，其向左前方突出的部分，称右心耳。右心房有三个入口，上部开口为上腔静脉口，下部开口为下腔静脉口，在下腔静脉口与右房室口之间为冠状窦口。右心房有一个出口，即右房室口，位于右心房的前下部，血液由此流入右心室。右心房的后内侧壁由房间隔组成，在房间隔的中下部有一卵圆形的凹陷，称**卵圆窝**，为胚胎时期卵圆孔闭锁后的遗迹，此处薄弱，是房间隔缺损的好发部位。

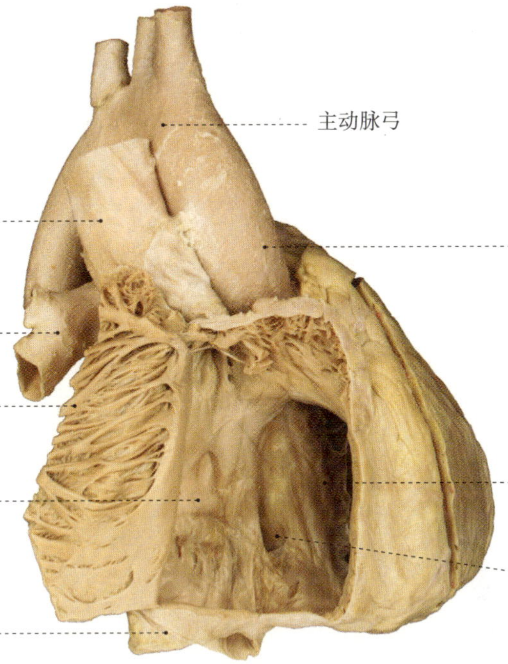

图 4-1-3 右心房

2. 右心室

右心室（图 4-1-4）位于右心房的前下方，构成心前面的大部分。右心室室壁上有一弓形肌性隆起，称室上嵴，将右心室腔分为后下方的流入道（窦部）和前上方的流出道（漏斗部）两部分。

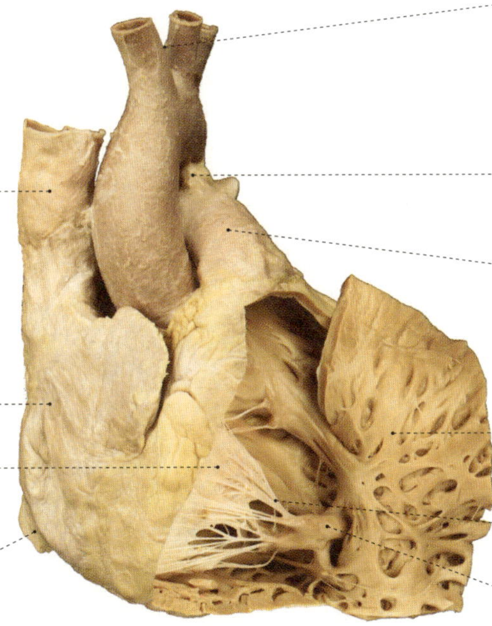

图 4-1-4 右心室

（1）流入道 流入道的入口为右房室口，其周围的致密结缔组织环为三尖瓣环，环上附有 3 片三角形瓣膜，称**三尖瓣**（右房室瓣），瓣膜的游离缘借腱索连于乳头肌。当心室收缩时，因三尖瓣环缩小，使三尖瓣紧闭，并通过乳头肌收缩和腱索牵拉三尖瓣，防止瓣膜翻向心房，关闭右房室口，从而防止血液逆流回右心房。

（2）流出道 流出道的出口为肺动脉口，周围有肺动脉环围绕，环上附有 3 个半月形瓣膜，称**肺动脉瓣**。当心室收缩时，血流冲开肺动脉瓣进入肺动脉干；当心室舒张时，肺动脉瓣相互靠拢，使肺动脉口关闭，防止血液逆流回右心室。

3. 左心房

左心房（图 4-1-5）位于右心房的左后方，构成心底的大部分。左心房向左前方突出的部分，称左心耳。左心房有 4 个入口，其后壁两侧各有 1 对，称肺静脉口，将肺回流的动脉血导入左心房。左心房前下部的出口为左房室口，通向左心室。

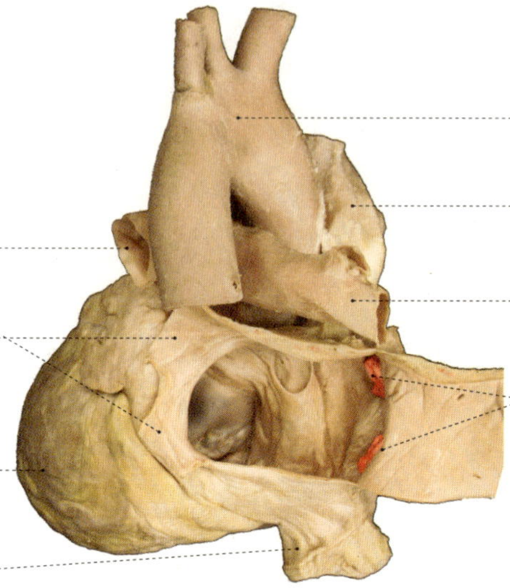

图 4-1-5　左心房

4. 左心室

左心室（图 4-1-6）位于右心室的左后方。其室腔被二尖瓣前瓣分为流入道（窦部）和流出道（主动脉前庭）两部分。

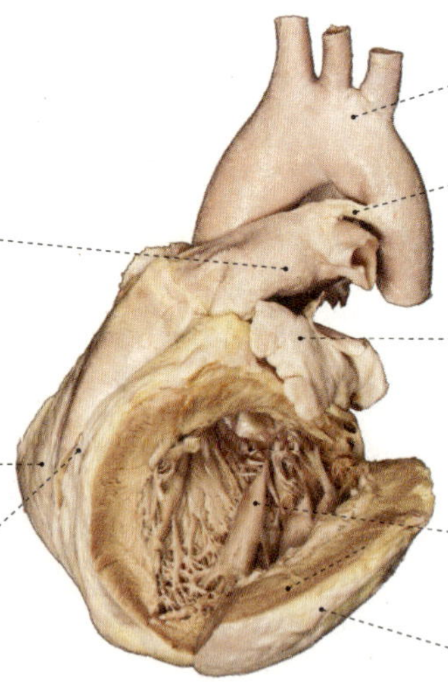

图 4-1-6　左心室

（1）流入道　入口为左房室口，口周围的致密结缔组织环为二尖瓣环，环上附有 2 片三角形瓣膜，称**二尖瓣**（左房室瓣）。瓣膜的游离缘借腱索连于乳头肌，左心室的乳头肌较右心室粗大，分为前、后乳头肌。二尖瓣环、二尖瓣、腱索和乳头肌合称二尖瓣复合体，可防止血液逆流。

（2）流出道　出口为主动脉口，口周围的纤维环上附有 3 个半月形瓣膜，称**主动脉瓣**，可防止血液逆流。每个瓣膜与主动脉壁之间的袋状间隙，称主动脉窦，包括左、右窦和后窦，左、右窦分别有左、右冠状动脉的开口。

（四）心传导系

心的传导系由特殊分化的心肌纤维构成，有自律性和传导性，主要功能是产生和传导冲动，控制心的节律性活动。心传导系包括窦房结、结间束、房室结、房室束、左右束支和浦肯野纤维网（图 4-1-7）。**窦房结**是心的正常起搏点，位于上腔静脉与右心房交界处的心外膜深面。其发出的冲动，经结间束、房室结、房室束、左右束支和浦肯野纤维网传导至心室肌，完成节律性舒缩。

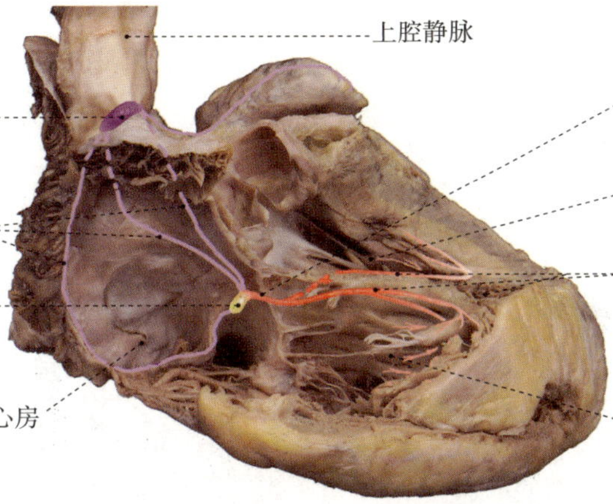

图 4-1-7　心传导系

拓展阅读

“捣乱”的心脏——危险的老年心律失常

心律失常是老年人常见的心血管问题，表现为心动过速、过慢或节律不规则，如房颤、窦性心动过缓等。为何老年人的心脏容易出现这种状况呢?

随着年龄增长，心脏的传导系会发生退行性变化。心传导系的老化、迷走神经和交感神经调节能力下降、心肌细胞受损、心肌供血不足等现象，都会影响心脏的电生理活动，心律失常发生率也就大大增加。

老年人要关注心脏健康，定期体检，若发现心律失常，应及时就医，采取合适的治疗和保健措施。

点燃思考

如何预防老年人心律失常?

（五）心的血管

1. 冠状动脉

心的血液供应来自左、右冠状动脉。

左冠状动脉向左前方行至冠状沟，分为前室间支和旋支。前室间支沿前室间沟走行，主要分布于左心室前壁，右心室前壁的小部分和室间隔前上部；旋支沿冠状沟向左行至心的膈面，主要分布于左心房，左心室侧壁和后壁。

右冠状动脉沿冠状沟向右下行，绕过心的右缘至心的膈面，移行为后室间支，行于后室间沟。右冠状动脉主要分布于右心房、右心室、左心室后壁、室间隔后下部，窦房结和房室结。

2. 心的静脉

心的静脉多与动脉伴行，绝大部分汇入冠状窦，最终注入右心房；小部分静脉直接注入右心房。

（六）心壁的构造与心包

1. 心壁的构造

（1）心壁　由心内膜、心肌层和心外膜 3 层构成。

①心内膜：位于心房和心室腔的内面，为一层光滑的薄膜，由内皮和内皮下层构成，与出入心的大血管内膜相延续。心内膜在房室口和动脉口处折叠形成心瓣膜。

②心肌层：构成心壁的主体，包括心房肌和心室肌（图 4–1–8）。心房肌较薄，心室肌较厚，左心室肌最发达。心房肌和心室肌被心纤维骨骼分隔，互不延续；二者间有不能兴奋的结缔组织（心纤维骨骼分隔）相连，故不同时收缩。

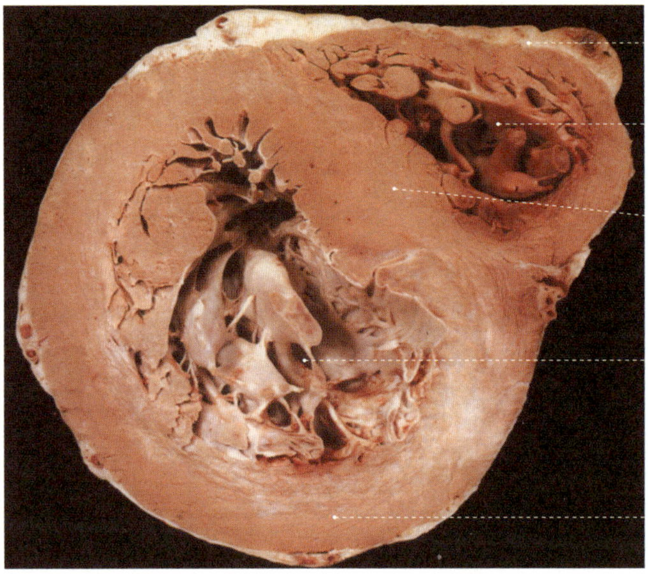

图 4–1–8　心室壁横切面

③心外膜：即浆膜心包的脏层，被覆于心肌层的表面，为一层光滑而透明的浆膜，与出入心的大血管外膜相连。

（2）心间隔　心间隔包括房间隔和室间隔。心间隔将心分隔为容纳动脉血的左半心和容纳静脉血的右半心。左右半心不直接相通。

①房间隔：位于左、右心房之间，由两层心内膜夹少量心房肌和结缔组织构成。卵圆窝为房间隔最薄处，是房间隔缺损的好发部位。

②室间隔：位于左、右心室之间，由两层心内膜夹心肌及结缔组织构成，分为肌部和膜部两部分。肌部较厚，占据室间隔的大部分。膜部较薄，位于心房与心室交界处，是室间隔缺损的好发部位。

2. 心包

心包是包裹心和大血管根部的纤维浆膜囊，分为纤维心包和浆膜心包。纤维心包是坚韧的结缔组织囊，上部与出入心的大血管外膜相延续，下部附于膈的中心腱。浆膜心包位于纤维心包内面，分脏、壁两层，脏层即心外膜，壁层衬于纤维心包内面。脏层和壁层在大血管根部相互移行，围成**心包腔**。心包腔内含少量浆液，可减少心搏动时的摩擦。

（七）心的体表投影

心的体表投影通常采用 4 点连线法确定（图 4–1–9）。

①左上点：在左侧第 2 肋软骨下缘，距胸骨左缘约 1.2 cm 处；

②右上点：在右侧第 3 肋软骨上缘，距胸骨右缘约 1 cm 处；

③左下点：在左侧第 5 肋间隙，距左锁骨中线内侧 1 ～ 2 cm 处；

④右下点：在右侧第 6 胸肋关节处。用弧线连接以上 4 点即为心的体表投影。

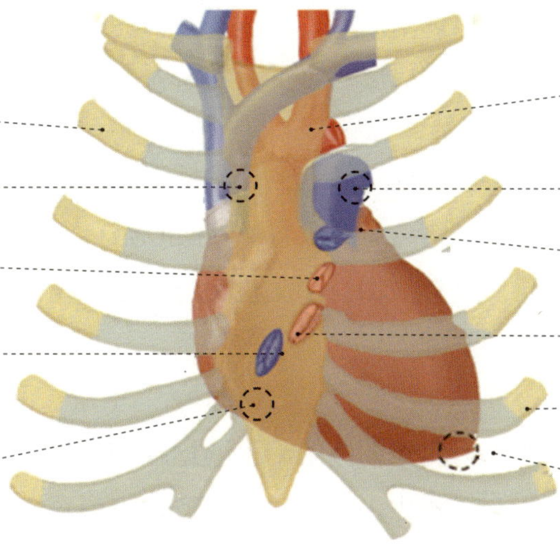

图 4–1–9　心的体表投影

二、心的生理功能

（一）心肌细胞的生物电现象及产生机制

心的活动是以心肌细胞的生物电现象为基础的。心肌细胞有两类。一类是具有收缩能力的心房肌和心室肌，称为工作细胞；另一类是自律细胞，具有自动产生节律性兴奋的能力，构成心的特殊传导系统。两类细胞的生物电现象各自不同。

1. 心室肌细胞的生物电现象

（1）静息电位　心室肌细胞的静息电位约为 –90 mV，其产生的机制与神经纤维相同，主要由 K^+ 外流引起的 K^+ 平衡电位引起。

（2）动作电位　心室肌细胞的动作电位比较复杂，历时较长，分为 5 个时期。

①去极化过程（0 期）：此期与神经纤维的去极化过程相似，历时 1 ～ 2 ms，膜内电位由静息时的 –90 mV 迅速上升到 +30 mV 左右，上升幅度为 120 mV。

②复极化过程：心室肌细胞复极化过程历时较长，为 200 ～ 400 ms。分为 4 个时期：

1 期（快速复极化初期）：心室肌开始复极，膜内电位由 +30 mV 快速下降到 0 mV，历时约 10 ms。其形成机制是由于心肌细胞膜上的 Na^+ 通道已经关闭，K^+ 快速外流的结果。

2 期（缓慢复极期，平台期）：此期复极缓慢，电位持续保持在近零电位水平。历时

100 ~ 150 ms，形成平台期。此期的形成主要是由于膜上 Ca^{2+} 通道已开放，Ca^{2+} 缓慢而持久地内流，同时少量的 K^+ 外流，两种离子电荷相同，流动方向相反，致使复极化过程较长时间停留在 0 mV 水平。平台期是心室肌细胞动作电位时程较长的主要原因，也是区别于神经细胞、骨骼肌细胞动作电位的主要特征。

3 期（快速复极化末期）：此期膜电位快速下降，直至降到静息水平，完成复极化过程，历时 100 ~ 150 ms。此期的形成是由于 Ca^{2+} 通道关闭，K^+ 快速外流造成的。

4 期（静息期）：此期膜内电位稳定在静息电位水平。由于在动作电位发生过程中，有一定量的 Na^+、Ca^{2+} 内流和 K^+ 外流，使细胞内外原有的离子浓度有所改变。这种改变激活了膜上的钠泵，将 Na^+ 迅速泵出，将 K^+ 泵入，同时膜上 Na^+–Ca^{2+} 交换体的活动也加强，每泵出一个 Ca^{2+} 可将 3 个 Na^+ 泵入，进入的 Na^+ 再由钠泵泵出，实际上，Na^+–Ca^{2+} 交换体和钠泵的活动是持续进行的，这对维持细胞膜内外离子分布的稳态具有重要意义。

2. 窦房结等自律细胞的生物电特点

自律细胞与心室肌细胞相比较，自律细胞动作电位 3 期末复极化达到最大值（最大舒张电位）之后，4 期的膜电位并不稳定于这一水平，而是立即开始自动去极化，当去极化达到阈电位便引起兴奋，产生新的动作电位。这种 4 期自动去极化过程是自律细胞与非自律细胞生物电现象的主要区别，是形成自动节律性的基础。

（二）心电图

在正常人体，由窦房结发出的兴奋按照一定的传递途径和时程依次传向心房和心室，引起整个心脏的兴奋，心脏各部分在兴奋过程中出现的生物电变化可通过周围的导电组织和体液传到体表。如果将测量电极置于体表的一定部位，即可引导出心脏兴奋过程中所发生的电变化，这种电变化经处理后记录到特殊记录纸上，形成心电图。正常心电图是由 P 波、QRS 波群和 T 波及各波间的线段所组成。

1.P 波　正常 P 波为圆钝光滑的向上凸波，占 0.08 ~ 0.11 s，幅度不超过 0.25 mV。P 波反映左右两心房的去极化过程。

2.QRS 波群　由 3 个紧密相连的波组成，第一个向下波为 Q 波，紧接着是高而尖的向上的 R 波，最后是一个向下 S 波。QRS 波群历时 0.06 ~ 0.10 s，反映左右两心室的去极化过程。

3.T 波　T 波与 QRS 波群的主波方向一致，历时 0.05 ~ 0.25 s，波幅为 0.1 ~ 0.8 mV。T 波反映心室复极化过程。如果出现 T 波改变，主要反映心肌缺血。

4.P–R 间期　指从 P 波起点到 QRS 波群起点之间的时程，为 0.12 ~ 0.20 s。它反映窦房结产生的兴奋经过心房、房室结和房室束到达心室并引起心室开始去极化所需要的时间，故也称房室传导时间。当发生房室传导阻滞时，PR 间期延长。

5.Q–T 间期　指从 QRS 波群的起点到 T 波终点之间的时程，为 0.36 ~ 0.44 s。它反映心室肌从去极化开始到复极化结束所需的时间。QT 间期的长短与心率成反比，即心率越快，QT 间期越短。

6.ST 段　指从 QRS 波群终点到 T 波起点之间的线段。正常时与基线平齐，代表心室肌全部处于去极化状态（相当于动作电位的平台期），心室各部分之间电位差很小。ST 段的异常表示心肌缺血或损伤。

（三）心肌的生理特性

心肌细胞具有自律性、传导性、兴奋性和收缩性等 4 种基本生理特性，其中自律性、传导性、兴奋性属于电生理特性，而收缩性属于机械特性。

1. 自动节律性

是指心在没有外来刺激的条件下，能自动地产生节律性兴奋的能力或特性，又称**自律性**。心的自律性来源于传导系统的自律细胞，由于各部分自律细胞 4 期自动去极化速率不同，因此，自律性存在差异。正常情况下，窦房结的自律性最高，约为 100 次 / 分；房室结次之，约为 50 次 / 分；浦肯野纤维最低，约为 25 次 / 分。正常心的节律性活动是受自律性最高的窦房结所控制，因而窦房结是心脏活动的正常起搏点，窦房结控制的心律称为窦性心律。其他自律细胞由于自律性较低，通常处于窦房结控制之下，其本身的自律性表现不出来，只起传导兴奋的作用，称为潜在起搏点。当窦房结的自律性异常低下或潜在起搏点的自律性过高时，潜在起搏点的自律性就可表现出来，成为异位起搏点。由异位起搏点控制的心律，称为异位心律。

2. 兴奋性

兴奋性是指心肌细胞具有对刺激发生反应的能力或特性。并且在兴奋过程中其兴奋性呈现周期性变化。

（1）有效不应期　有效不应期包括绝对不应期和局部反应期。心肌细胞发生一次兴奋后，从 0 期去极化开始到复极化 3 期膜电位约 –55 mV 这段时间内，不论给予多强的刺激都不会引起去极化反应，故称绝对不应期。膜电位从 –55 mV 到 –60 mV 这段时间，若受到足够强度的刺激，可引起局部去极化，但不能产生动作电位，故称局部反应期。这两期均不能产生兴奋，合称为有效不应期。

（2）相对不应期　有效不应期之后，膜电位从 –60 mV 到 –80 mV 期间，此期已有相当数量的钠通道复活到静息状态，只有给予阈上刺激才能使心肌细胞产生动作电位，说明此期心肌兴奋性仍低于正常，故称相对不应期。

（3）超常期　膜电位由 –80 mV 复极到 –90 mV 期间，由于钠通道已大部分恢复到静息状态，且此时膜电位接近阈电位，用阈下刺激就能使心肌细胞产生动作电位，即兴奋性高于正常，故称超常期。

心肌细胞兴奋性周期性变化的特点是有效不应期特别长，相当于心肌的整个收缩期和舒张早期。这一特点使心肌不能产生强直收缩，始终保持收缩与舒张交替进行，以保证泵血功能的完成。

3. 传导性

传导性是指心肌细胞具有传导兴奋的能力或特性。正常心内兴奋的传导主要依靠特殊传导系来完成。传导顺序是：窦房结发出兴奋后，经心房肌迅速传遍整个心房，同时沿着心房肌组成的“优势传导通路”迅速传到房室结，再经房室束、左右束支及浦肯野纤维网迅速传到左右心室。

房室结是正常兴奋由心房传入心室的唯一通路，但其传导速度缓慢，使兴奋传导在此出现一段时间的延搁（约 0.1 s），称为**房室延搁**。房室延搁具有重要的生理意义，即保障心房和心室交替收缩，必须是心房收缩完毕之后心室再收缩，保证心室的血液充盈和射血。

4. 收缩性

心肌细胞与骨骼肌细胞的收缩原理基本相同，但心肌收缩有其自身的特点。

（1）不发生强直性收缩　是由于心肌的有效不应期特别长，相当于整个收缩期和舒张早期，在此期内任何刺激都不能产生动作电位，故不会发生强直收缩。

（2）同步收缩　由于心肌细胞之间有闰盘的存在，使心肌可看作一个功能合胞体，故心房或心室中任何一个细胞受到刺激而兴奋时，整个心房肌或心室肌会发生同步收缩，这种同步收缩保证了心脏各部分之间的协同工作和发挥有效的泵血功能。

（3）对细胞外液 Ca^{2+} 依赖性大　心肌细胞由于肌质网不发达，储存的 Ca^{2+} 少，故心肌兴奋—收缩耦联过程主要依赖细胞外液的 Ca^{2+} 内流来完成。在一定范围内，细胞外液 Ca^{2+} 浓度升高时，心肌收缩力增强。

（四）心脏的泵血功能

1. 心脏的泵血过程

（1）心率与心动周期

①**心率**：心率是指每分钟心脏跳动的次数，正常成人安静状态下的心率为 60 ~ 100 次 / 分，平均 75 次 / 分。心率可因年龄、性别及生理状态不同而有差异。

②**心动周期**：心动周期是指心房或心室每收缩和舒张一次所用的时间。其长短取决于心率的快慢，即心动周期 =60 / 心率。以成年人平均心率 75 次 / 分计算，则心动周期为 0.8 s，心房收缩约 0.1 s，舒张约 0.7 s；心室收缩约 0.3 s，舒张约 0.5 s，由此可知，无论是心房还是心室，舒张期都长于收缩期，这既有利于心脏的休息，又保障了心室血液的充盈。若心率增快，则心动周期缩短，收缩期和舒张期都缩短，但以舒张期缩短更为明显，故心率过快对心的充盈和持久活动都非常不利。

（2）心脏的泵血过程

左右心室的泵血过程相似，而且几乎同时进行，现以左心室为例加以说明。

①心室收缩期：包括等容收缩期（0.05 s）和射血期（0.25 s）。

等容收缩期：心房收缩完毕开始舒张时，心室即开始收缩，室内压迅速升高，当室内压超过房内压时，房室瓣关闭。此时由于室内压仍低于动脉压，动脉瓣仍处于关闭状态，心室成为一个封闭腔，此期心室容积不变，室内压急剧升高，称为等容收缩期，历时约 0.05 s。

射血期：随着心室肌的进一步收缩，室内压继续升高，当室内压超过主动脉压时，动脉瓣被推开，血液由心室快速射入动脉，心室容积变小，此期为射血期，历时约 0.25 s。

②心室舒张期：包括等容舒张期（0.08 s）和充盈期（0.42 s）。

等容舒张期：心室射血完毕后开始舒张，室内压下降，当低于主动脉压时，动脉瓣关闭。此时的室内压还高于房内压，房室瓣仍处于关闭状态，心室再次形成一个封闭腔，容积不变，室内压下降，称为等容舒张期，历时约 0.08 s。

充盈期：心室继续舒张，室内压进一步下降，当室内压低于房内压时，房室瓣开放，血液由静脉和心房快速流入心室，心室容积随之扩大，称为充盈期，历时约 0.42 s。在心室舒张期的最后 0.1 s，心房收缩开始，使心室进一步充盈。心室的血液充盈 70% 来自心室舒张时室内压降低产生的抽吸作用。因此，心室舒缩是泵血主因，心房仅起辅助作用。

（3）心音

心音是指在心动周期中由心的机械活动所产生的声音。正常情况下，在一次心搏过程中可产生四个心音，分别称为第一、第二、第三和第四心音。通常用听诊器在胸壁上可听到两个心音，即第一心和第二心音。在某些青年人和健康儿童可听到第三心音，第四心音出现在心室舒张晚期，与心房的收缩有关，也称心房音，正常听诊多不可闻。

2. 心脏泵血功能的评价

（1）每搏输出量与射血分数

每搏输出量简称搏出量，是指一侧心室每收缩一次所射出的血量。正常成人安静时搏出量为 60 ~ 80 mL，平均 70 mL。心室在每次射血时，并未将心室内充盈的血液全部射出，搏出量占心室舒张末期容积的百分比，称为射血分数。

（2）每分输出量

每分输出量又称心输出量，是指一侧心室每分钟射出的血量，等于搏出量和心率的乘积。左、右两侧心室的心输出量基本相等。以心率为 75 次 / 分，搏出量 70 mL 计算，正常成人安静时心输出量为 4.5 ~ 6 L/min，平均 5 L/min。

3. 影响心输出量的因素

（1）心室肌前负荷（心室舒张末期容积）

是指心室肌收缩前所承受的负荷，主要是舒张末期的充盈血量，相当于心室舒张末期的容积。在一定范围内，前负荷增大，心室肌收缩的初长度增大，心室肌收缩力亦随之增强，搏出量增多。若前负荷过大，如静脉血快速、大量地回流入心时，心室肌初长度超过一定限度，收缩力反而减弱，使搏出量减少。故临床上静脉输液时要严格控制输液量和输液速度，防止发生急性心力衰竭。

（2）心室肌后负荷（动脉血压）

是指心肌收缩时所遇到的阻力，即动脉血压。动脉血压升高时，后负荷增大，使心室等容收缩期延长，射血期缩短，搏出量减少。

（3）心肌收缩能力

是指心室肌细胞本身的功能状态。在同等条件下，心肌收缩能力增强则搏出量增多，心肌收缩能力减弱，则搏出量减少。

（4）心率

在 40 ~ 180 次 / 分的范围内，心率与心输出量成正变关系。

任务二　认识血管

案例导入

王奶奶，72 岁，有高血压、高血脂及短暂性脑缺血发作病史，最近 1 个月频繁感到头晕、乏力，偶尔伴有短暂的视力模糊，但未引起重视。今日晨起后突然感觉左侧肢体无力，伴有说话不清，照护员警告如果不及时干预，可能会发展为脑卒中。

任务描述

1. 照护员帮助解释王奶奶为什么会出现头晕、肢体无力、言语不清等症状。

2. 照护员帮助王奶奶在体表寻找颈动脉的搏动位置，并协助观察颈动脉狭窄可能带来的局部血流变化。

3. 照护员帮助分析王奶奶为什么会出现短暂性脑缺血症状，并制定对应照护措施。

知识殿堂

扫一扫

扫码查看课件。

血管遍布于人体各组织、器官，是一个连续的且相对密闭的管道系统，包括动脉、毛细血管和静脉，它们与心脏一起构成心血管系统。

一、血管的分类与结构

（一）血管的分类

血管分为动脉、毛细血管和静脉。根据其大小，动脉和静脉又分为大、中、小、微四级。

（二）血管壁的结构

1. 动脉

根据管径的大小，动脉可分为大、中、小、微动脉。动脉管壁通常由内向外分为内膜、中膜、外膜 3 层。

（1）大动脉　又称弹性动脉。内膜与中膜无明显分界。中膜由 40 ~ 70 层弹性膜构成，其间夹有少量平滑肌和胶原纤维。外膜较薄。当心室射血时，大动脉略扩张，射血停止时，大动脉可通过其管壁的弹性回缩推动血管内的血液持续流动。

（2）中动脉　又称肌性动脉。内膜较薄，内膜和中膜分界处有呈波浪状的内弹性膜。中膜较厚，由 10 ~ 40 层环形平滑肌构成，其间有少量弹性纤维和胶原纤维。外膜由结缔组织构成，其与中膜交界处有外弹性膜。

（3）小动脉　管径 0.3 ~ 1 mm，内膜最薄，中膜含 3 ~ 10 层平滑肌，外膜较薄。小动脉管壁平滑肌的舒缩，不仅可明显改变血管的口径，影响器官血流量，而且可改变血流的外周阻力，影响血压，因此小动脉又称为外周阻力血管。

（4）微动脉　指管径在 0.3 mm 以下的动脉，中膜仅 1 ～ 2 层平滑肌。

2. 静脉

静脉管壁较薄，也分为内膜、中膜、外膜，3 层结构分界不明显。管壁平滑肌和弹性组织少，结缔组织较多。外膜较厚，大静脉外膜的结缔组织内还含有较多的纵形平滑肌。

3. 毛细血管

毛细血管是体内分布最广、管壁最薄、管径最小的血管，管径为 6 ～ 8 μm，仅能容纳 1 个红细胞通过。其管壁主要由一层内皮细胞与薄层基膜构成，因而有一定的通透性，有利于血液和组织细胞之间进行物质交换。毛细血管按电镜下的结构可分为连续毛细血管、有孔毛细血管和窦状毛细血管 3 类。窦状毛细血管即血窦，腔隙大不规则，主要分布于肝、脾、骨髓等处。

二、动脉

（一）肺循环的动脉

肺循环动脉主干为肺动脉干，起于右心室，行至主动脉弓的下方，分为左、右肺动脉，经左、右肺门入肺，在肺内逐级分支后形成肺泡毛细血管网。肺动脉干末端与主动脉弓之间有一结缔组织索，称动脉韧带，是胎儿时期的动脉导管闭锁后的遗迹。

（二）体循环的动脉

体循环的动脉将动脉血从心运送至全身，动脉的命名与其营养的器官、所在的位置和伴行结构的名称一致。

体循环动脉（图 4–1–10）的分布表现出一些基本规律：

①大多数动脉呈左、右对称性分布；②每一局部有 1 ～ 2 条动脉干；③躯干部的动脉分为壁支和脏支，其中壁支有明显节段性；④动脉常以最短的距离到达所分布的器官；⑤动脉常与静脉、神经伴行；⑥动脉多位于身体屈侧或安全隐蔽的部位；⑦动脉的分布形式和管径与器官的形态结构及功能相适应。

1. 主动脉

主动脉为体循环动脉主干，起自左心室，起始段为**升主动脉**，向右前上方斜行，至右侧第 2 胸肋关节移行为**主动脉弓**，弯向左后方，至第 4 胸椎体下缘处移行为**降主动脉**，沿脊柱左前方下行。降主动脉以膈为界分为**胸主动脉**和**腹主动脉**。胸主动脉穿膈的主动脉裂孔入腹腔移行为腹主动脉，在第 4 腰椎体下缘处分为左、右髂总动脉。左、右髂总动脉至骶髂关节前方分为髂内动脉和髂外动脉。

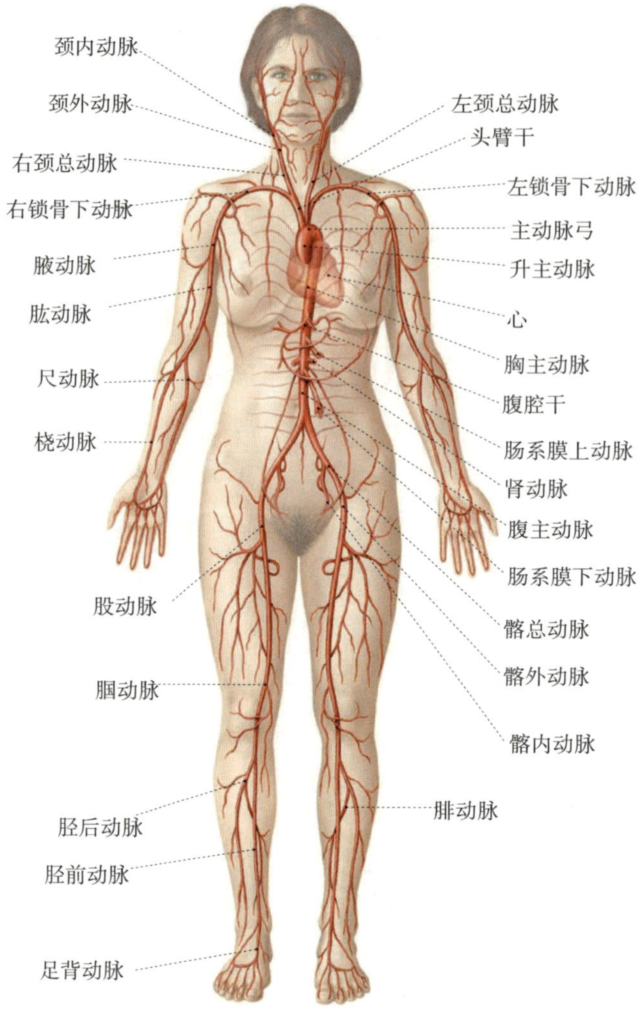

图 4-1-10　体循环动脉

升主动脉根部发出左、右冠状动脉。主动脉弓凸侧自右向左发出头臂干、左颈总动脉和左锁骨下动脉。头臂干为一粗短干，向右上方斜行至右胸锁关节后方分为右颈总动脉和右锁骨下动脉。主动脉弓壁内含压力感受器，可调节血压；主动脉弓下方靠近动脉韧带处有 2 ~ 3 个粟粒样小体，称主动脉小球，为化学感受器，参与呼吸调节。

2. 头颈部的动脉

（1）颈总动脉　颈总动脉是头颈部的动脉主干，左颈总动脉起自主动脉弓，右颈总动脉起自头臂干。两侧颈总动脉均经胸锁关节后方，沿气管、喉和食管的外侧上行，达甲状软骨上缘分为颈内动脉和颈外动脉。

在颈总动脉分叉处有两个重要结构：①颈动脉窦，是颈总动脉末端和颈内动脉起始处的膨大部分，窦壁内有压力感受器。②颈动脉小球，是扁椭圆形小体，借结缔组织连于颈动脉叉后方，属化学感受器。

（2）颈外动脉　起自颈总动脉，沿胸锁乳突肌深面上行，穿腮腺至下颌颈处分为颞浅动脉和上颌动脉两个终支。主要分支有：甲状腺上动脉、舌动脉、面动脉、颞浅动脉、上颌动脉、枕动脉、耳后动脉等。

①面动脉：起始处平下颌角，经下颌下腺的深面前行，于咬肌前缘绕过下颌骨下缘达面部，沿口角和鼻翼外侧上行，至内眦更名为内眦动脉，分支分布于下颌下腺、面部和腭扁桃体等。

②颞浅动脉：经外耳门前方上行，分支分布于腮腺和额、顶、颞部软组织。

③上颌动脉：经下颌颈向前内走行，分支分布于口腔、鼻腔、咀嚼肌、外耳道、鼓室和硬脑膜等处。其中分布于颅骨和硬脑膜的分支称脑膜中动脉，向上穿棘孔入颅腔，分为前、后两支，其前支经过翼点内面，当颞区颅骨骨折时，易受损伤导致硬膜外血肿。

（3）颈内动脉：发出后垂直上行至颅底，经颈动脉管入颅腔，分支分布于脑和视器。

（4）锁骨下动脉：左侧起自主动脉弓，右侧起自头臂干，两侧均从胸锁关节后方斜向外至颈根部，至第 1 肋外缘延续为腋动脉。主要分支有椎动脉、胸廓内动脉和甲状颈干，分布于脑和脊髓、胸前壁、乳房、心包、膈、腹直肌、甲状腺和肩部等。在锁骨中点上方的锁骨上窝处向后下将该动脉压向第 1 肋，可进行压迫止血。锁骨下动脉的直接延续即腋动脉，是上肢的动脉主干。

3. 上肢的动脉

（1）腋动脉　腋动脉在腋窝走行（图 4–1–11），至大圆肌下缘移行为肱动脉。该动脉的分支分布于肩肌、胸前外侧部和乳房等处。

（2）肱动脉　肱动脉沿肱二头肌内侧下行至肘窝，平桡骨颈高度分为桡动脉和尺动脉，分支分布于臂部和肘关节。该动脉在肘窝内上方，肱二头肌腱的内侧位置表浅，可触及其搏动，是临床测量血压时的听诊部位。前臂和手部出血时，可在臂中部将该动脉压向肱骨进行压迫止血。

（3）桡动脉和尺动脉　分别沿前臂前面的桡侧和尺侧下行，经腕部至手掌吻合形成掌浅弓和掌深弓。桡动脉在腕掌侧面上方位置表浅，可触及其搏动，是临床触摸和计数脉搏的常用部位。

（4）掌浅弓和掌深弓　由桡动脉和尺动脉的终末支及分支相互吻合而成。掌浅弓和掌深弓分别位于指屈肌腱的浅面和深面，它们发出分支分布于手掌和手指。

4. 胸部的动脉

胸主动脉是胸部的动脉主干，其分支分为壁支和脏支（图 4–1–12）。

壁支主要有 9 对肋间后动脉和 1 对肋下动脉，分别沿第 3 ～ 11 肋之间和第 12 肋下缘走行，

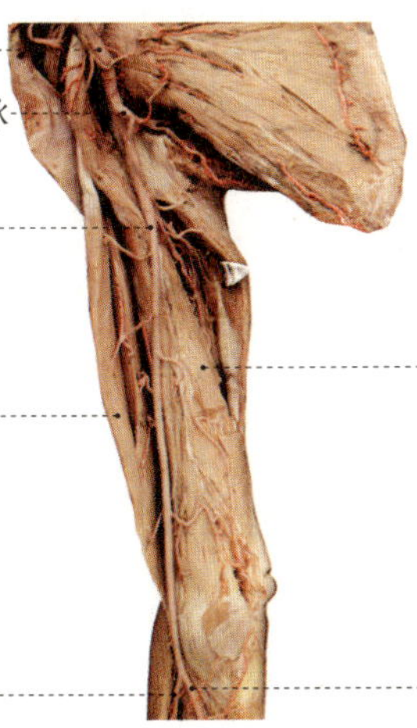

图 4–1–11　前臂的动脉

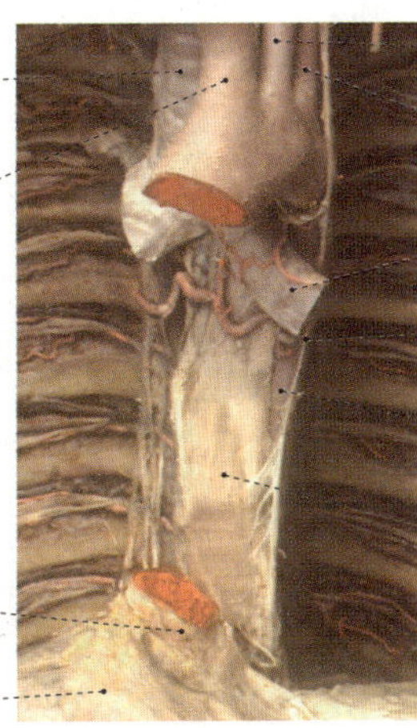

图 4–1–12　胸主动脉及其分支

分布于胸壁、腹壁上部，背部和脊髓等处。脏支细小，主要有支气管支、食管支和心包支，分别分布于气管、支气管、食管和心包。

5. 腹部的动脉

腹主动脉是腹部的动脉主干，其分支分为壁支和脏支，脏支较壁支粗大（图 4–1–13）。

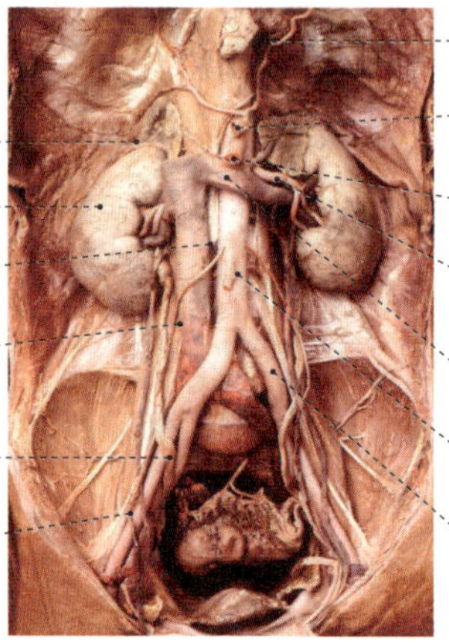

图 4–1–13　腹主动脉及其分支

（1）壁支　主要有膈下动脉、腰动脉和骶正中动脉，分布于膈下面、腹后壁、肾上腺、脊髓和盆腔后壁等。

（2）脏支　分为成对脏支和不成对脏支两种。前者有肾上腺中动脉、肾动脉、睾丸动脉（男性）或卵巢动脉（女性）；后者有腹腔干、肠系膜上动脉和肠系膜下动脉。

①肾动脉：约平第 2 腰椎椎间盘高度起自腹主动脉，横行向外到肾门，分数支入肾。

②睾丸动脉：在肾动脉起始处稍下方起自腹主动脉，沿腰大肌前面斜向外下方走行，跨过输尿管前面，穿腹股沟管，分布至睾丸和附睾。在女性，该动脉称卵巢动脉，经卵巢悬韧带下行入盆腔，分布于卵巢和输卵管。

③腹腔干：为一短粗动脉干，在主动脉裂孔稍下方起自腹主动脉前壁，随即分为胃左动脉、肝总动脉和脾动脉，分支分布于胃、肝、胆囊、胰和十二指肠等（图 4–1–14）。

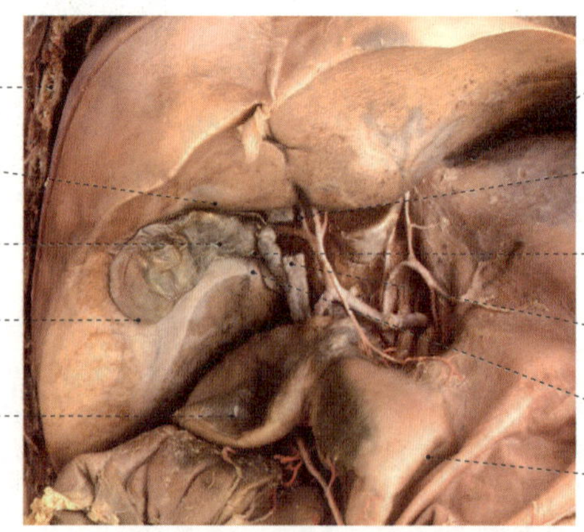

图 4–1–14　腹腔干及其分支

胃左动脉向左上方行至胃的贲门部，沿胃小弯向右行，分支分布于食管腹段、贲门和胃小弯。

肝总动脉向右走行，分为肝固有动脉和胃十二指肠动脉。肝固有动脉行于肝十二指肠韧带内，在肝门附近分为左、右支，分别进入肝左、右叶。肝固有动脉分支分布于肝、胆囊和胃小弯。胃十二指肠动脉分支分布于胃大弯、大网膜、十二指肠和胰头。

脾动脉沿胰的上缘左行，经脾门入脾，分布于脾、胰、大网膜、胃大弯和胃底的胃壁。

④肠系膜上动脉：自腹腔干稍下方发出，向下经胰头和十二指肠水平部之间，进入小肠系膜，向右髂窝方向走行，其分支分布于结肠左曲以上大部分肠管（图 4–1–15）。

⑤肠系膜下动脉：约平第 3 腰椎高度起自腹主动脉前壁，主要分支有左结肠动脉、乙状结肠动脉、直肠上动脉，分布于降结肠、乙状结肠和直肠上部（图 4–1–16）。

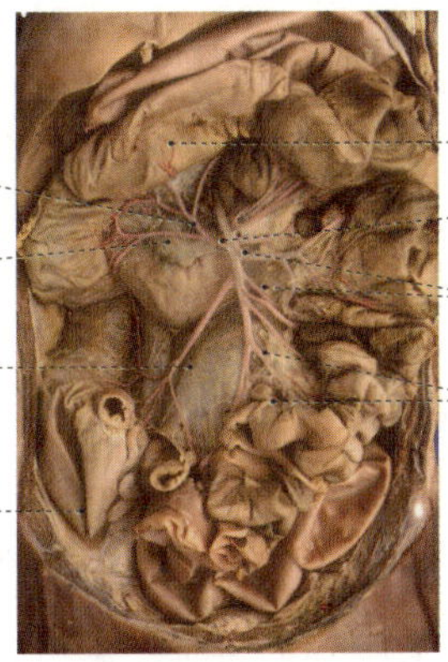

图 4–1–15　肠系膜上动脉及其分支

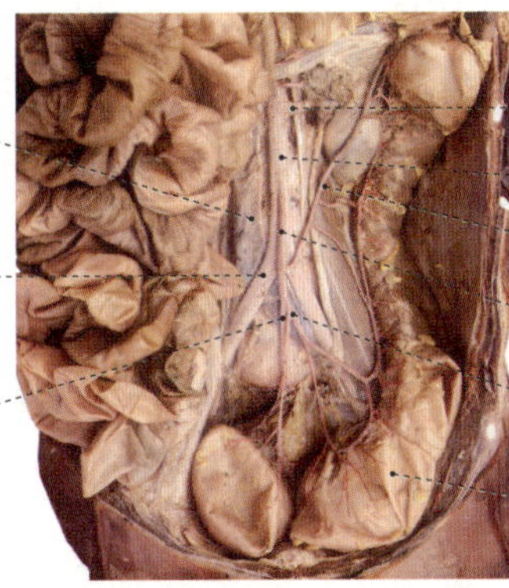

图 4–1–16　肠系膜下动脉及其分支

6. 盆部的动脉

髂总动脉左右各一，在第 4 腰椎体下缘由腹主动脉发出，沿腰大肌内侧向外下走行，至骶髂关节前方分为髂内动脉和髂外动脉（图 4–1–17）。

（1）髂内动脉　是盆部的动脉主干，为一短干，分脏支和壁支（图 4–1–18）。

脏支主要有：①子宫动脉，穿子宫阔韧带的两层之间，在子宫颈外侧约 2 cm 处跨过输尿管前上方，沿子宫侧缘上行至子宫底，分支分布于子宫、阴道、输卵管和卵巢。行子宫切除结扎子宫动脉时，应注意该动脉与输尿管的关系，以免损伤输尿管。②阴部内动脉，分支分布于肛门、外生殖器和会阴部。③膀胱下动脉，分布于膀胱底、前列腺和精囊腺。④直肠下动脉，分布于直肠下部，并与直肠上动脉和肛动脉吻合。

壁支主要有：①闭孔动脉，沿盆腔侧壁前行，经闭孔出骨盆腔至大腿内侧，分支分布于股内侧肌群和髋关节。②臀上动脉，分布于臀中肌、臀小肌和髋关节。③臀下动脉，分布于臀大肌和坐骨神经等。

（2）髂外动脉　沿腰大肌内侧缘下行，经腹股沟韧带中点深面下行移行为股动脉。其主要分支有腹壁下动脉和旋髂深动脉。

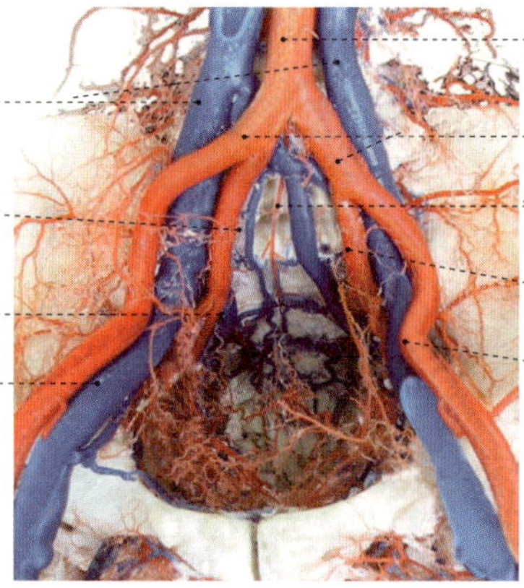

图 4-1-17　髂内动脉及髂外动脉

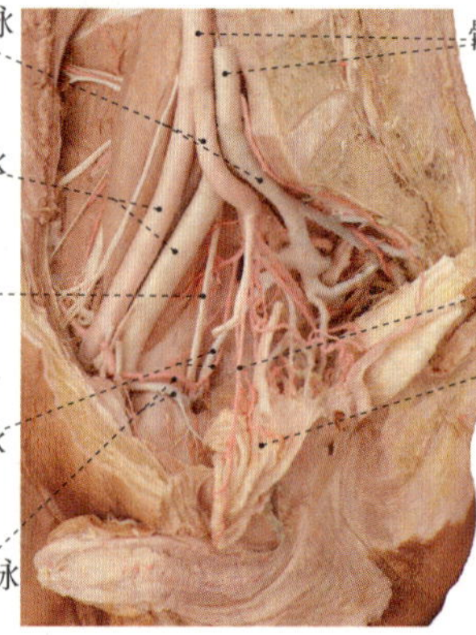

图 4-1-18　髂内动脉及其分支

7. 下肢的动脉

（1）股动脉　是髂外动脉的直接延续，在股三角内下行，至腘窝移行为腘动脉。股动脉在腹股沟韧带下方 2 ~ 5 cm 处发出股深动脉，分支分布于大腿肌、髋关节等处。在腹股沟韧带中点稍下方股动脉位置表浅，可触及其搏动。当下肢外伤出血时，可在此处将股动脉压向耻骨上支进行压迫止血。股动脉亦是动脉穿刺和插管常用的血管（图 4-1-19）。

（2）腘动脉　沿腘窝深部中线下行，至腘窝下缘分为胫前动脉和胫后动脉，分支分布于膝关节及邻近肌，并参与膝关节动脉网的组成（图 4-1-20）。

图 4-1-19　股动脉及其分支

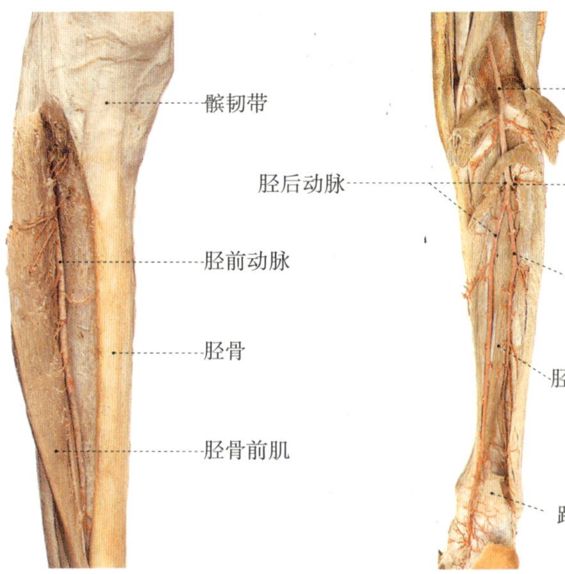

图 4-1-20　小腿的动脉

①胫前动脉：沿小腿前群肌之间下行，至踝关节前方移行为足背动脉。足背动脉是胫前动脉的直接延续，分支分布于足背、足趾等处。在内、外踝前方连线的中点处可触及足背动脉搏动，若足底出血，可在此处压迫止血。

②胫后动脉：沿小腿后群浅、深屈肌之间下行，经内踝后方转至足底，分为足底内侧动脉和足底外侧动脉，其主要分支为腓动脉。胫后动脉分布于小腿肌后群和外侧群。

三、静脉

（一）肺循环的静脉

肺静脉左右各两条，分别为左上、左下肺静脉和右上、右下肺静脉。起自肺门，向内穿过纤维心包，注入左心房后部。

（二）体循环的静脉

与动脉比较，体循环的静脉有以下特点：①腔大壁薄，数量多；②分浅、深两种，浅静脉位于皮下，有独立的名称和走行，是临床上输液、输血和采血的部位；深静脉多与同名动脉伴行，静脉收集静脉血的范围与伴行动脉的分布范围基本相同；③吻合多，浅静脉吻合成网，深静脉在许多器官周围或壁内吻合成丛；④腔内有静脉瓣，可阻止血液逆流。

体循环的静脉包括上腔静脉系、下腔静脉系和心静脉系，最终回流注入右心房（图 4–1–21）。

1. 上腔静脉系

由上腔静脉及其属支组成。收集头颈、上肢、胸部（心和肺除外）的静脉血。其主干是上腔静脉。上腔静脉为一粗短的静脉干，由左、右头臂静脉汇合而成，沿升主动脉右侧垂直下降，注入右心房。注入右心房前，有奇静脉的血液汇入。

头臂静脉左右各一，是由同侧的颈内静脉与锁骨下静脉在胸锁关节后方汇合而成。汇合处所形成的夹角称**静脉角**，是淋巴导管注入静脉的部位。

（1）头颈部静脉

主要的头颈部静脉有颈内静脉、颈外静脉和锁骨下静脉（图 4–1–22）。

①颈内静脉：是颈部最大的静脉干。颈内静脉在颅底颈静脉孔处续于颅内乙状窦，伴颈内动脉和颈总动脉下行，至胸锁关节后方与锁骨下静脉汇合成头臂静脉。颈内静脉收集颅骨、脑、视器、面浅部、颈部大部分区域的静脉血。颈内静脉属支较多，包括颅内属支和颅外属支。颅内属支经乙状窦汇入颈内静脉，颅外属支主要有面静脉和下颌后静脉。

面静脉起自内眦静脉，与面动脉伴行，在下颌角下方注入颈内静脉。面静脉收集面部浅层的静脉血，通过内眦静脉与颅内海绵窦相交通，且在口角平面以上缺少静脉瓣，因此鼻根至两侧口角之间的三角区内发生感染时，若处理不当（如挤压），有导致颅内感染的可能，临床上称此区为“**危险三角**”。

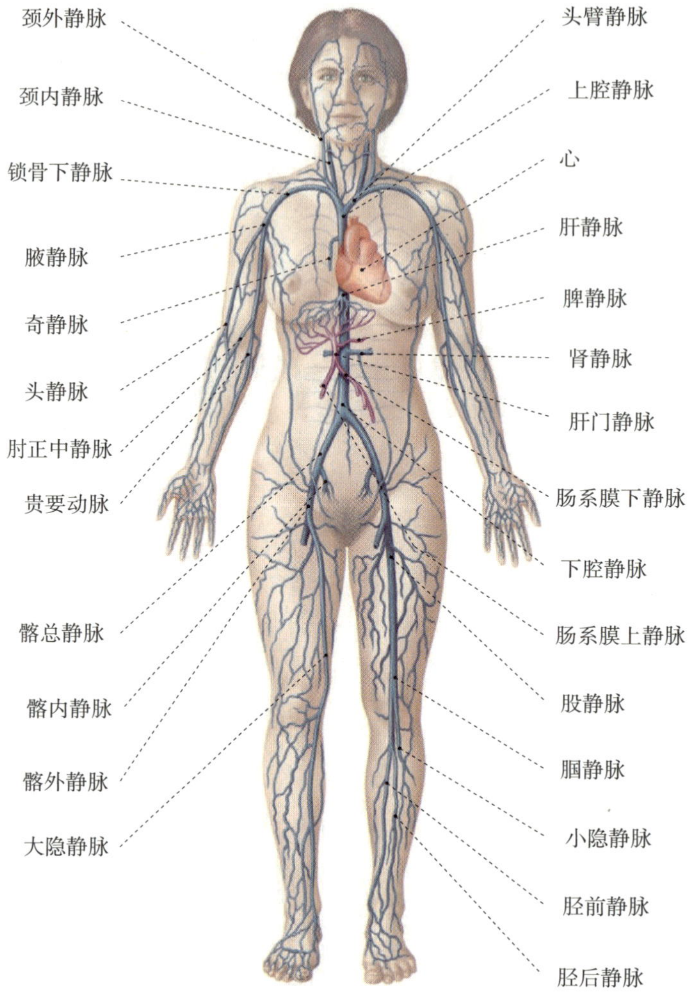

图 4-1-21　体循环静脉

下颌后静脉由颞浅静脉与上颌静脉在腮腺内汇合而成，至腮腺下端分为两支，前支向前下方注入面静脉，后支汇入颈外静脉。

②颈外静脉：在胸锁乳突肌浅面下行，穿深筋膜注入锁骨下静脉。颈外静脉位置表浅而恒定，故临床儿科常在此做静脉穿刺。

③锁骨下静脉：在第 1 肋外侧缘续自腋静脉，伴同名动脉走行，在胸锁关节的后方与颈内静脉汇合成头臂静脉。锁骨下静脉表浅，管腔粗大，位置较固定，是临床做导管插入的常选静脉。

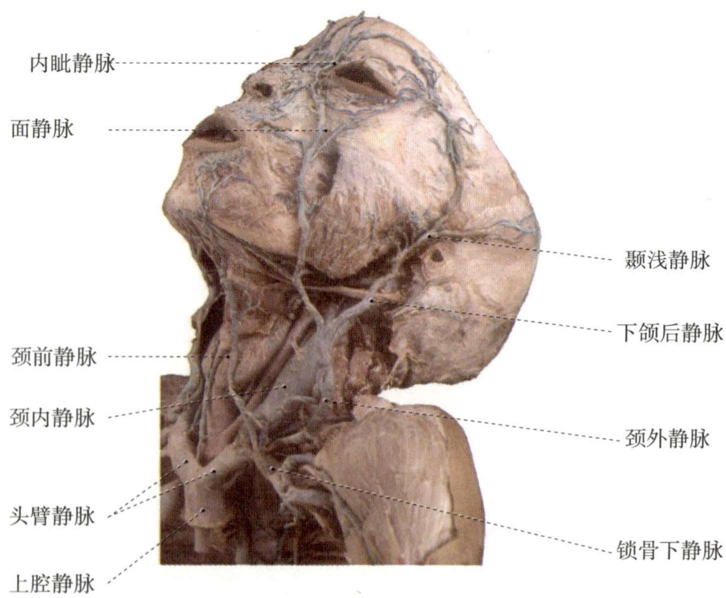

图 4-1-22　头颈部的静脉

（2）上肢的静脉

深静脉与上肢同名动脉伴行，如尺静脉、桡静脉、肱静脉、腋静脉等。

浅静脉位于皮下浅筋膜内，起于丰富的指背浅静脉，汇集成手背静脉网继而汇成以下几支较为恒定的浅静脉（图 4–1–23）。

①头静脉：起自手背静脉网的桡侧，沿前臂下部的桡侧、前臂上部和肘部的前面以及肱二头肌外侧沟上行，至三角肌与胸大肌之间穿深筋膜注入腋静脉或锁骨下静脉。

②贵要静脉：起自手背静脉网的尺侧，沿前臂的尺侧缘和臂的内侧面上行至臂中部，穿深筋膜注入肱静脉。此静脉较粗，位置表浅恒定，临床上常用此静脉做穿刺或插管等。

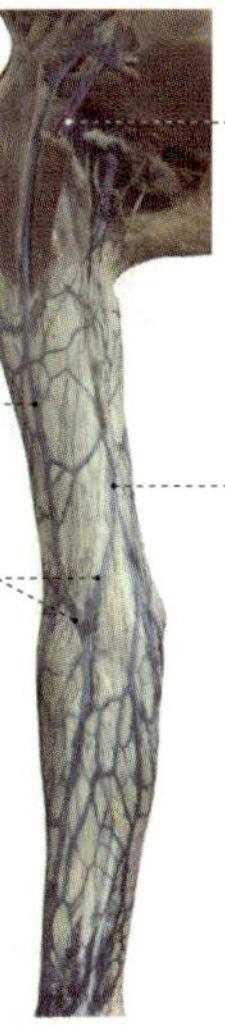

图 4–1–23　上肢浅静脉

③肘正中静脉：位于肘窝，粗短，变异多。连接头静脉和贵要静脉，并接受前臂正中静脉。临床上常选择此静脉进行静脉注射、采血等。

（3）胸部的静脉

胸部的静脉主干是奇静脉，起于右腰升静脉，沿胸椎体右前方上行，在第 4 胸椎高度，向前跨过右肺根的上方，注入上腔静脉，主要收集胸壁、食管，气管和支气管等处的静脉血。

2. 下腔静脉系

由下腔静脉及其属支组成，收集盆部、下肢和腹部的静脉血。

下腔静脉是人体最大的静脉干，在第 4 ~ 5 腰椎体的右前方由左、右髂总静脉汇合而成，沿腹主动脉的右侧上行，经肝的腔静脉沟，穿膈的腔静脉孔入胸腔，注入右心房（图 4–1–24）。

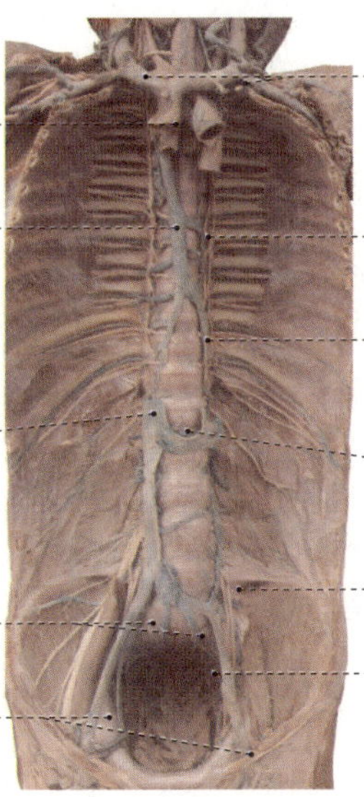

图 4–1–24　下腔静脉及其属支

（1）盆部的静脉　盆部静脉的主干是髂内静脉。它与同侧的髂外静脉汇合成髂总静脉。髂内静脉及其属支与同名动脉伴行，收集范围与动脉的分布范围基本相同，不同的是静脉在一些器官周围形成静脉丛，如直肠静脉丛、子宫静脉丛和膀胱静脉丛等。

（2）下肢的静脉　下肢的深静脉与同名动脉伴行，最后经股静脉延续为髂外静脉。

下肢的浅静脉主要有：

①大隐静脉：起于足背静脉弓内侧，经内踝前方，沿下肢内侧上行，在腹股沟韧带的下方注入股静脉（图 4–1–25）。

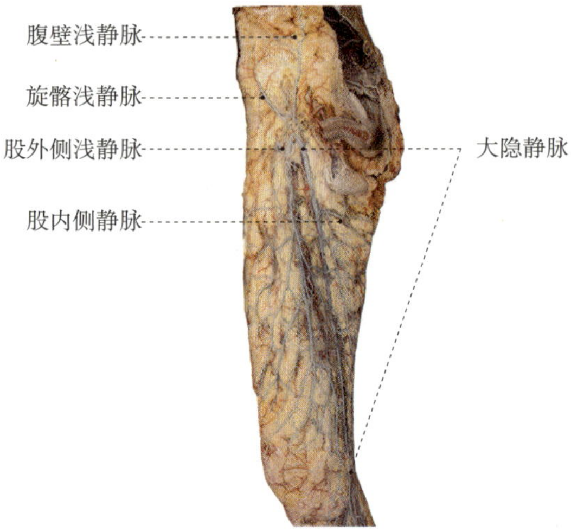

图 4–1–25　大隐静脉

②小隐静脉：起自足背静脉弓外侧，经外踝后方，沿小腿后面上行至腘窝处穿深筋膜，注入腘静脉（图 4–1–26）

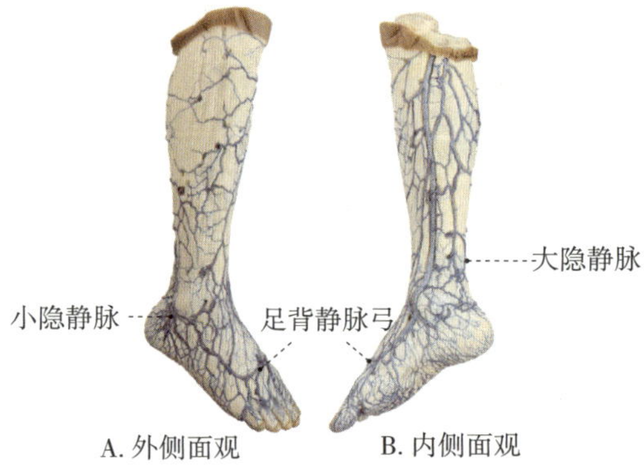

图 4–1–26　小隐静脉

（3）腹部的静脉　腹部的静脉主干是下腔静脉。间接注入下腔静脉的属支有肝门静脉。直接注入下腔静脉的属支分壁支和脏支。壁支有 4 对腰静脉，与同名动脉伴行。

脏支主要有

①肾上腺静脉：右侧直接注入下腔静脉，左侧向下注入左肾静脉。

②肾静脉：与肾动脉伴行，直接注入下腔静脉，左肾静脉长于右肾静脉。

③睾丸（卵巢）静脉：右侧注入下腔静脉，左侧向上呈直角注入左肾静脉。

④肝静脉：有 2 ~ 3 条，包埋于肝实质内，在腔静脉沟注入下腔静脉。

（4）肝门静脉系　由肝门静脉及其属支组成，收集腹腔内不成对器官（肝除外），如胃、小肠、大肠（直肠下段除外）、胰、脾及胆囊等处的静脉血。

肝门静脉为一短而粗的静脉干，长 6 ~ 8 cm，由肠系膜上静脉和脾静脉汇合而成（图 4–1–27），其在胰头后方，斜向右上进入肝十二指肠韧带内，

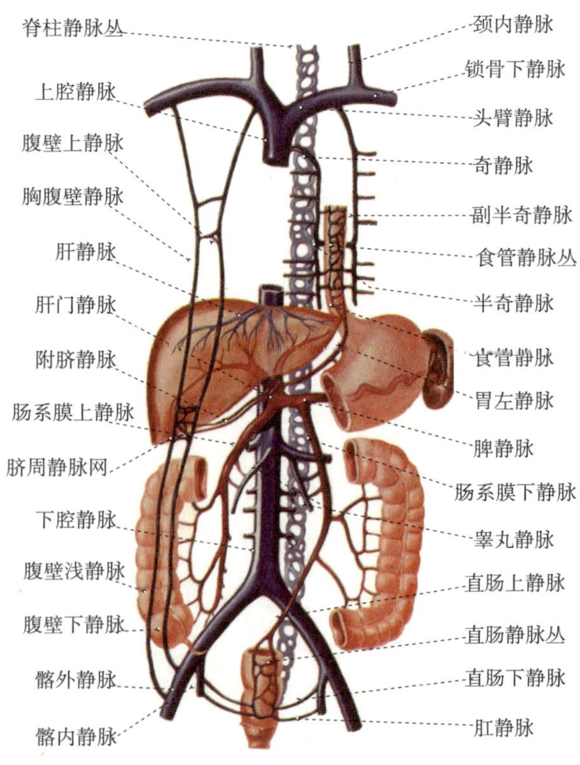

图 4–1–27　肝门静脉及其属支

在胆总管和肝固有动脉的后方上行达肝门，分为左、右两支入肝左、右叶，继而在肝内反复分支，最后注入肝血窦内，与来自肝固有动脉的血液混合，经肝静脉注入下腔静脉。

肝门静脉的起、止端均为毛细血管，并且无功能性静脉瓣。故当肝门静脉内压力升高时，血液可以逆流。

肝门静脉的属支绝大多数与同名动脉伴行，收集同名动脉分布区域的静脉血。包括肠系膜上静脉、脾静脉、肠系膜下静脉、胃左静脉、胃右静脉、附脐静脉、胆囊静脉。

肝门静脉的属支与上、下腔静脉系之间有丰富的吻合：①通过食管静脉丛在食管下端及胃的贲门附近形成肝门静脉与上腔静脉的吻合；②通过直肠静脉丛形成肝门静脉与下腔静脉的吻合；③通过腹壁脐周静脉网形成肝门静脉与上、下腔静脉的吻合。

拓展阅读

“危机四伏”的肝硬化并发症

肝硬化并非孤立存在的疾病，一旦罹患肝硬化，一系列并发症接踵而至。

首当其冲的是消化道出血。肝硬化导致门静脉高压，使血液沿胃左静脉逆流至食管静脉丛致其曲张。粗糙食物的摩擦、胃酸的侵蚀，都可能使这些曲张静脉瞬间破裂，引发大量呕血，严重时甚至危及生命。门静脉高压还可以导致直肠静脉丛和脐周静脉网曲张，引起便血和海蛇头征。

腹水也很常见。由于肝脏合成蛋白能力下降，加之门脉高压，液体不断漏入腹腔，致使大量腹水形成。腹水不仅让患者行动不便，还容易滋生细菌，引发感染。

肝性脑病同样危险。肝脏解毒功能减弱，毒素在体内堆积，干扰大脑功能。患者可能出现性格改变、行为异常、意识障碍，甚至昏迷。

点燃思考

老年人肝硬化能逆转吗?

任务三　认识血管生理

案例导入

李先生，68 岁，有高血压、糖尿病、冠心病病史，近半年反复出现胸闷、心悸，特别是在爬楼梯或快走时明显，休息后可缓解，照护员建议进行生活方式调整。

任务描述

1. 照护员指导李先生及家属理解冠状动脉狭窄对心脏供血的影响。
2. 照护员帮助李先生在体表寻找心脏及冠状动脉的投影位置。

3. 照护员帮助分析李先生为什么会出现胸闷、心悸、胸痛等表现，并制定对应照护措施。

知识殿堂

扫一扫

扫码查看课件。

一、各类血管的功能特点

血管按生理功能的不同可分为以下几类。

①弹性储器血管：指主动脉、肺动脉主干及其发出的最大分支，其管壁坚厚，富含弹性纤维，有明显的弹性和可扩张性。大动脉的弹性储器功能可发挥缓冲动脉血压、维持血液连续性流动的作用。

②分配血管：指中动脉，其主要功能是将血液运输到各组织器官。

③阻力血管：指小动脉和微动脉，可通过舒缩活动明显改变血管口径来影响器官的灌流量和血流阻力。

④交换血管：指毛细血管，口径较小，通透性极高，是进行物质交换的主要场所。

⑤容量血管：指静脉系统，数量多、管壁薄、口径大，容量大。在安静状态下，静脉系统可容纳 60% ~ 70% 的循环血量，具有血液储存库的作用。

⑥短路血管：一些血管床中小动脉和小静脉之间直接联系的血管，称为短路血管。在手指、足趾、耳郭等处的皮肤中多见，可使小动脉内的血液不经过毛细血管而直接流入小静脉。

二、血流量、血流阻力和血压

1. 血流量

是指在单位时间内流经血管某一横截面的血量，其单位通常为 mL/min 或 L/min。

2. 血流阻力

是指血液流经血管时所遇到的阻力，主要由流动的血液与管壁以及血液内部成分之间的摩擦力产生。根据流体力学原理，血流阻力与血流黏度和血管长度成正比，与血管半径的 4 次方成反比。由于在同一血管床，血管长度与血液黏度在一段时间内变化不大，影响血流阻力的最重要因素为血管半径，故产生阻力的主要部位是微动脉。机体就是通过控制各器官阻力血管的口径对血流量进行分配调节的。

3. 血压

是指血管内流动的血液对于血管壁的侧压力，称为**血压**（BP），习惯上常用毫米汞柱（mmHg）表示。在整个血管系统中由于需要不断克服血管对血流的阻力，血压会逐渐降低，各血管之间存在着压力差，即动脉血压 > 毛细血管血压 > 静脉血压。通常所说的血压是指动脉血压。

三、动脉血压和动脉脉搏

1. 动脉血压

是指血液对动脉管壁的侧压力。由于心脏呈周期性间断射血，故在每一心动周期中动脉血压也呈现周期性变化。收缩压是指心室收缩时血压达到的最高值。舒张压是指心室舒张末期动脉血压降低所达到的最低值。脉搏压或脉压是指收缩压与舒张压之差，脉压可反映动脉血液波动的幅度。平均动脉压是指在一个心动周期中，每一瞬间动脉血压的平均值，粗略估算约等于舒张压加 1/3 脉压。

2. 动脉血压的形成

心血管是封闭的系统，有足量的血液充盈是形成动脉血压的前提条件。在此基础上，心脏射血产生的动力与血流所遇到的外周阻力二者相互作用形成了动脉血压的根本因素，此外，大动脉管壁的弹性能缓冲收缩压、维持舒张压以及保持血液的连续流动。

心室收缩时，心室射出的血液，由于外周阻力的存在，只有 1/3 流至外周，其余 2/3 乃暂时贮存在大动脉内，因此收缩期动脉血压升高，但由于大动脉壁的弹性扩张，收缩压不至于过高。心室舒张期，心室射血停止，动脉血压下降，同时大动脉弹性回缩，继续推动血流。由于大动脉的弹性回缩和外周阻力的存在，使舒张期大动脉内仍保持一定量的血液充盈，使舒张压不至于过低。

3. 动脉血压的正常值及相对稳定的意义

安静状态下我国健康青年人收缩压为 100 ~ 120 mmHg，舒张压为 60 ~ 80 mmHg，脉压为 30 ~ 40 mmHg。动脉血压因年龄，性别、身材、功能状态等情况而异。随年龄的增长，血压有逐渐升高的趋势，收缩压比舒张压升高显著；男性比女性略高；肥胖者血压偏高；精神紧张或体力活动时血压可暂时升高。此外，正常人血压还存在昼夜波动的日节律。大多数人血压在凌晨 2 ~ 3 时最低，上午 6 ~ 10 时及下午 4 ~ 8 时各有一个高峰，从晚上 8 时缓慢下降。这种现象在老年人和高血压患者中更为显著。

4. 影响动脉血压的因素

凡是影响动脉血压形成的因素，均可影响动脉血压。

（1）搏出量　当搏出量增加时，动脉血压升高，以收缩压升高明显，舒张压升高不明显，脉压增大。这是由于当搏出量增加时，心缩期射入主动脉的血量增多，故收缩压明显升高。动脉血压升高，血流速度加快，至心舒期末，大动脉内存留的血量增加不多，故舒张压升高不明显。相反，搏出量减少，则收缩压明显降低。因此，收缩压的高低主要反映搏出量的多少。

（2）心率　其他因素不变时，心率在一定范围内增加，可使舒张压升高。这是由于心率加快，心动周期缩短，尤其是舒张期缩短更明显，故而流至外周的血量减少，心室舒张末期存留于大动脉内的血量增多，使舒张压升高。

（3）外周阻力　其他因素不变时，外周阻力增大，动脉血压升高，其中舒张压升高更为显著。这是由于心室舒张期中血液流至外周的阻力增大，流动的速度减慢，舒张期末存留于大动脉内血量增多所致。相反，外周阻力减小，舒张压下降。因此，舒张压的高低主要反映外周阻力的大小。

（4）大动脉管壁的弹性　大动脉管壁的弹性具有缓冲血压、维持舒张压以及保持血液连续流动的作用。老年人或动脉硬化者，动脉管壁组织变性硬化，弹性减退，对血压的缓冲作用减弱，使收缩压升高，舒张压下降，脉压增大。但由于常伴有小动脉硬化，外周阻力亦升高，故舒张压也常升高。

（5）循环血量与血管容积　正常机体的循环血量与血管容积相匹配，使血管内血液保持一定的充盈度，显示一定的血压。当循环血量减少或血管容积增加时，均可导致动脉血压下降。如人体大量失血时，循环血量迅速减少，血压急剧下降，甚至危及生命。

5. 动脉脉搏

简称**脉搏**，是指在每个心动周期中，因动脉内压力和容积发生周期性变化而引起的动脉管壁周期性波动。它起始于主动脉，可沿动脉管壁向外周传播。在一些表浅的部位（如桡动脉等）均可扪到。脉搏的特征在一定程度上可反映心血管的功能情况。

四、静脉血压与静脉回心血量

1. 静脉血压

体循环血液流到小静脉时，血压降到 15 ~ 20 mmHg，到达右心房时压力已近于零。通常将各器官或肢体的静脉血压称为外周静脉压，把右心房和胸腔内的大静脉血压称为中心静脉压（CVP）。中心静脉压的正常值为 4 ~ 12 cmH_2O，中心静脉压的高低，反映了心脏的射血能力和静脉回心血量。如心脏射血能力良好，能及时将血液射出，中心静脉压较低；反之，心脏射血能力减弱（如心力衰竭），右心房和腔静脉淤血，中心静脉压则较高。另一方面，若静脉回心量增加（如输血、输液过多或过快），中心静脉压升高；反之，则降低。故测定中心静脉压有助于判断患者的心功能状况，还可作为临床控制输血、输液量的主要指标。

2. 影响静脉回心血流的因素

单位时间内由静脉回心的血量取决于中心静脉压与外周静脉压之间的压力差，凡能改变压力差的因素，都能影响静脉回心血量。如心收缩力，重力和体位，骨骼肌的挤压作用，呼吸运动等。

五、微循环的组成及功能

微循环是指微动脉与微静脉之间的血液循环，其主要功能是实现血液与组织之间的物质交换，其次是调节组织器官血流量。

1. 微循环的组成

典型的微循环由微动脉、后微动脉、毛细血管前括约肌、真毛细血管网、通血毛细血管、动静脉吻合支和微静脉等 7 个部分组成（图 4–1–28）。

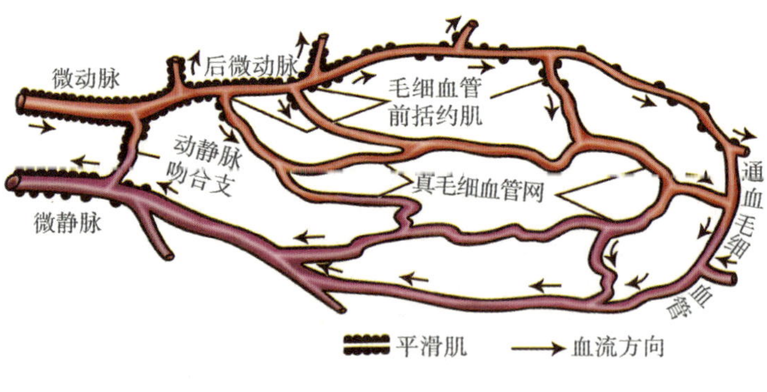

图 4–1–28　微循环模式图

2. 微循环的血流通路及意义

（1）迂回通路　血液经微动脉、后微动脉、毛细血管前括约肌进入真毛细血管网，最后入微静脉。此通路迂回曲折，穿行于组织细胞之间，加之血流缓慢，毛细血管管壁通透性大等因素，因而此通路是血液和组织进行物质交换的主要场所，又称营养通路。

（2）直捷通路　血液从微动脉经后微动脉和通血毛细血管进入微静脉。此通路直且较短，安静时经常开放，血流速度快，很少与组织细胞进行物质交换。主要功能是使一部分血液快速通过微循环进入静脉，保证静脉回心血量。

（3）动静脉短路　血液从微动脉经动静脉吻合支直接进入微静脉。此通路最短，血管壁较厚，血流速度快，无物质交换功能，又称非营养性通路，在调节体温方面起重要作用。

六、组织液

组织液的生成与回流是在微循环毛细血管处进行的。正常情况下，组织液由毛细血管的动脉端不断产生，同时大部分通过毛细血管静脉端返流回毛细血管，少部分通过淋巴管流入血液循环。因此，正常组织液处于动态平衡状态。在毛细血管处决定组织液生成与回流的主要因素是有效滤过压。有效滤过压 =（毛细血管血压 + 组织液胶体渗透压）–（血浆胶体渗透压 + 组织液静水压）。其中毛细血管血压和组织液胶体渗透压是促进组织液生成的力，而血浆胶体渗透压和组织液静水压是促进组织液回流的力。当有效滤过压为正值时，表示有液体从毛细血管滤出，组织液生成；当有效滤过压为负值时，则表示有液体被重吸收回毛细血管，组织液回流。按各数值计算可知，动脉端的有效滤过压为 10 mmHg，有组织液生成。而在静脉端有效滤过压为 –8 mmHg，组织液大部分在此回流，少部分进入毛细淋巴管成为淋巴液。

其中影响组织液生成与回流的因素主要有：毛细血管有效液体静水压、有效胶体渗透压、毛细血管壁的通透性、淋巴回流等。

任务四　了解心血管活动的调节

案例导入

李爷爷，74 岁，有高血压病史 10 年，平时服用降压药控制血压。最近天气变化较大，他在家中突然感觉头晕、心悸、出冷汗，测量血压为 85/55 mmHg（较平时明显下降）。家人让他坐下休息并补充水分后，症状稍有缓解。

任务描述

1. 照护员帮助解释血压测量数据，以及为什么李爷爷的血压下降会导致头晕、心悸等症状。
2. 照护员帮助李爷爷学习如何监测血压变化，识别异常情况。
3. 照护员帮助分析李爷爷为什么会出现直立性低血压，并制定对应照护措施。

知识殿堂

扫码查看课件。

心血管系统的功能活动随机体内环境的改变而变化，以适应各器官组织在不同状态下对血流量的需要，并保持动脉血压相对稳定。这种适应性变化主要是在神经和体液调节下进行。

扫一扫

一、神经调节

（一）心脏的神经支配

心由心迷走神经和心交感神经双重神经支配。

1. 心交感神经及其作用

心交感神经起自脊髓第 1 ～ 5 胸段侧角神经元，在颈交感神经节换元，换元后的纤维组成心丛，支配窦房结、心房肌、房室交界、房室束和心室肌。其节前纤维末梢释放的神经递质是乙酰胆碱，而节后纤维末梢释放去甲肾上腺素，后者兴奋心肌细胞膜上的 β_1 受体，导致心率加快、心肌收缩力加强、房室传导加快，心输出量增多，血压升高。

2. 心迷走神经及其作用

心迷走神经起自延髓迷走神经背核和疑核，在胸腔内与心交感神经一起组成心丛进入心脏，在心内神经节换元后，节后纤维支配窦房结、心房肌、房室交界、房室束及其分支。心迷走神经的节前和节后纤维都是胆碱能纤维，其节后纤维末梢释放的递质乙酰胆碱，与心肌细胞膜上 M 型胆碱能受体结合，产生抑制效应。表现为心率减慢、心房肌收缩力减弱、房室传导减慢，心输出量减少，动脉血压降低。

心迷走神经和心交感神经平时均有紧张性活动（即表现有一定频率的神经冲动），对心脏的作用是相对抗的。在安静状态下，心迷走神经的作用比心交感神经的作用占有较大的优势。

（二）血管的神经支配

除真毛细血管外，血管壁都有平滑肌分布。支配血管平滑肌的神经纤维可分为缩血管神经纤维和舒血管神经纤维两大类，二者又统称为血管运动神经纤维。

1. 缩血管神经纤维

缩血管神经纤维都是交感神经纤维，故一般称为交感缩血管纤维。与心脏不同，体内绝大多数血管只接受交感缩血管纤维单一神经支配。其纤维起自脊髓胸腰段侧角，兴奋时其末梢释放的递质为去甲肾上腺素，与 α 肾上腺素能受体结合，使外周阻力增大，血压升高。

2. 舒血管神经纤维

体内有少数血管除接受缩血管纤维支配外，还接受舒血管纤维支配。舒血管神经纤维主要有两类。一类是交感舒血管神经，他支配骨骼肌血管，其末梢释放乙酰胆碱，使骨骼肌血管舒张，血流量增多；另一类是副交感舒血管神经纤维，支配脑膜、唾液腺、胃肠外分泌腺和外生殖器等少数器官，其末梢释放乙酰胆碱，引起血管舒张。作用在于对器官组织局部血流起调节作用。

（三）心血管中枢

心血管中枢是指与心血管活动有关的神经元胞体集中的部位。从大脑皮层到脊髓都存在着调节心血管功能的各级中枢，但基本中枢在延髓。

1. 延髓心血管中枢

延髓是调节心血管活动的基本中枢。包括延髓心交感中枢（心加速中枢）、心迷走中枢（心抑制中枢）和交感缩血管中枢。分别通过心迷走神经、心交感神经和交感缩血管神经来调节心血管活动。

2. 延髓以上的心血管中枢

在延髓以上的脑干部分以及大脑和小脑中，都存在与心血管活动有关的神经元。它们在心血管活动调节中所起的作用更加高级，表现为对心血管活动和机体其他功能之间的复杂整合作用。如电刺激下丘脑的“防御反应区”，立即引起动物的警觉状态，同时出现一系列心血管活动的变化，主要是心率加快、心搏加强、心输出量增加、皮肤和内脏血管收缩、骨骼肌血管舒张。

（四）心血管反射

1. 压力感受性反射

颈动脉窦和主动脉弓上有压力感受器，能感受血液对血管壁的牵张刺激。当动脉血压突然升高时，颈动脉窦、主动脉弓的压力感受器受牵拉而兴奋，由窦神经和主动脉神经传入延髓的冲动增多，使心迷走中枢兴奋，心交感中枢和交感缩血管中枢抑制。通过相应的传出神经调节心血管活动，使心率减慢，心肌收缩力减弱，心输出量减少，血管舒张，外周阻力减小，结果使动脉血压回降。由于这一反射是由血压升高引起，反射结果为血压下降，故又称**减压反射**。减压反射是一种负反馈调节，对波动在 60 ~ 180 mmHg 范围内的快速血压变化敏感，对慢性血压不敏感。其生理意义是缓冲动脉血压的急剧变化，维持动脉血压的相对稳定。

2. 化学感受性反射

颈动脉体和主动脉体为化学感受器。当血液的某些化学成分发生变化时，如缺 O_2、CO_2 过多或 H^+ 浓度增高时，均可刺激化学感受器，使其沿窦神经和主动脉神经传入延髓的神经冲动增多，兴奋延髓的呼吸中枢，使呼吸加深加快，肺通气量增加；同时也提高交感缩血管中枢的紧张性，使血管收缩，外周阻力增加，动脉血压升高。此反射效应主要是调节呼吸，对维持血中 O_2、CO_2 含量的相对稳定起重要作用。在平时对心血管活动的作用并不明显，只有在机体缺 O_2、窒息、失血、血压过低和酸中毒等情况下，才起调节作用。

拓展阅读

人工智能辅助检测心血管活动的调节：开启精准医疗新时代

心血管疾病发病率居高不下的当下，对心血管活动调节的精准检测至关重要。人工智能（AI）技术的迅猛发展，为这一领域带来了前所未有的变革，正逐步革新心血管疾病的诊断与治疗方式。可穿戴设备与 AI 技术的结合，实现了对心血管活动的实时、动态监测。这些设备能持续收集使用者的心电图、心率、血压、体温等重要指标，并借助人工智能算法实时分析数据，一旦发现异常，立即发出预警。数据还能传至云端，照护者可远程查看患者数据，实现远程指导。这不仅方便了患者，也使照护者能及时掌握老年人情况变化，调整照护方案，尤其适用于慢性心血管疾病老年人的长期照护管理和康复监测。

二、体液调节

心血管活动的体液调节是指血液和组织液中一些化学物质对心肌和血管平滑肌的活动发生影响。可分为全身体液调节和局部体液调节。

（一）肾上腺素和去甲肾上腺素

循环血液中的肾上腺素和去甲肾上腺素主要由肾上腺髓质分泌，在化学结构上都属于儿茶酚胺，是调节心血管活动的全身性体液因素之一。其中肾上腺素约占80%，去甲肾上腺素约占20%。交感神经末梢释放的递质去甲肾上腺素也有一小部分进入血液循环。

肾上腺素主要与心肌细胞上的 β_1 受体结合，使心率加快，心收缩力加强，心输出量增加，临床上常用作“强心药”。肾上腺素也可与皮肤、肾、胃肠等器官的血管平滑肌上的 α 肾上腺素能受体结合，使这些器官的血管收缩；还可与骨骼肌、肝以及冠状血管膜上的 β_2 受体结合，使这些器官的血管舒张。小剂量肾上腺素常以兴奋 β_2 肾上腺素能受体为主，引起血管舒张，血压下降；大剂量时则兴奋 α 肾上腺素能受体，且作用强于兴奋 β_2 肾上腺素能受体的效应，引起血管收缩，血压升高。因肾上腺素对血管的作用既有收缩又有舒张，故对外周阻力影响不大。

去甲肾上腺素主要与 α 肾上腺素能受体结合，使除冠状动脉外的全身血管广泛收缩，动脉血压升高，临床上常用作缩血管的“升压药”。由于血压升高继发迷走神经兴奋，故整体效应是使心率减慢。去甲肾上腺素也可与心肌细胞膜上的 β_1 受体结合，但较肾上腺素对心脏的作用弱。

点燃思考

肾上腺素和去甲肾上腺素对心血管的作用有何不同？

（二）肾素—血管紧张素—醛固酮系统

大量失血、血压下降、肾血流量减少时，可刺激肾脏近球细胞大量分泌肾素，肾素进入血液后，使由肝脏合成并释放入血浆中的血管紧张素原水解，先后形成血管紧张素Ⅰ（AngⅠ）、血管紧张素Ⅱ（AngⅡ）和血管紧张素Ⅲ（AngⅢ）。

一般而言，对体内多数组织、细胞来说，AngⅠ不具有活性。血管紧张素中最重要的AngⅡ有广泛的作用，它能使全身微动脉收缩，外周阻力增高，动脉血压升高，刺激肾上腺皮质球状带细胞合成和释放醛固酮，保钠保水，使细胞外液量增加，血量增多，血压升高；AngⅢ的缩血管效应仅为AngⅡ的10% ~ 20%，但其刺激肾上腺皮质球状带合成和释放醛固酮的作用更为显著。

（三）血管升压素

血管升压素在完整机体中，生理剂量的血管升压素的主要作用是抗利尿效应，不参与血压调节；只有在禁水、失水、失血等循环血量减少时，该激素在血中浓度明显增高，对保持循环血量和维持动脉血压起一定作用。

（四）心房钠尿肽及其他物质

心房钠尿肽（ANP）是由心房肌等多种组织合成和释放的一类多肽。心房壁受牵拉可引起ANP释放。ANP主要作用于肾脏，抑制 Na^+ 的重吸收，使肾脏排钠和排水增多（利钠和利尿）。ANP可使血管舒张，外周阻力降低，还可使每搏输出量减少，心率减慢，故心输出量减少；此外，ANP还能抑制肾素、血管紧张素、醛固酮、血管升压素的释放。这些作用都可导致体内细胞外液量减少，血压降低。

其他物质包括：①前列腺素：全身各部的组织细胞几乎都含有合成前列腺素的前体及酶，因此都能产生前列腺素。前列腺素 E_2（PGE_2）和前列环素（PGI_2）具有强烈的舒血管作用，而

前列腺素 F_2（PGF_2）则使静脉收缩；②组胺：当组织受到损伤或发生炎症和过敏反应时，都可释放组胺。组胺有强烈的舒血管作用，并能使毛细血管和微静脉管壁的通透性增加，组织液生成增多，导致局部水肿；③激肽：是一类具有舒血管活性的多肽类物质，最常见的有血管舒张素和缓激肽。激肽可通过内皮释放 NO 而使血管平滑肌舒张，并能增加毛细血管通透性，参与对血压和局部组织血流的调节，是已知最强烈的舒血管物质；但激肽对其他平滑肌的作用则是引起收缩。

任务五 了解器官循环

体内各器官的血流量都与该器官的动、静脉压力差成正比，与该器官的血流阻力成反比。各器官的结构和功能不同，内部的血管分布也各有特点，其血流量的调节除服从一般规律外，还有其各自的特点。本节主要叙述心、肺、脑的血液循环。

一、冠脉循环

（一）解剖特点

心脏自身的血液供应主要来自冠脉循环，左、右冠状动脉自升主动脉根部发出，其主干和大分支走行于心脏表面，小分支常以垂直于心脏表面的方向穿入心肌，在心内膜下层分支成网。冠脉小分支的分布特点使之容易在心肌收缩时受到压迫。心肌内毛细血管的密度很高，毛细血管数和心肌纤维数之比可达 1 ∶ 1，保障心肌和血液间的物质交换可迅速进行。

（二）生理特点

1. 灌注压高，血流量大

冠状动脉直接开口于主动脉根部，开口处的血压等于主动脉压，冠脉血流途径短、阻力小，压力降低幅度小，冠脉小血管的血压和血液灌注压仍维持在较高水平。健康成人安静状态下，冠脉血流量（CBF）的大小取决于心肌的活动水平，当心肌活动加强，冠脉达到最大舒张状态时是安静时的 5 倍左右。

2. 摄氧率高，耗氧量大

心肌富含肌红蛋白，其摄氧能力很强。健康成人安静状态下，摄氧率可达 70% 左右，远高于其他器官组织（25% ~ 30%）。心肌耗氧量也大，安静时冠脉循环血液中剩余的氧较低，当剧烈运动使心肌耗氧量增加时，心肌提高从单位血液中摄氧的潜力就较小，此时主要依靠扩张冠脉血管来增加 CBF，以满足心肌的氧需求。

3. 血流量受心肌收缩的影响发生周期性变化

心肌收缩可压迫冠脉分支，使 CBF 在心动周期中产生周期性变化。心室开始收缩时，心室壁张力急剧升高，压迫肌纤维之间的小血管，使 CBF 明显减少，心肌深层的 CBF 在等容收缩期可出现断流甚至逆流。在快速射血期，冠状动脉压随主动脉压的升高而升高，CBF 有所增加；但进入减慢射血期后，CBF 又复减少。舒张期开始后，心肌对冠脉的压迫减弱或解除，血流阻力减小，CBF 迅速增加，在舒张早期达到高峰，然后逐渐减少。

二、肺循环

进入肺的血管包括肺循环血管和体循环中的支气管血管两部分。肺循环的任务是进行气体交换，体循环中的支气管血管则主要对支气管和肺起营养性作用。

（一）肺循环的生理特点

1. 血流阻力小、血压低

与体循环血管相比，肺动脉血管短而粗，管壁薄，且肺循环血管全都位于胸腔负压环境中，因此其血流阻力明显小于体循环。当发生左心衰竭时可引起肺淤血和肺水肿，导致呼吸功能障碍。

2. 血容量大，变化也大

通常情况下，肺血管床血容量为 450 ~ 600 mL，占循环总血容量的 9% ~ 12%。由于肺组织和肺血管的可扩张性大，故肺血容量的变化范围较大，如用力呼气时可减少到约 200 mL，深吸气时可增加到约 1000 mL，肺循环可起储血库作用。机体失血时，肺循环可代偿性将一部分血液转移到体循环中。

3. 毛细血管的有效滤过压较低

肺毛细血管的有效滤过压较低，仅约 +1 mmHg，即肺毛细血管只有少量液体持续进入组织间隙。这些液体少量渗入肺泡内对肺泡内表面起湿润作用，然后被蒸发；大部分进入肺淋巴管。在某些病理情况下，如左心衰竭使肺静脉压升高时，肺毛细血管血压也随之升高，可使较多的血浆滤出毛细血管，形成肺水肿。

点燃思考

肺水肿是指什么？左心衰时为什么会发生肺水肿？

三、脑循环

脑的血液供应来自颈内动脉和椎动脉。它们在颅底形成 Willis 环，各自发出分支营养脑组织。脑循环的生理特点如下：

1. 血流量大，耗氧量大

正常成人安静状态下，每 100 g 脑组织的血流量为 50 ~ 60 mL/min，脑循环总血流量约为 750 mL/min，约占心输出量的 15%；而脑的重量仅约占体重的 2%。脑组织代谢水平高，能量消耗几乎全部来源于糖的有氧氧化，故耗氧量很大。安静时每 100 g 脑组织耗氧 3 ~ 3.5 mL/min，脑的总耗氧量约为 50 mL/min，约占全身总耗氧量的 20%。脑组织对缺血和缺氧的耐受性较低，每 100 g 脑组织血流量低于 40 mL/min 时，就会出现脑缺血症状；正常体温条件下，脑血流量完全中断 5 ~ 10 s 即可导致意识丧失，中断 5 ~ 6 min 以上将产生不可逆的脑损伤。

2. 血流量变化小

脑位于容积固定的骨性颅腔内，而充满颅腔的脑、脑血管及血液、脑脊液都是不可压缩的，因而脑血管的舒缩活动受到很大限制，脑血流量的变动范围也较小。

任务六 了解心血管系统的衰老变化

一、心血管系统结构的衰老变化

随着年龄的增长，人体各器官系统都会发生一系列的衰老变化，心血管系统也不例外。心血管系统结构的衰老改变对其功能产生显著影响，进而与多种老年心血管疾病的发生发展密切相关。

在衰老过程中，心脏的重量通常会逐渐增加。这主要是由于心肌细胞肥大，尤其是左心室心肌。左心室壁厚度增加，导致心脏体积增大，这种变化在老年男性中更为明显。然而，心肌细胞数量并不增加，反而有所减少，这意味着单个心肌细胞需要承担更大的工作负荷。老年心肌细胞的形态和结构发生改变。细胞核增大、变形，染色质凝聚。心肌细胞内的线粒体数量减少、体积增大，且线粒体的功能受损，导致能量产生效率降低。此外，心肌细胞内脂褐素沉积增多，这是细胞衰老的标志之一，它可能会影响细胞的正常代谢和功能。心脏瓣膜会出现增厚、钙化等变化。动脉血管会出现弹性降低、内膜增厚、中层钙化等变化；静脉血管的弹性也会下降，管壁变薄，静脉瓣功能减退。心血管系统结构的这些衰老变化使得老年人更容易患上心血管疾病，严重影响老年人的健康和生活质量。深入了解这些衰老变化，对于早期预防和干预老年心血管疾病具有重要意义。

二、心血管系统功能的衰老变化

心血管系统随年龄增长发生轻到中度的功能退行性变化。心脏收缩功能逐渐下降，心输出量减少，心力储备降低。心血管系统功能的衰老变化是一个复杂且渐进的过程，紧密关联着心脏和血管结构的改变，对老年人整体健康状态有着深远影响。

心功能的衰老变化表现为心输出量减少、心率调节能力下降、心脏储备功能降低。血管功能的衰老变化表现为血压调节异常、血流动力学改变、微循环障碍等。另外心血管系统功能的衰老也会导致窦房结自律性降低，容易发生心律失常。心脏传导系统细胞减少，传导速度减慢，房室延搁时间延长甚至引起传导阻滞。由于血管弹性纤维断裂和胶原纤维沉积，动脉弹性及伸展性随年龄增长而逐渐下降。硬化的血管内壁所承受的负荷增加，易诱发内膜损伤，导致动脉壁内膜下脂质沉积形成斑块。

大多数情况下，上述功能衰退并不妨碍日常生活，但会降低个体应对压力或过度负荷的能力，在部分人中可进展为疾病。常见的年龄相关性心血管疾病包括冠状动脉粥样硬化性心脏病、高血压和心力衰竭等。心血管系统功能的衰老变化严重影响老年人的生活质量和健康状况，了解这些变化有助于早期识别心血管疾病的高危因素，采取针对性的预防和治疗措施，延缓心血管系统衰老进程，提高老年人的健康水平。

练习题

一、A1 型题

1. 体循环起于（　　）。

A. 左心房　　B. 左心室　　C. 右心房

D. 右心室　　E. 主动脉

2. 心血管系统中，防止血液逆流的结构不包括（　　）。

A. 二尖瓣　　B. 三尖瓣　　C. 主动脉瓣

D. 静脉瓣　　E. 窦房结

3. 心脏自身的血液供应主要来自（　　）。

A. 肺动脉　　B. 冠状动脉　　C. 肺静脉

D. 胸主动脉　　E. 下腔静脉

4. 关于心脏瓣膜的描述，错误的是（　　）。

A. 二尖瓣位于左心房与左心室之间

B. 三尖瓣位于右心房与右心室之间

C. 主动脉瓣位于主动脉与左心室之间

D. 肺动脉瓣位于肺动脉与右心室之间

E. 瓣膜的开启和关闭主要依靠心肌收缩

5. 下列哪项不是动脉的特点（　　）。

A. 管壁厚，弹性大　　B. 血流速度快　　C. 把血液从心脏运往全身

D. 管腔内径比相应静脉大　　E. 大多分布在身体较深的部位

答案：BEBED

解析：无

二、A2 型题

1. 患者，男，50 岁，体检时发现心脏杂音，进一步检查发现二尖瓣关闭不全。关于二尖瓣的结构和功能，以下说法正确的是（　　）。

A. 二尖瓣由两个三角形帆状瓣膜组成，连接右心房和右心室

B. 二尖瓣的腱索连接瓣膜与心室壁的乳头肌，防止瓣膜翻入心房

C. 二尖瓣主要功能是在心室收缩期开放，使血液从心室流入主动脉

D. 二尖瓣关闭不全时，不会影响心脏的泵血功能

E. 二尖瓣的结构中没有瓣膜复合体参与

答案：B

解析：二尖瓣位于左心房和左心室之间，由两个三角形帆状瓣膜组成，腱索连接瓣膜与心室壁的乳头肌，在心室收缩时防止瓣膜翻入心房；二尖瓣在心室收缩期关闭，防止血液逆流回左心房，其关闭不全可影响心脏泵血功能；二尖瓣的结构包含瓣膜复合体。所以正确答案是 B。

2. 一位 68 岁女性患者，因胸痛入院，诊断为冠心病，冠状动脉造影显示左冠状动脉前

降支狭窄。左冠状动脉前降支主要营养的心脏结构不包括（　　）。

A. 左心室前壁　　B. 部分右心室前壁　　C. 室间隔前 2/3

D. 左心房　　E. 心尖部

答案：D

解析：左冠状动脉前降支主要营养左心室前壁、部分右心室前壁、室间隔前 2/3 以及心尖部，左心房主要由左冠状动脉的左旋支等分支供血，所以答案选 D。

3. 患者，男性，45 岁，因头晕、乏力就医，检查发现血压异常升高。已知动脉血压形成与心脏射血、外周阻力等因素有关，下列关于外周阻力对血压影响的描述，正确的是（　　）。

A. 外周阻力增大时，收缩压升高明显，舒张压升高不明显

B. 外周阻力增大时，主要使舒张压升高

C. 外周阻力减小时，收缩压降低，舒张压升高

D. 外周阻力对血压无明显影响

E. 外周阻力增大时，收缩压和舒张压均降低

答案：B

解析：外周阻力增大时，心舒期内血液外流的速度减慢，因而舒张压明显升高。在心缩期，动脉血压升高使得血流速度加快，因而收缩压升高不如舒张压升高明显。所以外周阻力增大主要使舒张压升高，答案是 B。

4. 一位 30 岁的运动员在进行高强度训练后，出现了短暂的呼吸困难和心悸。体检发现其心率较快，但心脏结构无明显异常。从心血管系统功能角度分析，以下哪种情况最可能导致该现象（　　）。

A. 心输出量突然增加，超过了心血管系统的调节能力

B. 心肌收缩力减弱，导致心脏泵血功能下降

C. 外周血管阻力增大，使心脏后负荷增加

D. 血液黏稠度增加，影响了血液的流动性

E. 冠状动脉血流量减少，心肌供血不足

答案：A

解析：运动员高强度训练时，心输出量突然增加，心血管系统短时间内无法完全适应，可能出现短暂的呼吸困难和心悸等症状。

5. 某患者在进行心脏手术时，医生需要对其心脏的房室瓣进行修复。已知房室瓣的主要功能是保证血液单向流动，防止血液逆流，那么在心脏的心动周期中，房室瓣关闭发生在（　　）。

A. 等容收缩期开始时　　B. 等容舒张期开始时　　C. 快速射血期开始时

D. 减慢射血期开始时　　E. 快速充盈期开始时

答案：A

解析：等容收缩期开始时，心室开始收缩，室内压升高，超过房内压，房室瓣关闭，以防止血液逆流回心房。

项目二　淋巴系统的结构和功能

学习目标

思政及素养目标

1. 引导学生尊重和关爱老年人，培养学生的同情心与同理心，如在面对淋巴系统相关疾病老人的照护中，能够给予其充分的关心与心理支持。

2. 培养学生的沟通能力，使其在未来照护工作中，能够用通俗易懂的语言解释淋巴系统疾病的相关知识，增强被照护者对疾病治疗的依从性与配合度。

知识目标

1. 掌握淋巴系统由淋巴管道、淋巴组织、淋巴器官构成，详细描述淋巴管的形态结构，准确指出它们在人体各部位的分布情况，以及不同淋巴干收纳的范围。

2. 理解淋巴系统的基本概念，解释淋巴、淋巴管、淋巴细胞等基本术语的含义，明确淋巴系统在人体中的位置和大致分布。

3. 了解淋巴系统的主要功能，阐述淋巴系统在免疫防御、物质运输等方面的主要作用，理解其对维持人体健康的重要性。

能力目标

1. 能辨认淋巴系统主要组成结构，包括各级淋巴管、淋巴结群（如颈部、腋窝、腹股沟等部位的浅表淋巴结）、脾以及胸腺等。

2. 能根据淋巴结的引流区域，分析局部感染或肿瘤时相应淋巴结肿大的原因。

3. 能分析简单的淋巴系统疾病案例。

知识导读

扫码查看思维导图。

扫一扫

赛证对接

本项目内容往往对接淋巴系统的解剖生理学相关知识，进行淋巴系统病例分析，在居家、社区和医养机构等养老场景中，根据案例情况为老年人提供专业、规范的照护服务。在老年人群体中，淋巴系统相关疾病较为常见，主要考查淋巴系统健康照护知识和技能，淋巴系统疾病健康宣教等实际照护任务。

任务一 认识淋巴管道

案例导入

张奶奶，82 岁，入住养老机构 2 年。既往有高血压、高血脂病史，长期服药控制。近期，张奶奶出现食欲不振、腹部胀满、下肢轻度水肿等症状，且精神状态不佳，活动耐力明显下降。经过详细检查，被诊断为淋巴导管阻塞，导致淋巴液回流受阻。

任务描述

1. 照护员帮助解释张奶奶出现食欲差和下肢水肿的原因。
2. 照护员帮助张奶奶制定个性化的饮食方案。
3. 照护员帮助张奶奶进行水肿的护理，促进淋巴回流。

知识殿堂

扫码查看课件。

扫一扫

淋巴系统由淋巴管道、淋巴器官和淋巴组织组成。血液经动脉运行到毛细血管动脉端时，水及营养物质经过毛细血管壁滤出，进入组织间隙，形成组织液。组织液与细胞进行物质交换后，大部分经毛细血管静脉端被吸收入静脉，小部分渗入毛细淋巴管后成为淋巴。淋巴为无色透明的液体，但小肠的淋巴因含有自小肠绒毛吸收来的脂肪滴，所以呈乳糜状。淋巴沿淋巴管向心流动，途中经过若干淋巴结的过滤，最后汇入静脉。因此，淋巴系统可被视为静脉的辅助结构，而且淋巴器官和淋巴组织还具有产生淋巴细胞、过滤淋巴和参与免疫反应等功能（图 4–2–1）。

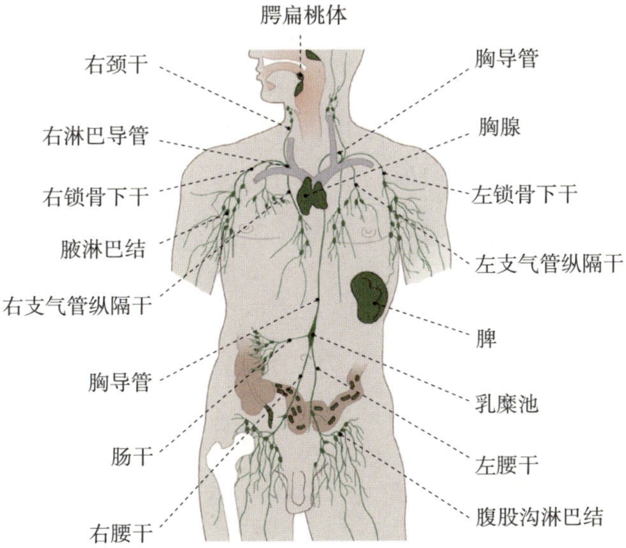

图 4–2–1　淋巴系统概观

一、淋巴管道

淋巴管道包括毛细淋巴管、淋巴管、淋巴干、淋巴导管。

（一）毛细淋巴管

毛细淋巴管是淋巴管道的起始部分。其以膨大的盲端起始于组织间隙，彼此吻合成网。毛细淋巴管分布广泛，人体内除中枢神经系、角膜、牙釉质、软骨、骨髓、上皮等处外，几乎遍布全身。毛细淋巴管常与毛细血管伴行，但管径一般较毛细血管粗，管壁薄，仅由一层不连续的内皮构成，内皮连接疏松、间隙较大，无基膜，其通透性大于毛细血管，一些大分子物质如蛋白质、细菌、癌细胞等较易进入毛细淋巴管。

（二）淋巴管

淋巴管由毛细淋巴管汇合而成，其管壁结构与静脉相似，管壁较薄，管腔较细，多数腔内有瓣膜，故外观呈串珠状。淋巴管在向心的行程中，通常经过一个或多个淋巴结。依据淋巴管所在的位置分为浅、深两种。浅淋巴管位于皮下，深淋巴管多与深部血管、神经伴行。

（三）淋巴干

全身各部的浅、深淋巴管经过一系列的淋巴结群后，其最后一群淋巴结的输出管汇合成较大的淋巴干。全身淋巴干共 9 条，即左、右颈干；左、右锁骨下干；左、右支气管纵隔干；左、右腰干和一条肠干。

（四）淋巴导管

全身 9 条淋巴干分别汇合成 2 条淋巴导管，即**胸导管**和**右淋巴导管**，分别注入左、右静脉角。

1. 胸导管

是人体内最大的淋巴导管，长 30 ~ 40 cm，起于第 1 腰椎体前方的乳糜池，乳糜池为胸导管起始处的膨大部，由左右腰干和肠干汇合而成。胸导管起始后穿膈的主动脉裂孔入胸腔，在食管的后方，沿脊柱右前方上行，转向左侧，出胸廓上口达左颈根部，呈弓状向前下弯曲注入左静脉角。注入静脉角前，接纳左颈干、左锁骨下干和左支气管纵隔干。胸导管通过上述 6 条淋巴干收集左侧上半身和人体下半身的淋巴，即人体 3/4 的淋巴。

2. 右淋巴导管

为一短干，长约 1.5 cm。由右颈干、右锁骨下干和右支气管纵隔干汇合而成，注入右静脉角。右淋巴导管收集右侧上半的淋巴，即人体 1/4 的淋巴。

点燃思考

胸导管收集淋巴的范围有哪些?

任务二　认识淋巴器官

案例导入

王奶奶，78 岁，因乳腺癌手术清扫腋窝淋巴结后，出现了患侧上肢淋巴水肿，手臂肿胀、疼痛，活动受限，日常生活受到较大影响。

任务描述

1. 照护员帮助解释淋巴水肿形成的原因。
2. 照护员帮助王奶奶进行上肢的淋巴引流按摩。
3. 照护员指导王奶奶进行适当的康复锻炼。

知识殿堂

扫码查看课件。

扫一扫

淋巴器官是以淋巴组织为主要成分构成的器官，具有免疫功能，又称免疫器官，包括淋巴结、脾、胸腺和扁桃体等。

一、淋巴结

淋巴结为大小不一的灰红色小体，质软，圆形或椭圆形，一侧较凸，有输入淋巴管进入；另一侧微凹，凹陷中央称淋巴结门，有血管、神经和输出淋巴管走行。淋巴结的主要功能是滤过淋巴、产生淋巴细胞和进行免疫应答（图 4–2–2）。

（一）淋巴结的微细结构

淋巴结表面覆盖有结缔组织构成的被膜，被膜向实质内伸出许多条索状的小梁。淋巴结实质可分为皮质、髓质和淋巴窦 3 部分。

（二）淋巴结的功能

1. 滤过淋巴

抗原物质、病菌较容易透过毛细淋巴管进入淋巴循环。当淋巴流经淋巴窦时，其内的巨噬细胞可将抗原物质、病菌等及时吞噬加以清除，起到过滤淋巴的作用。

2. 参与免疫应答

病菌等抗原物质进入淋巴结后，被巨噬细胞捕获和处理。处理后的抗原物质分别激活 B 淋巴细胞和 T 淋巴细胞，前者经转化、增殖发育为浆细胞，产生抗体，参与体液免疫应答。后者经分裂、增生形成效应性 T 细胞，参与细胞免疫应答。

（三）淋巴结群

人体内淋巴结多沿血管成群分布于较隐蔽的部位，并接受一定器官或部位的淋巴。因此，炎症和肿瘤可引起相应淋巴结群的肿大或疼痛。了解淋巴结的位置和引流途径，对疾病的诊断和治疗具有重要的意义。

1. 头颈部的淋巴结群

（1）乳突淋巴结　位于耳郭后方，收集耳后部及颅顶部的淋巴，其输出管注入颈外侧浅淋巴结。

（2）下颌下淋巴结　位于下颌下腺附近，收集面部和口腔的淋巴，其输出管注入颈外侧浅淋巴结及颈外侧深淋巴结。

（3）颈外侧浅淋巴结　位于胸锁乳突肌的浅面，沿颈外静脉排列，收集耳后、枕部和颈浅部的淋巴，其输出管注入颈外侧深淋巴结。

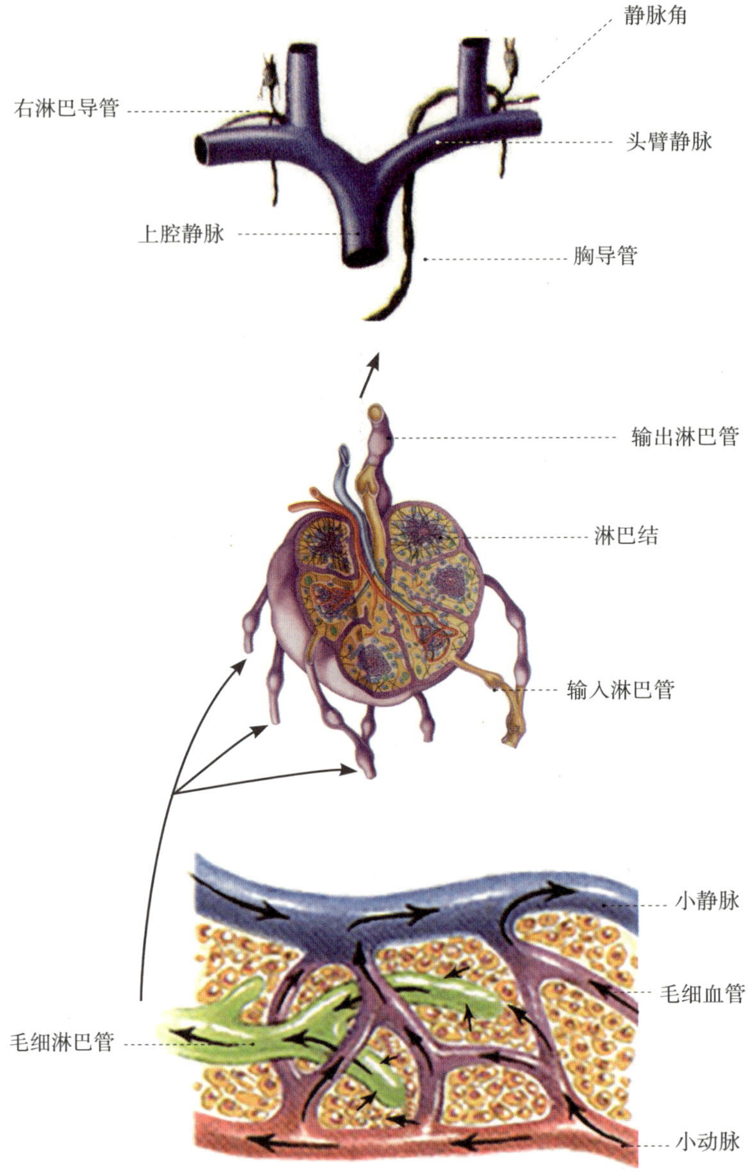

图 4-2-2　淋巴回流与淋巴结的形态

（4）颈外侧深淋巴结　沿颈内静脉排列，其近颈根部的淋巴结，沿锁骨下血管排列的称锁骨上淋巴结。颈外侧深淋巴结直接或间接收集头颈部浅、深各群淋巴结的输出管以及胸壁上部等处的淋巴，其输出管合成颈干。右侧注入右淋巴导管，左侧注入胸导管。颈干注入淋巴导管处，常无瓣膜。故胃癌或食管癌患者的癌细胞可经胸导管逆流入左颈干转移至左锁骨上淋巴结，导致其肿大。

2. 上肢的淋巴结群

（1）肘淋巴结　位于肱骨内上髁的上方，有 1 ~ 2 个，其输出管注入腋淋巴结。

（2）腋淋巴结　位于腋窝，数目较多。收集上肢、胸前外侧壁、乳房和肩背部的淋巴，其输出管组成锁骨下干。右侧注入右淋巴导管，左侧注入胸导管。乳腺癌常向此群淋巴结转移（图 4-2-3）。

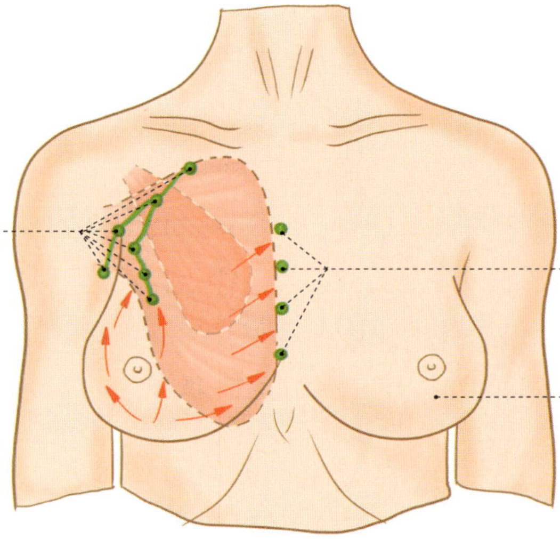

图 4-2-3　乳房淋巴回流

点燃思考

乳腺癌腋窝淋巴结转移的途径?

3. 胸部的淋巴结群

（1）胸壁的淋巴结　沿胸廓内动脉排列。收集胸前壁、腹前壁上部、乳房内侧等处的淋巴，其输出管注入支气管纵隔干。

（2）胸腔脏器的淋巴结群　主要有位于肺门的支气管肺门淋巴结。其输出管注入气管叉周围的气管支气管淋巴结。该淋巴结的输出管注入气管周围的气管旁淋巴结。气管旁淋巴结的输出管与纵隔前淋巴结的输出管汇合成左、右支气管纵隔干，分别注入胸导管和右淋巴导管。

4. 腹部的淋巴结群

（1）腹壁及腹腔内成对脏器的淋巴结　腹前壁浅、深淋巴，以脐平面为界分别向上、下注入腋淋巴结和腹股沟浅淋巴结等。腹后壁的淋巴注入腰淋巴结。腰淋巴结还接受腹腔内成对脏器的淋巴，以及髂总淋巴结的输出管。腰淋巴结的输出管形成左、右腰干，注入乳糜池。

（2）腹腔内不成对脏器的淋巴结　数目较多，但多沿腹腔干，肠系膜上、下动脉及其分支排列，组成同名淋巴结群，并引流该动脉供应区的淋巴。腹腔干淋巴结、肠系膜上淋巴结、肠系膜下淋巴结。三者的输出管共同汇合成为一条肠干，注入乳糜池。

5. 盆部的淋巴结群

盆部的淋巴结沿髂内、外动脉及髂总动脉排列，分别称髂内淋巴结、髂外淋巴结、髂总淋巴结。收集同名动脉分布区的淋巴，最后经髂总淋巴结的输出管注入腰淋巴结。

6. 下肢的淋巴结群

下肢的淋巴结主要有腹股沟浅淋巴结和腹股沟深淋巴结。

（1）腹股沟浅淋巴结　位于腹股沟韧带及大隐静脉上端周围，收集腹前壁下部、臀部、会阴、外生殖器及下肢大部分浅淋巴管，其输出管注入腹股沟深淋巴结。

（2）腹股沟深淋巴结　位于股静脉根部周围。收集腹股沟浅淋巴结的输出管及下肢深淋巴管，以及从足外侧缘和小腿后外侧浅层结构回流的淋巴，其输出管注入髂外淋巴结。

二、脾

（一）脾的位置和形态

脾是人体最大的淋巴器官。位于左季肋区，与第 9 ～ 11 肋相对，其长轴与第 10 肋一致。脾为暗红色，扁椭圆形，质软而脆，遭受暴力打击时，易发生破裂。脾可分为内、外两面和上、下两缘。外侧面平滑隆凸，与膈相贴。内侧面凹陷，近中央处为脾门，是血管、神经出入的部位。脾的上缘有 2 ～ 3 个脾切迹，脾肿大时，是触诊脾的标志（图 4-2-4）。

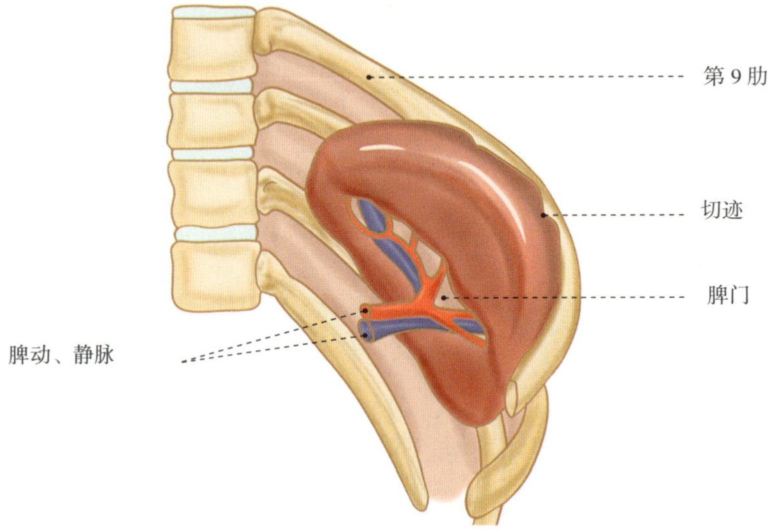

图 4-2-4　脾的形态和位置

（二）脾的微细结构

脾的表面有腹膜包被，被膜下致密结缔组织较厚，内含少量的平滑肌纤维。结缔组织和平滑肌纤维深入脾内形成小梁，小梁及其分支互相连接成网，形成脾的支架。脾的实质由淋巴组织构成，分为白髓和红髓两部分（图 4-2-5）。

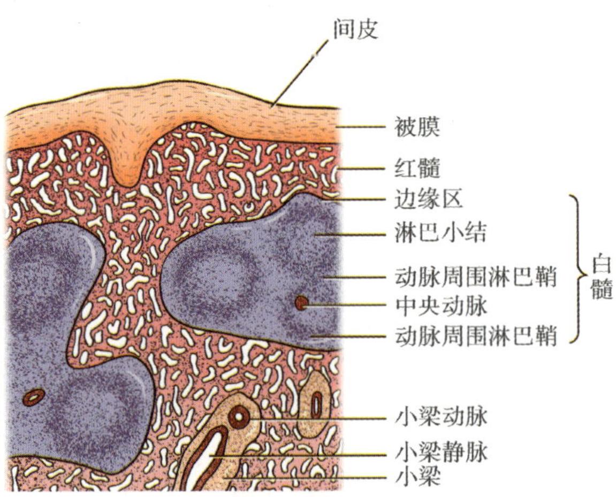

图 4-2-5　脾的微细结构

1. 白髓

由密集的淋巴细胞组成，包括动脉周围淋巴鞘和淋巴小结。

（1）动脉周围淋巴鞘　为弥散淋巴组织，有中央动脉穿行其中，主要含 T 淋巴细胞。

（2）淋巴小结　位于动脉周围淋巴鞘的一侧，结构与淋巴结相似，主要由 B 淋巴细胞组成。

2. 红髓

占脾实质的大部分，由脾索及脾窦组成。因含大量红细胞而呈红色。分布于被膜下、小梁周围和白髓之间。

（1）脾索　为富含血细胞的淋巴组织索。脾索相互连接成网。脾索内有 B 淋巴细胞、浆细胞和巨噬细胞。巨噬细胞可吞噬细菌、异物、衰老的红细胞和血小板等。故脾索是滤过血液和产生抗体的部位。

（2）脾窦　是位于脾索之间的不规则的血窦。窦壁由内皮细胞和不连续的基膜构成。窦壁附近有较多的巨噬细胞。

（三）脾的功能

1. 滤血

当血液流经脾时，脾窦内、外的巨噬细胞可吞噬和清除血液中的细菌、异物、衰老死亡的红细胞和血小板。当脾肿大或功能亢进时，可因吞噬过度而引起红细胞和血小板减少。

2. 造血

脾在胚胎时期能产生各种血细胞，出生后脾只能产生淋巴细胞，但保留着产生多种血细胞的能力。

3. 储血

脾是重要的储血器官。当机体需要时，可借被膜内平滑肌的收缩，将所储存的血液释放入血液循环。

4. 参与免疫应答

受抗原刺激时，可引起脾内 T、B 两种淋巴细胞产生相应的免疫应答。脾是体内产生抗体最多的器官。

三、胸腺

（一）胸腺位置和形态

胸腺位于前纵隔上部，胸骨柄的后方。分为左、右不对称的两叶，灰红色，质软。新生儿及幼儿时期胸腺较大，随着年龄的增长胸腺继续发育，至青春期重达 25 ~ 40 g，此后逐渐萎缩退化被脂肪组织代替。

（二）胸腺的微细结构

胸腺表面有结缔组织形成的被膜，被膜的结缔组织随同神经血管深入胸腺内，将其分隔成许多不完整的胸腺小叶。每个胸腺小叶可分为表浅部的皮质和深部的髓质。胸腺皮质的淋巴细胞密集，髓质的淋巴细胞较少。皮质和髓质内的淋巴细胞均为 T 淋巴细胞。

（三）胸腺的功能

胸腺是淋巴器官，兼有内分泌功能。可产生T淋巴细胞并分泌胸腺激素。T淋巴细胞随血液循环离开胸腺，输送到全身淋巴结和脾内。胸腺激素可影响T淋巴细胞的分化、成熟和增殖，使无免疫功能的T淋巴细胞变为有免疫功能的T淋巴细胞。

四、淋巴循环的生理意义

淋巴循环对人体的生理功能及免疫功能等都具有重要的意义。

1. 调节体液平衡

生成的组织液中约有10%经淋巴系统回流，辅助静脉回收过多的组织液，用于再循环。

2. 回收蛋白质

淋巴液可将组织液中的蛋白质分子、不能被毛细血管重吸收的大分子以及组织中的红细胞等带回到血液中，从而维持血浆蛋白的正常浓度。

3. 运输脂肪及其他营养物质

淋巴系统也是机体吸收营养物质的主要途径之一，由肠道吸收的脂肪80% ~ 90%经由这一途径被输送入血，因此来自小肠的淋巴液呈乳糜状。

4. 防御和屏障作用

淋巴液在回流途中经过淋巴结时，淋巴结中的吞噬细胞能清除淋巴液中的红细胞、细菌和其他异物。此外，淋巴结还能产生淋巴细胞，参与机体免疫反应。

拓展阅读

淋巴系统：遍布全身的“隐形卫士”

淋巴系统是人体重要的防御系统，像遍布全身的“隐形卫士”，默默守护健康。它能过滤淋巴液，识别和清除细菌、病毒等病原体，同时参与脂肪的吸收和运输，维持身体的液体平衡。比如肠道吸收的脂肪，很多都是通过淋巴系统进入血液循环。常见疾病像淋巴结肿大，可能是身体遭受感染，免疫系统正在奋起抵抗；还有淋巴癌，是淋巴组织的恶性肿瘤，严重威胁健康。大家要关注自身健康，发现异常及时就医。

练习题

一、A1型题

1. 下列关于淋巴系统组成的描述，正确的是（　　）。

A. 由淋巴管和淋巴组织组成

B. 由淋巴管、淋巴器官和淋巴组织组成

C. 由淋巴管和淋巴器官组成

D. 由淋巴结和淋巴组织组成

E. 由淋巴结和淋巴器官组成

2. 人体最大的淋巴器官是（　　）。

A. 胸腺　　　　B. 脾　　　　C. 扁桃体

D. 淋巴结　　E. 骨髓

3. 不属于淋巴器官的是（　　）。

A. 胸腺　　B. 肝　　C. 脾

D. 扁桃体　　E. 淋巴结

4. 关于胸导管的描述，错误的是（　　）。

A. 是全身最大的淋巴管　　B. 起自乳糜池　　C. 注入右静脉角

D. 收集下半身及左上半身的淋巴　　E. 经主动脉裂孔入胸腔

5. 能产生淋巴细胞的淋巴器官是（　　）。

A. 脾　　B. 胸腺　　C. 扁桃体

D. 以上均是　　E. 以上均不是

答案：BBBCD

解析：无

二、A2 型题

1. 某患者因乳腺癌行手术治疗，术后病理报告显示淋巴结有转移，乳腺癌细胞最可能首先转移到的淋巴结群是（　　）。

A. 腋窝淋巴结　　B. 支气管肺门淋巴结　　C. 气管旁淋巴结

D. 颈部淋巴结　　E. 肩胛下淋巴结

答案：A

解析：乳腺外侧象限的淋巴液大部分首先引流至腋窝外侧淋巴结，是乳腺癌最常见的转移起始部位，所以选 A。

2. 女性，28 岁，近期发现右侧腋窝有一花生米大小的淋巴结肿大，有轻微压痛，表面光滑，活动度尚可。询问病史得知 1 周前右手食指曾被刺伤并感染。该淋巴结肿大最可能的原因是（　　）。

A. 乳腺癌转移　　B. 淋巴瘤　　C. 淋巴结结核

D. 反应性淋巴结增生　　E. 淋巴肉瘤

答案：D

解析：患者有右手食指感染病史，因局部感染引起的淋巴结肿大，多为反应性淋巴结增生；无乳腺病变，不考虑乳腺癌转移；无淋巴瘤、淋巴肉瘤的全身表现；无结核中毒症状，不考虑淋巴结结核，所以选 D。

3. 一位 60 岁男性，体检时发现左侧锁骨上淋巴结肿大，质地坚硬，无压痛。进一步检查发现胃部有占位性病变。该锁骨上淋巴结肿大最可能是（　　）。

A. 炎症所致　　B. 淋巴瘤　　C. 淋巴结结核

D. 胃癌转移　　E. 正常变异

答案：D

解析：患者有胃部占位，左侧锁骨上淋巴结质地坚硬，无压痛，符合恶性肿瘤转移特点，胃癌常转移至左侧锁骨上淋巴结，所以选 D。无炎症表现，排除炎症所致；无淋巴瘤其他表现；无结核中毒症状，排除淋巴结核；正常变异一般不会出现质地坚硬淋巴结，排除正常变异。

4. 一名 15 岁少年，因颈部淋巴结肿大就诊。医生检查发现其双侧颈部多个淋巴结肿大，大小不等，部分融合，质地中等，无压痛。少年自述近期无明显不适，无发热、咳嗽等症状。该患者最可能的诊断是（　　）。

A. 急性淋巴结炎　　B. 慢性淋巴结炎　　C. 淋巴瘤

D. 淋巴结结核　　E. 颈部良性肿瘤

答案：C

解析：患者多个淋巴结肿大、部分融合、质地中等、无压痛且无感染症状，符合淋巴瘤表现。急性淋巴结炎有红、肿、热、痛等炎症表现；慢性淋巴结炎一般有反复感染病史；无低热、盗汗等结核中毒症状，不考虑淋巴结结核；颈部良性肿瘤多为单个肿块，而非多个淋巴结肿大。所以选 C。

5. 王先生，45 岁，体检时发现纵隔淋巴结肿大，无咳嗽、咳痰、发热等不适症状。胸部 CT 检查显示肺部无明显异常，其他检查也未发现明显异常。为明确淋巴结肿大原因，下一步最适宜的检查是（　　）。

A. 血常规　　B. 结核菌素试验　　C. 淋巴结穿刺活检

D. 肿瘤标志物检测　　E. 支气管镜检查

答案：C

解析：患者无症状纵隔淋巴结肿大，肺部无异常，需明确淋巴结性质，淋巴结穿刺活检可直接获取病理，明确病因。血常规、结核菌素试验、肿瘤标志物检测对诊断有一定提示作用，但不能确诊；支气管镜检查主要针对气管、支气管病变，对纵隔淋巴结诊断意义不大。所以选 C。

模块五
感觉、神经和内分泌系统

项目一　感觉器的结构和功能

学习目标

思政及素养目标

1. 通过学习感觉器的结构与功能，培养对人体结构与功能统一性的认识，增强对健康的重视。

2. 培养严谨的科学态度和实事求是的学习作风，注重理论联系实际。

知识目标

1. 掌握眼球壁的层次及眼球内容物、折光装置，房水的形成及循环途径，内耳感受器的名称及功能。

2. 理解骨迷路、膜迷路的组成，结膜的分部，螺旋器的结构与功能。

3. 了解视网膜的结构特点，眼的折光功能，皮肤的结构，感觉器的衰老变化。

能力目标

1. 能在人体解剖标本、模型上准确辨认感觉器各部位的形态、位置，并指出其关键结构和特征。

2. 能应用眼的折光异常解剖生理机制如近视、老花眼等。

3. 能充分利用所学的知识进行健康教育，指导病人合理用眼、保护听力。

知识导读

扫码查看思维导图。

扫一扫

赛证对接

本项目内容主要对接感觉器官的解剖生理知识，通过案例分析，围绕老年人感觉功能衰退的特点，以白内障、青光眼、老年性耳聋／耳鸣等疾病患者的实际照护任务形式考查。

感觉器官由感受器和附属器两部分构成。

感受器是感觉器官的主要结构，能接受体内外的各种刺激，并将其转化为神经冲动，经感觉神经传入中枢神经内产生感觉和反射活动。

附属器是感觉器官的辅助结构，对感受器起到支持、保护、营养和参与功能活动等作用。

在人体内，感觉器官的形态、结构、功能各有差异，且数量众多。在本章内重点介绍视器、前庭蜗器和皮肤。

任务一　认识视器

案例导入

李奶奶，75 岁。近几个月来，感觉看东西越来越模糊，尤其是在光线较暗的环境下更为明显。同时，发现自己看东西时颜色似乎也没有以前那么鲜艳了，阅读报纸上的小字变得十分困难。日常出门散步时，对障碍物的判断也不如从前准确，导致几次险些摔倒。家人不放心，带李奶奶去医院眼科进行检查，眼部超声检查显示晶状体混浊程度增加，眼底血管有硬化迹象，黄斑区色素紊乱。

任务描述

1. 照护员向李奶奶解释眼部超声报告单中晶状体、眼底血管以及黄斑区在眼睛中的大致位置。

2. 照护员帮助分析李奶奶出现视物模糊、颜色感知变化、对障碍物判断失误等症状的原因，并制定针对性的照护措施。

知识殿堂

扫一扫

扫码查看课件。

视器，即眼，由眼球和眼副器构成。眼的功能是接受光线的刺激，并将刺激转换为神经冲动，经视觉传导通路传到大脑皮层的视觉中枢，产生视觉。

一、眼球

（一）眼球的位置

眼球近似球形，位于眼眶的前部，是视器的主要部分。眼球周围附有眼副器，前面有眼睑保护，向后借视神经连于间脑的视交叉。

（二）眼球的结构

眼球由眼球壁及其内容物构成（图 5-1-1）。

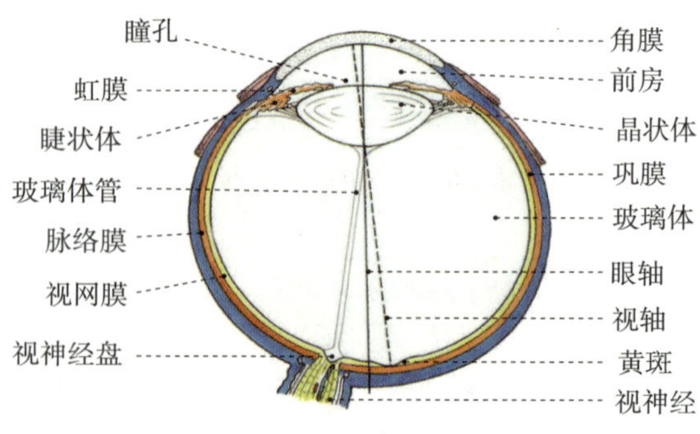

图 5-1-1　眼球的结构

1. 眼球壁

眼球壁由三层被膜构成，从外向内依次为纤维膜、血管膜、视网膜。

（1）纤维膜　纤维膜是眼球壁的最外层，由坚韧的纤维结缔组织构成，对眼球内容物有支持和保护作用，并维持眼球形态。由前向后分为角膜和巩膜两部分。

①角膜：占纤维膜的前 1/6，无色透明，富有弹性，无血管、淋巴管，含有丰富的感觉神经末梢，故感觉敏锐。角膜的曲度较大，具有屈光作用。

②巩膜：占纤维膜的后 5/6，由致密结缔组织构成，乳白色不透明，厚而坚韧。巩膜前接角膜，后方与视神经的硬膜鞘相延续。在巩膜与角膜移行处的深部有一环形的**巩膜静脉窦**，为房水循环的流出通道。

（2）血管膜　血管膜为眼球壁中层，富含血管和色素细胞，呈棕黑色，自前向后分为虹膜、睫状体、脉络膜 3 部分（图 5–1–2）。

①虹膜：位于血管膜的最前部，呈冠状位的圆盘状薄膜（图 5–1–2），虹膜的颜色取决于色素的含量，有种族差异。虹膜中央有圆形的**瞳孔**，光线经瞳孔进入眼内部。虹膜内有 2 种不同方向排列的平滑肌：一种呈环形，环绕在瞳孔周缘，收缩时使瞳孔缩小，称**瞳孔括约肌**；另一种呈放射状排列，收缩时使瞳孔扩大，称**瞳孔开大肌**。瞳孔开大与缩小可调节进入眼球内光线的多少。

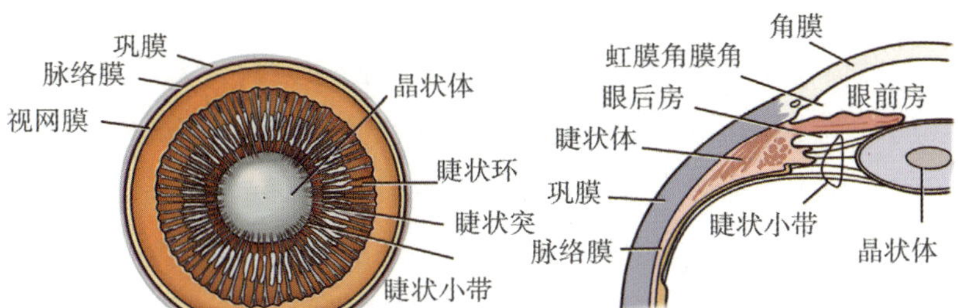

图 5–1–2　眼球前半部后面观及虹膜角膜角

②睫状体：位于巩膜与角膜移行部的内面，是血管膜最肥厚的部分。其后部较为平坦，为睫状环，前部有向内突出呈放射状排列的皱襞，称睫状突，睫状突向内发出睫状小带连于晶状体周缘。睫状体内含睫状肌，睫状肌的收缩或舒张可以牵动睫状小带从而调节晶状体曲度。此外睫状体还有产生房水的作用。

③脉络膜：位于巩膜的内面，为血管膜的后 2/3 部分，富含血管及色素。外面与巩膜疏松相连，内面紧贴视网膜，前方与睫状体相延续，后部有视神经穿过。脉络膜可营养眼球内组织并吸收分散光线，避免视觉的干扰。

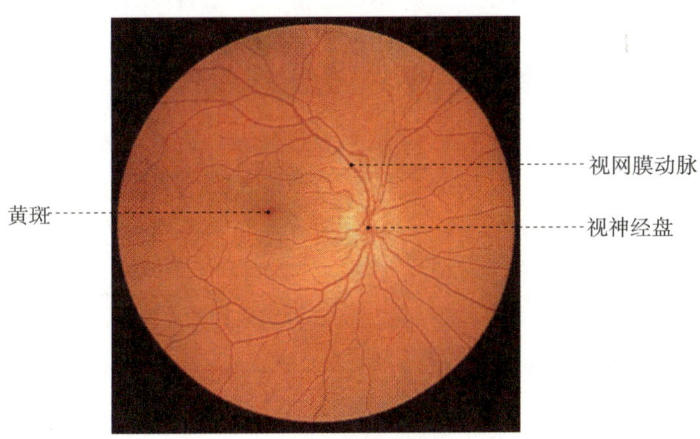

图 5–1–3　眼底镜像

（3）视网膜　视网膜位于眼球壁的最内层，血管膜的内面，自前向后分为 3 部分，即虹膜部、睫状体部、脉络膜部（图 5–1–1）。虹膜部和睫状体部分别贴附于虹膜和睫状体的内面，无感光作用，故称为视网膜盲部。脉络膜部贴附于脉络膜内面，此处有感光作用，又称为视网膜视部。

视网膜的后部有一圆盘状白色隆起，称**视神经盘**，又称视神经乳头，为视神经的起始处，其中央有视神经和视网膜中央动、静脉穿过，此处无感光细胞，故称生理性盲点。在视神经盘的颞侧稍偏下方约 3.5 mm 处，有一黄色小区，称**黄斑**，其中央凹陷部称中央凹（图 5–1–3），无血管，为感光最敏锐的部位。

2. 眼球的内容物

眼球内容物包括房水、晶状体和玻璃体（图 5–1–1）。这些结构透明、无血管，具有屈光作用。与角膜合称为眼的屈光系统。

（1）房水　房水为充填于眼房内的无色透明液体。眼房为角膜和晶状体之间的腔隙，以虹膜为界分为前房和后房，二者借瞳孔相通，在前房周边，虹膜与角膜交界处的环形区域，称**虹膜角膜角**，也称前房角。

房水由睫状体产生，先进入眼后房，经瞳孔至眼前房，后经虹膜角膜角（前房角）进入巩膜静脉窦，最后汇入眼上、下静脉。房水具有屈光作用，还可以为角膜和晶状体提供营养并维持正常的眼内压。

（2）晶状体　晶状体位于虹膜和玻璃体之间，呈双凸透镜状，无色透明、富有弹性、不含血管和神经。晶状体周缘借睫状小带与睫状体相连，晶状体表面包被薄膜，称为晶状体囊。晶状体本身无色透明，若因疾病或创伤而变混浊，称白内障。

（3）玻璃体　玻璃体是填充于晶状体与视网膜之间的无色透明的胶状物质，约占眼球内腔的后 4/5。除有屈光作用外，还有维持眼球形状、支撑视网膜的作用。

拓展阅读

关爱老人，击退白内障“阴霾”

在老年人常见的眼部疾病中，白内障十分普遍。

白内障发病初期，患者主要表现为渐进性、无痛性视力下降，常感觉视物模糊，就如同透过一层薄纱视物，医学上称为“轻度视力减退伴朦胧感”；随着病情进展，患者视力进一步下降，同时出现色觉改变，色彩分辨能力减弱；当白内障发展至晚期，患者视力严重受损，日常生活受到极大影响，如行走时难以准确判断路况，阅读时无法清晰识别文字，医学上称之为“重度视力障碍致生活功能受限”。

治疗白内障，手术是最有效的方法。当视力下降明显，影响到正常生活，且身体状况允许，就可考虑手术。手术时，医生将混浊的晶状体取出，换上人工晶体，让眼睛重获清晰视力。

点燃思考

青光眼和白内障发病部位是一致的吗?

二、眼副器

眼副器包括眼睑、结膜、泪器、眼球外肌、眶内结缔组织等结构，对眼球起保护、运动、支持作用。

（一）眼睑

眼睑俗称眼皮，遮盖在眼球的前方，对眼球起保护作用。可分为上、下眼睑，二者之间的裂隙称睑裂，能开大、闭合。

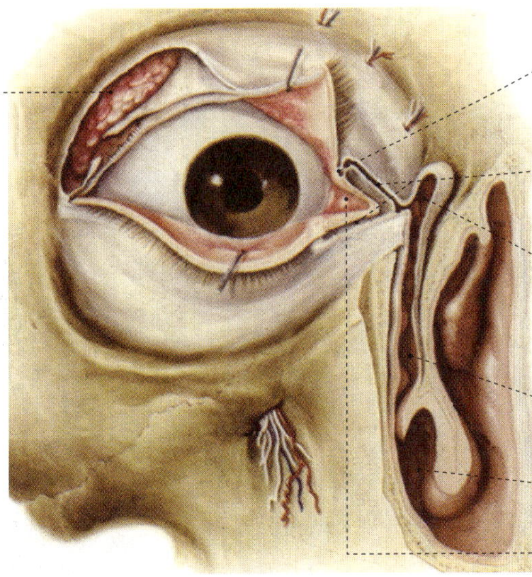

图 5–1–4　泪器

睑裂的内侧角位于鼻根的外侧，称内眦；外侧角邻近额弓的前方，称外眦。眼睑的前缘游离生长有睫毛。上下睑缘在近内眦处各有一针尖样小孔，称泪点，为上、下泪小管的开口（图 5–1–4）。眼睑的结构由表及里依次是：皮肤、皮下组织、肌层、睑板和睑结膜。眼睑的皮肤较薄，易出现皱褶。皮下组织疏松，易发生水肿。肌层主要为眼轮匝肌和上睑提肌，分别能闭合和开大睑裂，产生闭眼和睁眼运动。睑板为致密结缔组织，在睑板内有睑板腺，其分泌物可润滑睑缘、防止眼睑边缘粘连和泪液外流。睑结膜位于眼睑的最内层，与睑板连接紧密，不能移动，并在睑缘处与皮肤相连续。

（二）结膜

结膜是一层透明的薄膜，富含血管和神经末梢，贴附于眼球前面及上下眼睑内面。按所在部位可分为 3 部：

（1）睑结膜　衬覆于上、下眼睑的内面，与睑板结合紧密。

（2）球结膜　覆盖在眼球前面、近角膜缘处移行为角膜上皮。

（3）结膜穹隆　为睑结膜与球结膜移行处，分为结膜上穹和结膜下穹。当睑裂闭合时，整个结膜围成一个腔隙，称结膜囊。结膜部位常见疾病为结膜炎和沙眼等。

（三）泪器

泪器由泪腺和泪道组成（图 5–1–4）。

1. 泪腺

是产生泪液的腺体，位于眼眶外上方的内面，属浆液腺。其排泄管开口于结膜上穹的外侧部。产生的泪液有湿润角膜、冲洗异物等作用。

2. 泪道

是排出泪液的管道，位于内眦处。可分为泪小管、泪囊和鼻泪管三部分。

泪小管有上、下之分，分别位于上，下眼睑的内眦处，通过泪点与结膜囊相通。泪囊是囊状膨大，与泪小管相连，位于眶内侧壁的泪囊窝内。鼻泪管是泪囊下端与鼻腔相通的管道，开口于下鼻道。

泪腺产生的泪液排入结膜囊内，除被利用的之外，可经泪点进入上、下泪小管，流入泪囊，经鼻泪管进入鼻腔而排出，也可经睑缘流出。

（四）眼球外肌

眼球外肌（图 5-1-5）为视器的运动装置。包括运动眼球的肌和运动眼睑的肌，均为骨骼肌。

眼球外肌共有 7 块，配布在眼球周围。它们起于视神经孔周围，向前走行，分别止于眼球和上眼睑。其中 1 块是上提上眼睑的上睑提肌，其余 6 块是运动眼球的，它们分别是：使眼球转向上内的上直肌，使眼球转向下内的下直肌，使眼球转向下外的上斜肌，使眼球转向上外的下斜肌，使眼球转向内侧的内直肌，使眼球转向外侧的外直肌。6 块肌协同作用，使眼球转动灵活、随意。

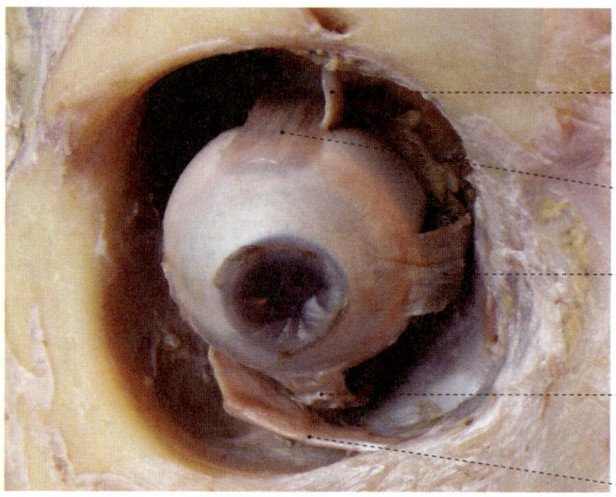

图 5-1-5　眼外肌

（五）眼的血管

1. 眼的动脉

眼球和眼副器等部位的血液供应主要来自眼动脉。眼动脉起自颈内动脉，在视神经的下方经视神经管入眶，发出分支营养眼球、眼球外肌、泪腺和眼睑等。其中最主要的分支为视网膜中央动脉。该动脉在眼球后方穿入视神经内，行至视神经盘中央分为上、下 2 支，进而再分成视网膜鼻侧上、下和视网膜颞侧上、下 4 支小动脉，分布至视网膜鼻侧上、鼻侧下、颞侧上和颞侧下 4 个区域。

2. 眼的静脉

眼的静脉血由眼静脉收集。眼静脉在眶内向后入颅腔与海绵窦相通。其中，视网膜的静脉血由视网膜中央静脉收集，该静脉由视网膜鼻侧、颞侧上、下静脉汇集而成，与视网膜中央动脉伴行，穿过眼球壁注入眼静脉。

三、视觉

（一）眼的折光功能

1. 眼的调节

（1）晶状体的调节　视远物时，睫状肌松弛，悬韧带牵拉晶状体使其扁平；视近物时，可反射性引起睫状肌收缩，导致悬韧带松弛，晶状体因其自身的弹性而变凸，因而折光能力增强，使物像前移，正好落在视网膜上，形成清晰的物像。

晶状体的调节能力主要取决于晶状体的弹性。由于年龄的原因造成晶状体的弹性下降，导致视近物不清楚，这种现象称为**老视**，即通常所说的老花眼。

（2）瞳孔的调节　当视近物时，可反射性引起双眼瞳孔缩小，称为瞳孔近反射。

当不同强度的光线照射眼时，瞳孔的大小可随光线的强弱而改变。当光线强时，瞳孔会缩小；当光线弱时，瞳孔会变大。瞳孔这种随着光照强弱而改变大小的现象称为瞳孔的对光反射。瞳孔对光反射的中枢在中脑，反应灵敏，便于检查。

2. 眼的折光异常

（1）近视　近视是由于眼球的前后径过长或折光系统的折光能力过强，导致远处物体发出的平行光线被聚焦在视网膜的前方，引起的视物模糊不清。

（2）远视　远视多数是由于眼球前后径过短或折光系统折光能力太弱引起的。来自远物的平行光线聚焦在视网膜后方，引起视物模糊。

（3）散光　散光主要是由于角膜表面不同经线上的曲率不等，导致通过角膜射入眼内的光线无法在视网膜上形成焦点，导致视物不清。

（三）与视觉有关的几种生理现象

1. 视力

视力也称视敏度，是指眼对物体细微结构的分辨能力。视力的好坏通常以视角的大小作为衡量标准。**视角**是指物体上两个点发出的光线进入眼后通过节点所形成的夹角。受试者能分辨的视角越小，表明其视力越好；反之，视角越大，则表明视力越差。

2. 视野

单眼固定注视前方一点时，该眼所能看到的范围，称为**视野**。同一光照条件下，用不同颜色目标物测得的视野大小不一，白色视野最大，其次为黄蓝色，再次为红色，绿色视野最小。

3. 暗适应与明适应

当人从明亮的环境中突然进入暗处时，最初视物不清，经过一段时间后，视觉敏感度才逐渐提高，逐渐能看见暗处的物体，这种现象称为暗适应。相反，当人长时间在暗处忽然进入明亮处时，最初只感到一片耀眼的光亮，看不清物体，稍待片刻后才能恢复视觉，这种现象称为明适应。

任务二 认识前庭蜗器

案例导入

张爷爷，72 岁。最近一段时间，他总感觉耳朵里嗡嗡响，尤其是在安静的环境中。日常与人交流时，张爷爷发现自己越来越听不清对方说话，常常需要别人重复好几遍。看电视时，音量也得调得比以前大很多。在楼道里行走时，他对脚步声、开门声等周围环境声音的察觉变得迟钝，有时甚至差点撞到突然打开的门。家人担心张爷爷的听力问题，带他去医院耳鼻喉科检查，耳部 CT 检查显示听小骨骨质增生，内耳毛细胞数量减少，内耳道血管狭窄。

任务描述

1. 照护员向张爷爷解释耳部 CT 报告单中听小骨以及内耳道血管在耳朵中的大致位置。

2. 照护员帮助分析张爷爷出现耳鸣、听力下降、对环境声音察觉迟钝等症状的原因，并制定针对性的照护措施。

知识殿堂

扫一扫

扫码查看课件。

前庭蜗器又称位听器或耳，包括外耳、中耳、内耳三部分。外耳和中耳是收集和传导声波的装置，内耳接受声波和位觉的刺激。听觉感受器和位觉感受器都位于内耳。

一、外耳

外耳包括耳郭、外耳道和鼓膜 3 部分（图 5-1-6）。

（一）耳郭

耳郭位于头部两侧，大部分以弹性软骨为支架，外覆皮肤，皮下组织薄，血管神经丰富。耳郭的中央有一开口，称外耳门，为外耳道与外界相通的开口，是声音传导的入口。外耳门前外方的突起，称耳屏。耳郭下方无软骨的部分，称耳垂，为临床常用采血的部位。

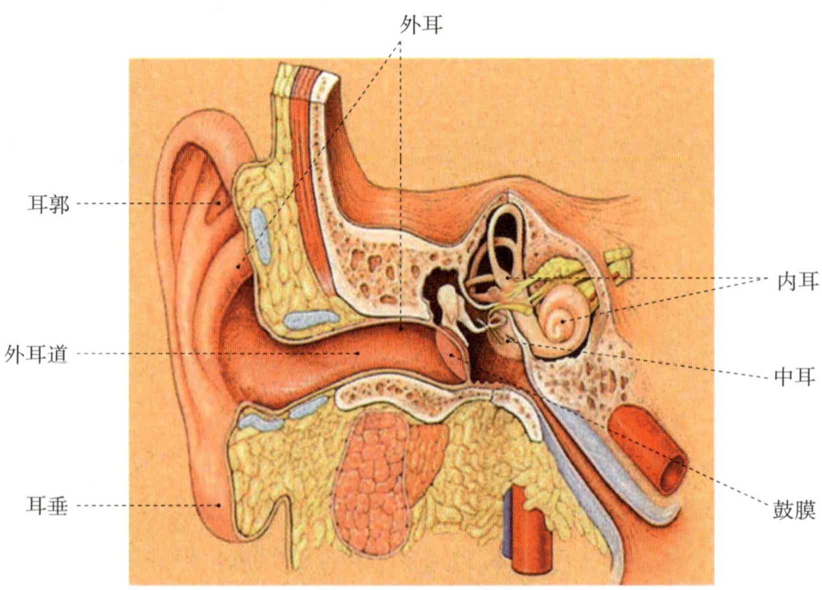

图 5-1-6 前庭蜗器

耳郭有收集声波和判断声波来源的作用。

（二）外耳道

外耳道是自外耳门至鼓膜间的弯曲管道，成人长 2.5 ～ 3.5 cm。其外 1/3 为软骨部，内 2/3 为骨部。软骨部有移动性，检查鼓膜时，成人需将耳郭向后上方牵拉，使外耳道变直，方能看到鼓膜。

外耳道皮下组织少，皮肤与软骨膜或骨膜结合紧密，当外耳道发生疖肿时，疼痛剧烈。外耳道皮肤内含有耵聍腺，分泌耵聍，如耵聍结成块阻塞外耳道，则为耵聍栓塞，影响听力。

拓展阅读

耵聍栓塞

外耳道内耵聍过多形成栓塞时，会阻碍声音传导，导致听力下降。但这种情况只需将耵聍取出，听力通常就能恢复正常，不属于耳聋。在大于 65 岁的老年人中发病率可高达 19% ～ 65%。有报道称，老年人耵聍栓塞的发病率可能高达 34%。对于位置较浅、质地较软的耵聍栓塞，医生可使用耳镊或耵聍钩等工具，在耳内镜的辅助下直接将耵聍取出。

点燃思考

老年人如何预防耵聍栓塞?

（三）鼓膜

鼓膜为分隔外耳道与中耳鼓室的半透明薄膜（图 5–1–7），中心向内凹陷，称鼓膜脐，其内面为锤骨柄的附着处。鼓膜上 1/4，薄而松弛，称为松弛部；下 3/4，坚实紧张，称紧张部。鼓膜脐的前下方有一三角形的反光区，称光锥。鼓膜的一些疾患，可引起光锥的变形或消失。

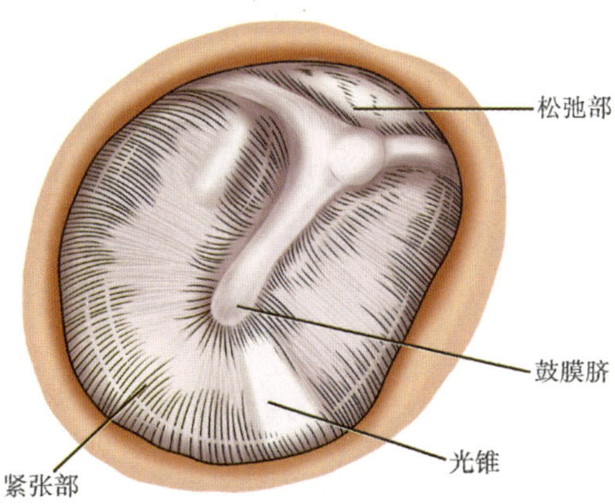

图 5–1–7　鼓膜

二、中耳

中耳位于颞骨岩部内，包括鼓室、咽鼓管、乳突窦和乳突小房，为含气的不规则腔道，各部相互连通，因此病变可相互蔓延侵袭。

（一）鼓室

鼓室位于鼓膜与内耳之间，为颞骨岩部内的一不规则含气小腔，向前经咽鼓管通鼻咽部，向后经乳突窦通乳突小房。鼓室有 6 个壁，鼓室内有听小骨链等结构。

1. 鼓室的壁

鼓室有上、下、前、后、内、外 6 个壁。其中只有外侧壁是膜性，即鼓膜；其余 5 个壁均属骨性壁，即颞骨的骨质。在鼓室壁内面衬有黏膜，分别与咽鼓管和乳突小房等处的黏膜相延续。鼓室前壁的上方有咽鼓管的开口，后壁的上方有乳突小房的开口。鼓室的内侧壁为锤骨内耳的外侧壁，其后上部有一卵圆形小孔，称前庭窗；后下部有一圆形小孔，称蜗窗，被第二鼓膜封闭。在前庭窗后上方有一弓形隆起，称面神经管凸，内有面神经通行。

2. 听小骨和听小骨链

听小骨（图 5-1-8）由外向内依次为锤骨、砧骨、镫骨。3 块听小骨借关节连在一起，形成听小骨链。锤骨缩细的部分，称锤骨柄，附着于鼓膜脐内面。镫骨底封闭前庭窗。当声波冲击鼓膜时，听小骨链相继运动，振动前庭窗，将鼓膜振动经听小骨链传至内耳。

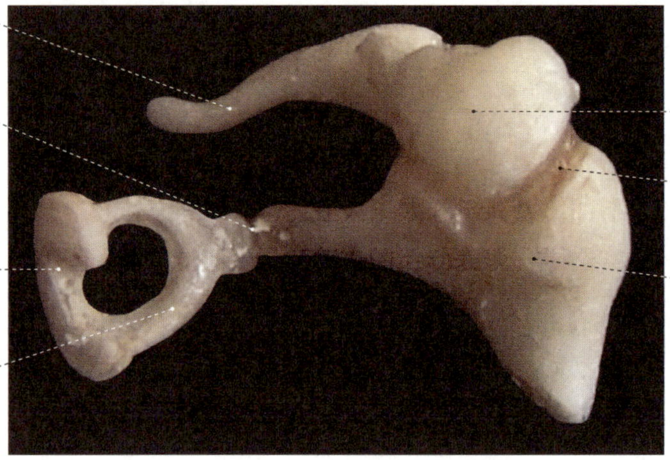

图 5-1-8　听小骨和听骨链

（二）咽鼓管

咽鼓管是连通鼻咽与鼓室的管道。咽鼓管近鼓室端为骨部，近鼻咽端为软骨部。咽鼓管有两个开口，在鼓室前壁上方的开口称咽鼓管鼓室口，在鼻咽侧壁的开口称咽鼓管咽口，咽鼓管咽口平时处于闭合状态，当吞咽、打哈欠或喷嚏时开放，以此保持鼓室内外侧压力的平衡。

与成人相比，幼儿咽鼓管短、宽，走行较平，鼻、咽等部位的上呼吸道感染易经咽鼓管侵入鼓室，引起中耳炎。

（三）乳突小房和乳突窦

乳突小房是颞骨乳突内的许多彼此相连通的含气小腔，向前经乳突窦与鼓室相连通，中耳炎可经乳突窦侵入乳突小房，引起乳突炎。

（四）中耳的传音功能

中耳的主要功能是将声波刺激能量准确高效地传给内耳，其中鼓膜和听骨链在传音过程中起到增压减幅的作用。

声波在由鼓膜经过听骨链向前庭窗传递过程中，可使振动的振幅减小而使压强增大，这样既可以提高传音效率，又可以避免对内耳和前庭窗造成损伤。

三、内耳

内耳位于颞骨岩部内，介于鼓室与内耳道底之间的弯曲管道，结构复杂，又称迷路，包括骨迷路和膜迷路两部分。骨迷路是骨性隧道，膜迷路是位于骨迷路内的膜性管道，骨迷路与膜迷路之间为外淋巴，膜迷路内为内淋巴，内外淋巴互不相通。内耳为位觉感受器和听觉感受器的所在部位。

（一）骨迷路

骨迷路（图 5-1-9）由后外向前内依次为骨半规管、前庭和耳蜗，它们相互连通，沿颞骨岩部长轴排列。

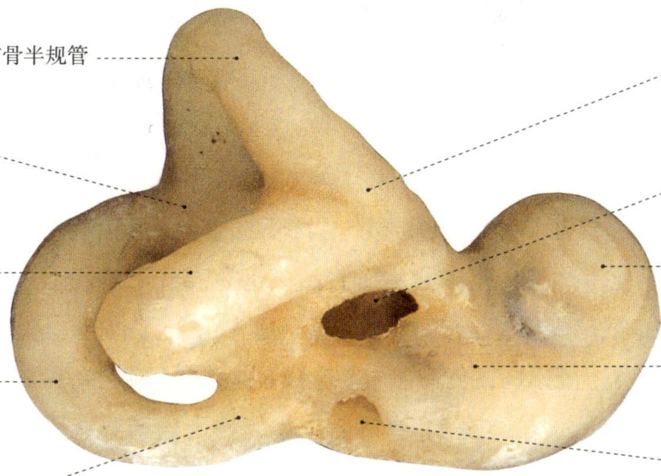

图 5-1-9　骨迷路

1. 前庭

是骨迷路中部近似椭圆形的膨大，其外侧壁是鼓室的内侧壁。

2. 骨半规管

由 3 个相互垂直的呈“C”形的骨小管组成，分别称前骨半规管、后骨半规管和外骨半规管。每个骨半规管有 2 个骨脚，其中一个脚膨大称壶腹骨脚，膨大处称骨壶腹。前后骨半规管的单骨脚合并为一个总骨脚，故 3 个骨半规管有 5 个孔开口于前庭。

3. 耳蜗

位于前庭的前内侧，形似蜗牛壳。由蜗螺旋管围绕蜗轴旋转两圈半形成。蜗轴是耳蜗的中轴，略呈锥体形，向蜗螺旋管内伸出螺旋状的板状突起，称骨螺旋板。

（二）膜迷路

膜迷路（图 5-1-10）是套在骨迷路内的密闭的膜性管或囊，由椭圆囊和球囊、膜半规管、蜗管 3 部分组成，它们相互连通，其内充满内淋巴液。

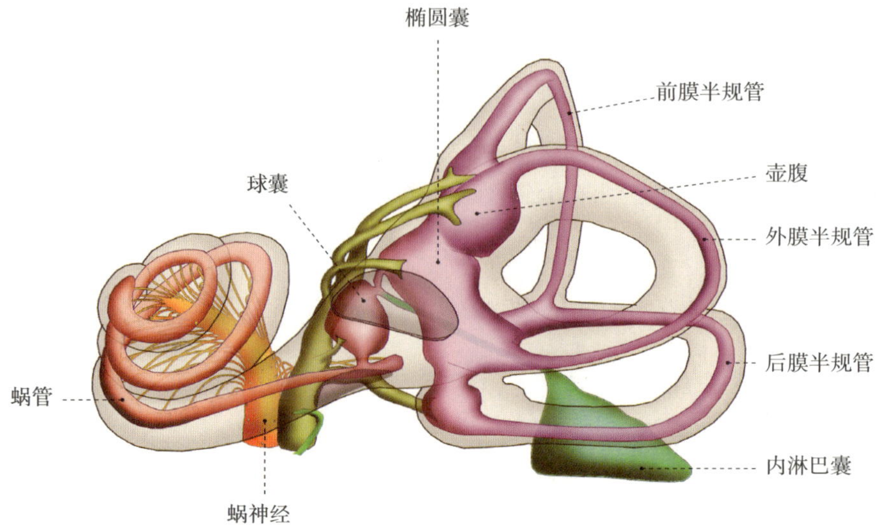

图 5–1–10　膜迷路

1. 椭圆囊和球囊

位于前庭内部，二者借椭圆球囊管相连通，向后借 5 个开口，与 3 个膜半规管相连通。球囊位于球囊隐窝内，下端经连合管与蜗管相连。椭圆囊和球囊内面，分别有椭圆囊斑和球囊斑，二者均为位觉感受器，可以感受头部的静止位置觉和直线变速运动的刺激。

2. 膜半规管

位于骨半规管内，在骨壶腹内相应的膜部膨大称膜壶腹，其壁内嵴状隆起，称壶腹嵴，也是位觉感受器，感受头部旋转变速运动刺激。

3. 蜗管

位于耳蜗内，盘绕蜗轴两圈半，顶。蜗管横断面呈三角形，上壁为前庭膜，将蜗管与前庭阶分隔开；外侧壁为蜗螺旋管内表面骨膜的增厚；下壁由骨螺旋板和螺旋膜（又称基底膜）组成，将蜗管与鼓阶分隔开。在基底膜上有听觉感受器，称螺旋器（Corti器）（图 5–1–11）。

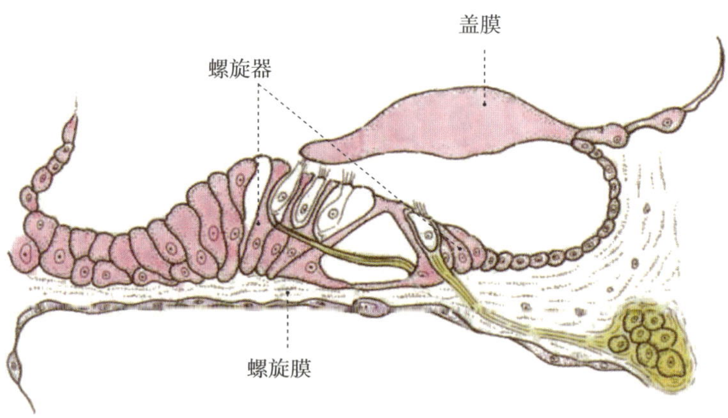

图 5–1–11　螺旋器

（三）声波传入内耳的途径

声波必须传入内耳的耳蜗，才能刺激听觉感受器，进而引起听觉。声波传入内耳的途径有两种：气传导和骨传导。

1. 气传导

气传导是指声波经外耳道引起鼓膜振动，再经听骨链和前庭窗传入耳蜗的传导途径。气传导是引起正常听觉的主要途径。此外，鼓膜的振动也可引起鼓室内空气的振动，再经蜗窗传至耳蜗，这一途径也属于气传导，但在正常情况下不起重要作用，仅在听骨链运动障碍时才发挥一定作用，此时的听力较正常时显著降低。

2. 骨传导

骨传导是指声波直接作用于颅骨，经颅骨和耳蜗骨壁传入耳蜗的途径。骨传导的效率远低于气传导，在引起正常听觉中的作用微乎其微。

在临床工作中，常用音叉检查患者的气传导和骨传导的情况，帮助诊断听觉障碍的病变部位。当耳蜗病变引起感音性耳聋时，此时气传导和骨传导的作用均减弱。

任务三　了解皮肤

案例导入

李爷爷，有超过 20 年的糖尿病史，长期血糖控制不佳（随机血糖高达 26 mmol/L），每日需注射大剂量胰岛素。近半年出现全身皮肤严重干燥、脱屑、瘙痒，夜间加重，影响睡眠。患者曾频繁洗热水澡缓解症状，但效果短暂，且过度清洁导致皮肤屏障进一步受损。经检查，诊断为糖尿病继发性皮肤干燥症，伴乏脂性湿疹。

任务描述

1. 照护员向李爷爷指出频繁热水澡和碱性清洁剂对皮肤脂膜的破坏。

2. 照护员帮助李爷爷分析未使用长效保湿产品（如含神经酰胺、尿素的润肤剂）的后果。

知识殿堂

扫码查看课件。

扫一扫

一、皮肤的基本结构

皮肤由表皮、真皮和皮下组织三层构成，其间分布有丰富的血管、淋巴管、神经、肌肉及各种皮肤附属器。

（一）表皮

是皮肤的浅层结构，从深至浅可分为以下几层：

（1）基底层　位于表皮的最底层，由一层矮柱状的基底细胞组成。基底细胞是表皮的干细胞，可不断产生新的角质形成细胞，以补充表皮脱落的细胞。基底层还含有黑素细胞，能产生黑色素，决定皮肤的颜色，并能吸收紫外线，保护深层组织免受损伤。

（2）棘层　位于基底层上方，由 4 ~ 10 层多边形、体积较大的棘细胞组成。棘细胞之间通过桥粒相互连接，形成细胞间桥，使表皮具有较强的韧性和弹性。

（3）颗粒层　由 3 ~ 5 层扁平细胞组成，细胞内含有大量的透明角质颗粒。

（4）透明层位于颗粒层上方，仅见于手掌、足底等皮肤较厚的部位，由 2 ~ 3 层扁平无核的透明细胞组成。细胞内含有透明角质，折光性强。

（5）角质层　是表皮的最外层，由多层扁平、无核的角质细胞组成。角质层具有防止水分丢失、机械损伤和微生物入侵等重要功能，其细胞不断脱落，由基底层产生的新细胞逐渐向上推移补充。

（二）真皮

位于表皮与皮下组织之间，由致密结缔组织构成，自浅至深可分为乳头层和网状层。

（1）乳头层　是真皮的浅层，向表皮突出形成许多乳头，与表皮紧密相连。乳头层内含有丰富的毛细血管、淋巴管和神经末梢，其中毛细血管可为表皮提供营养物质和氧气，同时带走代谢废物；神经末梢则参与皮肤的感觉功能，如触觉、痛觉、温度觉等。

（2）网状层　位于乳头层下方，是真皮的主要组成部分，由粗大的胶原纤维、弹性纤维和网状纤维交织而成，使皮肤具有较强的韧性和弹性。网状层内还含有较多的血管、淋巴管、神经以及汗腺、皮脂腺、毛囊等皮肤附属器。

（三）皮下组织

由疏松结缔组织和脂肪组织构成，以脂肪组织为主，又称皮下脂肪层。皮下组织中有血管、淋巴管、神经等，其主要功能包括保温防寒、缓冲机械压力、储存能量等，同时，也会影响皮肤的饱满程度。

二、皮肤的附属结构

包括毛发、皮脂腺、汗腺和指（趾）甲（图 5-1-12），均由外胚层分化而来。

（1）毛发　除手掌、足底等处外，均有毛发分布。毛发由毛干和毛根两部分组成，毛干露出皮肤表面，毛根埋在皮肤内，周围被毛囊包裹。毛发具有保护皮肤、调节体温、触觉感知等功能。

（2）皮脂腺　是一种泡状腺体，多开口于毛囊上段，也有直接开口于皮肤表面的，其分泌的皮脂可以柔润皮肤，保护毛发，还具有一定的抗菌作用。

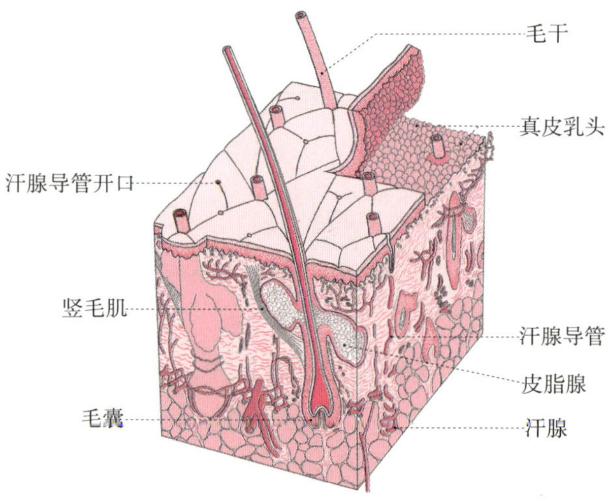

图 5-1-12　皮肤的结构

（3）汗腺　可分为大汗腺和小汗腺两种。小汗腺遍布于全身各处，以手掌、足底和腋窝等处最多，其分泌的汗液主要成分是水、氯化钠、尿素等，具有调节体温、排泄废物等功能；大汗腺开口于毛囊漏斗部，主要分布在腋窝、乳晕、脐周等部位，其分泌物较浓稠，含有蛋白质、脂质等成分，在细菌的作用下会产生特殊气味。

（4）指（趾）甲　是由表皮角质层细胞角化而成的坚硬结构，位于手指和脚趾的末端。指（趾）甲具有保护指（趾）端、增强指（趾）的触觉敏感性等功能。

拓展阅读

毛发的生长周期

毛发的生长并非持续不间断，而是遵循着特定的循环规律，可分为三个主要阶段：生长期、退行期和休止期。

一般来说，正常成年人每天掉发 50 ~ 100 根都属于正常现象。这是因为毛发处于不断的生长和更新过程中，每天有一定数量的毛发会自然脱落，同时也有相应数量的新毛发在生长。

点燃思考

如何通过改善生活方式减少脱发？

任务四 了解感觉器的衰老变化

一、眼的结构变化

眼的老化主要表现为晶状体逐渐硬化、弹性降低，睫状肌调节能力减弱，导致老视，看近物变得模糊；黄斑区结构和功能退化，可引起中心视力下降、视物变形等，影响视觉质量；视网膜血管变窄、硬化，玻璃体液化、变性、混浊，眼前可出现黑影飘动；角膜透明度降低，易发生感染和损伤；泪腺功能减退，泪液分泌不足，导致眼睛干涩、易疲劳；虹膜的弹性和色素沉着改变，影响瞳孔的大小和对光反射。除上述变化外，老年人还易患白内障、青光眼等疾病，进一步损害视力。

二、视觉的衰老变化

老年人视敏度下降，分辨细小物体和细节的能力降低，影响阅读、识别物体等日常活动；光敏性降低：需要更强的光线才能看清物体，在昏暗环境中视力明显下降；对颜色的辨别能力减弱，尤其是对蓝绿色系的区分困难；夜视能力减弱，在夜间或低光照条件下视力明显变差；视野缩小，视觉范围变窄，增加了发生意外的风险；聚焦能力下降，聚焦速度变慢，适应时间延长。

三、耳的结构变化

老年人外耳道皮肤变薄、弹性降低，耵聍腺分泌减少，外耳道变窄，影响声音的传导；中耳鼓膜增厚、钙化，听小骨关节僵硬，导致声音传导效率下降；内耳螺旋器退化，听觉神经纤维减少，神经传导速度减慢，影响听觉信息的传递。

四、听觉的衰老变化

老年人听力下降，对高频声音的听力损失尤为明显，逐渐影响日常交流；语音理解困难，尤其是在嘈杂环境中，理解他人说话的内容变得困难；对声音响度的感知和适应能力下降，声音过大或过小都可能引起不适。

五、嗅觉和味觉的衰老变化

老年人味觉灵敏度下降，对甜、咸、酸、苦、鲜等基本味觉的感知能力减弱；味觉阈值提高，需要更高浓度的味觉物质才能产生味觉感受；嗅觉灵敏度下降，影响对食物、环境等气味的感知，需要更强的气味刺激才能察觉。

六、其他感觉的衰老变化

老年人皮肤的触觉感受器功能减退，对轻触、压力、温度变化的感知不灵敏；平衡能力下降，内耳的平衡感受器和本体感觉系统功能衰退，导致平衡感变差，容易摔倒；对物体的空间位置、距离和方向的判断能力减弱，空间感知能力下降，影响日常活动。

【练习题】

一、A1 型题

1. 视网膜中感光最敏锐的部位是（　　）。

A. 视网膜周边部　　B. 视神经盘　　C. 黄斑中心凹

D. 视网膜睫状体部　　E. 视网膜虹膜部

2. 角膜内含有丰富的（　　）。

A. 血管　　B. 感觉神经末梢　　C. 色素细胞

D. 淋巴管　　E. 水分

3. 老年人眼的下列结构中，最易发生混浊导致白内障的是（　　）。

A. 角膜　　B. 虹膜　　C. 晶状体

D. 玻璃体　　E. 视网膜

4. 听觉感受器为（　　）。

A. 壶腹嵴　　B. 螺旋器　　C. 椭圆囊斑

D. 球囊斑　　E. 前庭

5. 皮肤的浅层结构不包括（　　）。

A. 基底层　　B. 棘层　　C. 颗粒层

D. 透明层　　E. 真皮层

答案：CBCBE

解析：无

二、A2 型题

1. 患者，男性，15 岁，自述近期看黑板模糊，但看书时清晰。家长反映其常眯眼视物。查体：视力检查显示远视力下降，近视力正常。问题：最可能的诊断是（　　）。

A. 远视　　B. 近视　　C. 散光

D. 老花眼　　E. 青光眼

答案：B

解析：患者远视力下降、近视力正常，且眯眼（可短暂改善视力）是近视的典型表现。近视是因眼球前后径过长或屈光力过强，导致远处物体成像在视网膜前方。远视（A）表现为近视力差；散光（C）常伴视物变形；老花眼（D）为中老年调节能力减退所致。

2. 女性，28 岁，游泳后出现右耳疼痛、听力下降，耳镜检查见鼓膜充血、膨隆，外耳道有脓性分泌物。问题：病变最可能累及的部位是（　　）。

A. 外耳道　　B. 鼓膜　　C. 中耳

D. 内耳　　E. 鼻咽

答案：C

解析：游泳后感染导致中耳炎常见，脓性分泌物提示中耳化脓性炎症（如急性化脓性中耳炎），鼓膜充血膨隆为典型体征。外耳道炎（A）不累及鼓膜；内耳（D）病变多伴眩晕或严重听力下降。

3. 患者乘车时出现头晕、恶心、呕吐，闭目休息后缓解。既往无耳部疾病史。问题：症状主要与哪个结构功能异常相关（　　）。

A. 鼓膜　　B. 前庭器官　　C. 耳蜗

D. 听小骨　　E. 大脑

答案：B

解析：晕动症（晕车）是因前庭器官（半规管、前庭）受到运动刺激后与视觉信号不匹配，引发自主神经反应（恶心、呕吐）。耳蜗（C）负责听觉；鼓膜（A）和听小骨（D）参与传音。

4. 患者，女性，30 岁，因长期日晒导致皮肤色素沉着明显。问题：皮肤中负责产生黑色素的细胞位于哪一层（　　）。

A. 表皮角质层　　B. 表皮基底层　　C. 真皮乳头层

D. 皮下组织　　E. 脂肪组织

答案：B

解析：黑色素细胞位于表皮的基底层，负责合成黑色素并传递给角质形成细胞。角质层（A）为死亡细胞层；真皮乳头层（C）富含毛细血管和神经末梢；皮下组织（D）主要为脂肪。

5. 女性，40 岁，长期在噪音环境下工作，出现双侧耳鸣及高频听力下降。问题：损伤最可能发生在哪个部位（　　）。

A. 鼓膜　　B. 听小骨　　C. 耳蜗

D. 前庭神经　　E. 外耳道

答案：C

解析：长期噪音暴露易损伤耳蜗内的毛细胞，导致感音神经性耳聋（高频听力下降）。鼓膜（A）或听小骨（B）损伤多为传导性耳聋；前庭神经（D）病变常伴眩晕。

项目二 神经系统的结构和功能

学习目标

思政及素养目标

1. 提升人文关怀意识，保持耐心、细心与责任心。

2. 培养严谨的科学研究态度，不断增强对老年人健康和疾病防治的重视。

知识目标

1. 掌握神经系统的组成及分部；神经系统的常用术语；脊髓和脑的外形、分部及结构特点；脊神经丛的组成和主要分支；基底核的组成；通过内囊的重要纤维束及临床意义；脑脊液的产生及循环途径。

2. 熟悉脑神经的名称；脊髓、脑干、端脑的内部结构；间脑分部及大脑皮质的功能定位；内囊、硬膜外隙和蛛网膜下隙的含义。

3 了解大脑半球的分叶，主要沟、回的名称；小脑的外形及分部；脑、脊髓的被膜和血管的概况；脑和脊髓的传导通路。

能力目标

1. 能通过神经系统器官模型，准确辨识脑、脊髓等主要器官的结构特点、位置及分部。

2. 能运用神经冲动传导、神经元功能等知识，解释神经系统的活动特点。

3. 能够分析常见神经系统疾病案例，对患者进行健康评估并提出对应的照护或康养措施。

知识导读

扫码查看思维导图。

扫一扫

赛证对接

本项目内容主要对接神经系统的解剖生理知识，通过神经系统疾患案例分析，对神经系统疾病患者（如渐冻症、帕金森病、脑卒中等）进行健康评估、康养管理等实际照护任务形式的考查。

任务一　认识神经系统

神经系统在人体各系统中起主导作用。它通过调控人体各器官、组织甚至细胞的活动，保证各器官、系统功能活动的协调和统一，维持内、外环境稳定与相对平衡，保证生命活动的正常进行。

扫一扫

一、神经系统的分部

神经系统按其所在的位置可分为中枢神经系统和周围神经系统两部分（图 5-2-1）。前者包括脑和脊髓，分别位于颅腔和椎管内。后者包括与脑和脊髓相连并分布于全身各处的神经。

周围神经系统按其连结的部位不同可分为脑神经和脊神经；按其分布范围可分为躯体神经和内脏神经，二者均含有运动和感觉两种神经纤维，其中内脏运动神经又可分为交感神经和副交感神经。

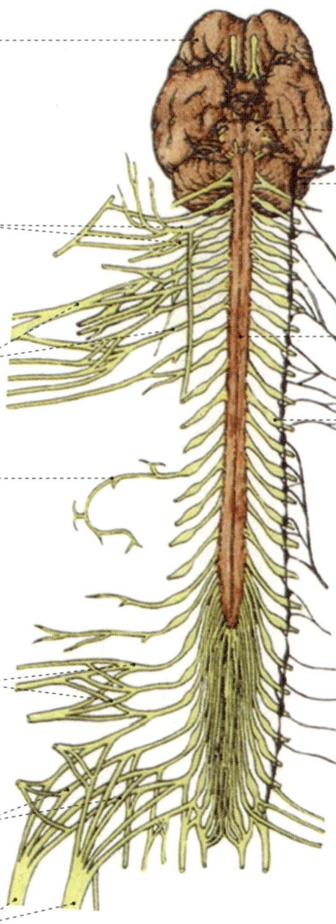

图 5-2-1　神经系统概观

二、神经系统的常用术语

（一）灰质和白质

在中枢神经系统内，神经元胞体和树突集中的区域，色泽灰暗，称**灰质**。位于端脑、小脑表面的灰质称**皮质**。

在中枢神经系统内，神经纤维集中处，因神经纤维包有髓鞘，色泽白亮，称**白质**。位于端脑、小脑深部的白质称**髓质**。

（二）神经核与神经节

形态和功能相似的神经元胞体聚集在一起形成的灰质团块，在中枢神经系统内称**神经核**，在周围神经系统内称**神经节**。

（三）纤维束和神经

在中枢神经系统内，起止和功能基本相同的神经纤维集聚成束，称**纤维束**，又称传导束。

在周围神经系统中，神经纤维聚集成的粗细不等的神经纤维束，称**神经**。

（四）网状结构

在中枢神经系统中，神经纤维交织成网，神经元胞体散在其中，这种结构称为网状结构。

三、神经系统活动的一般规律

（一）神经元与神经纤维的功能

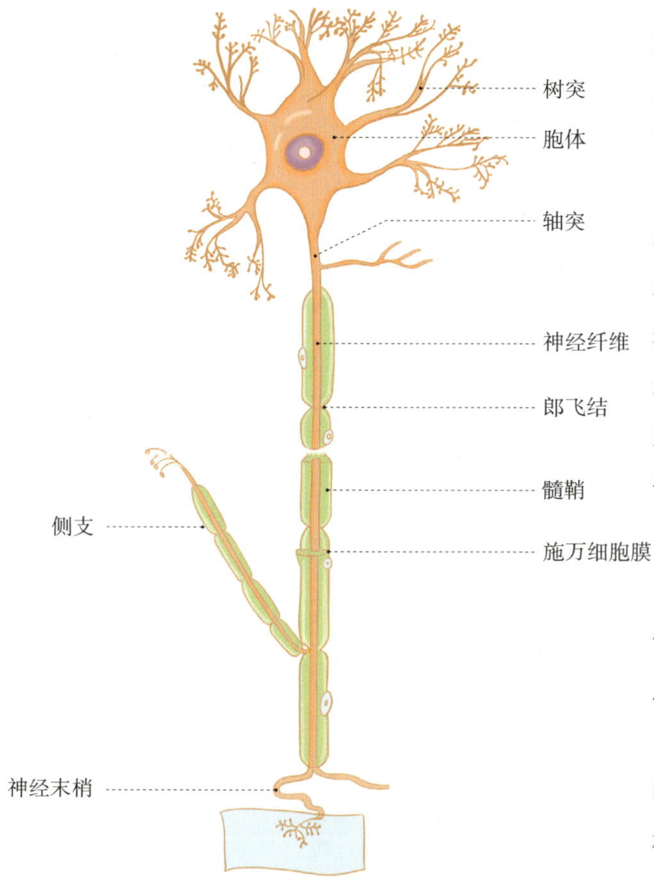

图 5-2-2　神经元

神经元的主要功能是接受和整合信息，产生和传导冲动。当神经元受到足够强度的刺激时，将爆发动作电位，这是神经元产生神经冲动的基础（图 5-2-2）。

神经纤维的主要功能是传导神经冲动。神经冲动在神经纤维上的传导具有绝缘性，各条神经纤维之间的神经冲动不会相互干扰，保证了神经信号传导的准确性和独立性。神经纤维还可以为其所连接的神经元提供营养支持，维持神经元的正常结构和功能，保证神经元的生存、生长、发育和修复。

（二）突触生理

一个神经元与另一个神经元接触并传递信息的部位称为**突触**，是实现神经元之间信息传递的重要结构。根据突触传递媒介的不同，将突触分为化学性突触和电突触，前者的传递媒介是神经递质，后者则是局部电流。根据突触传递的效应不同，将突触分为兴奋性突触和抑制性突触。

（三）神经递质

神经递质是由神经元合成并释放，作用于突触后膜的受体并产生一定效应，实现信息传递的化学物质。它主要分为以下几类。

（1）胆碱类　乙酰胆碱属于兴奋性递质。在脊髓前角运动神经元、丘脑腹后核等特异性投射系统，以及脑干网状结构上行激动系统的突触传递过程中，乙酰胆碱均作为神经递质发挥作用。

（2）单胺类　包含去甲肾上腺素、多巴胺和5-羟色胺等。这类神经递质具有兴奋和抑制两种作用，不过抑制作用相对更为常见。

（3）氨基酸类　包含谷氨酸、γ-氨基丁酸、甘氨酸等，这类神经递质具有兴奋和抑制两种作用。

（四）反射活动的基本规律

1. 反射

神经系统在调节活动的过程中，对内、外环境刺激所作出的反应，称**反射**，是神经调节的基本方式。反射活动的结构基础是反射弧。**反射弧**包括感受器、传入神经、中枢、传出神经和效应器5个部分，任何一部分受损都会出现反射障碍。

反射可分为非条件反射和条件反射两类。非条件反射是一种由种族遗传因素所决定的、与生俱来的反射。条件反射是指通过后天学习和训练而形成的反射，是人和动物在个体生活过程中按照所处的生活环境，在非条件反射的基础上不断建立起来的。它可以建立，也可消退，数量可以不断增加，其形成的主要中枢部位在大脑皮质，因此是反射的高级形式。条件反射的建立扩大了机体的反应范围，条件反射较非条件反射有更大的灵活性，更适应复杂变化的生存环境（图5-2-3）。

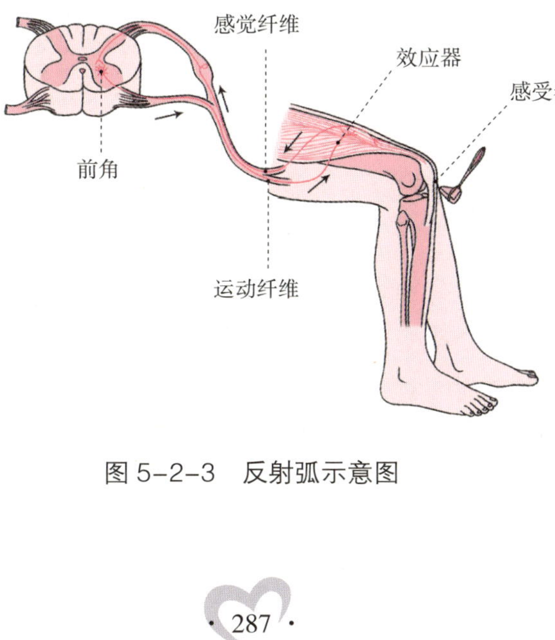

图5-2-3　反射弧示意图

拓展阅读

老年人突触可塑性退化

随着年龄增长，老年人的突触可塑性显著退化，这是神经系统衰老的核心表现。研究表明，65 岁以上人群的突触密度较青年时期下降约 30%，树突棘数量减少、形态简化，直接影响神经信号传递效率。这种退化在突触前膜表现为线粒体功能下降导致的 ATP 合成不足，突触后膜则体现为受体密度降低，信号传导效能减弱。

点燃思考

望梅止渴、谈虎色变属于哪种反射？举例说明条件反射是在非条件反射基础上建立的。

2. 中枢神经元的联系方式

（1）辐散式　一个神经元的轴突可以通过分支与多个神经元建立突触联系，这种方式能使一个神经元的兴奋同时引起多个神经元的兴奋或抑制，扩大了神经元活动的影响范围。

（2）聚合式　多个神经元的轴突末梢共同与一个神经元建立突触联系。

（3）链锁式　神经元之间通过依次连接形成链锁状联系。

（4）环状式　神经元的轴突侧支与中间神经元形成突触联系，中间神经元反过来又与该神经元或其周围神经元形成突触联系，构成闭合的环路。

3. 中枢兴奋传播的特征

中枢神经系统由脑和脊髓组成。兴奋在中枢神经系统中的传递是神经系统功能实现的基础。中枢兴奋传播有以下几类特征。

（1）单向传递　指兴奋通过突触传递时只能由突触前神经元向突触后神经元单方向进行。

（2）中枢延搁　兴奋在中枢传递需要较长时间，这是因为兴奋通过化学性突触传递时，需要经历递质的释放、扩散、与受体结合等多个步骤，这些步骤都需要一定的时间。反射通路上跨越的化学性突触数目越多，则兴奋传递所需的时间也越长。

（3）总和　在反射活动中，单根神经纤维的传入冲动一般不能使中枢发出传出效应。只有当若干神经纤维的传入冲动同时到达同一中枢，并且这些冲动的强度足够大时，才能产生传出效应，称为兴奋的总和现象。

（4）后放　在环式联系中，即使最初的刺激已经停止，传出通路上冲动发放仍能继续一段时间，这种现象称为后放。后放是中枢兴奋传播的一个重要特征，它有助于维持反射活动的持续性和协调性。

（5）兴奋节律的改变　由于突触后神经元往往同时接受多个突触前神经元的信号传递，突触后神经元自身的功能状态会随之改变，且反射神经中枢可经过多个中间神经元接替。因此，传出神经节律取决于传入神经及其他因素的影响。

（6）对内环境变化敏感和易疲劳　中枢兴奋传播对内环境变化非常敏感。例如缺氧可能影响化学性突触的传递效率。此外，中枢神经元在长时间持续兴奋后也容易发生疲劳现象，导致兴奋传递效率下降。

上述特征共同保证了中枢兴奋传播的准确性和协调性，使得神经系统能够正常地行使各种生理功能。

4. 中枢抑制

在所有反射活动里，中枢内同时存在兴奋活动与抑制活动。当某一反射发生时，其他一些反射会受到抑制。比如，吞咽动作发生时，呼吸会暂停。按照中枢抑制产生机制的差异，抑制可划分为突触前抑制和突触后抑制这两类（图 5-2-4）。

（1）突触前抑制　突触前抑制是指通过改变突触前膜的活动，使突触后神经元兴奋性降低，从而引起抑制的现象。

（2）突触后抑制　突触后抑制分为传入侧支性抑制和回返性抑制两类。

①传入侧支性抑制：传入纤维进入中枢后，一方面通过突触直接兴奋某一中枢的神经元，另一方面通过侧支兴奋另一抑制性中间神经元，通过后者的活动再抑制另一中枢的神经元，这种抑制称为传入侧支性抑制。这种抑制能使不同中枢之间的活动协调起来。

②回返性抑制：中枢神经元兴奋时，传出冲动沿轴突外传，同时又经轴突侧支兴奋另一抑制性中间神经元，后者释放抑制性递质，反过来抑制原先发生兴奋的神经元及同一中枢的其他神经元，这种抑制称为回返性抑制。

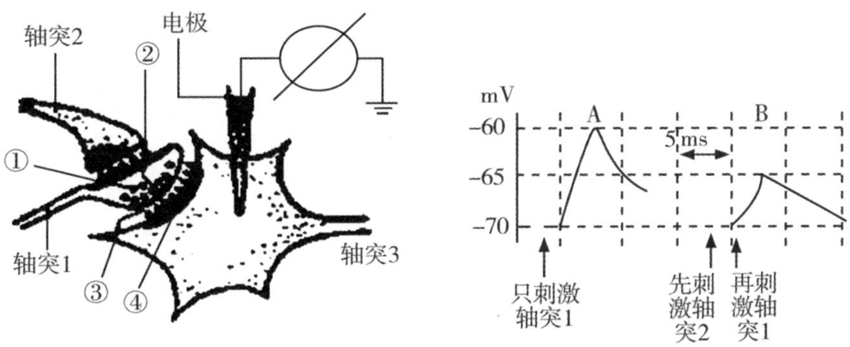

图甲　突触前抑制结构示意图　　图乙　电位图

图 5-2-4　突触前抑制

任务二　认识脊髓

案例导入

李爷爷，75 岁，近期行走时步伐迟缓，自诉下肢有麻木感，随着时间推移，症状逐渐加重。李爷爷表示，麻木感从双脚开始，慢慢向上蔓延至小腿，且在长时间站立或行走后更为明显，休息后稍有缓解。查体发现下肢的浅感觉（如痛觉、触觉）和深感觉（如位置觉、震动觉）均有不同程度的减退，膝腱反射和跟腱反射也有所减弱。MRI 结果显示颈椎第 4 ~ 5 节段和第 5 ~ 6 节段存在椎间盘突出，突出的椎间盘压迫了脊髓，导致脊髓局部出现水肿和信号改变。

任务描述

1. 照护员帮助指出磁共振报告单中椎间盘突出的位置。

2. 照护员关注是否出现新的症状，如大小便失禁、肢体抽搐、疼痛加剧等。

知识殿堂

扫码查看课件。

扫一扫

一、脊髓的位置和外形

（一）脊髓的位置

脊髓位于椎管内，上端在枕骨大孔处与延髓相连接，下端在成人约平对第 1 腰椎下缘，新生儿可达第 3 腰椎水平。

（二）脊髓的外形

脊髓呈圆柱形，前后略扁，全长 42 ~ 45 cm，粗细不均，有两个膨大区域，上方的称颈膨大，与上肢的神经相连；下方的称腰骶膨大，与下肢神经相连。脊髓的末端逐渐变细，呈圆锥状，称脊髓圆锥。圆锥向下延伸为无神经组织的细丝，称为终丝，附于尾骨的背面（图 5-2-5）。

在脊髓的表面，有 6 条纵向分布的沟或裂，分别是前正中裂、后正中沟，两侧的前、后外侧沟。前、后外侧沟内分别连接脊神经的前、后根。相对应的前根和后根在椎间孔处合并成为脊神经，然后从对应的椎间孔穿出椎管（图 5-2-6）。

脊神经共包含 31 对，通常将每对脊神经所连接的一段脊髓，称为 1 个脊髓节段。依此划分，脊髓共计可分为 31 个节段，即颈髓 8 节、胸髓 12 节、腰髓 5 节、骶髓 5 节以及尾髓 1 节。

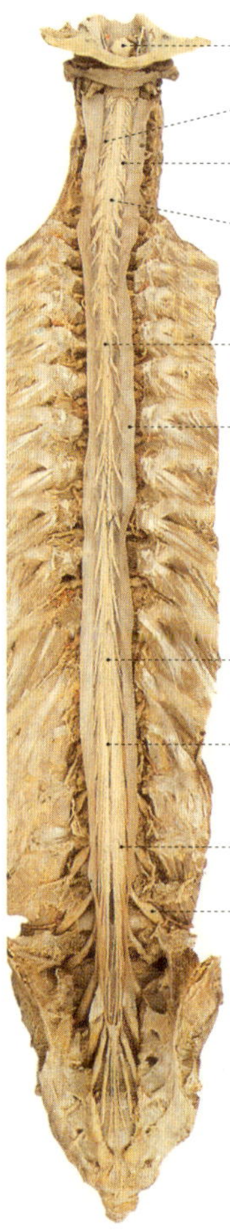

图 5-2-5　脊髓后面观

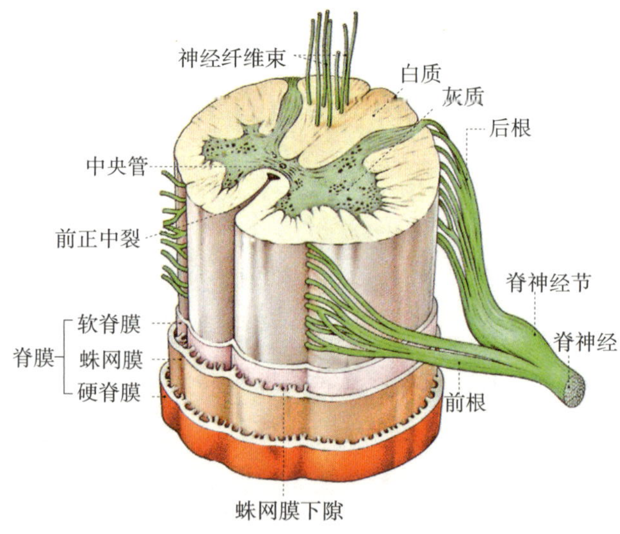

图 5-2-6　脊髓节段立体观

胚胎早期，脊髓与椎管长度相近；出生时，脊髓下端与第 3 腰椎体平齐；成年后，仅达第 1 腰椎体下缘。脊髓相对升高，使得腰、骶和尾神经根在到达相应椎间孔前，在椎管内几乎垂直下行，它们在脊髓圆锥下方围绕终丝，形成**马尾**。因此临床腰椎穿刺常在第 3 ～ 4 或第 4 ～ 5 腰椎之间进行，不致损伤脊髓（图 5–2–7）。

二、脊髓的内部结构

脊髓的内部结构主要包括灰质和白质两部分。脊髓横切面上可见中央有中央管，贯穿脊髓全长，内含脑脊液（图 5–2–8）。

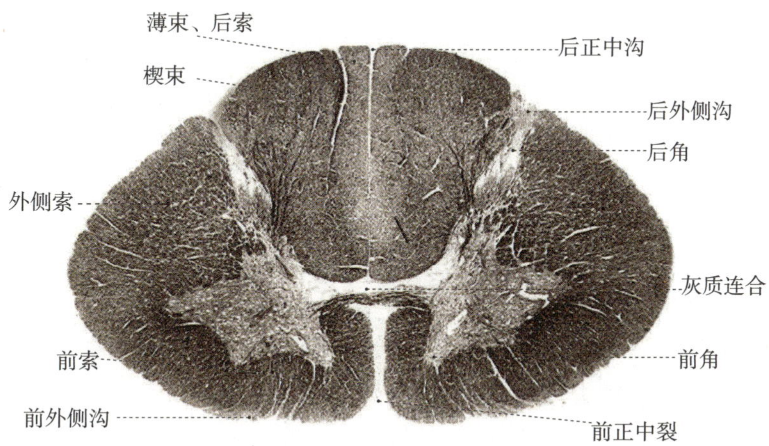

图 5–2–8　脊髓结构

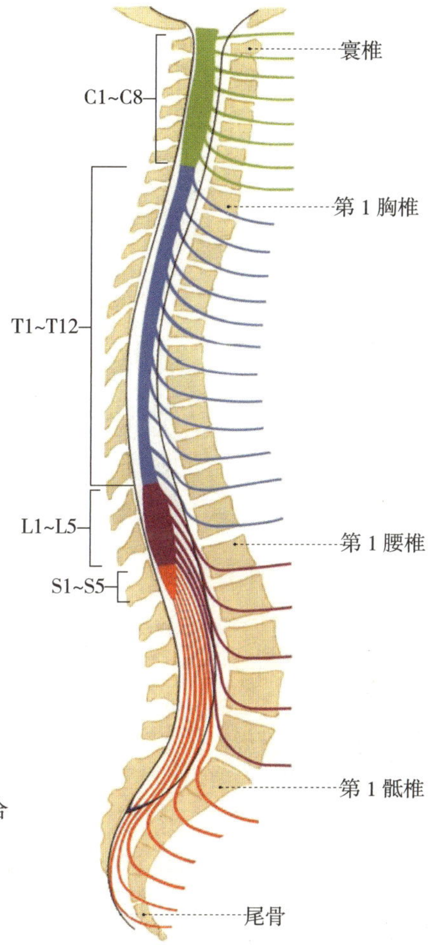

图 5–2–7　脊髓节段与椎骨的对应关系

（一）灰质

脊髓灰质围绕中央管，形态上大致呈“H”形。在脊髓的每一侧，灰质分别向前、向后延伸出前角（前柱）与后角（后柱）。前、后角之间的部分称作中间带，在胸髓以及上 3 个腰髓的中间带位置，会向两侧突出形成侧角。

1. 前角（前柱）

主要由运动神经元所构成，其轴突共同汇聚形成了脊神经前根。一旦脊髓前角受损，同侧相应的骨骼肌就会出现随意运动障碍，表现为肌张力低下、反射消失，同时伴随肌萎缩等症状，临床上将这类情况称为软瘫。

2. 后角（后柱）

主要由联络神经元组成，可接受后根的传入纤维。

3. 侧角

在 T1 ～ L3 节段出现侧角，内含交感神经元，是交感神经的低级中枢。在骶髓 2 ～ 4 节段，相当于侧角的部位，含有副交感神经元，称为骶副交感核，参与调节内脏器官的活动。

（二）白质

白质借脊髓表面的沟和裂分为3条索。前正中裂和前外侧沟之间为前索，后正中沟和后外侧沟之间称后索，前、后外侧沟之间称外侧索。在中央管前方，左、右前索间有横越的纤维称白质前连合。白质由纵行排列的神经纤维组成。在白质中向上传递神经冲动的传导束，称上行纤维束（感觉传导束）；向下传递神经冲动的传导束，称下行纤维束（运动传导束）。

1. 上行纤维束

主要包括薄束、楔束、脊髓丘脑束、脊髓小脑前束以及脊髓小脑后束等。这些纤维束在感觉信息的传递过程中起着关键作用，它们将来自身体各处的感觉信号，如触觉、痛觉、温度觉等，精准地传递至脑，使我们能够感知外界环境的变化。

2. 下行纤维束

主要有皮质脊髓束、红核脊髓束、前庭脊髓束、网状脊髓束等。它们负责将脑发出的指令传递至脊髓，进而控制肌肉的运动，协调身体的各种动作，保障我们能够顺利完成行走、抓握等日常活动。

拓展阅读

老年人出现下肢无力

老年人的脊柱容易发生骨质增生，增生的骨质可能会压迫脊髓神经根。尤其是腰椎部位的神经根受压后，会影响下肢神经的正常传导，致使下肢肌肉力量减弱。另外，老年人的脊髓血管可能会出现粥样硬化，导致脊髓的血液供应不足。脊髓缺乏充足的养分和氧气，其正常功能受到影响，神经细胞活性降低，也会间接造成下肢无力。

点燃思考

为何老年人容易拿筷子不稳、写字困难，容易绊倒？

任务三　认识脑

案例导入

李爷爷，72岁，长期患有高血压和糖尿病，平时自行服药控制，但血压、血糖控制情况并不理想。某日，李爷爷突感右侧肢体麻木无力，起身无果后摔倒，且言语含糊不清，口角左斜。查体发现右侧肢体肌力明显下降，活动受限，腱反射减弱，巴氏征呈阳性。头颅CT显示左侧大脑中动脉供血区域存在低密度影，初步诊断为脑梗死。MRA结果明确了左侧大脑中动脉部分血管狭窄，且形成血栓，导致局部脑组织供血中断，缺血性坏死。

任务描述

1. 照护员帮助解释大脑对肢体运动、言语的控制功能。
2. 照护员帮助李爷爷制定术后饮食照护计划。

知识殿堂

扫码查看课件。

脑位于颅腔内，由端脑、间脑、小脑和脑干 4 部分组成（图 5-2-9）。

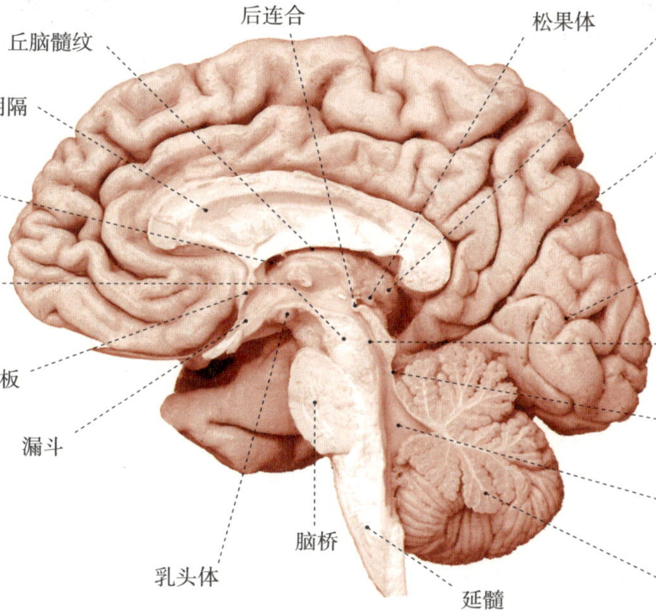

图 5-2-9　脑正中矢状切面

一、脑干

脑干下续脊髓，上接间脑，背靠小脑，自下而上依次是延髓、脑桥和中脑。

（一）脑干的外形

1. 腹侧面形态

延髓上宽下窄，表面有与脊髓相延续的同名沟、裂。前正中裂两侧，各有一个锥形隆起，称锥体。锥体下端有左、右纤维相互交叉，称**锥体交叉**。锥体外侧有卵圆形隆起，称橄榄。锥体与橄榄间的前外侧沟内，有舌下神经出脑。橄榄外侧自上而下依次是舌咽神经、迷走神经和副神经。

脑桥腹侧面宽阔且膨隆为基底部。基底部正中有一条纵行的基底沟，沟内有基底动脉通过；基底部向两侧延伸逐渐缩细形成脑桥臂（小脑中脚），与背侧的小脑相连；基底部与小脑中脚移行处有三叉神经附着。脑桥上缘与中脑相连，下缘借**延髓脑桥沟**与延髓分开，沟内自内侧向外侧依次为展神经、面神经和前庭蜗神经附着。

中脑腹侧面有一对柱状结构为大脑脚。两脚之间的凹窝，称脚间窝，动眼神经由此穿出（图 5-2-10）。

2. 背侧面形态

延髓背侧面下半部形似脊髓，其后正中沟两侧有纵形的隆起结构，内侧的为薄束结节，外侧的为楔束结节，结节深面分别有薄束核和楔束核。楔束结节外上方有延髓与小脑联系的粗大纤维束称小脑脚（小脑上、中和下脚）。延髓上部和脑桥背面共同围成菱形窝，又称第四脑室底，其中部有横形的髓纹，为脑桥和延髓的分界。中脑的背面有上、下两对隆起，上方的一对称上丘，与视觉反射有关；下方的一对称下丘，与听觉反射有关。下丘下方有滑车神经附着（图 5-2-10）。

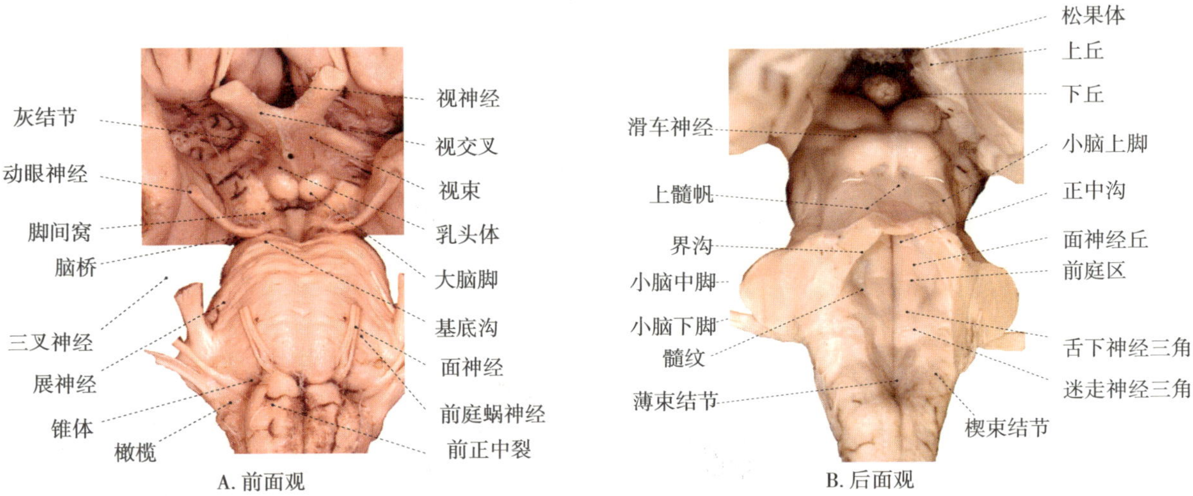

图 5-2-10 脑干

（二）脑干的内部结构

1. 灰质

脑干灰质分散成团块状，称神经核。其中与脑神经相连的核团叫脑神经核，又分为与运动有关的脑神经运动核，与感觉有关的脑神经感觉核。脑干内还有不与脑神经相连的非脑神经核，主要指与传导束有联系的中继核，如延髓中的薄束核、楔束核，中脑内的黑质和红核等核团。

2. 白质

由大量的纤维束构成，其中主要的有丘系交叉、内侧丘系、脊髓丘脑束和锥体束，这些纤维束多位于脑干的腹侧部和外侧部。

3. 网状结构

位于脑干的中央部，与中枢神经系统各部有广泛的联系，也是上行非特异性投射系统的结构基础。

（三）第四脑室

位于延髓、脑桥和小脑之间的室腔。底即菱形窝，顶朝向小脑。第四脑室下续脊髓中央管，向上借中脑水管与第三脑室相通，向后下借一个正中孔和两个外侧孔与蛛网膜下隙相通。

二、小脑

位于颅后窝，脑干背侧，大脑枕叶的下方，通过小脑脚与脑干相连。延髓、脑桥与小脑之间的腔隙为第四脑室。

（一）小脑的外形

小脑上面较为平坦，前、中 1/3 交界处有一条呈“V”形的深沟称为原裂。两侧部膨大称小脑半球，中间部缩窄称小脑蚓（图 5-2-11）。

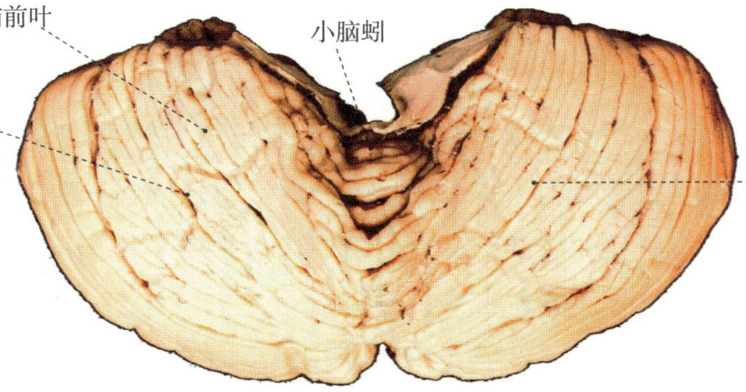

图 5-2-11　小脑背面观

小脑半球下面，靠近小脑蚓的两侧隆起突出称小脑扁桃体（图 5-2-12）。小脑扁桃体紧靠枕骨大孔，当颅内压急剧升高时，可被挤压而嵌入枕骨大孔内，压迫脊髓，危及生命，临床上称**小脑扁桃体疝**或枕骨大孔疝。

根据小脑的发生、功能及纤维联系，可将小脑分为绒球小结叶（古小脑）、前叶（旧小脑）和后叶（新小脑）3 叶。前叶接受来自脊髓的信息称脊髓小脑；后叶主要接受大脑皮质经脑桥核中继后的信息又称大脑小脑；绒球小结叶的纤维与脑干前庭神经核联系故又称前庭小脑。

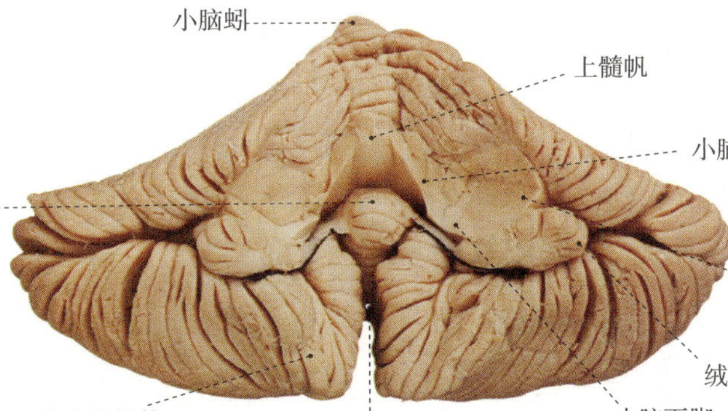

图 5-2-12　小脑前面观

（二）小脑的内部结构

小脑的灰质覆盖于表层，称小脑皮质。皮质深面的白质称小脑髓质。在小脑髓质中有 4 对灰质团块，统称为小脑核。

（三）小脑的功能

小脑的主要功能是维持身体平衡、调节肌张力和协调随意运动。绒球小结叶的主要功能是维持躯体的平衡，若该处受损，患者会表现出身体失衡如站不稳或走路步态蹒跚。小脑半球的主要功能是调节骨骼肌张力，协调各肌群的动作，若该处受损，患者表现为同侧肌张力下降、腱反射减弱和共济失调（如动作迟钝或不协调），如指鼻试验阳性等。

三、间脑

位于中脑和端脑之间，两侧和背面大部分被大脑半球所覆盖，仅腹侧下丘脑部分露于脑底。间脑包括背侧丘脑、上丘脑、下丘脑、后丘脑和底丘脑 5 部分。两侧间脑之间的矢状裂隙为第三脑室。

（一）背侧丘脑

背侧丘脑又称丘脑，是一对卵圆形的灰质团块，位于间脑的背侧份。其外侧为内囊，内侧参与组成第三脑室的侧壁。其内部有一“Y”形纤维板，将背侧丘脑分为前核群、内侧核群和外侧核群 3 部分。外侧核群腹侧份的后部，称腹后核。腹后核又分腹后内侧核和腹后外侧核，是躯体感觉传导通路的中继核，接受内侧丘系、脊髓丘系和三叉丘系发出的纤维。

（二）上丘脑

位于第三脑室顶部四周，包括松果体、髓纹和缰三角等。

（三）下丘脑

位于丘脑前下方，构成第三脑室下壁和侧壁下部，包括视交叉、灰结节、乳头体、漏斗和垂体等。

视交叉前接视神经，向后移行为视束，灰结节在其后，向下延伸为漏斗，漏斗末端连有垂体。乳头体是灰结节后方的一对隆起，与内脏活动有关。下丘脑中含有多个神经核团，重要的有视上核和室旁核。视上核位于视交叉上方，分泌加压素，有调节水盐代谢的作用；室旁核位于第三脑室侧壁，分泌催产素。二者同属神经内分泌核团，分泌的激素经漏斗输送至垂体后叶贮存或释放入血。

下丘脑是神经内分泌的中心，通过与垂体的密切联系，调节机体的内分泌活动。下丘脑也是皮质下自主神经活动的高级中枢，调节体温、摄食、生殖、水盐代谢及内分泌活动等。此外，下丘脑还参与调节情绪行为反应以及昼夜节律。

（四）后丘脑

位于丘脑枕的后下方，包括内侧膝状体和外侧膝状体。前者与听觉传导有关，后者与视觉传导相关联。

（五）底丘脑

为间脑和中脑的移行区。

（六）第三脑室

位于间脑正中的矢状裂隙，前借室间孔与侧脑室相通，向下经中脑导水管与第四脑室相通。

四、端脑

包括左、右大脑半球，是脑的最高级部位。人类大脑半球高度发展，笼罩在间脑、中脑和小脑上面。大脑半球和小脑之间近似水平位的裂隙为大脑横裂，纵行深沟为大脑纵裂，裂底有连接半球的白质板，称胼胝体。

（一）端脑的外形和分叶

大脑半球表面凹凸不平，有许多隆起的脑回和深陷的脑沟，脑回和脑沟是对大脑半球进行分叶和定位的重要标志。每侧大脑半球均可以分为上外侧面、内侧面和下面。每侧半球以 3 条较恒定的沟分为 5 叶（图 5–2–13）。

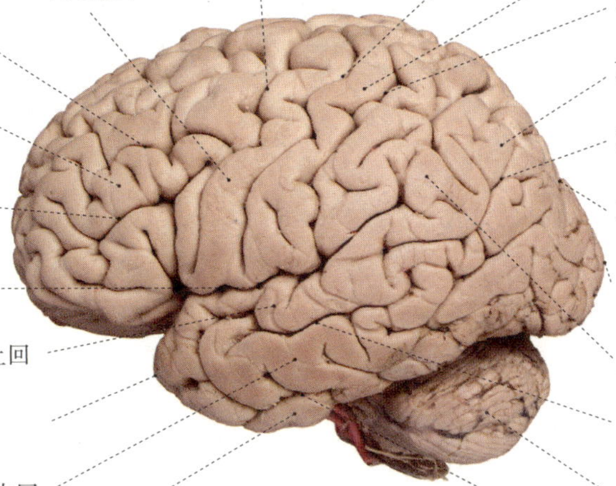

图 5–2–13　脑外侧面

3 条沟分别是：①外侧沟，起于半球下面，自前下斜向后上至上外侧面；②中央沟，起于半球上缘中点稍后方，斜向前下方终于外侧面；③顶枕沟，位于半球内侧面后部，胼胝体后端斜向后上转至上外侧面。

5 个叶分别是：①额叶，位于外侧沟上方和中央沟以前；②颞叶，位于外侧沟以下，枕叶之前，顶叶下方；③顶叶，位于中央沟后部，外侧沟以上，顶枕沟之前；④枕叶，位于半球后部，为顶枕沟与枕前切迹的连线；⑤岛叶，呈三角形，位于外侧沟深面，被额、顶、颞叶所掩盖（图 5–2–14，5–2–15）。

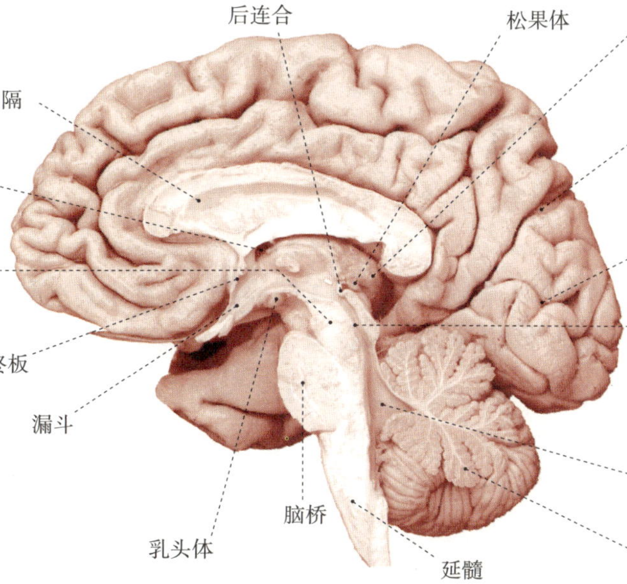

图 5–2–14　脑正中矢状面

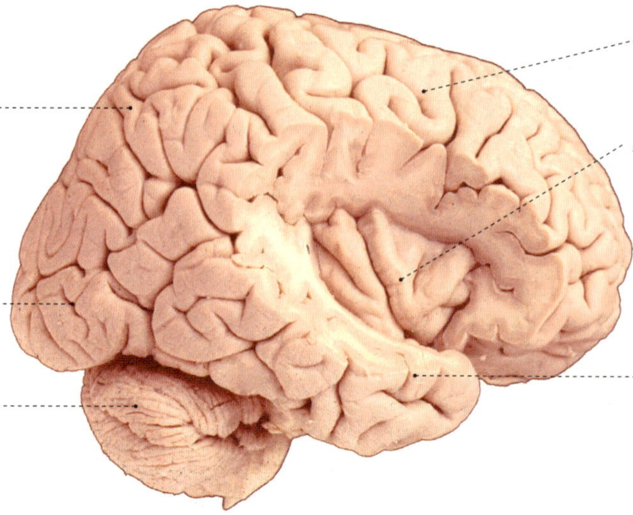

图 5-2-15　岛叶

（二）端脑的沟和回

大脑半球上外侧面中央沟前后分别有与之平行的中央前沟和中央后沟，三条脑沟之间分别是中央前回和中央后回。在额叶，自中央前沟中部，向前发出上、下两条大致与半球上缘平行的沟，分别是额上沟、额下沟，两沟将中央前回之前的额叶分为额上回、额中回、额下回。在颞叶，外侧沟的下方，有与之平行的颞上沟和颞下沟。颞上沟的上方为颞上回，自颞上回转入外侧沟内有2条短而横行的颞横回。颞上沟与颞下沟之间为颞中回，颞下沟的下方为颞下回。

大脑半球内侧面上部，由中央前、后回延伸至内侧面的部分称中央旁小叶。在中部，有前后方向弓向上的胼胝体，胼胝体以上有与之平行的扣带回。胼胝体后下方有与顶枕沟几乎垂直相交的距状沟。距状沟下方，自枕叶向前伸向颞叶的沟称侧副沟。侧副沟内侧的脑回为海马旁回，海马旁回的前端弯曲，称钩。扣带回、海马旁回和钩等结构共同构成边缘叶。

大脑半球下面，可见纵行的嗅束，其前端膨大称嗅球，与嗅神经相连，嗅束后端扩大为嗅三角。

（三）大脑半球的内部结构

大脑半球表层的灰质称大脑皮质，深部的白质称大脑髓质，位于髓质深部的灰质团块称基底核，大脑半球内部的腔隙称侧脑室。

1. 大脑皮质的功能定位

大脑皮质是中枢神经系统发育最复杂和最完善的部位。人类大脑皮质分层排列着数十亿神经元，它们组成人体运动、感觉的最高中枢以及语言、意识思维的物质基础。在人类长期进化过程中，大脑皮质的某些部位，逐渐形成执行某种功能的核心部位。这些完成某种反射的相对集中区，称大脑皮质的功能定位（图 5-2-16）。

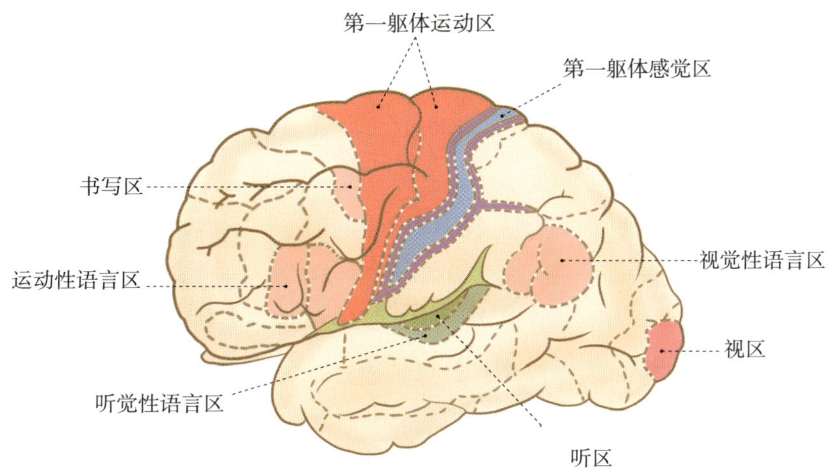

A. 外侧面观

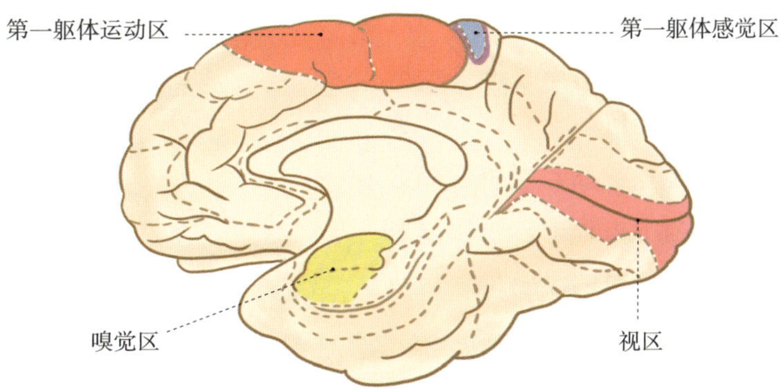

B. 内侧面观

图 5-2-16　大脑功能区

①躯体运动区：位于中央前回和中央旁小叶前部，管理对侧半身的骨骼肌运动。

②躯体感觉区：位于中央后回和中央旁小叶后部，接受对侧半身感觉传导纤维。

③视区：位于距状沟上、下方的枕叶皮质，一侧视区管理双眼对侧半视野。

④听区：位于颞横回，每侧的听觉中枢都接受来自两耳的冲动，以对侧为主。

⑤语言区：是人类特有的皮质区，位于优势半球，包括听、说、读、写等功能区。

拓展阅读

大脑竟有“偏科”，优势半球揭秘

你知道吗？我们的大脑存在优势半球。通常，多数人左侧大脑半球为优势半球。这是因为语言功能多定位于此，像说话、阅读、书写及逻辑思维等，都主要由左脑负责。比如，擅长语言表达、数学运算的人，左脑优势明显。

右脑虽不是优势半球，但也有独特作用。它主管空间认知、音乐感知、艺术鉴赏这类非语言信息处理。比如，画家对色彩、构图的把控，音乐家对旋律的感知，多依赖右脑。

大脑两半球通过胼胝体等结构相互协作、信息交流，共同完成各种复杂活动，左右脑的协同，让我们拥有丰富多元的思维与能力。

2. 基底核

基底核是大脑半球髓质内灰质团块的总称，因靠近基底部而得名，包括豆状核、尾状核、杏仁体等。豆状核和尾状核合称纹状体，是锥体外系的重要组成部分，在调节躯体运动中起重要作用。

3. 大脑髓质

由大量神经纤维组成，实现皮质各部之间以及皮质与皮质下结构间的联系，可分 3 类。连合纤维是联系左、右大脑半球的纤维，包括胼胝体、前连合和穹隆连合；联络纤维是联系同侧半球不同部位皮质的纤维；投射纤维是连接大脑皮质和皮质下各结构的上、下行纤维，它们大部分通过内囊。

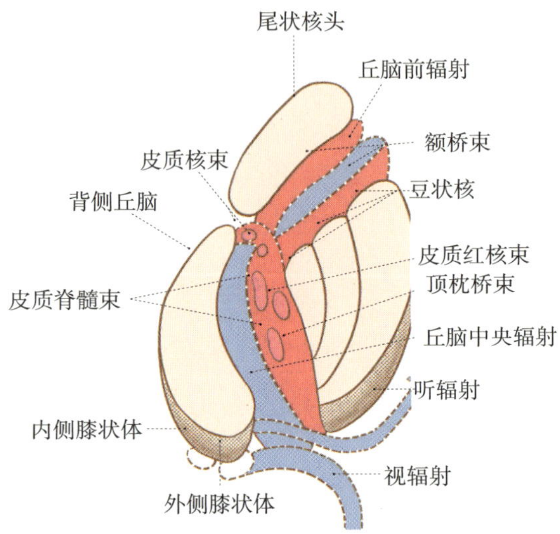

图 5-2-17　内囊

内囊是位于背侧丘脑、尾状核和豆状核之间的白质纤维板。在水平切面上，内囊呈开口向外的“><”形。内囊分内囊前肢、内囊膝、内囊后肢三部分。内囊前肢位于豆状核和尾状核之间，主要有额桥束通过；内囊后肢位于豆状核与背侧丘脑之间，主要有皮质脊髓束、丘脑中央辐射、视辐射和听辐射通过；内囊膝位于前、后肢的结合部，有皮质核束通过（图 5-2-17）。

4. 侧脑室

侧脑室位于大脑半球深部的腔隙，左右各一，分别借室间孔与第三脑室相通。室腔内有脉络丛，是脑脊液产生的部位。

五、脑和脊髓的被膜、血管、脑脊液循环及血脑屏障

（一）脑和脊髓的被膜

脑与脊髓的外部包裹着三层被膜，由外向内依次为硬膜、蛛网膜以及软膜，有支持、保护、营养脑和脊髓的作用。

1. 脊髓的被膜

（1）硬脊膜　硬脊膜为致密的结缔组织膜，厚而坚韧，呈管状包裹脊髓。上端附于枕骨大孔边缘，下端达第 2 骶椎水平。全长包绕脊髓和马尾，两侧在脊神经根穿出处延续为脊神经外膜。硬脊膜与椎管内骨膜之间的狭窄腔隙，称**硬膜外隙**，内有脊神经根、疏松结缔组织、脂肪、淋巴管和椎内静脉丛通过，略呈负压。临床上硬膜外麻醉即将麻药注入此腔，阻滞脊神经根的传导。

（2）脊髓蛛网膜　脊髓蛛网膜是硬脊膜内的一层透明结缔组织薄膜，紧贴硬脊膜内，也包绕脊髓和马尾。上端与脑蛛网膜直接延续，下端达第 2 骶椎水平。

（3）软脊膜　软脊膜为紧贴脊髓外面的一层结缔组织膜，表面富含血管。蛛网膜与软脊膜之间有一个稍宽阔的腔隙，称**蛛网膜下隙**，充满脑脊液。蛛网膜下隙在马尾周围扩大为终池。脊髓和马尾周围有脑脊液保护。

2. 脑的被膜

（1）硬脑膜　硬脑膜由颅骨内膜和硬膜合成，硬脑膜的血管和神经分布在两层之间。硬脑膜与颅顶骨结合较松，与颅底骨结合紧密。颅顶部外伤时，易在颅骨与硬脑膜间形成硬膜外血肿；颅底骨折时，往往连同硬脑膜和蛛网膜撕裂，造成严重的脑脊液外漏。

硬脑膜内层向内折叠形成几个板状结构伸入脑的各部之间，对脑有承托和固定作用。主要有：①大脑镰，呈镰刀状，矢状位垂直插入大脑纵裂内；②小脑幕，呈新月形，横向伸入大、小脑之间。其前缘游离，形成小脑幕切迹，前方有中脑通过。幕下有小脑、脑桥、延髓和第四脑室。当颅内压增高时，幕上的大脑海马旁回和钩可挤入小脑幕切迹下，压迫中脑，形成危及生命的小脑幕切迹疝（图 5–2–18）。

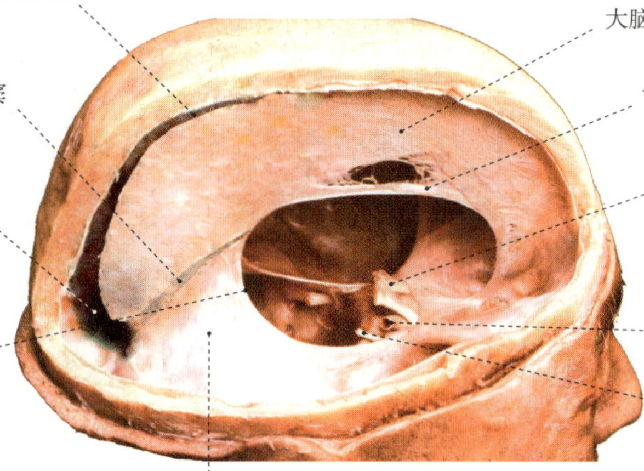

图 5–2–18　大脑镰和小脑幕

硬脑膜的一些部位，内、外两层分开，内面衬以内皮细胞，形成特殊的颅内静脉管道，称硬脑膜窦。脑的静脉血最后都注入硬脑膜窦。窦壁不含平滑肌，无收缩能力，硬脑膜窦损伤时，易造成严重的出血。

主要硬脑膜窦有：①上矢状窦，位于大脑镰上缘，自前向后汇入窦汇；②下矢状窦，较小，位于大脑镰下缘，自前向后汇入直窦；③直窦，位于大脑镰和小脑幕结合处，向后注入窦汇；④窦汇，是上矢状窦、直窦和横窦汇合处，位于枕内隆凸处；⑤横窦和乙状窦，横窦左右各一，自窦汇起，沿横窦沟向外，延续为乙状窦；⑥海绵窦，位于蝶鞍两侧，交通广泛，前有眼静脉汇入，后汇入乙状窦，两侧海绵窦还有海绵间窦交通。窦的外侧壁内面有动眼神经、滑车神经、眼神经和上颌神经经过，窦腔内有颈内动脉和展神经穿行。

（2）脑蛛网膜　脑蛛网膜是在硬脑膜下的一层透明薄膜，包绕整个脑，但不深入脑沟内。该膜与硬脑膜间有潜在的间隙，易于分离；与软脑膜间连有许多结缔组织小梁，其间为**蛛网膜下隙**。脑蛛网膜下隙通过枕骨大孔与脊髓蛛网膜下隙相通。蛛网膜下隙一般较狭窄，在某些部位扩大，称蛛网膜下池。重要的有小脑与延髓间的小脑延髓池，第四脑室的脑脊液流入该池后再流入蛛网膜下隙，临床上可经枕骨大孔进针作小脑延髓池穿刺抽取脑脊液。在上矢状窦等处，蛛网膜呈颗粒状突入窦内，称蛛网膜粒，脑脊液自此渗入硬脑膜窦内，是脑脊液回流的重要途径。

（3）软脑膜　软脑膜是紧贴脑表面的一层薄膜，血管丰富，并随大脑沟回的起伏深入脑沟内。在脑室附近，软脑膜、毛细血管丛和室管膜上皮共同突入脑室内形成**脉络丛**，是产生脑脊液的主要结构。

（二）脑和脊髓的血管

1. 脑的血管

（1）脑的动脉　颈内动脉起自颈总动脉，入颅后分出大脑前动脉、大脑中动脉等（图 5-2-19），主要供应大脑半球的前 2/3 和部分间脑。大脑中动脉起始处垂直发出一些细小的中央支，分布于内囊膝、内囊后肢、纹状体和背侧丘脑。在动脉硬化及高血压患者，中央支容易破裂，有“出血动脉”之称（图 5-2-20）。

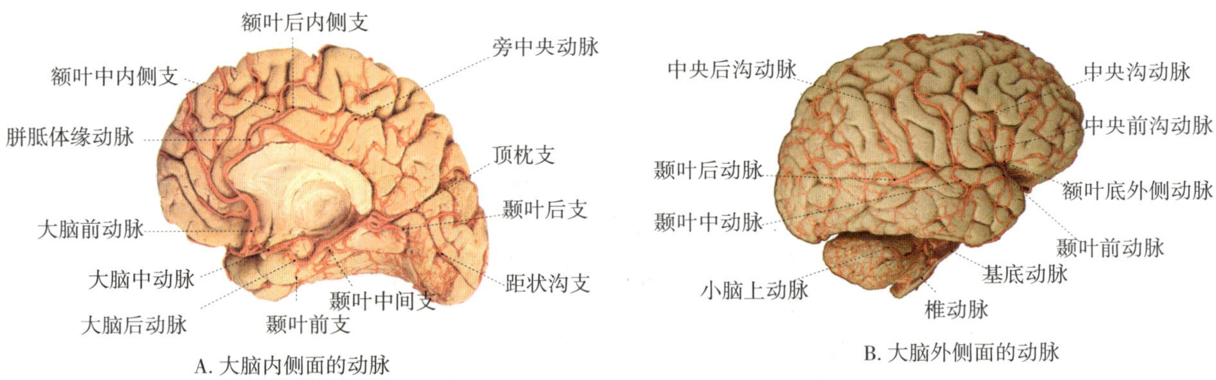

图 5-2-19　脑的动脉

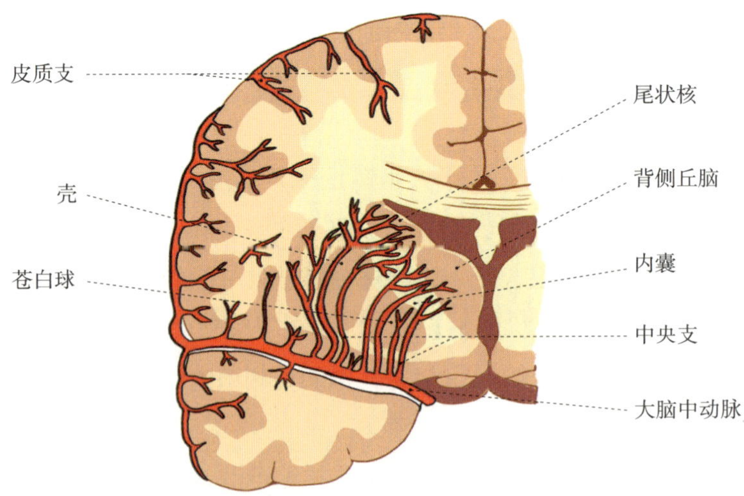

图 5-2-20　中央支

椎动脉起自锁骨下动脉，入颅后左、右椎动脉在脑桥基底部合并为一条基底动脉（通常将这两段动脉合称椎—基底动脉）。基底动脉至脑桥上缘分支为左、右大脑后动脉，分支供应大脑半球后 1/3、间脑后部、小脑和脑干。

大脑动脉环（Willis 环）由前交通动脉、大脑前动脉、颈内动脉、后交通动脉和大脑后动脉吻合而成，围绕视交叉、灰结节和乳头体。大脑动脉环将颈内动脉和椎—基底动脉联系在一起，也使左、右大脑半球的动脉相吻合。当动脉环某处发育不良或阻断时，可通过动脉环使血液重新分配，起到代偿作用以维持脑的血液供应（图 5-2-21）。

（2）脑的静脉　脑的静脉不与动脉伴行，管壁薄而无瓣膜，收集大脑、脑干和小脑的静脉血，分别注入各硬脑膜窦中。

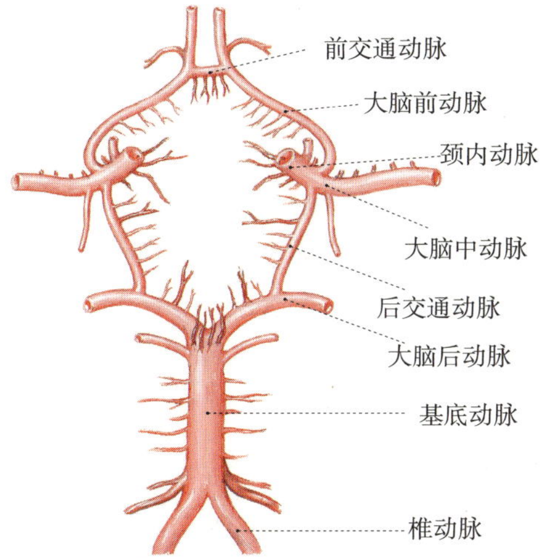

图 5-2-21　大脑动脉环

拓展阅读

神经系统的不速之客——脑中风

脑是人体最复杂的器官，宛如一座精密运转的超级“司令部”，掌控着我们生活的方方面面。它的重量虽仅约占人体体重的 2%，却消耗着人体约 20% 的能量，由此可见其在人体机能运作中的核心地位。

脑中风，包括缺血性脑中风和出血性脑中风。缺血性脑中风通常是由于脑血管堵塞，导致局部脑组织缺血缺氧而坏死；出血性脑中风则是脑血管破裂出血，压迫周围脑组织。无论是哪种类型，都可能给大脑带来严重的损伤，导致肢体瘫痪、言语障碍、认知障碍等后果。

点燃思考

脑中风的老人日常照护应注意哪些方面?

2. 脊髓的血管

（1）脊髓的动脉　脊髓的动脉来源为椎动脉和节段性动脉。椎动脉发出脊髓前、后动脉，沿脊髓表面下降。腰动脉与肋间后动脉发出节段性动脉，与脊髓前后动脉分支吻合成网，营养脊髓。在脊髓的胸 4、腰 1 节段，是两条动脉吻合的过渡地段，血供较差，如脊髓支的血供来源阻断，有可能发生横断性缺血坏死，称“危险区”（图 5-2-22）。

（2）脊髓的静脉　脊髓的静脉较动脉多而粗，脊髓内的小静脉汇合成脊髓前、后静脉，最后注入硬膜外隙的椎内静脉丛。

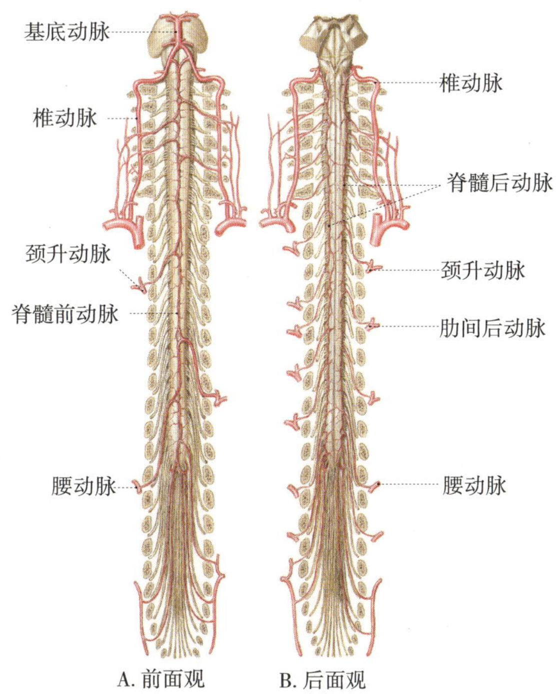

图 5-2-22 脊髓的动脉

（三）脑脊液循环

脑脊液是一种无色透明的液体，分布于脑室、脊髓中央管及蛛网膜下隙内，总量约 150mL。正常脑脊液呈动态平衡，侧脑室脉络丛产生的脑脊液，经室间孔入第三脑室，汇合第三脑室脉络丛产生的脑脊液，经中脑导水管入第四脑室，再汇合第四脑室脉络丛产生的脑脊液，自第四脑室正中孔和外侧孔不断流入小脑延髓池，继而流至蛛网膜下隙，通过蛛网膜粒渗入上矢状窦，最终汇入颈内静脉（图 5-2-23）。脑脊液有运送营养物质、带走代谢产物、缓冲压力、减少震荡和保护脑、脊髓的作用。

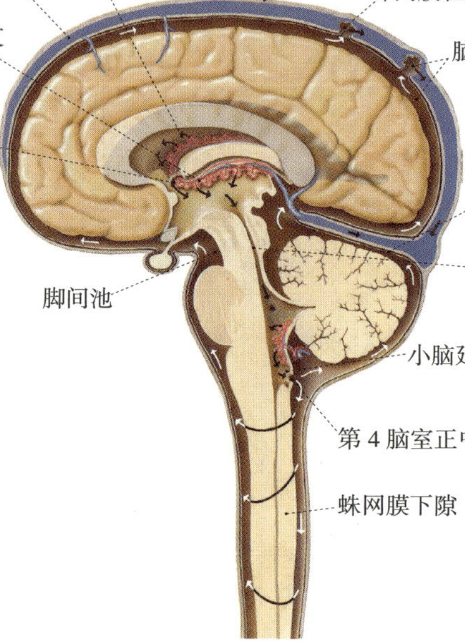

图 5-2-23　脑脊液循环

（四）血脑屏障

在中枢神经系统内，脑组织和毛细血管内的血液之间具有选择性通透作用的结构，称血脑屏障。血脑屏障的结构基础是由脑和脊髓的毛细血管内皮、基膜及神经胶质细胞的突起形成的胶质膜等。血脑屏障可阻止血液中的有害物质进入脑内，但允许营养物质和代谢产物通过。

任务四　认识周围神经系统

案例导入

李大爷，72 岁，长年糖尿病史，药物控糖不理想。近两周，突感双脚麻木，症状较轻并未重视。随后麻木感蔓至小腿，且伴有刺痛，夜间疼痛加剧，难入眠，同时双脚对冷热略感迟钝。

经查体发现双下肢的触、痛觉和温度觉均有不同程度减退，双足踝反射减弱。神经电生理检查显示神经传导速度明显减慢。同时，血液检查显示糖化血红蛋白水平显著升高，提示长期血糖控制不佳。最终诊断为糖尿病周围神经病变。

任务描述

1. 照护员密切关注李大爷病情体征的变化，定期上门问诊，提供日常基础照护。

2. 照护员帮助李大爷制定健康饮食措施和控糖计划表，定期提醒李大爷进行适度活动。

知识殿堂

扫码查看课件。

扫一扫

周围神经系统包括脊神经、脑神经和内脏神经 3 部分。脊神经借前后根与脊髓相连，分布于躯干和四肢。脑神经与脑相连，主要分布于头面部。随脑神经、脊神经走行的内脏神经纤维，分布于内脏、心血管和腺体。

一、脊神经

脊神经共 31 对，包括颈神经 8 对、胸神经 12 对、腰神经 5 对、骶神经 5 对和尾神经 1 对。脊神经由前根和后根在椎间孔处汇合而成。前根属于运动性，借前根根丝与脊髓前外侧沟相连；后根属于感觉性，借后根根丝与脊髓后外侧沟相连，后根上有假单极神经元胞体聚集而成的脊神经节。

脊神经是混合性神经，均含有感觉神经纤维和运动神经纤维两种纤维成分。感觉神经纤维分为躯体感觉神经纤维和内脏感觉神经纤维两部分，运动神经纤维分为躯体运动神经纤维和内脏运动神经纤维两部分。因此，脊神经含有 4 种神经纤维成分：①躯体感觉纤维，分布于皮肤、骨骼肌、肌腱和关节；②内脏感觉纤维，分布于内脏、心血管和腺体；③躯体运动纤维，支配骨骼肌运动；④内脏运动纤维，支配平滑肌、心肌运动和腺体的分泌等。

脊神经出椎间孔后，立即分为前支、后支、脊膜支和交通支。脊膜支经椎间孔又返回椎管内，分布于脊膜。交通支连于脊神经与交感干（连结交感神经椎旁节的串珠样结构）之间。脊神经后支一般较细小，向后分布于躯干背侧的皮肤及深层肌肉。脊神经前支粗大，分布于躯干前外侧和四肢的皮肤和肌肉。除第 2 ~ 11 胸神经前支保持着明显的节段性外，其余的前支交织成颈丛、臂丛、腰丛和骶丛，再由各丛发出分支分布于相应区域。

（一）颈丛

1. 颈丛的组成和位置

颈丛由第 1 ~ 4 颈神经前支组成，位于胸锁乳突肌上部的深面（图 5-2-24）。

2. 颈丛的主要分支

分支有皮支和肌支。

（1）皮支　由胸锁乳突肌后缘中点附近穿出，呈放射状分布于周围皮肤及浅层结构，其分支有枕小神经、耳大神经、颈横神经、锁骨上神经，分别走向枕部、耳部、颈前部、颈外侧部、肩部及胸壁上部，传导相对应区域的皮肤感觉冲动。临床常在胸锁乳突肌后缘中点做颈部浅层结构浸润麻醉的阻滞点。

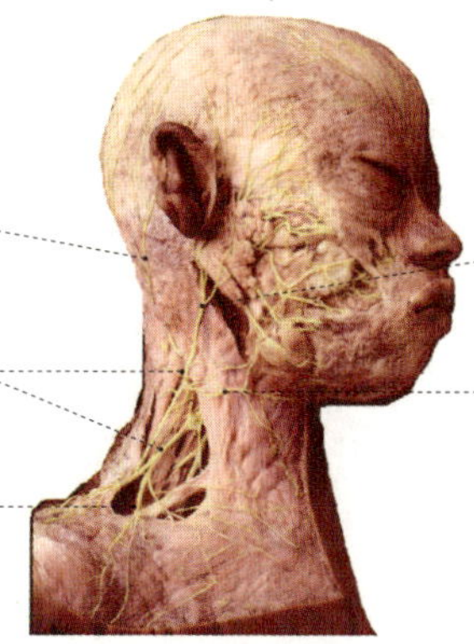

图 5-2-24　颈丛

（2）肌支　颈丛最重要的分支为膈神经。膈神经为混合性神经，发出后斜经前斜角肌前面下降至其内侧，穿锁骨下动、静脉之间入胸腔，经肺根前方，沿纵隔下行至膈肌。其运动纤维支配膈肌，感觉纤维分布于心包、纵隔胸膜、膈胸膜和膈下的腹膜。右膈神经的感觉纤维还分布于肝和胆囊表面的腹膜。膈神经损伤可致同侧膈瘫痪，腹式呼吸减弱或消失，引起呼吸困难。膈神经受刺激使膈肌痉挛性收缩，产生呃逆。

（二）臂丛

1. 臂丛的组成和位置

臂丛由第 5 ～ 8 颈神经前支及第 1 胸神经前支的一部分组成（图 5-2-25）。臂丛自斜角肌间隙穿出，行于锁骨下动脉后上方，经锁骨后方进入腋窝，行程中臂丛纤维经过分离组合，最后围绕腋动脉形成内侧束、外侧束及后束，分布于胸、背浅层肌及上肢肌和皮肤。在锁骨中点后方，臂丛各分支较集中，位置较浅，为进行臂丛阻滞麻醉的部位。

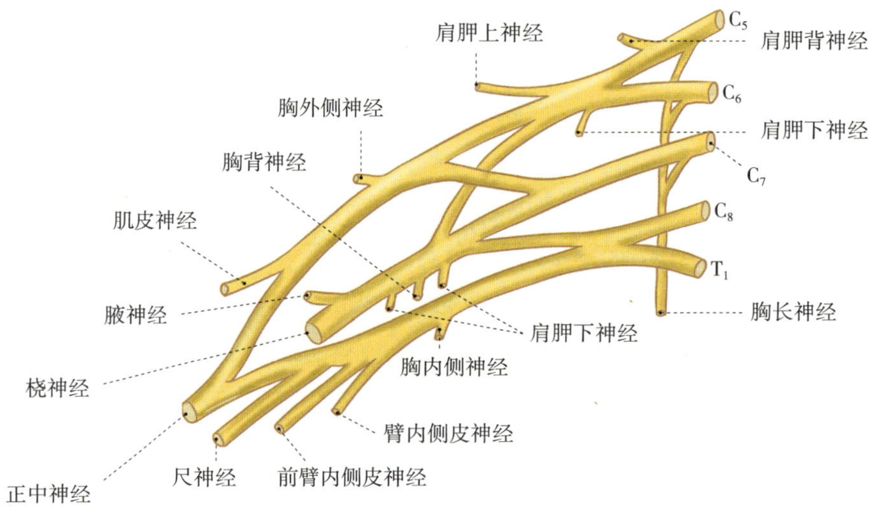

图 5-2-25 臂丛

2. 臂丛的主要分支

（1）胸长神经　于锁骨上方发于臂丛，沿前锯肌表面下降并支配此肌。此神经损伤，前锯肌麻痹，表现为“翼状肩”，上肢上举困难。

（2）肌皮神经　自臂丛外侧束发出后，斜穿喙肱肌，经肱二头肌与肱肌之间下行，并发出分支支配上述三肌。终支在肘关节稍上方的外侧，穿出深筋膜，改名为前臂外侧皮神经，分布于前臂外侧皮肤。

（3）正中神经　发自臂丛内、外侧束，沿肱二头肌内侧下行到肘窝，继而沿前臂正中下行，经腕至手掌。正中神经在肘部和前臂发出肌支支配除肱桡肌、尺侧腕屈肌和指深屈肌尺侧半以外所有前臂屈肌及旋前肌；在手掌，支配除拇收肌以外的鱼际肌和第 1、2 蚓状肌。发出皮支分布于手掌桡侧 2/3、桡侧 3 个半指掌面及其背面中节和远节的皮肤。

（4）尺神经　发自臂丛内侧束，沿肱二头肌随肱动脉下行，在臂中部向后下经肱骨尺神经沟进入前臂，沿尺动脉的内侧进入腕部。尺神经在前臂发出肌支，支配尺侧腕屈肌和指深屈肌尺侧半。深支支配小鱼际肌、拇收肌、全部骨间肌及第 3、4 蚓状肌。浅支在手掌分布于小鱼际的皮肤和尺侧 1 个半指皮肤，手背支分布于手背尺侧半及尺侧 2 个半指皮肤。

（5）桡神经　发自臂丛后束，在腋动脉后方，伴肱深动脉向后，肱三头肌深面紧贴肱骨体的桡神经沟向外下走行，到肱骨外上髁前方分为浅支与深支。浅支伴桡动脉下行，至前臂中、下 1/3 交界处转向手背，深支主要为肌支。桡神经肌支支配肱三头肌、肱桡肌及前臂后群肌，皮支分布于臂、前臂背侧和手背桡侧半及桡侧 2 个半手指皮肤。

（6）腋神经　发自臂丛后束，向后绕肱骨外科颈至三角肌深面。其肌支支配三角肌和小圆肌；皮支绕三角肌后缘分布于肩部和臂部上 1/3 外侧面皮肤（图 5–2–26）。

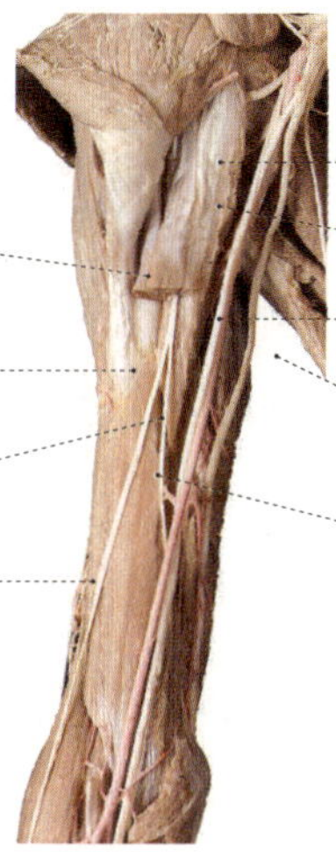

A. 正中神经和尺神经

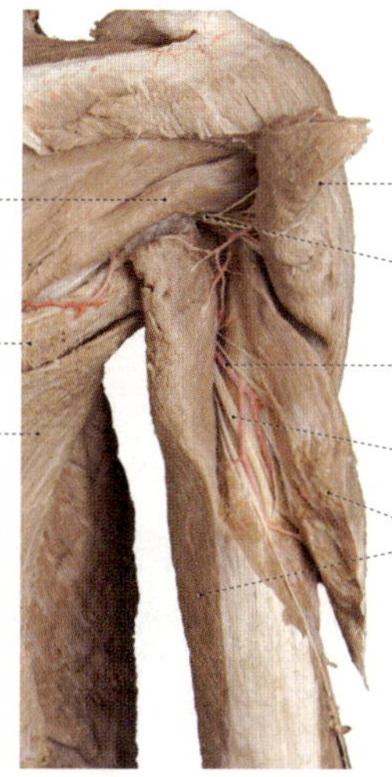

B. 桡神经和腋神经

图 5–2–26　臂丛的分支

（三）胸神经前支

胸神经前支共 12 对，其中除第 1 对的大部分和第 12 对的小部分分别参与臂丛和腰丛的组成外，其余均不形成神经丛。第 1 ～ 11 对胸神经前支均各自位于相应的肋间隙中，称肋间神经。第 12 胸神经前支的大部分位于第 12 肋下缘，故称肋下神经。

肋间神经和肋下神经的肌支支配肋间肌和腹肌的前外侧群，皮支分布于胸、腹壁的皮肤，还发出分支分布于胸膜和腹膜壁层。胸神经皮支在胸、腹壁的分布具有明显的节段性，呈环形条带状分布。其分布规律是：T2 分布于胸骨角平面，T4 分布于乳头平面，T6 分布于剑突平面，T8 分布于肋弓平面，T10 分布于脐平面，T12 分布于脐至耻骨联合上缘连线中点平面（图 5–2–27）。

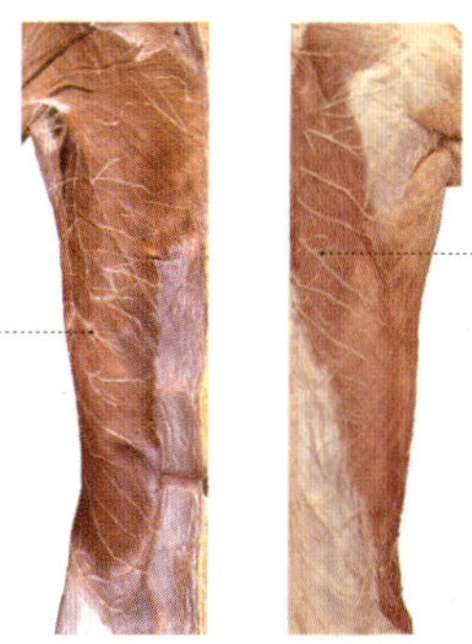

A. 前面观　B. 后面观

图 5–2–27　胸神经节段性分布

（四）腰丛

1. 腰丛的组成和位置

腰丛由第 12 胸神经前支一部分及第 1 ～ 3 腰神经前支和第 4 腰神经前支一部分组成。腰丛位于腰大肌之中及其后方，其分支分别自腰大肌穿出。

2. 腰丛的主要分支

（1）髂腹下神经及髂腹股沟神经　以共同的神经干发自腰丛，再分为平行的两细支，经腰方肌前面平行向外下，至髂嵴上方，进入腹横肌与腹内斜肌之间前行。髂腹下神经最终于腹股沟浅环上方穿腹外斜肌腱膜浅出于皮下。髂腹股沟神经于腹股沟韧带中点附近进入腹股沟管，并随精索或子宫圆韧带穿出浅环，分布于男性阴茎根部及阴囊（或女性大阴唇）皮肤。

（2）生殖股神经　贯穿腰大肌，分为生殖支和股支。生殖支入腹股沟管随精索走行，支配提睾肌；股支分布于股三角附近皮肤。

（3）股外侧皮神经　自腰大肌外侧缘向外下，经腹股沟韧带深面入股部，分布于大腿外侧面的皮肤。

（4）股神经　为腰丛中最大的分支，在腰大肌外侧缘和髂肌之间下行，经腹股沟韧带深面进入股三角内，位于股动脉外侧，分为数支。其中肌支支配耻骨肌、股四头肌及缝匠肌等；皮支分布于大腿前皮肤，其中最长的皮支为隐神经。隐神经与大隐静脉伴行，向下分布于小腿内侧面及足内侧缘皮肤（图 5-2-28）。

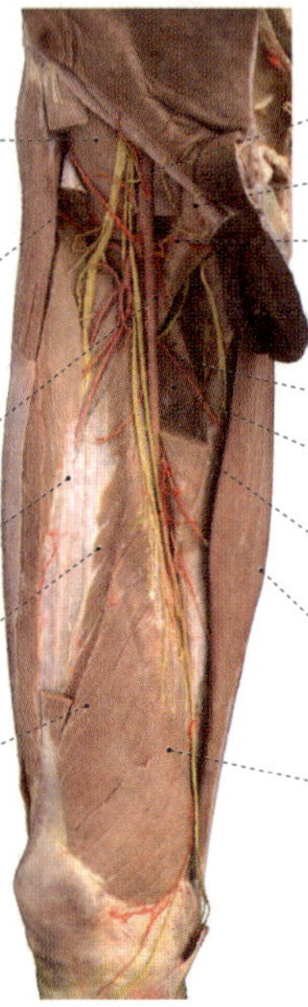

图 5-2-28　股神经

（五）骶丛

1. 骶丛的组成和位置

骶丛由腰骶干（第 4 腰神经前支余部和第 5 腰神经前支）、全部骶神经前支及尾神经前支组成，骶丛位于盆腔内，骶骨及梨状肌前面，其主要部分略呈三角形，尖端向下，移行为坐骨神经。

2. 骶丛的主要分支

（1）臀上神经　经梨状肌上孔向后出骨盆，支配臀中、小肌及阔筋膜张肌。

（2）臀下神经　经梨状肌下孔向后出骨盆，支配臀大肌。

（3）阴部神经　分布于肛门、会阴部和外生殖器的肌肉和皮肤。

（4）坐骨神经　为全身最粗大、最长的神经。经梨状肌下孔出盆腔，在臀大肌深面下行，经大转子与坐骨结节之间下行至大腿后面，于股二头肌深面下降，至腘窝上方分为胫神经和腓总神经（图 5-2-29）。

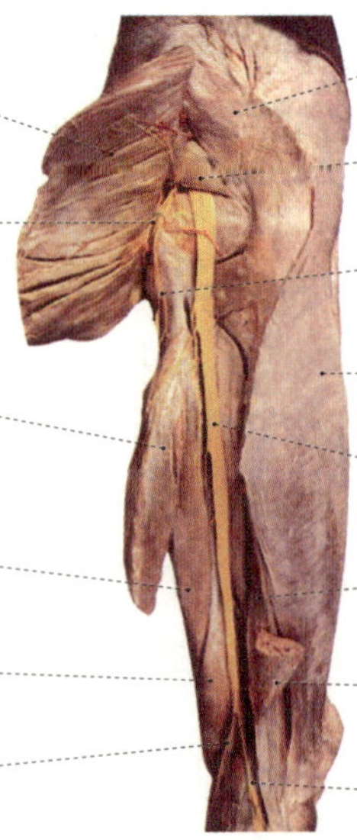

图 5-2-29　坐骨神经

胫神经沿腘窝中线下降，在比目鱼肌深面

伴胫后动脉下行，经内踝后方到达足底，分为足底内侧神经和足底外侧神经。胫神经在小腿分支分布于膝关节、小腿肌后群及小腿后面的皮肤。足底内、外侧神经分布于足底肌和皮肤。

腓总神经沿腘窝外侧缘下降，绕腓骨颈外侧向前，到小腿前面分为腓浅神经和腓深神经。

二、脑神经

脑神经共 12 对，与脑相连，一般用罗马数字表示序号（表 5-2-1）。根据脑神经中所含纤维成分的不同，将脑神经分为感觉性神经（Ⅰ、Ⅱ、Ⅷ）、运动性神经（Ⅲ、Ⅳ、Ⅵ、Ⅺ、Ⅻ）、既有感觉性神经纤维又有运动性神经纤维的混合性神经（Ⅴ、Ⅶ、Ⅸ、Ⅹ）（图 5-2-30）。

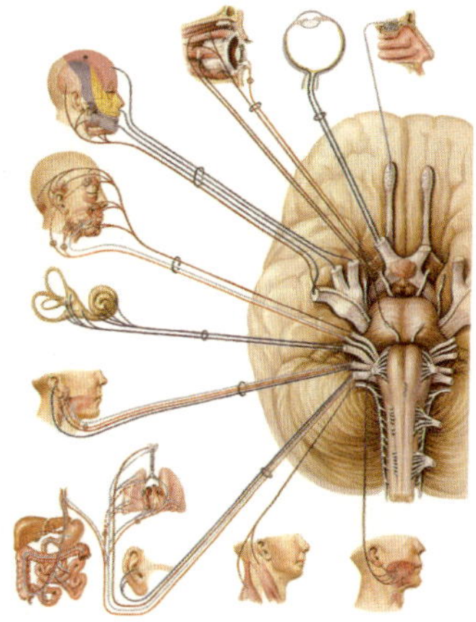

图 5-2-30 脑神经

组成脑神经的纤维成分包括躯体感觉纤维、内脏感觉纤维、躯体运动纤维、内脏运动纤维 4 种。脑神经中的内脏运动纤维均为副交感神经纤维。

表 5-2-1 脑神经的性质、连脑和出入颅位置

顺序	名称	性质	连脑部位	出入颅腔的部位
Ⅰ	嗅神经	感觉性	端脑	筛孔
Ⅱ	视神经	感觉性	间脑	视神经管
Ⅲ	动眼神经	运动性	中脑	眶上裂
Ⅳ	滑车神经	运动性	中脑	眶上裂
Ⅴ	三叉神经	混合性	脑桥	眼神经穿过眶上裂；上颌神经穿过圆孔；下颌神经穿过卵圆孔
Ⅵ	展神经	运动性	脑桥	眶上裂
Ⅶ	面神经	混合性	脑桥	内耳门→内耳道→面神经管→茎乳孔
Ⅷ	前庭蜗神经	感觉性	脑桥	内耳道→内耳门
Ⅸ	舌咽神经	混合性	延髓	颈静脉孔
Ⅹ	迷走神经	混合性	延髓	颈静脉孔
Ⅺ	副神经	运动性	延髓	颈静脉孔
Ⅻ	舌下神经	运动性	延髓	舌下神经管

（一）嗅神经

为感觉性神经，传导嗅觉冲动。由鼻黏膜区内嗅细胞的中枢突组成，向上穿过筛孔进入颅内，止于端脑的嗅球。

（二）视神经

为感觉性神经，传导视觉冲动。由视网膜节细胞轴突在视神经盘处聚集而成，向后经视神经管进入颅腔，经视交叉、视束止于外侧膝状体。

（三）动眼神经

为运动性神经，含有躯体运动和内脏运动两种纤维。自脚间窝发出，穿过海绵窦，经眶上裂入眶。躯体运动纤维支配除外直肌和上斜肌之外的所有眼球外肌；内脏运动纤维支配瞳孔括约肌

和睫状肌（图 5-2-31）。

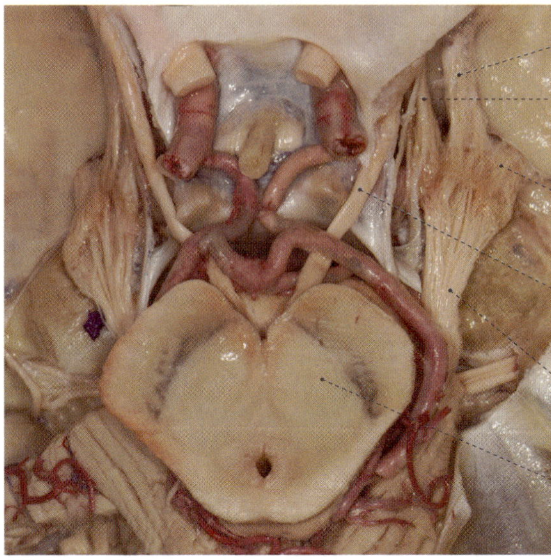

图 5-2-31　动眼神经

（四）滑车神经

为运动性神经，由丘脑下丘的下方发出，绕大脑脚外侧，向前穿过海绵窦，经眶上裂入眶，支配上斜肌。

（五）三叉神经

为混合性神经，是最粗大的脑神经，内含躯体感觉和躯体运动两种纤维。躯体感觉纤维起自三叉神经节，中枢突终于三叉神经感觉核，周围突组成眼神经、上颌神经和下颌神经 3 大分支，躯体运动纤维随下颌神经走行支配咀嚼肌等。

1. 眼神经

为感觉性神经，经眶上裂入眶。分布于眼球、泪腺、结膜和鼻背及睑裂以上的皮肤等处。

2. 上颌神经

为感觉性神经，经圆孔出颅，经眶下裂入眶，延伸为眶下神经，然后沿眶下壁向前穿眶下孔至面部。分布于上颌窦、鼻腔和口腔顶的黏膜以及上颌牙和牙龈、睑裂与口裂之间的皮肤等处。

3. 下颌神经

为混合性神经，经卵圆孔出颅。感觉纤维分布于下颌牙和牙龈、舌前 2/3 黏膜以及颞部和口裂以下的皮肤等处，运动纤维支配咀嚼肌。

（六）展神经

为运动性神经，起自脑桥的展神经核，自延髓脑桥沟中点的两侧出脑，向前穿过海绵窦，经眶上裂入眶，支配外直肌。

（七）面神经

为混合性神经，含有 4 种纤维：①躯体运动纤维分布于面部表情肌；②内脏运动纤维分布于泪腺、下颌下腺和舌下腺；③内脏感觉纤维分布于舌前 2/3 味蕾；④躯体感觉纤维分布于耳部皮肤和表情肌。

（八）前庭蜗神经

为感觉性神经，包括前庭神经和蜗神经。前庭神经经内耳门入颅，分支分布于球囊斑、椭圆囊斑和壶腹嵴，传导头颈部位置觉。蜗神经经内耳门入颅，伴前庭神经入脑桥，分支分布于螺旋器，传导听觉。

（九）舌咽神经

为混合性神经，经颈静脉孔出颅。含有 4 种纤维：①躯体运动纤维支配咽肌；②内脏运动纤维管理腮腺的分泌活动；③内脏感觉纤维大多分布于咽与舌后 1/3 的黏膜和味蕾，传导一般感觉与味觉，少量分布于颈动脉窦和颈动脉小球，参与血压和呼吸的反射性调节；④躯体感觉纤维分布于耳后皮肤。

（十）迷走神经

为混合性神经，是行程最长、分布最广泛的脑神经。含有 4 种纤维：①躯体运动纤维支配咽喉肌；②内脏运动纤维主要分布于颈、胸和腹部多种脏器，控制平滑肌、心肌和腺体的活动；③内脏感觉纤维主要分布于颈、胸和腹部多种脏器，传导内脏感觉；④躯体感觉纤维主要分布于硬脑膜、耳郭和外耳道，传导一般感觉。

迷走神经自延髓橄榄的后方出脑，与舌咽神经及副神经一起经颈静脉孔出颅腔，经胸廓上口入胸腔。在胸腔内，延续为前干和后干，两干向下穿食管裂孔进入腹腔。主要分支有：

1. 喉上神经　沿颈内动脉内侧下行，在舌骨大角平面分为内、外 2 支，内支分布于声门裂以上的喉黏膜，外支支配环甲肌。

2. 颈心支　分上、下两支，沿颈总动脉下降至胸腔，参与心丛的组成。分支分布于心传导系、心肌和心冠状动脉等。

3. 喉返神经　两侧喉返神经走行差异较大。左喉返神经在其主干跨过主动脉弓前方时发出，绕主动脉弓下方上行，返回颈部；右喉返神经在主干经过右锁骨下动脉前方时发出，勾绕此动脉上行，返回颈部。两侧的喉返神经均上行分布于喉肌（环甲肌除外）及声门裂以下黏膜。损伤后可出现声音嘶哑，甲状腺手术时，注意保护此神经。

（十一）副神经

为运动性神经，经颈静脉孔出颅，支配胸锁乳突肌和斜方肌。

（十二）舌下神经

为运动性神经，从延髓前外侧沟发出，经舌下神经管出颅，支配舌肌。一侧舌下神经损伤，患侧颏舌肌瘫痪，伸舌时舌尖会偏向患侧。

三、内脏神经

主要分布于内脏、心血管和腺体，分为内脏运动神经和内脏感觉神经两部分。

（一）内脏运动神经

内脏运动神经调节内脏、心血管的运动和腺体的分泌，以控制和调节物质代谢活动，通常不受人的意志控制，故又称自主神经或植物神经。依据形态和功能特点，内脏运动神经可分为交感神经和副交感神经两部分（表 5-2-2）。

表 5-2-2 交感神经和副交感神经的对比

比较项目	交感神经	副交感神经
低级中枢部位	脊髓 T1 ~ L3 节段灰质侧角	脑干内副交感神经核、脊髓的骶副交感核
周围神经节	椎旁神经节和椎前神经节	器官旁节和器官内节
节前、节后纤维	节前纤维短、节后纤维长	节前纤维长、节后纤维短
分布范围	分布范围广泛，全身血管和内脏器官的平滑肌、心肌、腺体、竖毛肌、瞳孔开大肌等	分布范围局限，大部分的血管、汗腺、竖毛肌和肾上腺髓质都没有副交感神经支配

（二）内脏感觉神经

内脏感觉神经分布于内脏及心血管，参与完成排尿、排便等内脏反射，其感觉冲动经脑干传至大脑皮质，产生内脏感觉。

拓展阅读

刷牙可以预防三叉神经痛

三叉神经与口腔感觉和咀嚼功能紧密相关。保持口腔卫生至关重要，每天早晚正确刷牙，饭后漱口，可预防口腔疾病累及三叉神经。在饮食方面，要避免食用过硬食物，防止咀嚼时过度用力，对三叉神经造成损伤，引发三叉神经痛。

点燃思考

血—脑屏障在哪些疾病的治疗中会成为阻碍？

任务五　了解神经系统的主要传导通路

案例导入

赵奶奶，80 岁，因突发右侧肢体无力、言语不清被送往医院。体检：右侧鼻唇沟变浅，口角歪向左侧，伸舌时舌尖偏向右侧。右侧上肢和下肢无法自主活动，肌张力增高，腱反射亢进。双眼右侧半视野偏盲。CT 检查：左侧内囊区可见一不规则形高密度影，累及内囊前肢、膝部及后肢，范围约 3.0 cm × 2.5 cm × 2.2 cm，出血灶边界清晰，周围可见低密度水肿带，宽度约 0.4 cm。诊断为左侧内囊区急性脑出血。入院后病情稳定，神经功能障碍无进行性加重情况，经内科保守治疗后恢复良好，遂出院回家中休养。

任务描述

1. 照护员帮助解释左侧内囊出血为何出现上述症状？

2. 照护员帮助赵奶奶制订康复训练计划。

知识殿堂

扫码查看课件。

扫一扫

神经系统的传导通路是指从感受器到大脑皮质中枢，或从大脑皮质中枢到效应器之间传导神经冲动的途径。其中，将感觉冲动从感受器传到大脑皮质中枢并产生感觉的途径，称感觉传导通路（上行传导通路）；将运动冲动从大脑皮质中枢传到效应器，引发相应的生理效应的途径，称运动传导通路（下行传导通路）。

一、感觉传导通路

（一）躯干和四肢的意识性本体感觉和精细触觉传导通路

本体感觉又称深感觉，是指肌肉、肌腱、关节等器官在机体不同状态时产生的位置觉、运动觉和震动觉。精细触觉是指皮肤感受器接受刺激后，能够辨别两点间距离和物体纹理粗细等细节特征。此传导通路由 3 级神经元组成（图 5-2-32）。

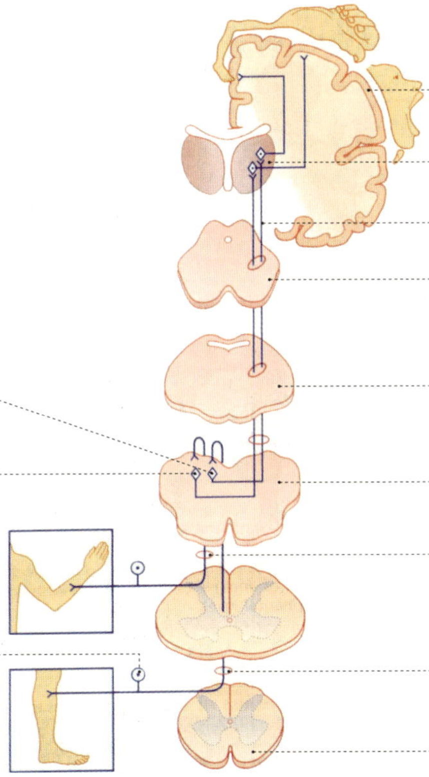

图 5-2-32　躯干和四肢的意识性本体感觉和精细触觉传导通路

第 1 级神经元为脊神经节内的假单极神经元，其周围突分布于肌肉、肌腱、关节等器官的本体感觉感受器和皮肤的精细触觉感受器，中枢突进入同侧脊髓后索。其中，来自第 5 胸节以下的纤维形成薄束；来自第4胸节以上的纤维形成楔束，两束上行至延髓，分别止于薄束核和楔束核。

第2级神经元的胞体位于薄束核和楔束核，此二核发出的纤维左右交叉，称丘系交叉，交叉后的纤维向上组成内侧丘系，经脑干止于背侧丘脑的腹后外侧核。

第3级神经元的胞体位于腹后外侧核，此核发出的纤维经内囊后肢投射到大脑皮质中央后回的上2/3和中央旁小叶后部。

（二）躯干和四肢的痛温觉、粗触觉和压觉传导通路

痛觉、温度觉、粗触觉和压觉又称浅感觉。此传导通路由3级神经元组成（图5-2-33）。

第1级神经元为脊神经节内的假单极神经元，其周围突分布于躯干和四肢皮肤内的感受器，中枢突进入同侧脊髓后角。

第2级神经元的胞体位于脊髓后角，由此发出的纤维上升1～2个脊髓节段，交叉到对侧的外侧索和前索内上行，分别组成脊髓丘脑侧束（传导痛温觉）和脊髓丘脑前束（传导粗触觉和压觉），向上经脑干止于背侧丘脑的腹后外侧核。

第3级神经元的胞体位于腹后外侧核，此核发出的纤维经内囊后肢投射到大脑皮质中央后回的上2/3和中央旁小叶后部。

（三）头面部的痛温觉、粗触觉和压觉传导通路

此通路传导头面部皮肤和口鼻黏膜的浅感觉，由3级神经元组成（图5-2-33）。

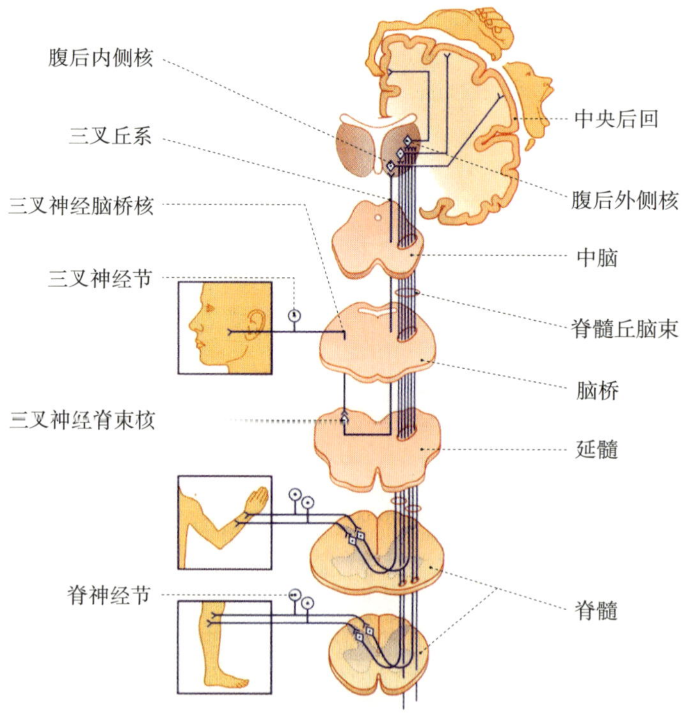

图5-2-33　痛温觉、粗触觉和压觉传导通路

第1级神经元为三叉神经节内的假单极神经元，其周围突分布于头面部皮肤和口鼻黏膜的感受器，中枢突进入脑桥，终止于三叉神经感觉核群。

第2级神经元的胞体位于三叉神经感觉核群内，发出的纤维交叉到对侧，形成三叉丘系，止

于背侧丘脑的腹后内侧核。

第 3 级神经元的胞体位于腹后内侧核，此核发出的纤维经内囊后肢投射到大脑皮质中央后回的下 1/3。

（四）视觉传导通路

此传导通路由 3 级神经元组成（图 5-2-34）。

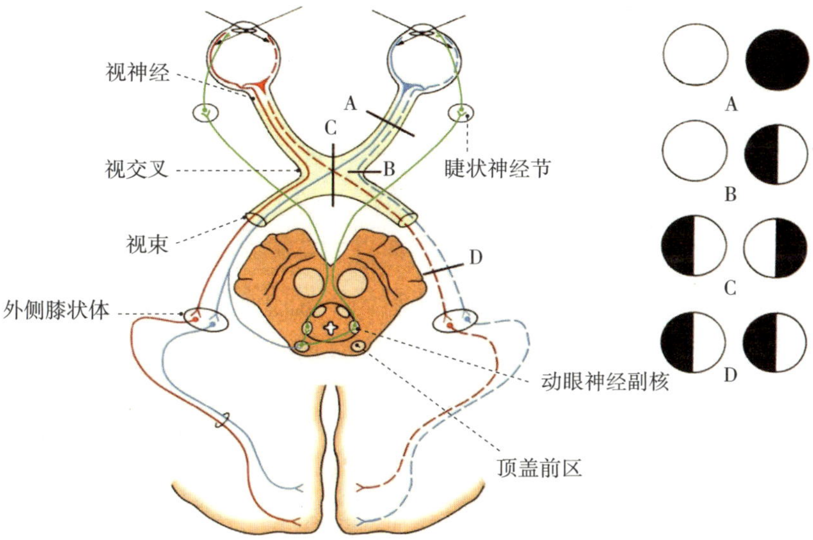

图 5-2-34　视觉传导通路

第 1 级神经元为视网膜中层的双极细胞，它们接受来自视锥细胞和视杆细胞产生的视觉冲动并传递给节细胞。

第 2 级神经元为节细胞，其轴突在视神经盘处汇集并穿出眼球壁形成视神经，经视神经管进入颅腔，形成视交叉后延续为视束。在视交叉中，来自双眼视网膜鼻侧半的纤维交叉，来自双眼视网膜颞侧半的纤维不交叉。视束绕过大脑脚向后终止于外侧膝状体。

第 3 级神经元的胞体位于外侧膝状体内，由外侧膝状体核发出的纤维组成视辐射，经内囊后肢投射到距状沟两侧的视区皮质。

拓展阅读

视觉传导通路损伤

视野是指当眼球固定向前平视时，所能看到的空间范围。视觉传导通路不同部位的损伤，可引起不同的视野缺损：①一侧视神经受损可导致患侧眼视野全盲。②视交叉中的交叉纤维受损可导致双眼视野颞侧半偏盲；③一侧视束、视辐射、视区皮质等受损，可导致双眼对侧半视野同向性偏盲；④一侧视交叉外侧部的不交叉纤维受损可导致患侧眼视野的鼻侧半偏盲（图 5-2-34）。

二、运动传导通路

运动传导通路分为锥体系和锥体外系。

（一）锥体系

锥体系控制骨骼肌的随意运动，由上运动神经元和下运动神经元组成。上运动神经元的胞体位于大脑皮质内。下运动神经元的胞体位于脊髓和脑干内，发出的轴突参与脊神经和脑神经的组成。

1. 皮质脊髓束

上运动神经元的胞体位于大脑皮质中央前回上 2/3 和中央旁小叶前部，其轴突组成皮质脊髓束，经内囊后肢、中脑、脑桥下行至延髓锥体。在锥体的下端，大部分纤维左、右交叉形成锥体交叉，交叉后的纤维沿脊髓外侧索下行，形成皮质脊髓侧束，沿途发出侧支，逐节止于脊髓灰质前角；小部分纤维不交叉，在同侧的脊髓前索下行，形成皮质脊髓前束，该束只到达胸节，止于同侧和对侧的脊髓灰质前角。下运动神经元为脊髓灰质前角运动神经元，其轴突参与脊神经前根的组成，随脊神经分布于躯干和四肢的骨骼肌（图 5-2-35）。

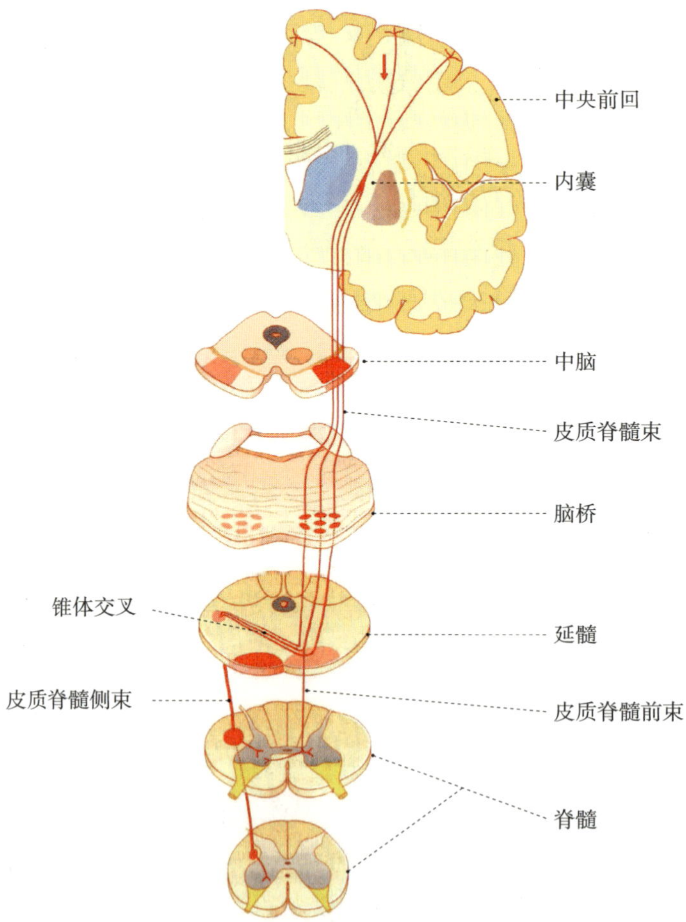

图 5-2-35　锥体系（皮质脊髓束）

2. 皮质核束

上运动神经元的胞体位于大脑皮质中央前回下 1/3，其轴突组成皮质核束，经内囊膝下行至脑干。大部分纤维止于双侧的脑神经运动核，小部分纤维交叉到对侧，止于面神经核下部和舌下神经核。下运动神经元的胞体位于脑干的脑神经运动核内，其轴突参与脑神经的组成，随脑神经分布于头、颈、咽、喉等处的骨骼肌（图 5-2-36）。

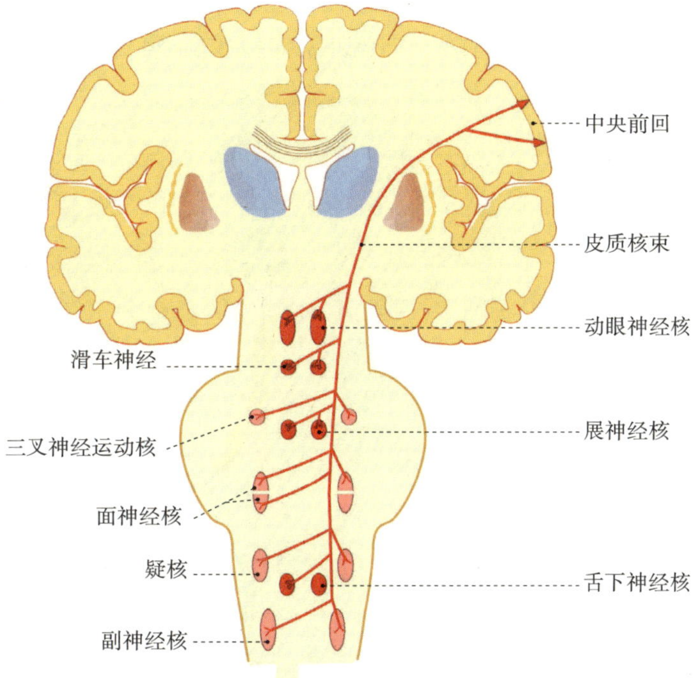

图 5-2-36 锥体系（皮支核束）

上运动神经元受损时，表现为对侧鼻唇沟消失，口角下垂，但闭眼、皱眉正常，伸舌时舌尖偏向对侧，为核上瘫。下运动神经元受损时，表现为同侧额纹消失，闭眼困难，鼻唇沟消失，口角下垂，伸舌时舌尖偏向同侧，为核下瘫（图 5-2-37）。

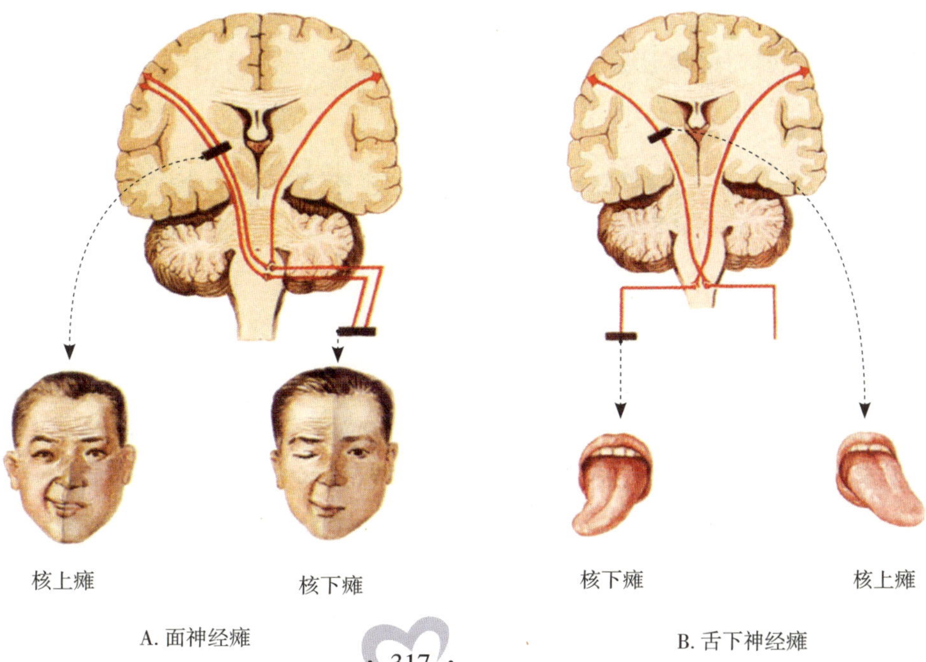

图 5-2-37　核上瘫和核下瘫

（二）锥体外系

是指锥体系以外与躯体运动有关的各种下行传导通路，其主要功能是调节肌张力、协调肌肉活动、维持体态姿势和习惯性动作等（图 5-2-38）。

锥体系和锥体外系是互相依赖不可分割的一个整体，只有在锥体外系保持肌张力稳定协调的前提下，锥体系才能完成精确的随意运动；同时，锥体外系对锥体系也有依赖性，有些习惯性动作开始是由锥体系发起的，然后才处于锥体外系的管理之下。

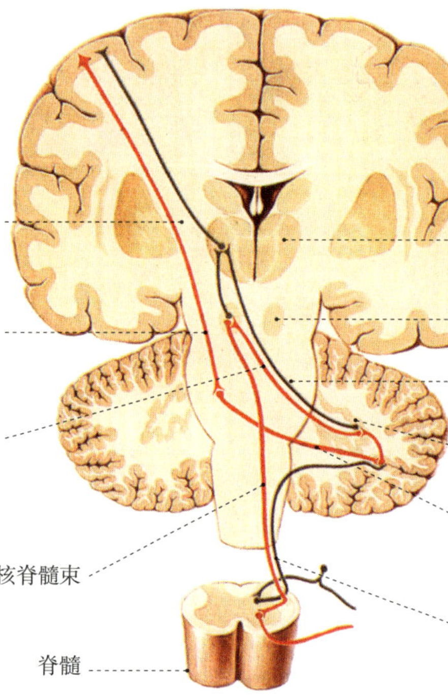

图 5-2-38　锥体外系

点燃思考

老年人内囊出血为何会出现三偏综合征?

任务六　了解神经系统的功能

案例导入

孙大爷，78 岁，近期经常出现丢三落四的情况，比如到市场买菜却忘记自己要干什么，又原路返回。随着时间的推移，这些症状愈发严重，开始忘记一些熟人的名字，甚至面对自己的儿女，也会有“认不出”的情况。经常半夜醒来，在屋内徘徊，嘴中嘟囔着一些旁人听不懂的话。入院后，经认知功能测试、脑部影像学检查等诊断为阿尔茨海默病。

任务描述

1. 照护员帮助解释为何出现上述症状?

2. 照护员帮助孙大爷制订延缓病情发展的照护计划。

知识殿堂

扫码查看课件。

扫一扫

一、神经系统的感觉传入功能

（一）脊髓的感觉传导功能

来自躯干、四肢的感觉纤维由后根进入脊髓后，分别组成不同的纤维束，向高位中枢传送感觉信号。其中，位于外侧索的脊髓丘脑侧束主要传导痛觉和温度觉；位于前索的脊髓丘脑前束主要传导粗触觉和压觉；位于后索的薄束和楔束主要传导深感觉和精细触觉。

（二）丘脑与感觉投射系统

1. 丘脑的核团

除嗅觉外，各种感觉传入通路都要在丘脑内交换神经元，然后向大脑皮层投射。同时，丘脑还能对感觉传入信息进行初步的分析和综合。根据功能的不同，丘脑的核团可分为特异性感觉接替核、联络核、非特异性投射核 3 类。

2. 感觉投射系统

（1）特异投射系统　是指丘脑的特异性感觉接替核和联络核及其投射至大脑皮层的神经通路。其中，特异性感觉接替核的感觉传入以点对点的方式投射到大脑皮层的特定区域，引起特定的感觉，并可激发大脑皮层发出传出冲动；联络核在结构上与大脑皮质有特定的投射关系，因此也归入该系统。

（2）非特异投射系统　是指丘脑的非特异性投射核及其投射至大脑皮质的神经通路。该系统在投射途中经多次换元，弥散地投射到大脑皮质的广泛区域，因而不具有点对点的投射关系，不能引起特定感觉，其功能在于维持和改变大脑皮质兴奋状态。非特异投射系统维持大脑皮质兴奋状态的这一功能十分重要，它是特异投射系统产生特定感觉的基础。

（三）大脑皮质的感觉分析功能

大脑皮质是产生感觉的最高级中枢。各种感觉信息投射到大脑皮质的不同区域，通过分区处理整合，产生不同的感觉。第一体表感觉区位于中央后回和中央旁小叶后部；第二体表感觉区位于中央后回底部延伸到脑岛的区域；本体感觉区主要在中央前回；视觉区位于距状沟两侧的皮质；听觉区位于颞横回；嗅觉区位于边缘叶的前底部；味觉区位于中央后回头面部感觉区的下方。

（四）痛觉

是机体受到体内、外伤害性刺激时所产生的一种复杂的主观感觉，通常伴有情绪变化、防御反应和自主神经反应。

痛觉感受器是广泛分布于各组织器官中的游离神经末梢，任何形式的刺激只要达到对机体伤害的程度均可使其兴奋，从而引起痛觉或痛觉过敏，也称为伤害性感受器。

1. 躯体痛

包括体表痛和深部痛。发生在体表的疼痛称为体表痛。当伤害性刺激作用于皮肤时，由于痛觉传入纤维的传导速度不等，因而产生两种不同性质的痛觉，即快痛和慢痛。快痛是一种受到刺激时立即产生的尖锐而定位明确的“刺痛”，发生快，消失也快；慢痛表现为定位不明确的“烧灼痛”，发生慢，消退也慢，常伴有不愉快的情绪反应和其他系统功能的改变。发生在躯体深部（如肌肉、关节、肌腱、韧带等）的疼痛称为深部痛，其一般表现为慢痛，可伴有恶心、呕吐和心血管改变等自主神经反应。

2. 内脏痛

内脏器官受到伤害性刺激时产生的痛觉称为内脏痛。其特点包括：①定位不准确，对刺激的分辨能力差；②发生缓慢、持续时间较长，常呈渐进性增强，但有时也可迅速转为剧烈疼痛；③对切割、烧灼等刺激不敏感，但对牵拉、痉挛、缺血或炎症等刺激敏感；④常引起不愉快的情绪反应，并常伴有牵涉痛。

3. 牵涉痛

是指某些内脏疾病引起体表一定部位发生疼痛或痛觉过敏的现象，如心绞痛、心肌梗死可引起心前区、左肩和左臂疼痛等（表 5–2–3）。牵涉痛对某些内脏疾病的诊断具有一定的临床意义。

表 5-2-3　常见内脏疾病牵涉痛的部位

患病器官	牵涉痛部位
心脏	心前区、左肩和左臂
肝、胆	右上腹、右肩及右肩胛区
胃、胰	左上腹、肩胛间
小肠、阑尾	上腹部、脐周
肾、输尿管	腰部、腹股沟区

点燃思考

老年人出现心前区、左肩和左上臂疼痛时应如何应对?

二、神经系统对躯体运动的调节

（一）脊髓的躯体运动反射

1. 脊休克

当脊髓与高位中枢突然离断后，断面以下的脊髓暂时丧失了反射活动能力，这种现象称为脊髓休克，简称**脊休克**。脊休克是暂时现象，以脊髓为基本中枢的反射活动可以逐渐恢复，比较简单和原始的反射先恢复，比较复杂的反射恢复较慢。脊休克的产生与恢复，说明脊髓具有完成某些简单反射的能力，但这些反射平时受高位中枢的控制。

2. 屈肌反射与对侧伸肌反射

当一侧肢体的皮肤受到伤害性刺激时，可反射性引起该侧肢体的屈肌收缩而伸肌舒张，肢体屈曲，这种反射称为屈肌反射，该反射具有躲避伤害的保护意义。如果刺激强度较大，除引起同侧肢体屈曲外，还可引起对侧肢体的伸展，称为对侧伸肌反射，该反射是一种姿势反射，具有保持身体平衡的作用。

3. 牵张反射

（1）腱反射　是指快速牵拉肌腱时发生的牵张反射，表现为被牵拉肌肉迅速而明显的缩短。腱反射的效应器主要是收缩较快的快肌纤维，完成一次腱反射的时间很短，只够一次突触传递所需的时间，所以是一种单突触反射。

（2）肌紧张　是指缓慢持续牵拉肌腱时发生的牵张反射，表现为被牵拉肌肉缓慢而持续地缩短。肌紧张是维持姿势最基本的反射活动，也是随意运动的基础。肌紧张的效应器主要是收缩较慢的慢肌纤维，中枢为多突触接替，所以是一种多突触反射。

（二）脑干对肌紧张的调节

脑干中，加强肌紧张和肌运动的区域，称易化区；抑制肌紧张和肌运动的区域，称抑制区。

1. 脑干网状结构易化区

脑干网状结构易化区较大，包括延髓网状结构的背外侧部分、脑桥的被盖、中脑的中央灰质及被盖，以及脑干以外的下丘脑和丘脑中线核群等部位。易化区能自动发放神经冲动，主动加强肌紧张和肌运动。

2. 脑干网状结构抑制区

脑干网状结构抑制区较小，位于延髓网状结构的腹内侧部分。抑制区不能自动发放神经冲动，需要接受来自高位中枢的控制，被动抑制肌紧张和肌运动。

3. 去大脑僵直

在动物的中脑上、下丘之间切断脑干，可出现四肢伸直、坚硬如柱、头尾昂起、脊柱挺硬等伸肌亢进的现象，称为去大脑僵直。

去大脑僵直的发生是因为在中脑上、下丘之间切断脑干后，中断了大脑皮质、纹状体等部位与脑干网状结构的功能联系，导致抑制区和易化区之间的活动失衡，抑制区活动明显减弱，易化区活动相对占优。

（三）小脑调节运动的功能

小脑在维持身体平衡、调节肌紧张、协调随意运动中起重要作用。

1. 维持身体平衡

前庭小脑与前庭神经核之间有双向纤维联系，它可通过前庭神经核接受前庭器官的感觉传入，其传出纤维又经前庭神经核换元后，再通过前庭脊髓束到达脊髓灰质前角的运动神经元，控制躯干和四肢肌肉的活动，参与身体平衡功能的调节。

2. 调节肌紧张

脊髓小脑主要接受脊髓和三叉神经的传入信息，也接受视觉和听觉的传入信息。在进化过程中，小脑抑制肌紧张的作用逐渐减退，而易化肌紧张的作用逐渐增强，当脊髓小脑受损后，表现为肌张力减退和四肢乏力。

3. 协调随意运动

大脑小脑通过与大脑皮质运动区、感觉区、联络区之间的联系，参与随意运动的策划和运动程序的编制。脊髓小脑除具有调节肌紧张的作用，还可以协助大脑皮质运动中枢纠正运动过程中发生的偏差，使运动逐步协调起来。

拓展阅读

巴宾斯基征

巴宾斯基征检查是神经科常用检查之一。用钝物划足跖外侧，若出现踇趾背屈，其他四趾外展呈扇形展开，称为巴宾斯基征阳性；若所有足趾均发生跖屈，称为巴宾斯基征阴性。巴宾斯基征阳性的表现是一种伸肌反射，由于脊髓平时受高位中枢的控制，该反射被抑制而不表现出来；当皮质脊髓侧束或大脑皮质运动区受损，抑制解除，出现该反射。婴儿发育尚不完全，成年人在深睡或麻醉状态下，也可出现巴宾斯基征阳性体征。

点燃思考

老年人为何会出现行走蹒跚？

（四）基底核对运动的调节

是指大脑皮质下的灰质团块，其中与运动有关的主要是纹状体，包括尾状核、壳核和苍白球，尾状核和壳核合称为新纹状体，苍白球称为旧纹状体。此外，中脑的黑质和红核以及丘脑底核在功能上与基底核密切相关，也纳入基底核。

帕金森病又称震颤麻痹，主要表现为全身肌紧张增高、随意运动减少、动作缓慢、表情呆板、常伴有静止性震颤。主要原因是黑质的多巴胺神经元退行性变时，脑内多巴胺含量明显下降，导致对纹状体内胆碱能神经元的抑制作用减弱，出现上述症状。

亨廷顿病又称舞蹈症，主要表现为不自主的上肢和头部的舞蹈样动作，伴肌张力降低等症状。病变部位在纹状体，其中的γ- 氨基丁酸能导致神经元变性或遗传性缺损，对苍白球外侧部的抑制作用减弱，出现上述症状。

（五）大脑皮质对躯体运动的调节

大脑皮质是调节躯体运动的最高级中枢，其调节功能通过锥体系和锥体外系来实现。

三、神经系统对内脏活动的调节

（一）自主神经系统

机体的内脏活动不受意识控制，主要接受自主神经系统的调控。

1. 自主神经系统的结构和功能特点

（1）自主神经系统的结构特点　交感神经起自脊髓胸腰段（T1 ~ L3）侧角的神经元；副交感神经起自脑干的副交感神经核和脊髓骶段（S2 ~ S4）侧角的神经元。交感神经节位于椎旁或椎前，离效应器官较远，故节前纤维短而节后纤维长；副交感神经节靠近效应器官或位于效应器管壁内，故节前纤维长而节后纤维短。交感神经分布广泛，几乎支配所有内脏器官；副交感神经分布相对较局限，某些器官（如皮肤和肌肉内的血管、汗腺、竖毛肌、肾上腺髓质和肾等）没有副交感神经支配。交感神经的节前神经元与多个节后神经元发生突触联系，故交感神经兴奋时产生的效应较广泛；副交感神经的节前神经元与少量节后神经元发生突触联系，故副交感神经兴奋时产生的效应相对局限。

（2）自主神经系统的功能特点　自主神经系统的效应器为心肌、平滑肌和腺体，主要功能是调节机体循环、呼吸、消化、排泄和内分泌等方面的活动（表 5-2-4）。

表 5-2-4　自主神经的主要功能

器官	交感神经	副交感神经
循环器官	心率加快、心肌收缩力加强 腹腔内脏、皮肤、唾液腺、外生殖器的血管收缩； 骨骼肌血管收缩（肾上腺素能）或舒张（胆碱能）	心率减慢、心房收缩力减弱 部分血管（软脑膜动脉和外生殖器的血管） 舒张
呼吸器官	支气管平滑肌舒张	支气管平滑肌收缩、腺体分泌
消化器官	胃、肠、胆囊平滑肌舒张，括约肌收缩 抑制消化腺分泌，促进唾液腺分泌黏稠唾液	胃、肠、胆囊平滑肌收缩，括约肌舒张 促进消化腺分泌，促进唾液腺分泌稀薄唾液
泌尿器官	尿道内括约肌收缩，逼尿肌舒张	尿道内括约肌舒张，逼尿肌收缩
生殖器官	有孕子宫收缩、无孕子宫舒张	
眼	瞳孔开大肌收缩，瞳孔扩大 睫状肌松弛，晶状体变扁	瞳孔括约肌收缩，瞳孔缩小 睫状肌收缩，晶状体变凸，泪腺分泌
皮肤	汗腺分泌，竖毛肌收缩	
内分泌	肾上腺髓质激素分泌，胰高血糖素分泌	胰岛素分泌
代谢	促进分解代谢	促进合成代谢

2. 自主神经的递质和受体

自主神经对内脏功能的调节是通过神经递质及其受体系统来实现的。

（1）乙酰胆碱及其受体　乙酰胆碱（ACh）是外周神经末梢释放的一类重要递质。以乙酰胆碱为递质的神经纤维称为胆碱能纤维。胆碱能纤维包括全部交感和副交感神经的节前纤维、大多数副交感神经节后纤维和少数交感神经节后纤维。此外，躯体运动神经纤维也是胆碱能纤维。

能与乙酰胆碱结合的受体称为胆碱能受体，分为毒蕈碱型受体和烟碱型受体。

①毒蕈碱型受体（M 受体）：主要分布于大多数副交感神经节后纤维和少数交感神经节后纤维支配的效应器细胞膜上。乙酰胆碱与 M 受体结合后，主要表现为心率减慢，支气管、消化道平滑肌和膀胱逼尿肌收缩，瞳孔缩小，消化腺和汗腺分泌增加，骨骼肌血管舒张等，这些作用统称为毒蕈碱样作用，简称 M 样作用。阿托品是 M 受体的阻断剂。

②烟碱型受体（N 受体）：分为 N1 和 N2 两种亚型，N1 受体位于神经节突触后膜上，N2 受体位于骨骼肌运动终板膜上。小剂量乙酰胆碱与 N1 受体结合后，可引起自主神经的节后神经元兴奋；小剂量乙酰胆碱与 N2 受体结合后，可引起终板电位，导致骨骼肌收缩；大剂量乙酰胆碱

可阻断自主神经节的突触传递，这些作用统称为烟碱样作用，简称N样作用。筒箭毒碱是N受体的阻断剂。

（2）去甲肾上腺素及其受体

去甲肾上腺素（NE）是外周神经末梢释放的另一类重要递质。以去甲肾上腺素为递质的神经纤维称为肾上腺素能纤维。肾上腺素能纤维为多数交感神经节后纤维（除支配汗腺和骨骼肌血管的交感胆碱能纤维外）。

能与肾上腺素或去甲肾上腺素结合的受体称为肾上腺素能受体，分为α型肾上腺素能受体和β型肾上腺素能受体。

①α型肾上腺素能受体：简称α受体，α受体主要分布在血管平滑肌、胃肠道及膀胱括约肌、瞳孔开大肌等部位。儿茶酚胺与α_1受体结合后，主要表现为血管收缩、瞳孔开大等。酚妥拉明为α受体阻断剂。

②β型肾上腺素能受体：简称β受体，β受体主要分布于心、支气管、胃肠道平滑肌等处。儿茶酚胺与β受体结合后，主要表现为心活动加强、支气管和胃肠道平滑肌舒张等。普萘洛尔是β受体阻断剂。

（二）内脏活动的中枢调节

1. 脊髓对内脏活动的调节

脊髓是内脏反射的基本中枢，如发汗反射、排尿反射、排便反射、勃起反射等。脊髓损伤的患者在脊休克恢复后，上述反射可以逐渐恢复，但因失去了高位中枢的调控，不能很好地适应或满足正常生理功能的需要。

2. 低位脑干对内脏活动的调节

延髓中有心血管活动、呼吸运动、胃肠运动等许多基本反射中枢，如果延髓受压或受损，可迅速导致机体死亡，故延髓有“生命中枢”之称。脑桥中有呼吸调整中枢和角膜反射中枢。中脑中有瞳孔对光反射中枢。

3. 下丘脑对内脏活动的调节

下丘脑内的神经核团，可调节体温、摄食行为、情绪活动、内分泌活动及生物节律等，是较高级的内脏活动调节中枢。

4. 大脑皮质对内脏活动的调节

大脑皮层是调节内脏活动的高级中枢。大脑边缘系统对内脏活动的调节作用复杂而多变，可调节呼吸、心率、血压、瞳孔、胃肠蠕动等活动，还与情绪、食欲、性欲、生殖、防御等活动有关。

四、脑的高级功能

脑除了能产生感觉、调节躯体运动和内脏活动外，还能完成更复杂的高级功能，包括觉醒、睡眠、学习、记忆、语言等。

（一）脑电图

在无明显刺激情况下，大脑皮层自发产生的节律性电位变化称为自发脑电活动。使用脑电图仪在头皮表面记录到的自发脑电活动，称为脑电图（图5-2-39）。

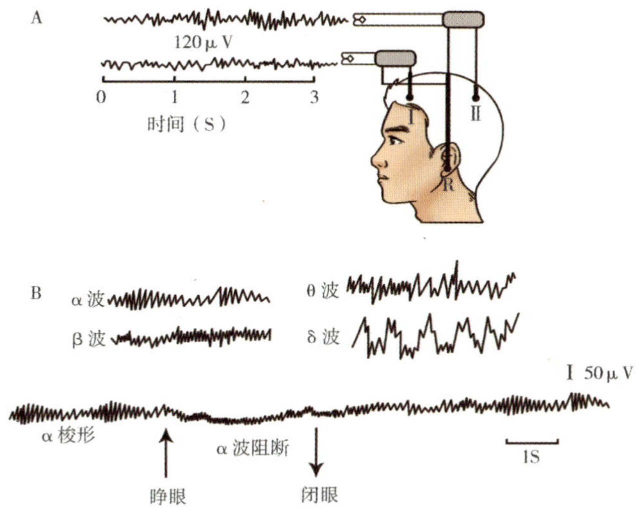

图 5-2-39　正常脑电图基本波形

正常情况下，脑电图的基本波形有α、β、θ和δ4种（表 5-2-5）。脑电波形可因记录部位及人体所处状态不同而有明显差异，病理情况下，如癫痫或肿瘤的患者，可出现特征性改变，协助诊断癫痫或判定肿瘤位置。

表 5-2-5 正常脑电图基本波形比较

波形	频率（Hz）	波幅（μV）	常见部位	出现条件
α 波	8 ~ 13	20 ~ 100	枕叶	成人安静、闭眼、清醒时
β 波	14 ~ 30	5 ~ 20	额、顶叶	成人活动时
θ 波	4 ~ 7	100 ~ 150	颞、顶叶	少年正常时，成人困倦时
δ 波	0.5 ~ 3	20 ~ 200	颞、枕叶	婴幼儿正常时，成人熟睡时

（二）觉醒与睡眠

觉醒与睡眠是人体所处的两种不同功能的状态。人类只有在觉醒状态下，才能进行各种体力和脑力活动，而睡眠则能使机体的精力和体力得到恢复，并能促进生长发育、提高学习与记忆能力、有助于情绪的稳定。

一般情况下，成年人每天需要睡眠 7 ~ 9 h，儿童需要更多睡眠时间，新生儿需要 18 ~ 20 h，而老年人所需睡眠时间则较少。根据睡眠过程中脑电图的变化观察，可将睡眠分为慢波睡眠和快波睡眠。

1. 慢波睡眠

又称正相睡眠，此阶段，脑电波表现为同步化慢波，机体的各种感觉以及骨骼肌反射、循环、呼吸和交感神经活动等随睡眠的加深而降低。慢波睡眠期间，生长激素分泌明显增多，有利于促进生长发育和体力恢复。

2. 快波睡眠

又称异相睡眠，此阶段，脑电波表现为去同步化快波，机体的各种生理功能进一步减退，可出现躯体抽动、眼球快速运动及血压升高、心率加快、呼吸快而不规则等间断的阵发性表现，做梦是快波睡眠的特征之一。快波睡眠期间，脑内蛋白质合成加快，脑的耗氧量和血流量增多，能促进学习记忆和精力恢复。

成人睡眠过程是慢波睡眠和快波睡眠周期性交替的过程。入睡后，一般先进入慢波睡眠，持续 80 ~ 120 min 后转入快波睡眠，快波睡眠持续 20 ~ 30 min 后又转入慢波睡眠，慢波睡眠和快波睡眠在整个睡眠过程中有 4 ~ 5 次交替，睡眠后期，快波睡眠的比例逐渐增加。两个时相的睡眠均可直接转为觉醒状态，但由觉醒转为睡眠则通常先进入慢波睡眠，而不是直接进入快波睡眠。

（三）学习与记忆

学习是指人和动物从外界环境获取新信息的过程，记忆是指大脑将获取的信息进行编码、储存及提取的过程。学习是记忆的前提，记忆是学习的结果，二者是密切联系的神经活动过程。

学习通常分为非联合型学习和联合型学习。非联合型学习不需要在两种刺激或刺激与反应之间建立联系，只需要单一刺激的重复进行即可产生，习惯化和敏感化就属于非联合型学习。联合型学习是两种刺激或一种行为与一种刺激之间在时间上很接近地重复发生，最后在脑内逐渐形成联系的过程，如条件反射的建立和消退。

根据记忆储存和提取方式可将记忆分为陈述性记忆和非陈述性记忆。陈述性记忆是指与特定的时间、地点和任务有关的事实或事件的记忆，可分为情景式记忆和语义式记忆。前者是对一件具体事物或一个场景的记忆，后者是对文字和语言等的记忆。非陈述性记忆是指对一系列规律性操作程序的记忆。陈述性和非陈述性记忆同时参与学习记忆的过程，且可相互转化。

根据记忆保留的时间长短可将记忆分为短时程记忆和长时程记忆。短时程记忆保留时间短，仅几秒到几分钟，容易受干扰，不稳定，记忆容量有限。长时程记忆保留时间长，可持续几小时到几年，甚至可保留终生，称为永久记忆。短时程记忆可以通过反复运用和强化向长时程记忆转化，人类的长时程记忆容量几乎没有限度。

遗忘是指部分或完全失去记忆和再认的能力，是一种不可避免的生理现象。遗忘并不意味记忆痕迹的完全消失，复习已经遗忘的知识总比学习新的知识容易。

拓展阅读

遗忘症

遗忘症是一种以记忆丧失或受损为主要特征的病症，通常表现为无法形成新记忆或无法回忆过去的经历，其本质是记忆编码、存储或提取过程的异常，对老年人的生活有着极大的影响。遗忘症根据记忆障碍类型可分为顺行性遗忘和逆行性遗忘。顺行性遗忘是无法形成新记忆，但保留损伤前的记忆；逆行性遗忘是失去过去的记忆，但可形成新记忆；若同时存在顺行性和逆行性遗忘称全面性遗忘，多见于严重脑损伤。

（四）语言功能

语言是由词汇材料和语法规则构成的音义结合的符号系统，是人类最重要的交际工具和思维工具，它的形成是人脑学习、思维活动的过程和结果，是人类特有的认知功能之一。

大脑皮层一定区域损伤后，可引起不同的语言功能障碍。①运动性失语症：额下回后部受损引起，患者能看懂文字，也能听懂别人说话，却不会讲话，与发音有关的肌肉并不麻痹。②失写症：额中回后部受损引起，患者能听懂别人说话并看懂文字，也会讲话，但不会书写，手部的其他运动功能并无缺陷。③感觉性失语症：颞上回后部受损引起，患者能讲话、书写、看懂文字，听到别人的发音，但是听不懂别人说话的含义。④失读症：角回受损引起，患者视觉正常，但看不懂文字。

任务七　了解神经系统的衰老变化

一、神经系统结构的衰老变化

（一）中枢神经系统结构的衰老变化

大脑体积缩小，重量减轻，皮质变薄，额叶、颞叶和海马区萎缩显著，脑沟增宽、脑回变窄，脑室扩大。髓鞘退化导致白质纤维束体积减小，影响神经传导速度。神经元数量减少，树突分支减少、萎缩，突触密度下降，影响信息传递效率。神经元中的尼氏体也会减少，影响神经元的正常代谢和功能维持。β– 淀粉样蛋白沉积，形成老年斑，干扰神经元功能。脑血管出现动脉硬化，管腔变窄，导致大脑血流量减少，引发慢性缺氧和代谢障碍。血脑屏障通透性增加，易导致毒素和炎性因子侵入脑组织。

小脑的浦肯野细胞等神经元数量随年龄增长而减少，细胞的减少和萎缩会导致老年人运动协调性下降，精细动作变得笨拙，行走时步态不稳，容易摔倒。

脊髓前角运动神经元数量减少，导致肌肉力量下降。小胶质细胞的激活会引起局部炎症反应，星形胶质细胞对神经元的支持作用减弱，不能有效地维持脊髓内的微环境稳定。神经纤维的髓鞘可能出现脱失，影响神经冲动的传导速度。

（二）周围神经系统结构的衰老变化

神经纤维退化，直径缩小，有髓神经纤维的髓鞘变薄、节段性脱髓鞘，甚至形成髓鞘空泡，导致神经传导速度下降。施万细胞的增殖和迁移能力下降，影响髓鞘修复和轴突再生。皮肤的触觉感受器敏感性降低，导致老年人对轻触、振动等感觉的阈值升高。运动神经末梢与肌肉之间的神经—肌肉接头处发生变化，乙酰胆碱的释放量减少，并且突触后膜上的乙酰胆碱受体数量和敏感性也降低，导致肌肉收缩力减弱，老年人在进行力量型活动时，肌肉力量明显不如年轻人。运动神经纤维本身也会出现退变，轴突萎缩、髓鞘损伤等情况较为常见，这种退变会使精细动作受到影响。

二、神经系统功能的衰老变化

（一）认知功能减退

记忆力下降，短时程记忆明显受损，甚至影响到长时程记忆。执行功能降低，导致计划、决策和多任务处理能力下降。信息处理速度减慢，反应时间延长，学习新技能困难。

（二）运动功能减退

运动协调性下降，平衡能力减弱，步态不稳。肌力与灵活性降低，出现肌肉萎缩。

（三）感觉功能退化

视网膜感光细胞减少，视觉减退，晶状体弹性降低导致老花眼，耳蜗毛细胞退化导致老年性耳聋。关节和肌肉感受器敏感性下降，导致姿势控制困难。

（四）自主神经功能紊乱

体温调节障碍，易出现怕冷或怕热。压力反射敏感性降低，直立性低血压风险增加。

（五）睡眠与情绪变化

松果体褪黑素分泌减少，深睡眠时间缩短，易早醒。情绪调节能力下降，焦虑、抑郁倾向增加。

【练习题】

一、A1 型题

1. 中枢神经系统（CNS）包括（　　）。

A. 脑和脊髓　　B. 脑神经和脊神经　　C. 交感神经和副交感神经
D. 神经元和神经胶质细胞　　E. 以上都不是

2. 脊髓灰质前角的主要神经元类型是（　　）。

A. 感觉神经元　　B. 交感神经元　　C. 运动神经元
D. 联络神经元　　E. 副交感神经元

3. 脑脊液的主要产生部位是（　　）。

A. 蛛网膜颗粒　　B. 硬脑膜　　C. 脉络丛
D. 软脑膜　　E. 侧脑室

4. 脑神经中唯一从脑干背侧发出的是（　　）。

A. 动眼神经　　B. 滑车神经　　C. 三叉神经
D. 展神经　　E. 面神经

5. 下列属于躯干和四肢的意识性本体感觉和精细触觉传导通路的是（　　）。

A. 皮质脊髓束　　B. 皮质核束　　C. 脊髓丘脑侧束
D. 脊髓丘脑前束　　E. 薄束和楔束

答案：ACCBE

解析：无

二、A2 型题

1. 周爷爷，70 岁，因车祸导致头部受伤，被紧急送往医院。检查发现其右侧肢体出现偏瘫症状，且对侧身体的痛觉、温度觉等浅感觉丧失，但本体感觉存在。经头颅 CT 检查，未发现明显的脑出血迹象。根据上述症状，最有可能损伤的部位是（ ）。

A. 左侧内囊后肢　　B. 右侧内囊后肢　　C. 左侧脊髓丘脑束

D. 右侧脊髓丘脑束　　E. 左侧大脑皮质中央前回

答案：A

解析：内囊是位于背侧丘脑、尾状核和豆状核之间的白质纤维板，内囊后肢主要有皮质脊髓束、丘脑中央辐射等纤维通过。左侧内囊后肢受损，会导致右侧肢体偏瘫（皮质脊髓束受损），同时右侧身体的浅感觉丧失（丘脑中央辐射受损），而本体感觉主要由薄束和楔束传导，在该病例中未受影响。右侧内囊后肢受损应出现左侧肢体症状，故 B 错误。脊髓丘脑束主要传导痛觉、温度觉和粗略触觉，损伤后不会出现偏瘫，C、D 错误。左侧大脑皮质中央前回受损主要引起右侧肢体运动障碍，但一般不会有对侧浅感觉丧失，E 错误。

2. 吴奶奶，84 岁，最近走路时经常不稳，容易摔倒，且手部动作变得笨拙，拿东西时容易掉落。神经系统检查发现，患者的指鼻试验、跟膝胫试验阳性，闭目难立征阳性。无肢体感觉障碍及肌力减退。该患者最可能的病变部位是（ ）。

A. 大脑额叶　　B. 大脑顶叶　　C. 小脑

D. 中脑　　E. 延髓

答案：C

解析：小脑主要功能是维持身体平衡、调节肌张力以及协调随意运动。指鼻试验、跟膝胫试验阳性提示共济失调，闭目难立征阳性也表明平衡功能障碍，这些都是小脑病变的典型表现。大脑额叶主要与运动、语言、认知等功能有关，病变时多有运动障碍、精神症状等，A 错误。大脑顶叶主要与感觉、空间感知等有关，B 错误。中脑病变多有眼球运动障碍、瞳孔异常等，D 错误。延髓病变常引起呼吸、心血管功能障碍及吞咽、发音困难等，E 错误。

3. 孙爷爷，75 岁，近几个月来逐渐出现进行性加重的记忆力减退，对近期发生的事情遗忘明显，同时伴有认知功能障碍，如计算能力下降、判断力减退等。神经系统检查未发现明显的肢体运动障碍和感觉异常。头颅 MRI 检查显示，双侧颞叶海马区萎缩。该患者最可能的诊断是（ ）。

A. 阿尔茨海默病　　B. 血管性痴呆　　C. 帕金森病痴呆

D. 路易体痴呆　　E. 额颞叶痴呆

答案：A

解析：阿尔茨海默病主要表现为进行性加重的认知功能障碍和记忆力减退，早期以近记忆力受损为主，头颅 MRI 常显示双侧颞叶海马区萎缩。血管性痴呆多有脑血管病病史，有局灶性神经系统体征，与题干不符，B 错误。帕金森病痴呆多在帕金森病运动症状出现数年后逐渐出现，且有帕金森病的典型运动症状，如震颤、强直等，C 错误。路易体痴呆除认知障碍外，常有波动性认知功能障碍、视幻觉等，D 错误。额颞叶痴呆主要表现为行为和人格改变、语言功能障碍等，头颅 MRI 显示额叶和（或）颞叶萎缩，E 错误。

4. 白奶奶，65 岁，有高血压病史多年，近期出现一侧肢体无力，走路不稳，且出现言语不清，表现为发音困难，说话含糊，但能理解他人语言。神经系统检查发现，该侧肢体肌力减弱，腱反射亢进，病理征阳性。头颅 MRI 检查显示，基底节区有一梗死灶。该患者最可能的语言障碍类型是(　　)。

A. 运动性失语　　B. 感觉性失语　　C. 混合性失语

D. 命名性失语　　E. 构音障碍

答案：E

解析：该患者表现为发音困难，说话含糊，但能理解他人语言，结合有基底节区梗死灶，考虑是由于脑部病变影响了与发音有关的肌肉运动控制，导致构音障碍。运动性失语表现为能理解他人语言，但不能表达或表达不流畅，A 错误。感觉性失语表现为不能理解他人语言，自己说话流利但内容混乱，B 错误。混合性失语既有运动性失语又有感觉性失语表现，C 错误。命名性失语主要是对物体命名困难，D 错误。

5. 车奶奶，66 岁，近期出现了视力下降的情况，看东西时感觉模糊不清，尤其在光线较暗的环境中更为明显，伴有眼痛、头痛等症状。眼科检查发现眼压升高，视野出现部分缺损。最可能影响了哪个结构(　　)。

A. 视网膜神经节细胞　　B. 视神经　　C. 动眼神经

D. 视觉中枢　　E. 睫状神经节

答案：B

解析：眼压升高会对视神经造成压迫，影响神经纤维的轴浆运输，导致神经传导障碍，进而引起视力下降、视野缺损等症状。视网膜神经节细胞主要负责感受光刺激并传递信号，眼压升高对其直接影响相对较小，A 错误。动眼神经主要支配眼球运动及瞳孔括约肌等，眼压升高一般不直接影响其功能，C 错误。视觉中枢在大脑，眼压升高一般不会直接作用于视觉中枢，D 错误。睫状神经节主要参与调节眼球的屈光等，与眼压升高导致的视力及视野改变关系不密切，E 错误。

项目三　内分泌系统的结构和功能

学习目标

思政及素养目标

1. 掌握内分泌系统的组成及功能。
2. 了解内分泌系统分泌的激素及其生理作用。
3. 培养严谨的科学态度和探索精神，增强健康意识。

知识目标

1. 掌握内分泌系统的组成及主要内分泌腺（下丘脑、垂体、甲状腺、肾上腺、胰岛）的形态位置。

2. 掌握甲状腺的结构及甲状腺激素的生理功能，掌握胰岛细胞类型（A、B 细胞）及其分泌激素的功能、糖尿病分型、临床表现及老年糖尿病护理要点。

3. 理解胰岛素与胰高血糖素对血糖的调节机制，老年骨质疏松症与甲状旁腺激素、降钙素的关系。

4. 了解老年人生理变化对内分泌功能的影响。

能力目标

1. 能辨认内分泌系统各器官的标本、模型，准确指出其关键结构和特征。

2. 能用激素的反馈机制解释内分泌系统的稳态调节。

3. 能分析简单的内分泌系统疾病案例，如糖尿病、甲状腺功能异常等，掌握其发病机制、临床表现和护理要点。

知识导读

扫码查看思维导图。

扫一扫

赛证对接

本项目知识、能力、素质在比赛中通过实际照护任务的形式考查，糖尿病项目通常考察选手在真实情境下的应对能力，参赛选手需要根据老年人的具体情况，协助并指导老年人进行血糖监测、血糖异常应对、疾病的健康教育等内容。此外，还有制作稳定糖尿病照护计划、健康教育海报和反思报告等环节。

任务一　内分泌系统概述

一、内分泌、内分泌系统与激素

扫一扫

内分泌是外分泌的对应词，是指机体组织所产生的物质不经导管而直接分泌于血液（体液）中的现象。即分泌细胞将所产生的激素直接进入体液中，以体液为媒介对靶细胞产生效应的一种分泌形式。

内分泌系统是人体重要的调节系统，参与机体的新陈代谢、生长发育、脏器功能、生殖等调节，从而维持机体的正常状态，包括内分泌腺、内分泌组织和内分泌细胞三部分。内分泌腺是指结构上独立存在、肉眼可见的器官，如垂体、甲状腺、甲状旁腺、肾上腺、胸腺和松果体等。内分泌组织是指分散存在于其他器官组织中的内分泌细胞团块，如胰腺中的胰岛、睾丸间质细胞、卵巢中的卵泡细胞和黄体。内分泌细胞则散在分布于呼吸、消化、泌尿、生殖等管壁内和心、肝、肺、肾、脑等器官内（图 5–3–1）。

内分泌腺或内分泌细胞分泌的高效能生物活性物质称激素。激素通过血液、淋巴液或组织液选择性地作用于特定的细胞、组织或器官，调节它们的生理活动。对某种激素产生特定效应的细胞、组织和器官，分别称为该激素的靶细胞、靶组织和靶器官。激素按照化学性质可分为含氮激素和类固醇（甾体）激素两类。

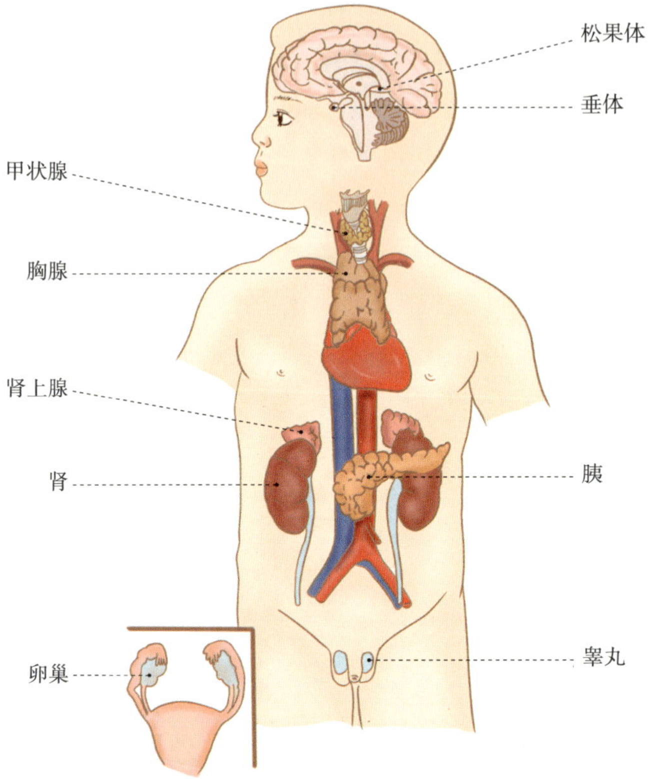

图 5-3-1　内分泌系统概观

二、激素作用的一般特征

激素虽然种类很多，作用复杂，但它们在对靶组织发挥调节作用的过程中，具有某些共同的特点。

（一）激素作用的特异性

激素释放进入血液被运送到全身各个部位，虽然它们与各处的组织、细胞有广泛接触，但激素只作用于某些器官、组织和细胞，这称为激素作用的特异性，被激素选择作用的器官、组织和细胞，分别称为靶器官、靶组织和靶细胞。有些激素专一地选择作用于某一内分泌腺体，称为激素的靶腺。激素作用的特异性，本质在于靶细胞上存在能与该激素发生特异性结合的受体。激素与受体相互识别，并发生特异性结合，从而发挥生理效应。

（二）信息传递作用

内分泌系统与神经系统一样，是机体的生物信息传递系统，激素是一种化学信使，在细胞之间进行信息传递，通过调节靶细胞功能，增强或抑制其生理活动。例如，胰岛素降低血糖，生长素促进生长发育等。在这些作用中，激素既不能添加成分，也不能提供能量，仅起着“信使”的作用。它们在信息传递完成以后，便被分解失活。

（三）生物放大作用

激素在血液中的浓度都很低，一般在纳摩尔（nmol/L），甚至在皮摩尔（pmol/L）水平，但作用却非常明显，这是激素的高效能生物放大作用。例如 1 mg 的甲状腺激素可使机体增加产热量约 420 kJ。

（四）激素间相互作用

当多种激素共同调节某一生理活动时，激素与激素之间存在着协同作用、拮抗作用或允许作用。其产生机制比较复杂，可以发生在受体水平，也可以发生在受体后的信息传递过程。它们的生理意义是维持功能活动的相对稳定性。

1. 协同作用

如生长素、肾上腺素、糖皮质激素及胰高血糖素，均能升高血糖，在升糖效应上表现出协同作用。

2. 拮抗作用

胰岛素的降血糖作用则与胰高血糖素的升血糖作用相拮抗。

3. 允许作用

有的激素本身并不能直接对某些器官、组织或细胞产生效应，然而在它存在的条件下，可使另一种激素的作用明显增强，即对另一种激素的效应起支持作用，这种现象称为激素的允许作用。例如，糖皮质激素并不能引起血管平滑肌收缩，但只有它存在时，去甲肾上腺素才能充分地发挥缩血管的作用。

三、激素的作用机制

（一）膜受体介导的激素作用机制

膜受体是一类跨膜蛋白质分子。根据膜受体蛋白质分子跨膜次数可分为七次跨膜受体和单次跨膜受体，前者主要指 G 蛋白耦联受体，后者则包括酪氨酸激酶型受体、酪氨酸激酶相关受体和鸟苷酸环化酶型受体等。

（二）胞内受体介导的激素作用机制

有些激素无须膜受体介导，它们可进入细胞与胞内受体结合成复合物，直接充当介导靶细胞效应的信使，如类固醇激素和甲状腺激素等。细胞内受体是指定位在细胞质或细胞核中的受体。

任务二　认识下丘脑与垂体

案例导入

李叔叔，65 岁。近 3 个月来，李叔叔出现了乏力、嗜睡、畏寒、食欲减退等症状，体重却无明显变化。同时，他发现自己的皮肤变得干燥，毛发稀疏，记忆力也有所下降。李叔叔平时有高血压病史，长期服用降压药，但血压控制尚可。由于症状逐渐加重，家人带他到医院就诊。经过检查，医生发现李叔叔的血清促甲状腺激素（TSH）水平升高，游离甲状腺素（FT4）水平降低，诊断为甲状腺功能减退症。进一步的检查显示，李叔叔的下丘脑—垂体轴功能出现异常，垂体分泌的促甲状腺激素减少。

任务描述

1. 照护员帮助解释下丘脑与垂体在内分泌系统中的位置及功能。

2. 照护员帮助分析李叔叔出现上述症状的原因，并制定对应的照护措施。

知识殿堂

扫一扫

扫码查看课件。

一、下丘脑的内分泌功能

下丘脑位于丘脑沟以下，形成第三脑室下部的侧壁和底部，是自主神经的皮质下最高中枢，边缘系统、网状结构的重要联系点，垂体内分泌系统的激发处，能够分泌多种激素，一般包括促甲状腺激素释放激素、生长抑素与生长素释放激素、促性腺激素释放激素、促肾上腺皮质激素释放激素等激素。

二、垂体

垂体（图 5-3-2）是人体内最重要的内分泌腺，呈椭圆形，位于颅中窝蝶骨体上面的垂体窝内，借垂体柄与下丘脑相连，前上方与视交叉相邻。

垂体可以分为腺垂体和神经垂体两部分。腺垂体由腺细胞构成，腺细胞分嗜酸性细胞、嗜碱性细胞和嫌色细胞 3 类。嗜酸性细胞分泌生长激素和催乳激素；嗜碱性细胞分泌促甲状腺激素、促性腺激素和促肾上腺皮质激素；嫌色细胞无分泌功能。神经垂体由无髓神经纤维和神经胶质构成，神经垂体无分泌激素的功能，只是储存和释放抗利尿激素和催产素。

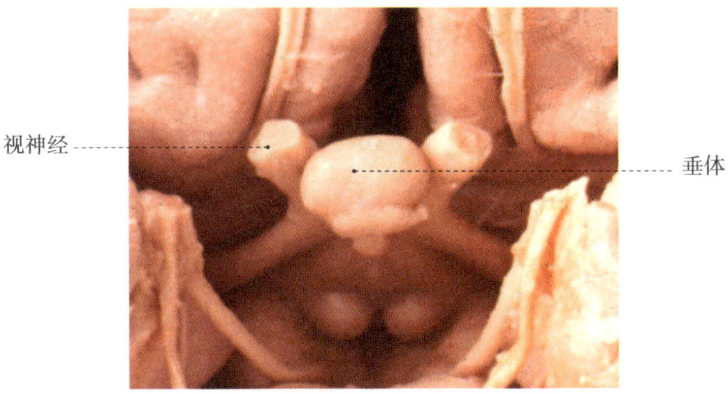

图 5-3-2　垂体

三、下丘脑与垂体的联系

下丘脑与垂体位于大脑底部，二者在结构和功能上都有着密切联系，称为下丘脑垂体系统（图 5-3-3），将神经和体液调节系统进行整合，广泛参与机体功能的调节。根据结构的不同和功能特点，又分为下丘脑 – 腺垂体系统和下丘脑 – 神经垂体系统。

（一）下丘脑 – 腺垂体系统

下丘脑与腺垂体之间，没有直接的神经联系，下脑的内侧基底部，存在一个“促垂体区”，主要包括正中隆起、弓状核、视交叉上核等核团，这些核团的肽能神经元分泌的肽类激素，称为下丘脑调节肽，促垂体区的神经元能合成分泌至少 9 种下丘脑调节肽（表 5–3–1），按功能分为促释放激素及抑制激素两类。

（二）下丘脑－神经垂体系统

下丘脑与神经垂体有着直接的神经联系，神经垂体不含腺细胞，无分泌功能。下丘脑的视上核和室旁核的神经内分泌细胞，其神经纤维通过漏斗下行至神经垂体，构成下丘脑－垂体束。下丘脑视上核和室旁核的大神经细胞所合成的抗利尿激素和催产素沿垂体束纤维的轴浆运输到神经垂体，贮存于神经末梢。当有适宜刺激时，视上核和室旁核的神经元兴奋，冲动沿下丘脑垂体束到达神经垂体，引起神经末梢释放抗利尿激素或催产素。

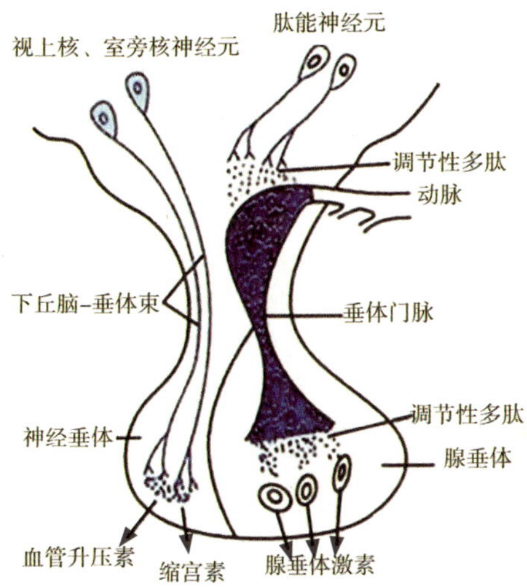

图 5–3–3　下丘脑－垂体系统

表 5–3–1　下丘脑调节肽

种类	英文缩写	主要作用
促甲状腺激素释放激素	TRH	促进 TSH 释放，也能刺激 PRL 释放
促肾上腺皮质激素释放激素	CRH	促进 ACTH 释放
促性腺激素释放激素	GnRH	促进 LH 与 FSH 释放（以 LH 为主）
生长素释放激素	GHRH	促进 GH 释放
生长素释放抑制激素	GHRIH	抑制 GH 释放，对 LH，FSH，TSH（生长抑素），对 PRL 及 ACTH 的分泌也有抑制作用
促黑（素细胞）激素释放因子	MRF	促进 MSH 释放
促黑（素细胞）激素释放	MIF	抑制 MS 释放
催乳素释放因子	PRF	促进 PRL 释放
催乳素释放抑制因子	PIF	抑制 PRL 释放

拓展阅读

为什么老年人容易出现垂体功能减退的症状？

垂体功能减退是指垂体激素分泌减少，可能由垂体疾病或下丘脑疾病引起。老年人由于下丘脑－垂体轴的反馈受体敏感性降低，垂体功能逐渐衰退，激素分泌减少。例如，促肾上腺皮质激素（ACTH）分泌减少会导致皮质醇水平下降，进而影响应激能力。此外，老年人的生长激素（GH）水平也会降低，影响脂肪代谢和骨密度。这些变化可能导致老年人出现乏力、食欲减退、骨质疏松等症状。

点燃思考

为什么老年人在应激状态下更容易出现健康问题？

任务三 认识甲状腺与甲状旁腺

案例导入

李阿姨，60 岁。近半年来，李阿姨出现了乏力、怕冷、体重增加、记忆力减退、皮肤干燥等症状。她还发现自己对食物的兴趣明显下降，便秘情况也较为严重。李阿姨平时有高血压病史，但血压控制尚可。由于症状逐渐加重，家人带她到医院就诊。经过检查，医生发现李阿姨的血清促甲状腺激素（TSH）水平升高，游离甲状腺素（FT4）水平降低，诊断为甲状腺功能减退症。同时，李阿姨的血钙水平偏低，甲状旁腺激素（PTH）水平升高，进一步检查发现其甲状旁腺功能异常，诊断为甲状旁腺功能减退症。

任务描述

1. 照护员帮助解释甲状腺和甲状旁腺的位置及功能。
2. 照护员帮助李阿姨了解甲状腺功能减退和甲状旁腺功能减退的常见症状。
3. 照护员帮助分析李阿姨出现上述症状的原因，并制定对应的照护措施。

知识殿堂

扫一扫

扫码查看课件。

一、甲状腺

（一）甲状腺的形态和位置

甲状腺是人体内最大的内分泌腺（图 5-3-4），位于颈前部，略呈“H”形，由左叶、右叶和连接两叶的甲状腺峡组成。甲状腺的左、右叶分别贴于喉和气管颈段的两侧，甲状腺峡横位于第 2 ~ 4 气管软骨的前方，少数人的甲状腺峡可缺如，有时从峡部向上伸出一个长短不一的锥状叶，长者可达到舌骨。甲状腺表面有纤维囊包裹，囊外还有颈筋膜包绕。甲状腺借结缔组织固定于喉软骨，故吞咽时甲状腺可随喉上下移动。甲状腺的前面仅有少数肌肉和筋膜覆盖，肿大时可在体表摸到。甲状腺过度肿大时，可压迫喉和气管而发生呼吸和吞咽困难。

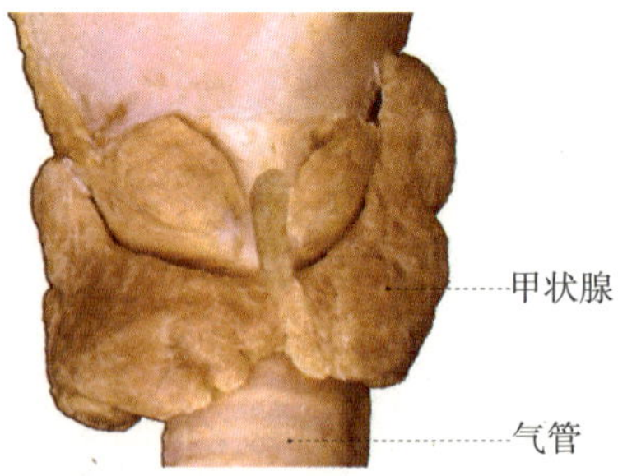

图 5-3-4 甲状腺

（二）甲状腺内分泌

甲状腺内含有许多大小不一的甲状腺滤泡，滤泡由单层上皮细胞构成，是甲状腺激素合成和释放的部位。甲状腺的主要功能是分泌甲状腺激素（TH）和降钙素（CT），前者主要调节体内的各种代谢并影响机体的生长发育，后者主要参与调节机体的钙、磷代谢。甲状腺激素的合成过程包括聚碘、活化、碘化和耦联；合成的主要原料是碘、甲状腺球蛋白。

甲状腺激素几乎对所有细胞都有作用，是机体生长发育和物质代谢的重要激素，在甲状腺功能紊乱时常影响心血管、神经和消化等系统的功能。

1. 甲状腺激素对代谢的作用

（1）产热效应　甲状腺激素对机体的产热具有重要作用，能够显著提升大部分组织的耗氧量和产热量，骨骼肌、心肌、肝脏和肾脏等组织尤为突出。无论是甲状腺功能亢进还是甲状腺功能减退的患者，都难以适应环境温度的改变。甲状腺功能亢进患者产热量增多，体温略有升高，表现为怕热多汗，患者会出现消瘦、体重下降的情况。而甲状腺功能减退患者产热量减少，体温偏低，通常喜热怕冷。因此，检测基础代谢率对于诊断甲状腺功能异常具有重要意义。

（2）物质代谢　①糖代谢：甲状腺激素在糖代谢中发挥着关键作用。它能够促进小肠黏膜对糖的吸收，加速糖原分解，从而导致血糖水平上升。与此同时，甲状腺激素还能够增强外周组织对糖的利用，进而促使血糖降低。②脂肪代谢：甲状腺激素对胆固醇代谢具有双重作用。一方面，它能够促进胆固醇的合成；另一方面，甲状腺激素还能加速胆固醇的分解过程，且分解速度通常快于合成速度。③蛋白质代谢：在正常生理剂量下，甲状腺激素能够促进肌肉、肝脏和肾脏等组织的蛋白质合成，这对儿童和青少年的生长发育具有重要作用。

2. 甲状腺激素对神经系统的作用

甲状腺激素对神经系统的影响贯穿于不同阶段。它不仅在胚胎期对脑部发育起着关键作用，还能对已经成熟的神经系统产生影响。甲状腺激素具有兴奋中枢神经系统的功能。

3. 甲状腺激素对心血管的作用

甲状腺激素能够直接作用于心肌，增强心肌的收缩能力，同时加快心率，从而增加心输出量。因此，甲状腺功能亢进的患者常会出现心悸和心动过速的症状，严重时甚至可能导致心力衰竭。在血管方面，甲状腺激素会增加组织的耗氧量。

此外，甲状腺激素还会影响其他激素的需求量，加速多种激素和相关药物的代谢过程。它还能维持正常的性欲和性功能。

二、甲状旁腺

（一）甲状旁腺的形态和位置

甲状旁腺位于颈部甲状腺的后方，是一种扁椭圆形的腺体，大小如黄豆，重量约为 50 mg。通常情况下，甲状旁腺分为上、下两对（图 5-3-5）。上对甲状旁腺的位置相对固定，位于甲状腺侧叶后方的上、中 1/3 交界处的结缔组织内。而下对甲状旁腺的位置则变化较大，一般位于甲状腺侧叶后下

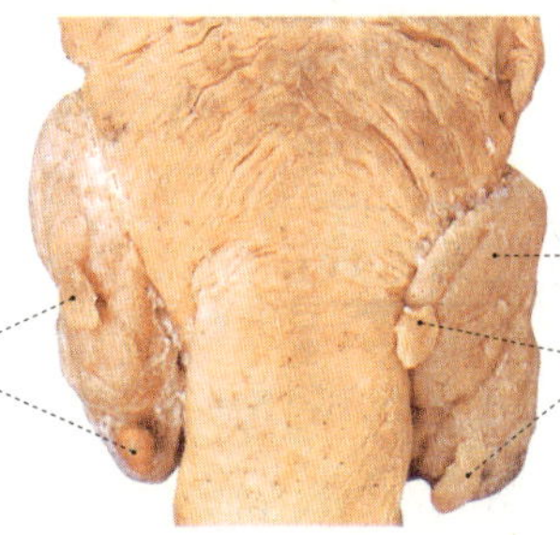

图 5-3-5　甲状旁腺

端，靠近甲状腺下动脉附近。

（二）甲状旁腺内分泌

主细胞是甲状旁腺中数量最多的细胞类型。它们能够分泌甲状旁腺激素，这种激素对维持血液中钙和磷的平衡起着关键作用。

对骨骼的作用：甲状旁腺激素能够促使骨骼中的钙释放到血液中，从而提高血钙水平。

对肾脏的作用：甲状旁腺激素可以促进远曲小管对钙的重吸收，同时抑制近曲小管对磷酸盐的重吸收。

对消化道的作用：甲状旁腺激素能够促进肠道对钙的吸收，进而使血钙水平上升。

甲状旁腺激素的分泌主要受到血钙浓度的调控。当血钙水平升高时，甲状旁腺激素的分泌会减少；而当血钙水平降低时，甲状旁腺激素的分泌则会增加。此外，血磷水平升高也会通过降低血钙浓度，进而刺激甲状旁腺激素的分泌。

拓展阅读

为什么老年人在服用甲状腺激素替代治疗时需要特别谨慎？

老年人的甲状腺功能减退较为常见，但补充甲状腺激素时需要特别注意剂量调整。由于老年人对甲状腺激素的耐受性降低，过量补充可能导致心律失常、骨质流失等不良反应。因此，在治疗过程中应定期监测甲状腺功能指标（如 TSH、T4），并根据个体情况调整剂量，以避免药物过量或不足对健康造成影响。

点燃思考

为什么老年人要经常检测血钙水平？

任务四　认识肾上腺

案例导入

张大爷，77 岁。近半年来，张大爷出现了乏力、食欲减退、体重下降、头晕等症状。他经常感觉身体虚弱，容易疲劳，且在站立或活动时会出现头晕目眩的情况。此外，张大爷还发现自己对寒冷的耐受能力明显下降，容易感冒。由于症状逐渐加重，家人带他到医院就诊。经过检查，医生发现张大爷的血清皮质醇水平偏低，诊断为肾上腺皮质功能减退症。

任务描述

1. 照护员帮助解释肾上腺的位置和功能。
2. 照护员帮助张大爷了解肾上腺皮质功能减退症的常见症状。
3. 照护员帮助分析张大爷出现上述症状的原因，并制定对应的照护措施。

知识殿堂

扫码查看课件。

扫一扫

一、肾上腺的形态和位置

肾上腺位于肾脏上端的内上方，左右各有一个（图 5–3–6）。它们与肾脏共同被肾筋膜所包裹。左肾上腺呈半月形，右肾上腺呈三角形，重量在 6 ~ 7g。肾上腺外层由致密的结缔组织膜包裹。肾上腺的内部结构分为两部分：浅层的皮质和深层的髓质。

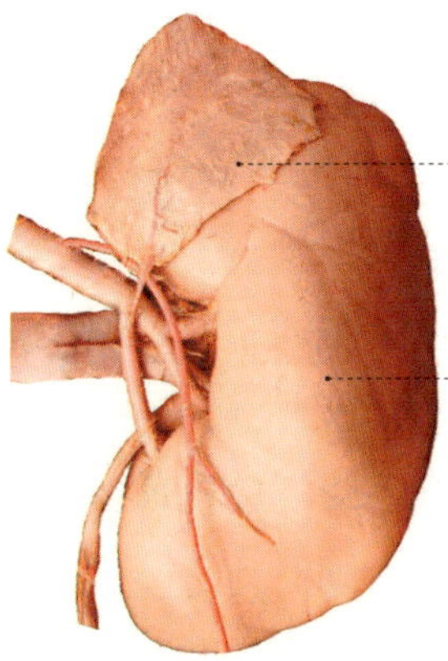

图 5–3–6　肾上腺

二、肾上腺内分泌

（一）肾上腺皮质激素

肾上腺皮质为肾上腺的周围部，占肾上腺的大部分，根据细胞的排列形态，皮质分为球状带、束状带和网状带三部分。球状带的细胞分泌盐皮质激素，束状带的细胞分泌糖皮质激素，网状带的细胞分泌雄激素和少量的雌激素。

1. 盐皮质激素

盐皮质激素主要由肾上腺皮质的球状带细胞分泌，其中醛固酮是其主要成分。盐皮质激素的主要生理功能是调节机体的水盐平衡。

醛固酮的分泌主要受到肾素 – 血管紧张素系统的调节。当血液中的钠离子浓度降低，或者流经肾脏的血流量减少时，肾脏会分泌肾素。此外，醛固酮的分泌还受到血钠和血钾水平的调节。除了肾素 – 血管紧张素 – 醛固酮系统的调节作用外，血钠和血钾的浓度变化也会对醛固酮的分泌产生影响。

2. 糖皮质激素

糖皮质激素主要由肾上腺皮质的束状带细胞分泌，参与调节物质代谢、炎症、免疫、应激等重要的生理过程。体内大多数组织存在糖皮质激素的受体，因此糖皮质激素的作用非常广泛，在调节物质代谢、免疫、炎症反应和应激反应中起着非常重要的作用。

（1）糖皮质激素的生理功能

对物质代谢的作用：①糖代谢：糖皮质激素是调节机体糖代谢的关键激素。它能够促进糖异生，从而升高血糖。此外，糖皮质激素还会减少外周组织对葡萄糖的摄取和利用，进一步促使血糖升高。②蛋白质代谢：糖皮质激素会促进肝外组织（尤其是肌肉组织）的蛋白质分解。长期分泌过多的糖皮质激素会导致组织蛋白质广泛破坏，引发负氮平衡，进而出现消瘦、皮肤变薄、骨质疏松等症状。③脂肪代谢：糖皮质激素能够促进脂肪分解，使血液中游离脂肪酸的含量增加。

对水盐代谢的作用：糖皮质激素能够减少肾小球入球小动脉的阻力，从而增加肾小球的血浆流量，进而提高肾小球的滤过率，促进水的排出。此外，糖皮质激素还具有一定的保钠排钾功能，能够促进远曲小管和集合管对钠的吸收以及钾的排出。

在应激反应中的作用：当身体遭遇各种有害刺激，例如创伤、失血、感染、中毒、缺氧、饥饿、疼痛、寒冷、精神紧张等，血液中的促肾上腺皮质激素（ACTH）和糖皮质激素水平会升高，这种生理反应被称为应激反应。大剂量的糖皮质激素具有抗炎、抗过敏、抗休克等药理作用。

对其他组织器官的作用：①血细胞：糖皮质激素可以促进骨髓的造血功能，从而增加血液中红细胞、血小板和中性粒细胞的数量。它还能促使附着在小血管壁上的中性粒细胞进入血液循环，进一步提高中性粒细胞的水平。②心血管系统：糖皮质激素能够增强血管平滑肌对儿茶酚胺的反应性，这对于维持正常血压具有重要作用。同时，它还能降低毛细血管的通透性，有助于维持血容量的稳定。③消化系统：糖皮质激素会增加胃酸和胃蛋白酶的分泌，同时削弱胃黏膜的保护和修复功能。④神经系统：糖皮质激素可以提高中枢神经系统的兴奋性。

（2）糖皮质激素的分泌调节

糖皮质激素的分泌调节分为基础分泌和应激分泌两种形式。基础分泌是指在正常生理状态下肾上腺皮质的分泌活动，而应激分泌则是在机体遭遇应激反应时的分泌增加，二者的调节均依赖于下丘脑－腺垂体－肾上腺皮质轴的功能。

下丘脑促垂体区合成并分泌促肾上腺皮质激素释放激素（CRH），通过垂体门脉系统作用于腺垂体，促使其分泌促肾上腺皮质激素（ACTH）。此外，糖皮质激素还能抑制下丘脑分泌 CRH，而 ACTH 也能反馈性地抑制下丘脑合成 CRH。糖皮质激素的分泌受 ACTH 的调控，ACTH 的分泌既受下丘脑 CRH 的促进，又受糖皮质激素的负反馈调节，这种机制共同维持了血液中糖皮质激素水平的相对稳定。

（二）肾上腺髓质激素

肾上腺髓质位于肾上腺的中央部，分泌肾上腺素和去甲肾上腺素。肾上腺素和去甲肾上腺素是儿茶酚胺类物质。这两种激素主要来源于肾上腺髓质，释放入血后参与多种生理调节。

肾上腺髓质与交感神经系统共同构成了交感－肾上腺髓质系统，肾上腺髓质激素的作用与交感神经的活动密切相关。当机体面临特殊紧急情况（如恐惧、焦虑、剧痛、失血、脱水、低氧、极端温度变化或剧烈运动等）时，交感－肾上腺髓质系统会被迅速激活，导致肾上腺素和去甲肾上腺素分泌显著增加。其主要作用包括：①提高中枢神经系统兴奋性；②增强呼吸功能；③加强心血管活动；④增强能量代谢。

这些变化是机体在紧急情况下通过交感－肾上腺髓质系统发生的适应性反应，被称为应急反应。实际上，引发应急反应的刺激因素往往也是引起应激反应的因素。“应急反应”和“应激反应”虽然概念不同，但二者存在功能上的联系。二者的刺激因素相似，但调节机制和作用各有侧重。应急反应主要通过交感 – 肾上腺髓质系统的激活，增强机体的各种功能活动，以快速适应环境的急剧变化。而应激反应则是通过促肾上腺皮质激素（ACTH）和糖皮质激素的分泌增加，提升人体对有害刺激的耐受能力。

拓展阅读

为什么老年人在使用糖皮质激素时需要特别注意肾上腺功能？

老年人的肾上腺功能本身就处于衰退状态，对促肾上腺皮质激素（ACTH）的反应性降低。当长期使用外源性糖皮质激素（如治疗风湿性疾病）时，下丘脑 – 垂体 – 肾上腺轴会被进一步抑制，导致肾上腺皮质萎缩，皮质醇分泌减少。这种情况下，老年人更容易出现肾上腺功能减退，甚至在停药后难以恢复。因此，老年人在使用糖皮质激素时，应严格控制剂量和疗程，并在停药后密切监测肾上腺功能，必要时进行替代治疗。

点燃思考

老年人肾上腺功能减退的症状有哪些？

任务五 认识胰岛

案例导入

李爷爷，72 岁。近 3 个月来，李爷爷经常感到口渴、多饮、多尿，体重也明显下降，尽管食欲正常，但体重却减轻了约 5 kg。此外，他还出现了视力模糊和手脚麻木的症状。李叔叔有高血压病史，但平时血压控制良好。由于症状逐渐加重，家人带他到医院就诊。经过检查，医生发现他的空腹血糖水平为 10.5 mmol/L，餐后 2 小时血糖为 15.8 mmol/L，糖化血红蛋白（HbA1c）为 9.2%，诊断为 2 型糖尿病。进一步检查发现，李叔叔的胰岛功能受损，胰岛素分泌不足。

任务描述

1. 照护员帮助解释胰岛在人体中的位置和功能。
2. 照护员帮助李爷爷了解 2 型糖尿病的常见症状及其与胰岛功能受损的关系。
3. 照护员帮助分析李爷爷出现上述症状的原因，并制定对应的照护措施。

知识殿堂

扫码查看课件。

扫一扫

胰岛（图 5–3–7）是胰腺的内分泌部分，由内分泌细胞团组成，这些细胞团呈小岛状分散在外分泌腺泡之间。细胞间丰富的毛细血管网络便于胰岛细胞分泌的激素进入血液循环。根据形态和染色特征，人和哺乳动物的胰岛细胞可分为四种类型：A 细胞、B 细胞、D 细胞和 PP 细胞。其中，A 细胞分泌胰高血糖素，B 细胞分泌胰岛素，D 细胞分泌生长抑素，PP 细胞分泌胰多肽。

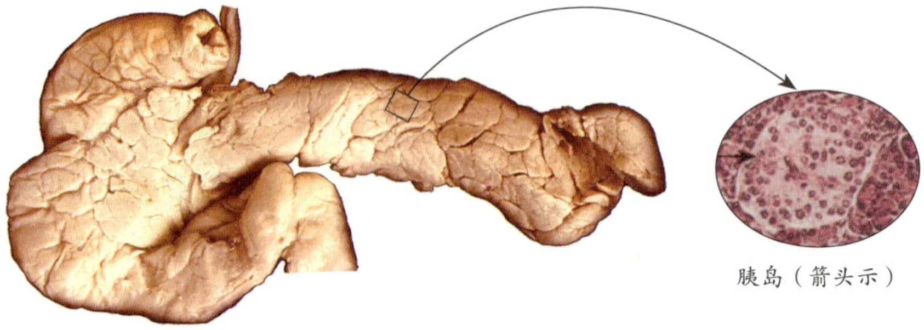

图 5-3-7　胰岛

一、胰岛素

胰岛素是由胰脏内的胰岛 B 细胞受内源性或外源性物质（如葡萄糖、乳糖、核糖等）刺激而分泌的一种，由两条肽链（A 链有 21 个氨基酸，B 链有 30 个氨基酸）通过两个二硫键连接的小分子蛋白质激素。胰岛素是促进物质合成代谢，维持血糖浓度稳定的主要激素，对于机体能源物质的储存及生长发育有重要意义。胰岛素作用的靶组织主要是肝、肌肉和脂肪组织。

（一）胰岛素的生理作用

糖代谢：胰岛素能够促进组织和细胞对葡萄糖的摄取与利用，加速葡萄糖转化为肝糖原和肌糖原，同时抑制糖异生和糖原分解，并促进葡萄糖转化为脂肪，从而降低血糖水平。当胰岛素分泌减少时，血糖浓度会升高；若血糖浓度超过肾糖阈，葡萄糖会出现在尿液中。

脂肪代谢：胰岛素可以促进脂肪的合成和转运，并有助于甘油三酯的储存。

蛋白质代谢：胰岛素能够促进蛋白质的合成，同时抑制蛋白质的分解以及肝脏中的糖异生过程。

（二）胰岛素分泌的调节

血糖浓度调节：血糖水平是调节胰岛素分泌的关键因素。当血糖升高时，胰岛素分泌显著增加，帮助降低血糖；而当血糖降至正常水平时，胰岛素分泌迅速恢复到基础水平。

氨基酸和脂肪酸调节：许多氨基酸能够促进胰岛素分泌，其中精氨酸和赖氨酸的效果最为显著。在血糖水平正常时，氨基酸只能使胰岛素分泌略有增加。但如果血糖同时升高，过量的氨基酸会使血糖引起的胰岛素分泌量翻倍。

激素调节：影响胰岛素分泌的主要激素包括：①胃肠激素：糖依赖性胰岛素释放肽（GIP）和胰高血糖素样肽（GLP）对胰岛素分泌的促进作用最为显著。②生长激素、皮质醇、甲状腺激素和胰高血糖素等激素可通过升高血糖浓度间接刺激胰岛素分泌。③生长抑素和胰高血糖素：胰岛 D 细胞分泌的生长抑素通过旁分泌作用抑制胰岛素分泌，而胰高血糖素则可以直接刺激 B 细胞分泌胰岛素。

神经调节：胰岛同时受到迷走神经和交感神经的支配。

二、胰高血糖素

胰高血糖素是由胰岛 A 细胞分泌的，由 29 个氨基酸组成的线性多肽。胰高血糖素主要在肝脏中被灭活，肾脏也参与其降解过程。

（一）胰高血糖素的生理作用

胰高血糖素的主要作用是通过促进肝糖原分解和糖异生来升高血糖。它能够激活肝细胞中的磷酸化酶，加速糖原分解过程；同时促进氨基酸进入肝细胞，并激活参与糖异生的酶系，从而增强糖异生。此外，胰高血糖素还可促进胰岛素和生长抑素的分泌。

（二）胰高血糖素分泌的调节

血糖水平是调节胰高血糖素分泌的关键因素。血糖降低时，胰高血糖素分泌增加；而血糖升高时，胰高血糖素分泌减少。与葡萄糖的作用相反，氨基酸能够促进胰高血糖素的分泌。此外，胰岛素通过降低血糖水平间接刺激胰高血糖素的分泌，而胰岛素和生长抑素可以直接作用于胰岛 A 细胞，抑制胰高血糖素的分泌。

胰岛素通过降低血糖水平间接促进胰高血糖素的分泌。然而，B 细胞分泌的胰岛素和 D 细胞分泌的生长抑素可以直接作用于附近的 A 细胞，抑制胰高血糖素的分泌。

拓展阅读

2 型糖尿病的得力“控糖助手”——艾塞那肽微球

2 型糖尿病患者常常会因血糖波动而困扰不已。艾塞那肽微球作为一种长效 GLP-1 受体激动剂，堪称 2 型糖尿病患者控糖的得力帮手。它主要通过模拟肠促胰岛素的作用机制来发挥功效，不仅能有效增强胰岛素的分泌，抑制胰高血糖素的分泌，还能够减缓胃排空的速度，多管齐下，从而实现对血糖的有效降低。

艾塞那肽微球在使用便利性上优势明显，患者每周仅需注射一次即可，大大提高了用药的依从性，这对于老年人来说尤为友好。不仅如此，艾塞那肽微球还能显著减轻体重，对心血管风险因素起到改善作用。在老年患者群体中，其药代动力学不会受到年龄的影响，使用起来安全可靠，耐受性良好，为老年 2 型糖尿病患者带来了更为理想的治疗选择。

点燃思考

为什么老年人在使用降糖药物时需要特别注意胰岛功能?

任务六　了解内分泌系统的衰老变化

一、内分泌系统结构的衰老变化

内分泌系统衰老最显著的表现是生殖功能的衰退和对外界环境适应能力的减弱。内分泌腺衰老通常表现为腺体体积缩小、重量减轻、纤维化、血管变化，以及可能出现的腺瘤形成。

垂体的正常重量为 0.4 ~ 1.1 g，尽管垂体的重量在老年时期不会发生显著变化，但其内部细胞组成会发生改变：嗜碱性细胞和嗜酸性细胞数量减少，而嫌色细胞略有增加。随着年龄增长，垂体内的纤维组织和铁沉积逐渐增多，这种变化在 50 岁以上的人群中更为明显。

甲状腺重量通常为 20 ~ 30 g。从 50 岁开始，甲状腺会随着年龄增长逐渐变轻、体积变小，腺泡直径缩小，血管变窄，同时结缔组织增生，导致甲状腺出现萎缩和纤维化。

甲状旁腺的主细胞数量随着衰老逐渐减少，而结缔组织和脂肪细胞增加，血管变窄。

肾上腺皮质和髓质的细胞数量均随年龄增长而减少，腺体重量也随之逐渐减轻，尤其在 70 岁以上人群中更为显著。与此同时，肾上腺内的结缔组织和脂褐素含量却不断增加。

胰岛中胰岛 B 细胞随着年龄增长减少，胰岛素释放延缓。

二、内分泌系统功能的衰老变化

下丘脑是自主神经中枢，其衰老可能引发全身器官功能衰退，并与垂体共同形成衰老中心。衰老时，下丘脑功能减退，导致内环境稳态失调，表现为内分泌腺功能衰退和对垂体调控能力减弱。老年人下丘脑中多巴胺、去甲肾上腺素减少。同时，下丘脑受体对糖皮质激素和血糖的反应减弱，负反馈抑制阈值升高，进一步影响内分泌调控。

垂体分泌的激素也随着年龄增加发生变化。①生长激素：成年男性的生长激素（GH）水平随年龄增长变化不大，但女性在 50 岁后 GH 水平明显下降。GH 对维持老年人健康、预防某些老年疾病具有重要作用。研究表明，GH 可以减少体内脂肪、加速骨代谢、提高骨密度、增加心输出量、改善肾功能以及促进肝脏分泌胰岛素样生长因子（IGF）。②催乳素：男性催乳素（PRL）水平随年龄增长变化不大，但女性绝经后，PRL 水平会下降。③促甲状腺激素水平增高。④促肾上腺皮质激素：促肾上腺皮质激素（ACTH）水平随着年龄增长而升高。这种变化是由于肾上腺皮质发生变性，机体通过增加 ACTH 分泌来进行代偿，以确保血液中维持足够的皮质酮水平。⑤促性腺激素：促性腺激素（GTH）包括促卵泡激素（FSH）和黄体生成素（LH）。随着年龄增长，下丘脑—垂体轴的反馈受体敏感性降低。女性的 FSH 和 LH 水平升高幅度大于男性，这主要是因为女性性腺功能衰退更为明显。在男性中，FSH 和 LH 水平升高而睾酮（T）下降，是睾丸功能衰退所致。而在女性中，绝经后由于卵巢功能衰竭，FSH 和 LH 水平显著升高，雌激素水平下降。

甲状腺 50 岁后体积缩小，甲状腺素生成随之减少，进而使基础代谢率降低。在碘摄取方面，男性老年人变化不大，但女性老年人的碘摄取率显著低于青壮年。老年人血清中抗甲状腺自身抗体水平升高，可能在一定程度上影响甲状腺功能。

甲状旁腺的主细胞数量减少，导致甲状旁腺激素（PTH）活性降低，钙的吸收减少，钙的转运速度变慢。因此，老年人的血清总钙和离子钙水平都比年轻人低。

随年龄增长，肾上腺皮质对促肾上腺皮质激素（ACTH）的反应性也有所下降，其应激能力减弱。皮质醇分泌量和排泄率减少 30%，但血浆皮质醇浓度及其昼夜节律保持不变。醛固酮分泌随年龄增长显著下降。糖皮质激素含量在增龄过程中相对稳定。

胰岛中胰岛B细胞随着年龄增长减少，对葡萄糖刺激的应答能力降低，胰岛素分泌减少。细胞膜上胰岛素受体减少，其对胰岛素的敏感性降低。

练习题

一、A1型题

1. 内分泌器官不包括（　　）

A. 胰岛　　B. 垂体　　C. 甲状腺

D. 肾上腺　　E. 肾脏

2. 甲状腺激素产生于（　　）

A. 滤泡上皮细胞　　B. 滤泡旁细胞　　C. 滤泡之间的内皮细胞

D. 结缔组织细胞　　E. 表皮细胞

3. 肾上腺皮质束状带分泌（　　）

A. 糖皮质激素　　B. 盐皮质激素　　C. 催乳素

D. 促生长激素　　E. 胰岛素

4. 腺垂体嗜酸性细胞分泌（　　）

A. 卵泡刺激素　　B. 催乳激素　　C. 黄体生成素

D. 间质细胞刺激素　　E. 甲状腺激素

5. 胰岛B细胞分泌（　　）

A. 胰高血糖素　　B. 生长抑素　　C. 胰岛素

D. 抗利尿激素　　E. 肾上腺素

答案：AAABC

解析：无

二、A2型题

1. 患者女性，35岁，易怒、怕热、多汗，体重下降。查体：甲状腺肿大，心率增快。最可能的诊断是（　　）

A. 甲状腺功能亢进症　　B. 甲状腺功能减退症　　C. 糖尿病

D. 肾上腺皮质功能减退　　E. 垂体瘤

答案：A

解析：怕热、多汗、易怒、体重减轻及甲状腺肿大是甲状腺功能亢进的典型表现。甲减（B）表现为怕冷、体重增加；糖尿病（C）以多饮多尿为主；肾上腺皮质功能减退（D）常有皮肤色素沉着。

2. 患者男性，42岁，车祸后急诊入院，血压骤升，呼吸急促，血糖升高。血液中哪种激素水平可能显著升高？（　　）

A. 胰岛素　　B. 肾上腺素　　C. 甲状腺激素

D. 生长激素　　E. 促甲状腺激素

答案：B

解析：肾上腺素由肾上腺髓质分泌，在应激（如外伤）时大量释放，引起血压升高、心率加快、血糖升高等反应。胰岛素（A）降低血糖；甲状腺激素（C）主要调节基础代谢；生长激素（D）与应激无关。

3. 患儿 6 岁，身高较同龄儿童低 30%，智力正常，骨龄检测显示延迟 2 年。最可能的病因是（　　）

A. 甲状腺功能减退　　B. 生长激素缺乏　　C. 维生素 D 缺乏

D. 先天性心脏病　　E. 甲状腺功能亢进

答案：B

解析：生长激素（GH）缺乏导致身材矮小、骨龄延迟但智力正常，称为侏儒症。甲减（A）常伴智力低下；维生素 D 缺乏（C）引起佝偻病（骨骼畸形）；先天性心脏病（D）不影响身高。

4. 患者男性，55 岁，多饮、多尿、多食，体重 3 个月内下降 8 kg。空腹血糖 12.6 mmol/L。最可能的诊断是（　　）

A. 尿崩症　　B. 糖尿病　　C. 甲状腺功能亢进症

D. 肾上腺皮质功能亢进　　E. 甲状腺功能减退

答案：B

解析："三多一少"（多饮、多尿、多食、体重下降）伴高血糖是糖尿病的典型表现，因胰岛素缺乏或抵抗导致。尿崩症（A）以多尿、低渗尿为主；甲亢（C）有高代谢症状但血糖一般正常；肾上腺皮质功能亢进（D）表现为向心性肥胖。

5. 患者女性，28 岁，突发手足抽搐，血钙 1.8 mmol/L（正常 2.1 ～ 2.6 mmol/L）。最可能异常的腺体是（　　）

A. 甲状腺　　B. 甲状旁腺　　C. 肾上腺

D. 垂体　　E. 胰腺

答案：B

解析：低钙血症引发手足抽搐是甲状旁腺功能减退（PTH 分泌不足）的特征。甲状腺（A）异常多导致代谢紊乱；肾上腺（C）问题与电解质失衡（如高钾）相关；垂体（D）病变影响多种激素分泌。